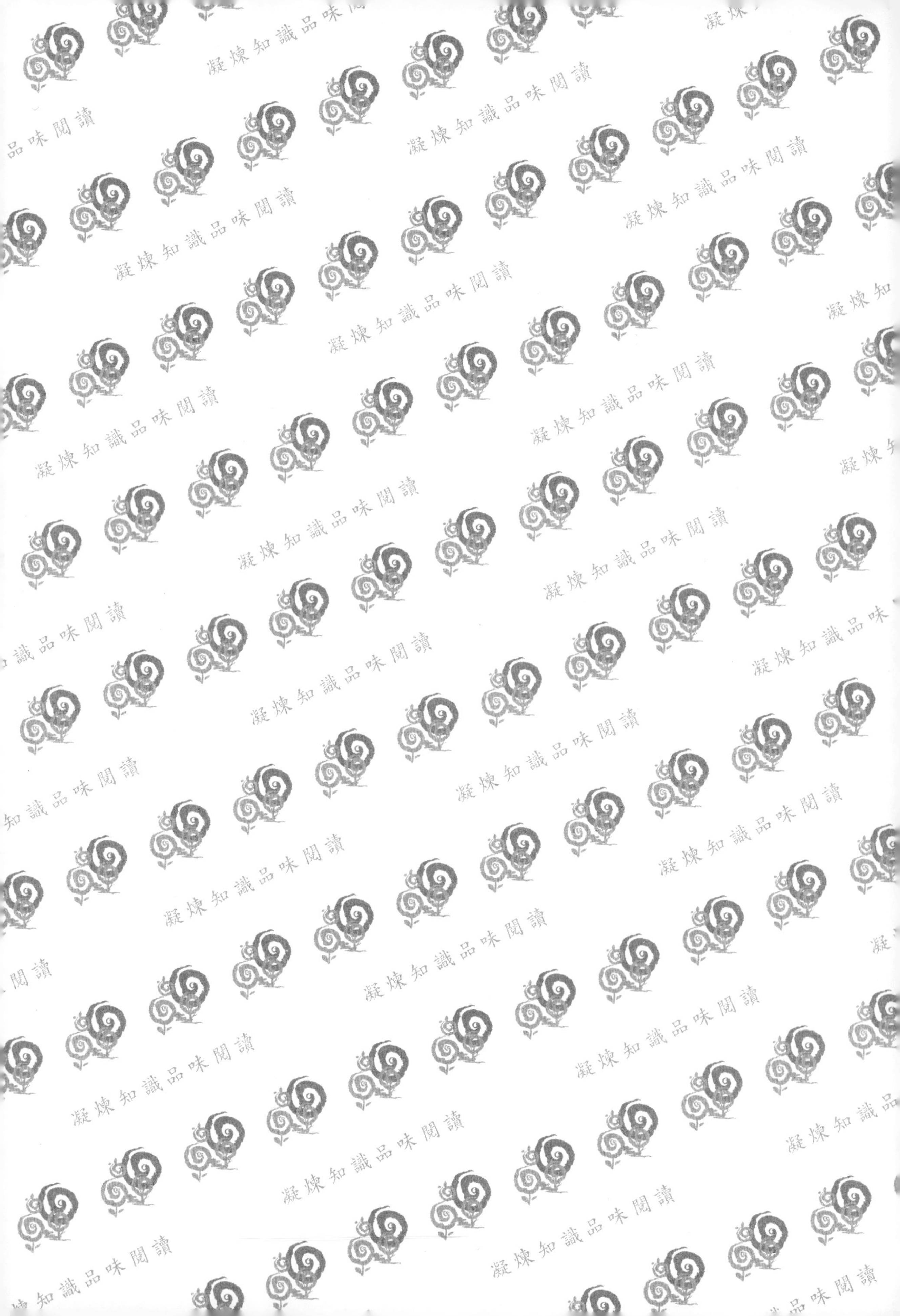

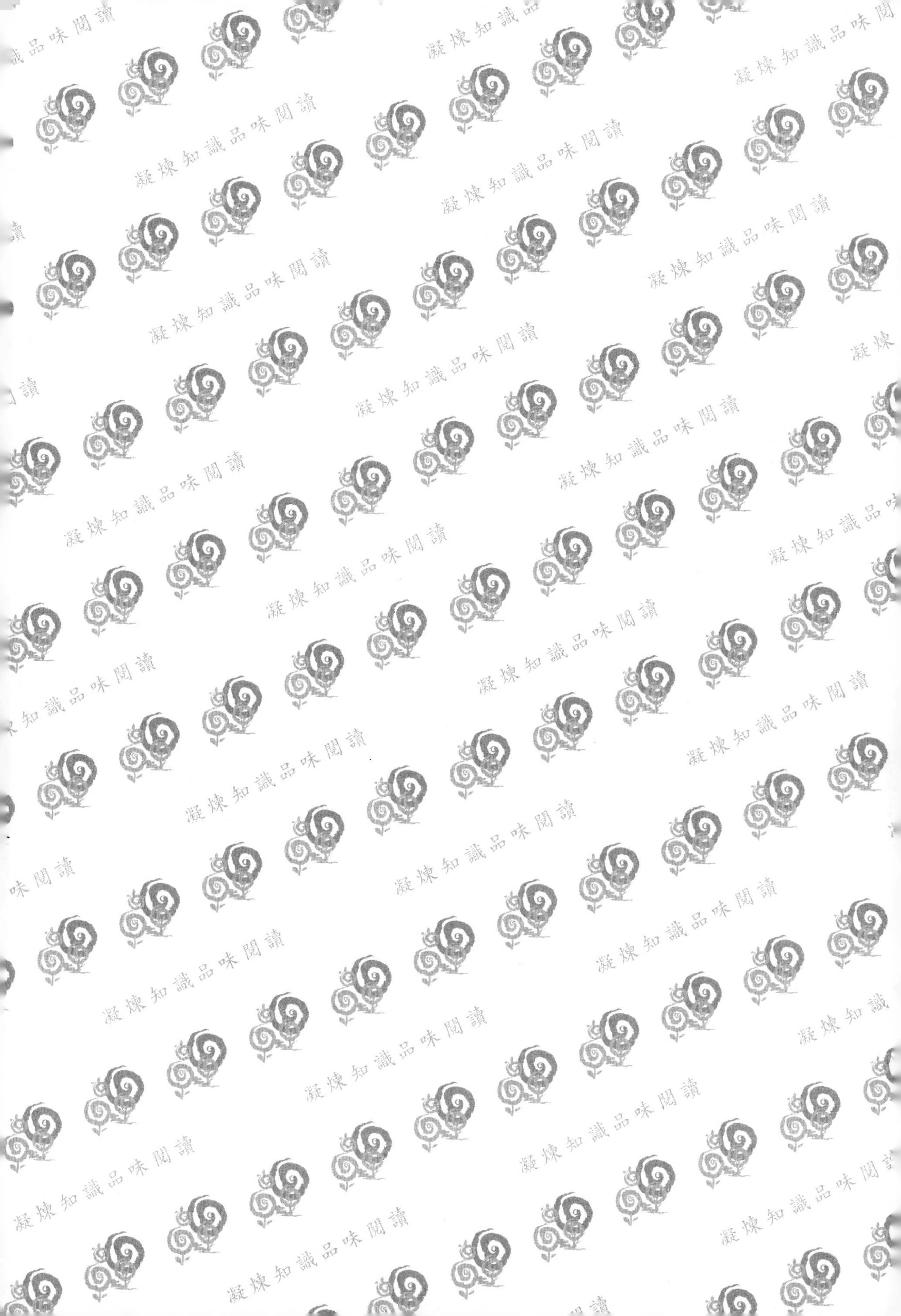

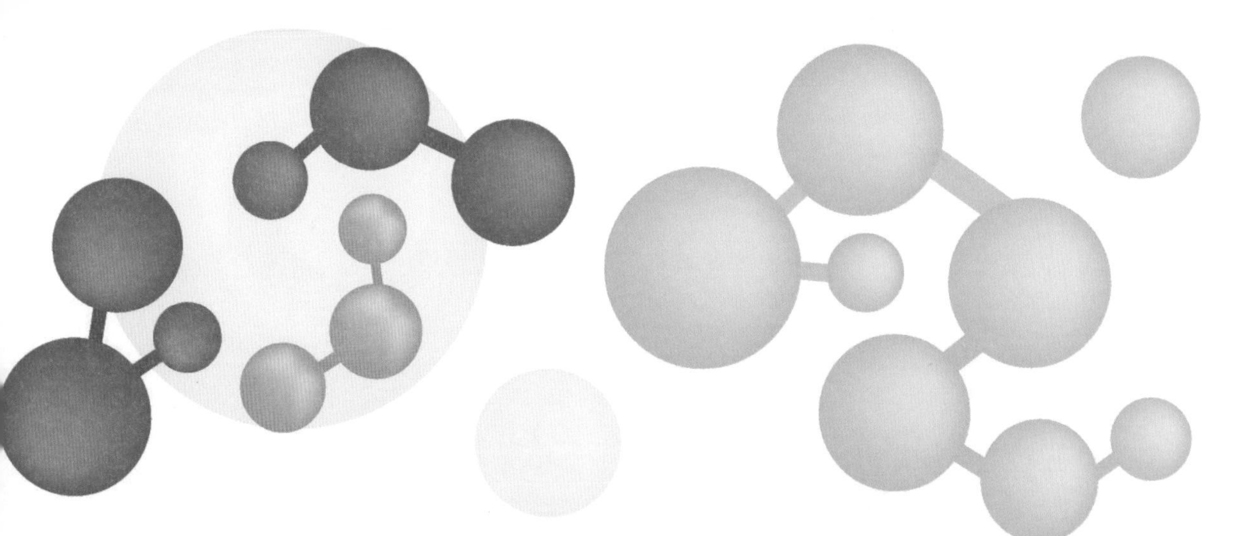

普通化學

General Chemistry

魏明通 著

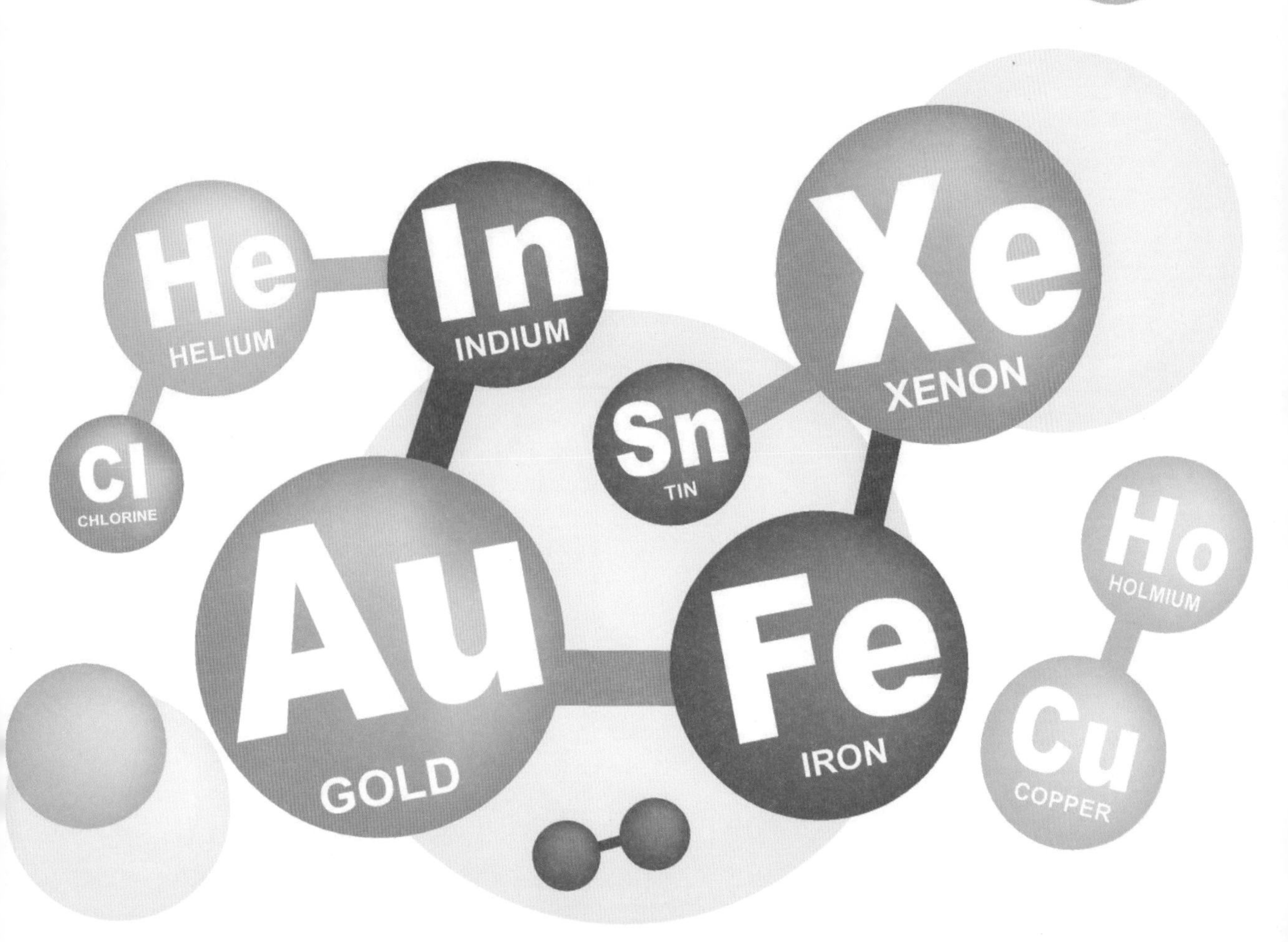

序

隨二十年來我國大學校院之急速增加及大學入學考試的多元化，進入大學理、工、醫、農學院就學學生的化學程度產生參差不齊的現象。現今市售的大學普通化學教科書，多數為國外普通化學的翻譯，或以國外普通化學為藍本所編輯的，這些普通化學教科書對高級中學正式受過理科教育經大學入學考試中心的學科能力測驗及指定科目的化學考試而分發就學的學生可能很適當，但對於沒有選擇高二物質科學化學篇及高三化學而以學科能力測驗成績分發就讀，及高級職業學校只念高一化學 I 後分發就讀的學生來講，以國外普通化學為藍本的教科書似乎太高深，無法順利銜接高中或高職所學的化學與大學的專業課程。

本普通化學為彌補高中（職）化學教育與大學教育的，使學者能夠順利銜接大學的專業教育為目標編輯。內容深入淺出，承先啟後的介紹化學的基本概念，同時為順利銜接大學專業課程，增添高級中學未出現的體材，例如，在化學反應與熱中，介紹焓、熵及自由能；氧化還原中增加能士特式與化學反應平衡常數關係等。近數年來使用放射性同位素為示蹤劑，追蹤安定同位素在理、工、醫、農等各領域的物質運動及生命代謝過程的舉動，在國內外各大學院校逐漸盛行，因此本書特設一章核化學提供使用放射性同位素的基礎知識。為迎頭趕上化學的進展，本書隨時留意通電流的塑膠等最新化學知識。

本書所用術語及化合物名稱概以部頒化學名詞（化學術語部分）及化學名詞（化合物部分）為準。著者很感謝五南圖書出版公司楊榮川董事長，在公司已有的普通化學外，贊同著者的理念，再出版本普通化學，衷心期望本書能在我國各大學理、工、醫、農各領域的新生使用外，為全國各級學校理化及化學教師人手一冊的參考用書，更希望能夠做為現代人提高科學素養的讀物。

本書編校力求嚴謹，惟難免有疏漏甚至錯誤等諸多不盡人意之處，敬請各位先進隨時批評指正。

魏明通 謹識

公元二〇〇六年八月

於國立台灣師範大學化學系

目　錄

第1章

化學：物質的科學

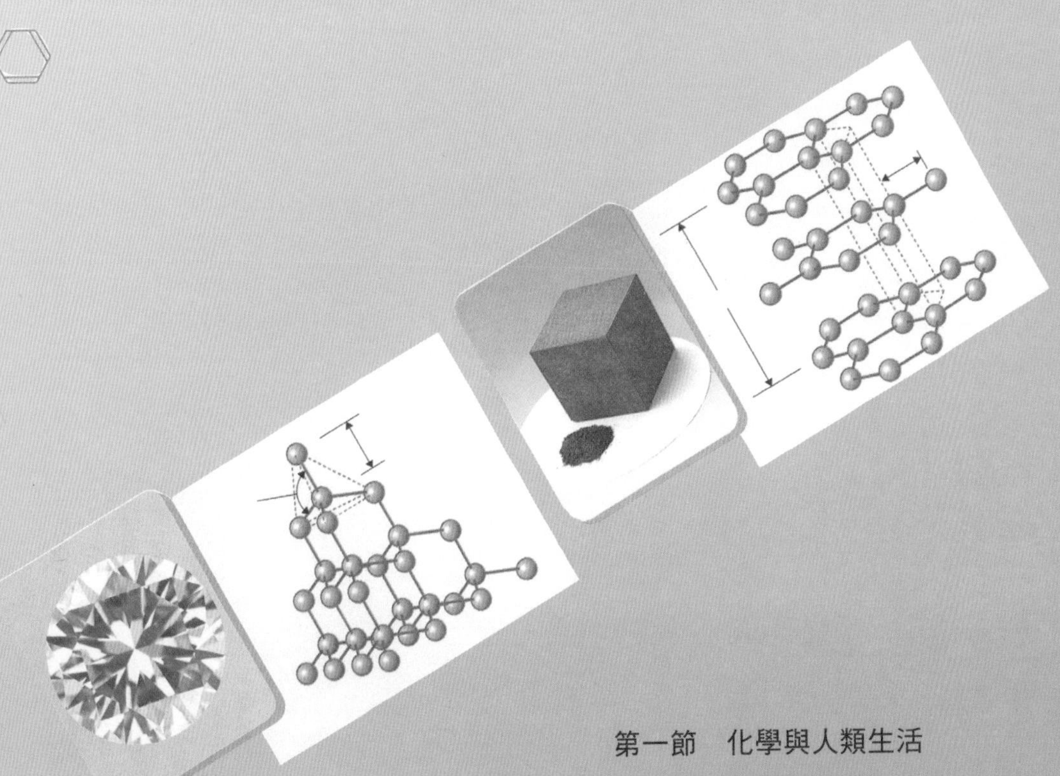

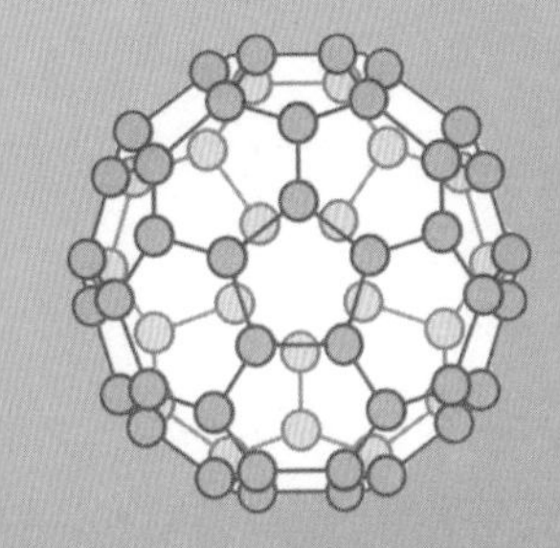

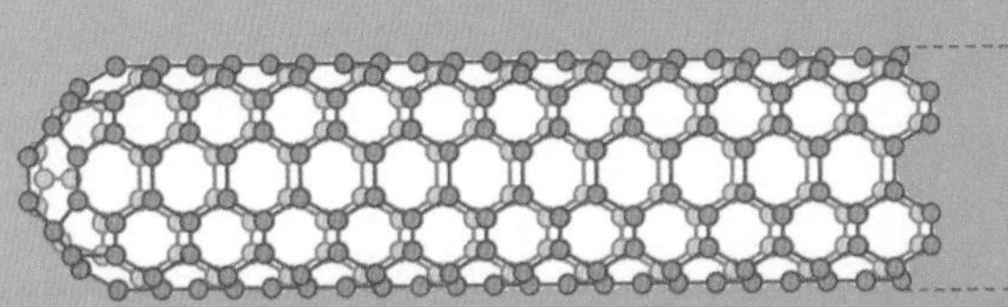

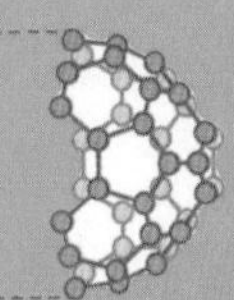

圖 1-1 煉金術師與所用的道具

西元前 300 年，希臘哲學家亞里士多德（Aristoteles）認為萬物都由土、水、火及空氣等四種元素所成。這些元素的比例不同，所形成的物質亦不同。這觀念導致其後各地所起點石成金，即適當改變銅、鐵、鉛等卑金屬組成時能轉變為貴金屬的金的煉金術之盛行。歐洲自紀元 2 世紀埃及的亞歷山大開始，繼續到 18 世紀的初葉盛行煉金術。16 世紀瑞士的巴拉塞爾士（Paracelsus）將煉金術與醫療連結在一起，使用煉金術煉的化學物質為醫藥開啟醫化學之門。據聞 17 世紀英國物理學家的牛頓（Newton）到晚年仍從事煉金術。雖然點石為金的煉金術家的夢沒有實現，多年來所累積關於化學物質的知識及實驗器材與技術的發展等，對近代化學貢獻很多。

第一節　化學與人類生活

白天照耀萬物的太陽，黑夜指引方向的星星，動植物等居住的地球及我們身邊周圍的所有東西都是由 100 多種元素所組成的物質所構成。化學是研究物質的科學。從來沒有一門學科像化學一樣與人類的生活息息相關的。我們的衣食住行都離不開化學。美觀而色澤鮮艷的衣料需要化學印染，化學纖維製的衣料易乾且不起縐強韌，如圖 1-2 所示的變色衣料及潑水透濕衣料使人類的衣生活更豐盛。民以食為天，我們日常以煮、蒸、燒、烤或炸的方式烹飪食物。使用食鹽，蔗糖，味精或化學防腐劑，食品添加劑來使食物增加美味及延長保存期限。現代建築所使用的鋼材、水泥、玻璃、陶瓷及塑膠等都是化學產品，如圖 1-3 所示適當調整光、音、

圖 1-2 變色衣服

圖 1-3 住的化學

空氣、水及熱等室內環境時可過舒適而健康的住生活。製造一輛汽車需要上百種金屬的化工原料，開動汽車所用的汽油由石油的分餾而得，石油化學工業製品的塑膠、合成纖維、橡膠及清潔劑等都是現代社會及美好生活都不能缺少的。

化學的特徵是透過觀察及實驗，調查物質的性質、結構及反應，理解其特性並發現有關物質的原理和定律，將這些知識活用於生活或製造符合於目的的物質。今後可能有更有用、更有效的新物質陸續出現，化學的新世界等著年輕的學子去開發、去挑戰。

化學的初期，對於物質的結構與性質間的關係不甚瞭解，因此化學家本身從事實驗過程時間有意外事故產生。近年來隨化學工業的發展，製造、使用及廢棄各種化合物，不僅業者被害，連附近市民及環境被損傷。故需考慮化學能使人類生活豐盛的一面外，尚有危害人類生活的另一面。學習化學需理解不論量之多少，不恰當使用物質時，多數物質都具有成為凶器的可能，故要培養正確管理及使用藥品的習慣。

隨著科學技術的進步，人類的生活較前舒服及方便。可是物質與能量的大量消費及大量廢棄，破壞地球環境之外，使有限的資源早日枯竭的可能。環境問題與資源枯竭為今日人類必須面對的最大課題。今後人類能存續，保持豐盛的生活，需要進行開發資源的再利用或與地球環境的調和等的科學技術。這些必須依賴深度理解物質的世界來開始，今後化學所擔負的責任更重。

第二節 物質的組成

萬物中在空間佔有一定體積，具有質量及特性的稱為物質，另一面由物質組成在空間佔有一定體積，一定形狀的稱為物體。例如鐵是物質，由鐵所製成的鐵釘、鐵絲、鐵鍋或鐵門都是物體。物體的大小、形狀可以改變，可是構成物體本質的鐵不會改變。在化學我們學習的對象是物質，而不是物體。

一、純物質與混合物

物質如糖或水一般由一種物質所成的稱純物質，另如糖水一般由兩種或更多的純物質混合而成的稱混合物。純物質的組成均勻且一定不變，最簡單的純物質稱為單質（或元素物質），其成分為元素。由兩種或兩種以上元素以一定比例化合所成的純物質為化合物。由兩種或兩種以上的純物質以任何比例混合所成的稱為混合物。混合物的成分各保持其原有的性質，可分為均勻混合物及非均勻混合物。圖 1-5 表示物質的分類。

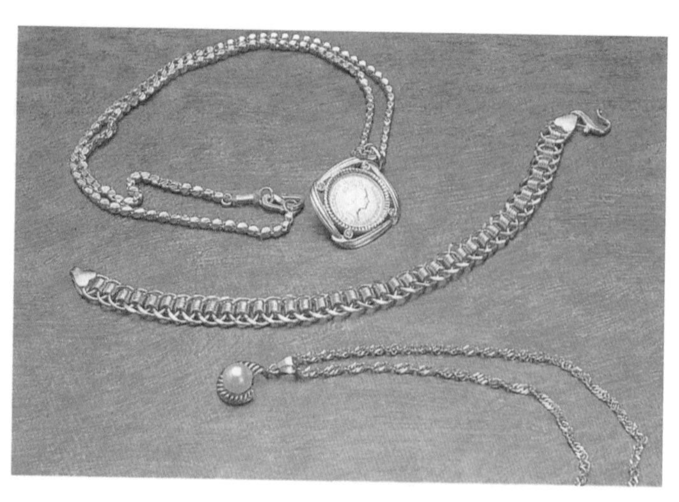

圖 1-4 物質與物體

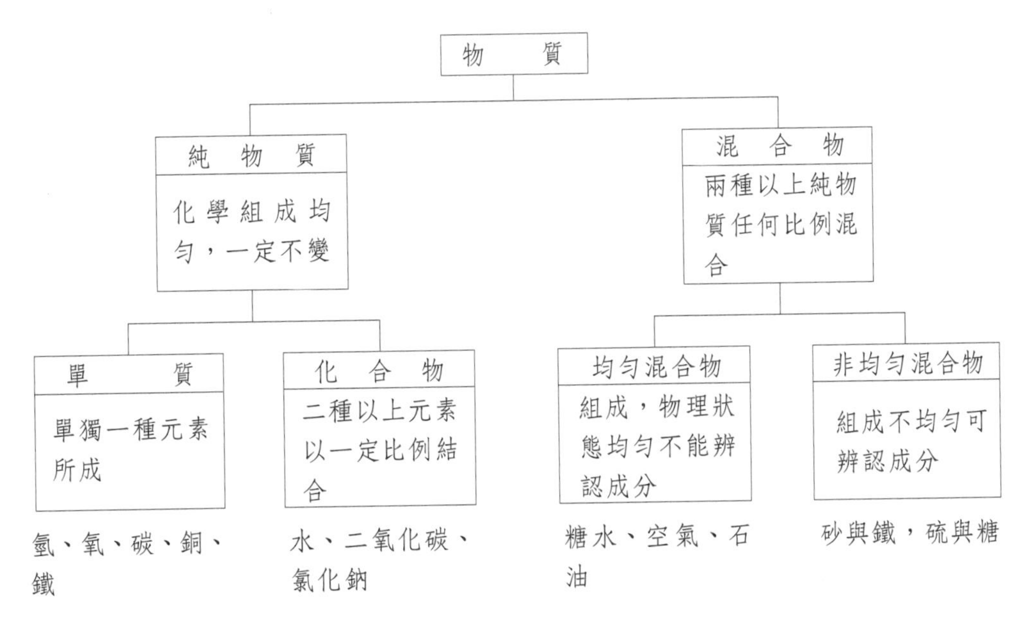

圖 1-5　物質的分類

如圖 1-4 所示金鍊，金戒指等在空間佔有一定體積、一定形狀的稱為物體，構成這些物體的金為物質。物體的大小、形狀可以任意改變，可是構成物體的物質不會改變。

純物質的熔點，沸點及密度都是一定的，例如水的熔點為 0℃，沸點 100℃而密度為 1.00g/cm^3。可是水中溶有糖或食鹽成混合物時這些數值都會改變，能夠與純物質區別。

二、物質的三態

純物質的水在常溫時為液體，但降低溫度到 0℃時結成固體的冰，加熱到 100℃時會沸騰成為氣體的水汽。如此物質能夠以固體、液體和氣體的三種狀態存在稱為物質的三態。圖 1-6 表示水的三態變化。在常溫為氣體的氮亦有三態變化。冷卻氮到 −196℃時凝結為液體的氮，再降低溫度到 −210℃即凝固為固體的氮。

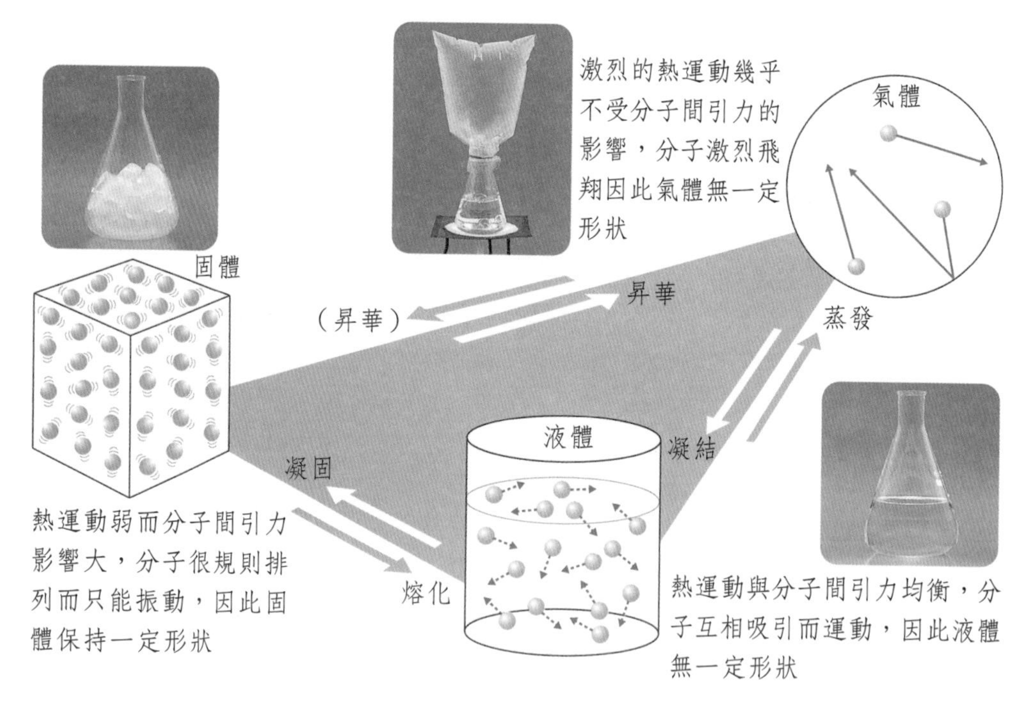

圖 1-6　水的三態變化

三、物質的分離

調查物質的性質時，往往從混合物中分離所需要的純物質。因此在化學往往利用物質的狀態變化或性質的差異來分離特定物質的操作廣被開發使用。分離的操作有過濾、蒸餾、昇華、萃取、層析、再結晶等，從分離過的物質去除不純物，使其為更純的操作稱為精製。

1. 過濾

如圖 1-7 所示使用濾紙和漏斗，把不會溶於液體的固體物質與液體分離的操作稱為過濾。

2. 蒸餾

例如從海水分離純粹的水一般，如圖 1-8 所示利用物質沸點之差的分離操作稱為蒸餾。將液體混合物以蒸餾方式從沸點較低分別蒸餾到沸點較高的分離操作時稱為分餾，廣用於石油的精製。

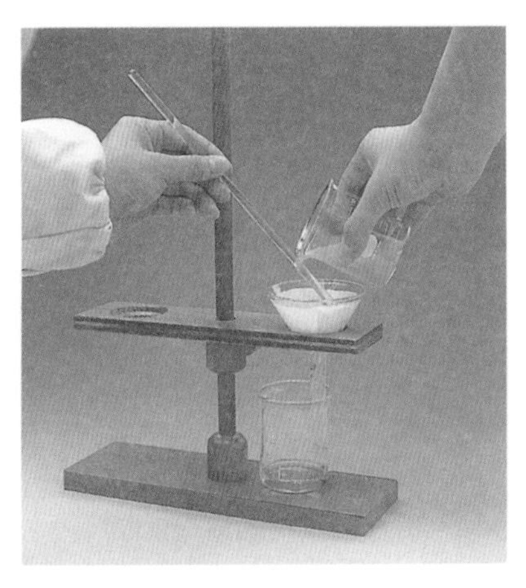

圖 1-7 過濾

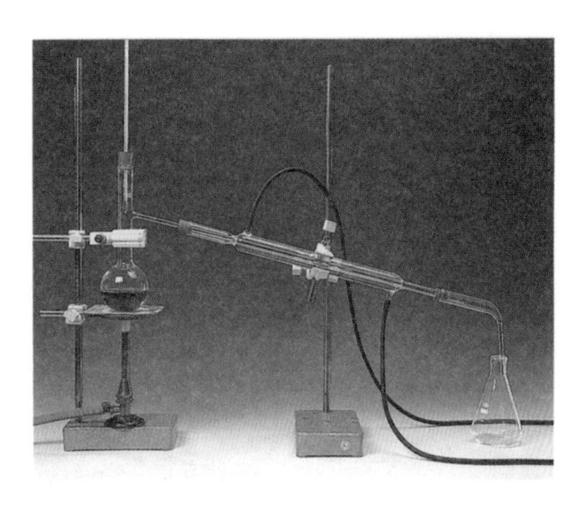

圖 1-8 蒸餾

3. 昇華

固體不經過液體的過程直接氣化為氣體的現象稱為昇華，利用此現象的分離法稱為昇華法。例如如圖 1-9 所示，碘與氯化鈉的混合物加熱時，只有碘昇華，因此可將兩者分離。

4. 萃取

各種物質溶解於同一溶劑的溶解度不同，利用此一性質將目的物質溶解於溶劑的分離法稱為萃取。例如如圖 1-10，碘水溶液中加入己烷時，碘被己烷萃取，另以沸騰水沖研磨過的咖啡豆時能夠萃取出其香噴噴的氣味及美味。

圖 1-9 昇華

圖 1-10 萃取

5.層析

將混合在一起的色素滴在濾紙上，使濾紙的一端浸沒於展開溶劑內，隨溶劑的移動分離色素的方法稱為濾紙層析法。圖 1-11 表示紅、藍、黃三色素的濾紙層析。

6.再結晶

溶解於一定量液體的固體物質的量隨溫度變化而改變，雖然含少量不純物時可在高溫溶解此混合物，冷卻其溶液時此一物質再結晶而沈澱，不純物即溶於液體中而可分離，如此除去結晶中的不純物的操作稱為再結晶。圖 1-12 表示硝酸鉀的再結晶。

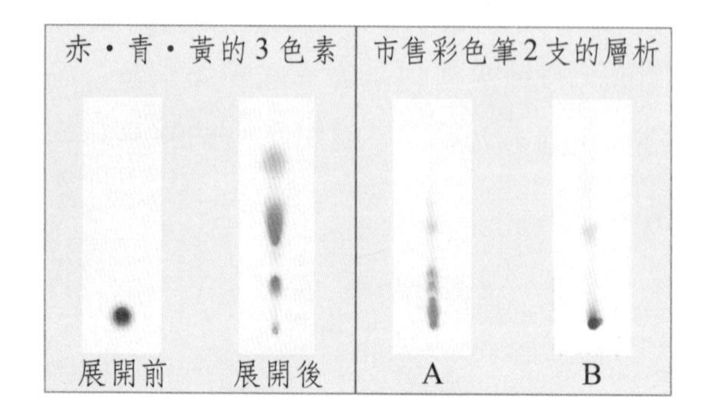

圖 1-11　濾紙層析

圖 1-12　再結晶

第三節　物質的成分

我們的周圍有各式各樣的物質，有的物質是自然產生的，有的是人造的。這一節來探討物質的成分。

一、元素

1. 元素符號

早在 2500 年前的希臘哲學家具有元素為構成萬物的最基本物質的觀念。亞里士多德認為一切的物質都由水、土、空氣及火四種元素以不同的比率組合所成的。圖 1-13 表示四元素與四種性質的關係圖。根據亞里士多德的認法，四元素由第一質料的共通素材所成，加上溫、冷、乾、濕的四種性質適當配合時生成各元素，例如加熱水時變為空氣的現象是水是第一質料中加入冷與濕所成的元素，由於加熱冷變溫成為溫與濕所組合的元素之空氣。此四元素談到 17 世紀廣被西洋的學者支持。元素為構成萬物的基本成分而不能再被分解的概念廣被世人接受。到目前為止發現的元素有 111 種，由常溫時的狀態來分類如圖 1-14。

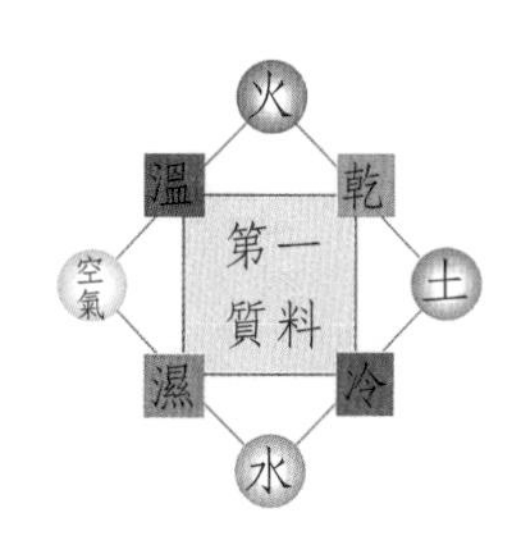

圖 1-13　四元素與四種性質的關係

為了研究及使用方便，化學常用符號來代表化學物質。圖 1-15 為早期煉金術士所用的元素符號。

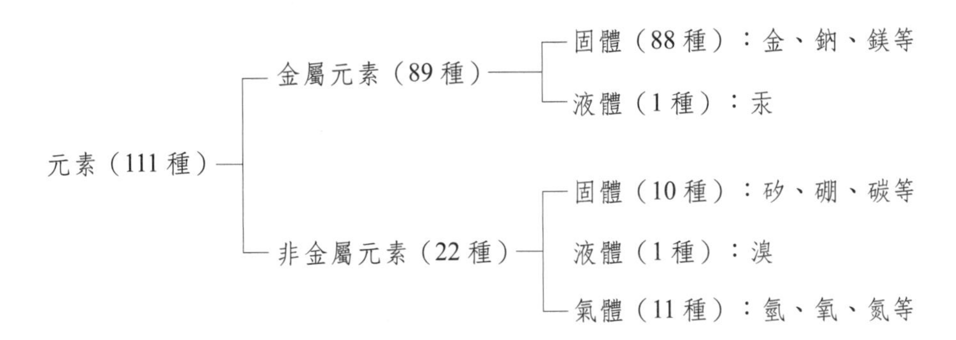

圖 1-14　元素的分類

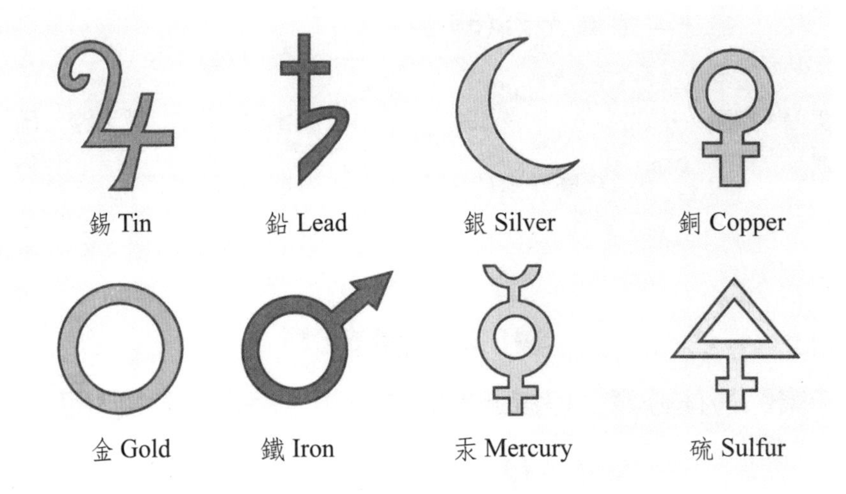

圖 1-15　早期煉金術士所用的元素符號

今日元素的名稱以元素的性質，被發現時的化合物名、礦物名、人名，地名或國名等使用英文，德文，希臘文或拉丁文等為語源來命名。今日各國公認的元素符號，使用元素的拉丁文（或英文）名稱第一個字之印刷體大寫，如有第一個字相同的元素即另選其他一字以印刷體小寫附上。表 1-1 為常見的元素名及元素符號。

表 1-1　元素與元素符號

中文名	英文名	拉丁文名	符號	拉丁文原意
氫	hydrogen	hydrogenium	H	造水的
碳	carbon	carboneum	C	木炭來源
氯	chlorine	chlorum	Cl	黃綠色的
銅	copper	cuprum	Cu	銅礦產地
鈉	sodium	natrium	Na	鹼性的
氧	oxygen	oxygenium	O	造酸的
銀	silver	argentum	Ag	輝煌的
金	gold	aurum	Au	黎明的女神

元素符號不但可代表該元素，而且代表該元素的一個原子及其原子量。化合物是由元素組成的，因此現有數百萬種化合物的化學式，都只由一百多種元素符號所組成，化學的美妙，在此亦呈現。

2. 同素異形體

一種元素以不同的分子或結晶形態存在的稱為同素異形體（allotropes）。例如氧元素有一般的氧及臭氧的兩種同素異形體存在。表 1-2 為氧與臭氧的物理性質之比較。

表 1-2 氧與臭氧的物理性質

	氧	臭氧
分子式	O_2	O_3
分子量	31.999	47.998
熔點°K	54.3	80.5
沸點°K	90.2	161.5
臨界溫度°K	154	268
密度（液態）90°k，g/cm^3	1.14	1.71

碳元素有多種同素異形體。無定形碳、石墨、金剛石外，近年來發現的 C_{60} 及 C_{70} 都是碳的同素異形體。

3. 成分元素的辨認

構成物質的成分元素可根據元素的固有反應或改變為容易識別的化合物方式來辨認。

⑴焰色反應

含某元素的物質放入火焰中時呈現某元素特有的焰色，根據焰色可辨認元素的存在。圖 1-16 為焰色反應的例子。表 1-3 表示元素焰色反應的顏色。將鉑絲放入濃鹽酸洗淨後，插入本生燈火焰中到焰色無色為止。此一乾淨鉑絲醮一些金屬或鹽的水溶液，放在本生燈氧化焰中觀察其焰色。

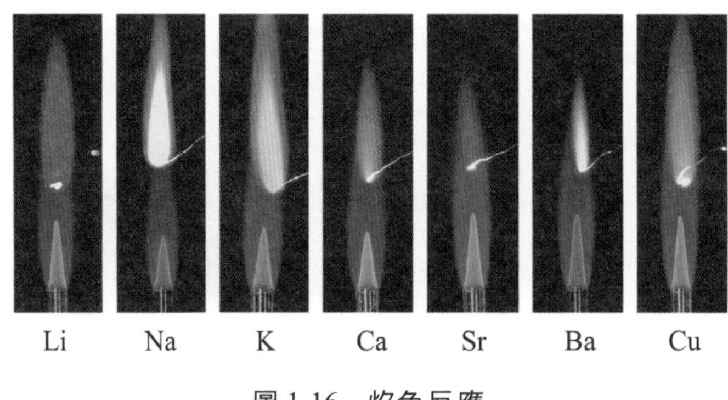

圖 1-16　焰色反應

表 1-3　元素的焰色反應的顏色

元　　素	焰　　色
Li	紅色
Na	持久性黃色
K	淡紫色，經藍鈷玻璃看時紅色
Ca	淡的橙紅色
Sr	暫時性的深紅色
Ba	黃綠色
Cu	青綠色

⑵沈澱法

將未知物質溶於水後加入特定的試劑時，根據生成沈澱物的顏色來辨認物質所含的元素的方法稱為沈澱法。例如在食鹽溶液中加入硝酸銀溶液時，生成白色的氯化銀沈澱，由此可知食鹽中含有成分元素之氯，此一反應可用於檢測河川或自來水中所含的氯。

第四節　構成物質的粒子

元素單質由一種元素，化合物由複數的元素所構成。各元素由固有的微粒子之原子組成，以原子為基礎形成分子或離子，本節從原子說開始探究。

一、道耳呑原子說

物質由極微小的粒子所組成的觀念，遠在兩千多年前的希臘時代已藏在人們心目中，希臘哲學家認為一片金片切成一半時，所成兩小片金本質仍是金，將此金片再切一片方式切到不能再切的微小粒子稱為金的原子（atom）。

到 18 世紀近代化學的發展，科學家創立質量守恆定律，定比定律及倍比定律等有關物質的組成與變化的定律。為了合理解釋這些定律，道耳吞（John Dalton）在 1803 年提出所謂的道耳吞原子說：

1. 一切物質均由微小而不能分割稱為原子的粒子所成。

2. 同元素的原子，其大小、形狀、質量或性質都相同，不同元素的原子則不同。

3. 不同元素的原子能以一定數目的比，結合成化合物。一切化學現象都由原子的結合或分離而起。

4. 原子不能創造或毀滅，亦不能由一原子轉變為其他原子。

表 1-4 為道耳吞原子說合理解釋化學定律之例。

表 1-4　原子說解釋化學定律

定　律	內　容	解　釋
質量守恆定律	化學反應中，反應物總質量等於生成物總質量。	因為原子具有一定質量，原子不能再分割。物質反應只是原子結合方式改變，故反應物總質量等於生成物總質量。
定比定律	化合物的成分元素間有一定的質量比。	原子具有固定的質量並以整個原子結合成化合物，因此化合物的成分原子間應有一定的質量比。
倍比定律	甲乙兩元素結合成數種化合物時與一定量甲元素化合的乙元素的質量有簡單整數比。	原子既然以整個原子化合，同一元素的原子質量相同，因此與一定量甲元素化合的乙元素之質量間有一簡單的整數比。

二、現代原子說

19 世紀初道耳吞原子說的物質由不能分割的原子組成的觀念，能夠合理的解釋當時的化學定律，受世人的認同，可是到 19 世紀將要結束的數年間及 20 世紀，關於原子的研究急速進步以解明原子的結構。

1. x 射線的發現

1895 年侖琴（Wilhelm Roentgen）在玻璃管兩端一設陰極一設金屬靶為陽極時，從陰極發出的陰極射線撞擊靶後能產生一種眼睛看不見，但能夠使包在黑紙裡的照相軟片感光並使螢光物質發螢光的射線。當時對此一射線不甚瞭解，故稱為 x 射線。圖 1-17 為 x 射線發生裝置。

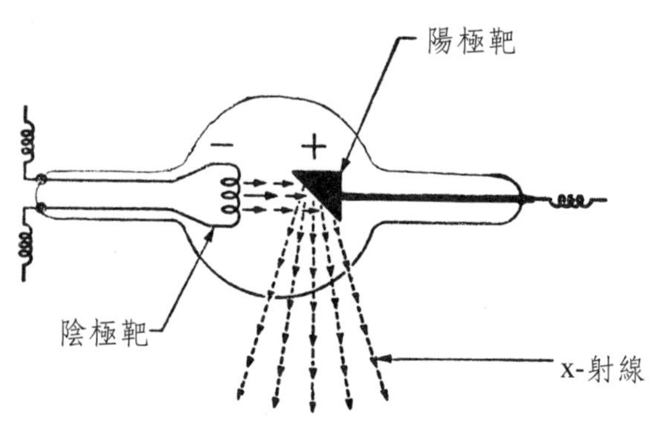

圖 1-17 x 射線發生裝置

2. 放射性衰變的發現

法國貝克勒（Henry Becquel）於 1896 年發現瀝青鈾礦（pitchblende）亦能發出與x射線相似性質的輻射線，這輻射線能穿透物質，使包在黑紙裡的照相軟片感光，使硫化鋅等螢光物質產生螢光。元素能夠自動發射輻射而有穿透、感光、游離及螢光效應的過程稱為放射性衰變，而此一元素稱為放射性元素（radioactive element）。

3. 電子的發現

在一細長的玻璃管兩端封入兩電極，以抽氣泵抽出管內氣體並通電流時，在兩極間有放電現象。在管壁塗硫化鋅（ZnS）時可看到螢光的軌跡，可知從陰極有一種射線射到陽極稱為陰極射線（cathode ray）。

陰極射線具有下列特性：

(1)以直線方式從陰極面射向陽極。

(2)陰極射線受磁場影響而偏折，可知陰極射線是一種帶電的粒子。

(3)陰極射線可被陽極吸引而偏折，可知為帶負電的。

(4)陰極射線使輪子受撞擊轉動，可知為具有質量的粒子所成的。

圖 1-18 為陰極射線管的結構及陰極射線向正極偏曲的情況。

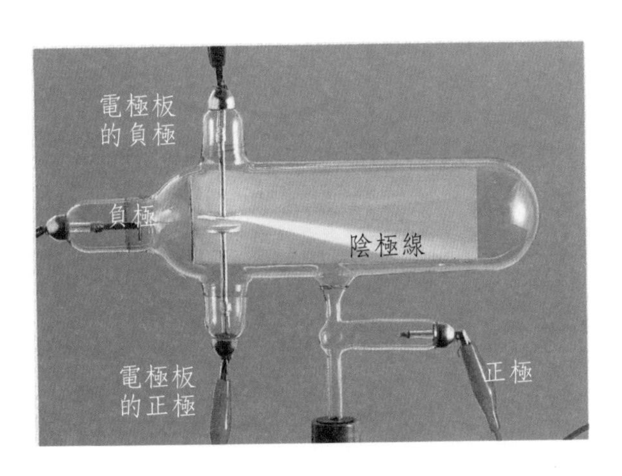

圖 1-18 陰極射線管

1887 年英國湯木生（John Thomson）發現陰極射線管的陰極使用任何物質，放電管中充入何種氣體，連接兩電極所用電線的成分不同，使用不同電源產生的電流，所得陰極射線的性質完全相同，因此湯木生認為陰極射線為帶負電的粒子所成，此粒子稱為電子（electron）。無論什麼電極所放出的電子都一樣，因此電子是組成物質的原子共通具有的，為原子結構的基本成分之一。

4. 原子核的發現

自從湯木生發表陰極射線的本質為帶負電的電子後，當時的科學家都承認電子是所有元素原子結構的一部分。因整個原子是電中性的而電子帶負電，很顯然地在原子結構中必有帶正電的部分存在。

1908 年英國拉塞福（Ernest Rutherford）等很成功的發現原子中這帶正電的粒子。拉塞福使用放射性元素鐳所放射的α粒子撞擊金箔，如圖 1-19 所示，大部分的α粒子能夠穿透金箔到其後的螢光幕，但有少數α粒子穿透金箔時發生了偏轉，另有

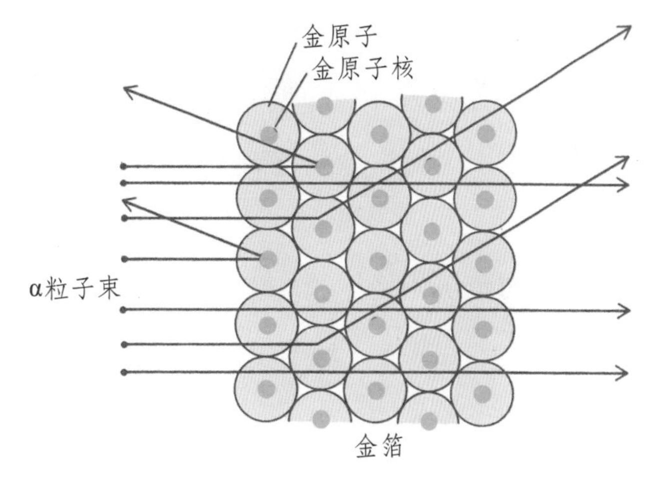

圖 1-19 拉塞福的散射實驗

極少數的α粒子不能穿透金箔而被反彈折回。

拉塞福從散射實驗結果下結論說：金原子體積大部分都是空的，因此大多數α粒子都能穿透金箔。可是中心有一微小但質量較大而帶正電的核存在，稱為原子核（nucleus）。因原子核很微小而帶正電，只有通過其附近的α粒子才會受庫侖排斥力而偏折，至於極小數的α粒子與原子核正面碰撞而被彈回。原子核中帶正電的粒子稱為質子（proton）。

5. 原子序和質量數

1913 年英國莫色勒（H. Moseley）在陰極射線管中使用不同金屬做陽極，經陰極射線撞擊後產生的x射線波長由大到小排列，決定元素的原子序（atomic number）。原子序亦就是原子核中的質子數目。

1910 年湯木生創質量分析裝置後，其學生阿司登（F. W. Aston）於 1919 年製氣態的荷電粒子在電場及磁場的偏折來比較原子質量的質譜儀（mass spectrometer）。圖 1-20 為質譜儀的圖解。根據質譜儀可測得原子的質量。

例如，以質譜儀測得鈉原子的質量數為 23，由x射線所測鈉原子的原子序為 11。因此鈉原子含 11 個質子，核外有 11 個電子以維持鈉原子的電中性。設原子的質量集中於原子核時鈉質量數 23，表示應有 23 個質子，但只有 11 個而已，很顯然的原子核中必有另一種粒子存在。

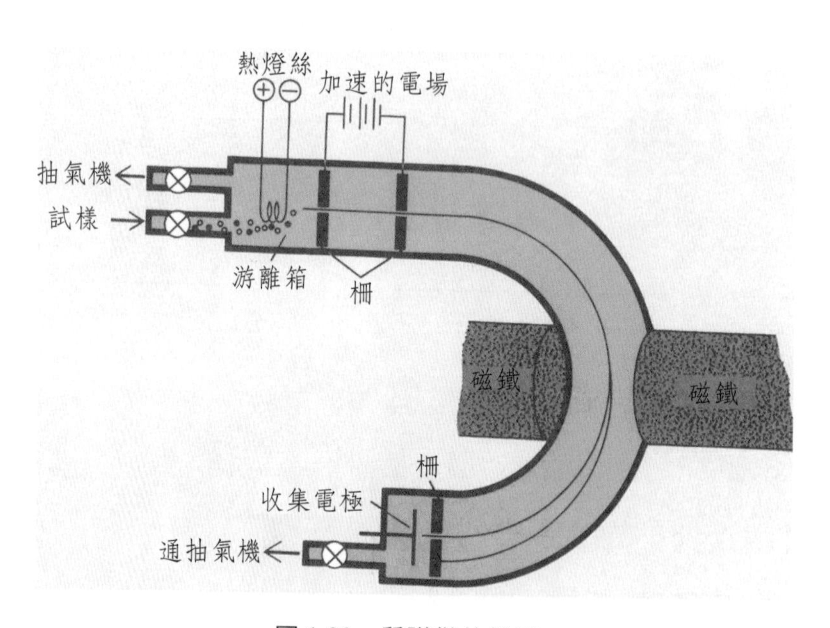

圖 1-20　質譜儀的結構

6. 中子的發現

1932 年英國查兌克（James Chadwick）以α粒子撞擊鈹（Be）時，發現有一種穿透力極強的放射線出現，經研究結果此放射線的質量與質子質量幾乎相等，因不帶電，故取名為中子（neutron）。

$$^{4}_{2}He（α粒子）+ ^{9}_{4}Be \longrightarrow ^{1}_{0}n + ^{12}_{6}C$$

後來的許多類似的撞擊實驗顯示發現中子的產生，確認中子為組成原子的基本成分，鈉原子核由 11 個質子和 12 個中子組成的。

第五節 原子結構

20 世紀初葉，科學家已可建立原子結構的模型。原子的主要結構是原子核與電子，原子直徑約 10^{-10} 公尺，原子核直徑約 10^{-14} 公尺。原子核裡有質子和中子，原子質量的 99.94%以上都集中在原子核。質子帶有單位的正電荷，電荷大小與電子相同，但符號相反。中子不帶電，其質量約與質子相同。圖 1-21 為氦（He）原子的結構。表 1-5 表示構成原子的基本粒子之特性。

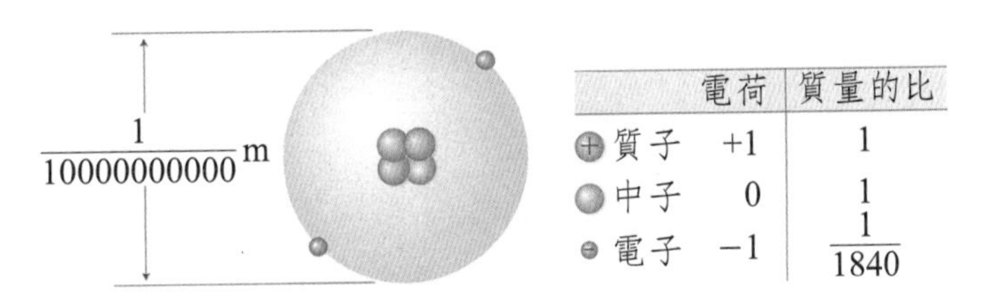

圖 1-21 氦原子結構

表 1-5 構成原子的基本粒子

粒子		電荷	質量（g）	質量比
原子核	質子	+e	1.673×10^{-24}	1836
	中子	0	1.675×10^{-24}	1837
電子		−e	9.109×10^{-28}	1

一、波耳的原子模型

1913 年丹麥的波耳（N. Bohr）提出原子模型。根據其原子模型，如圖 1-22 所示，電子在原子核外分數層的電子殼（或稱電子軌道）做同心圓的旋轉運動。電子殼從最近原子核的稱為 K 殼，以次向外為 L, M, N……殼，每一電子殼能容納的最多電子數以 $2n^2$ 表示，K 殼為 $2 \times 1^2 = 2$ 個，L 殼為 $2 \times 2^2 = 8$ 個，M 殼為 $2 \times 3^2 = 18$ 個……為各殼能容納的電子數。

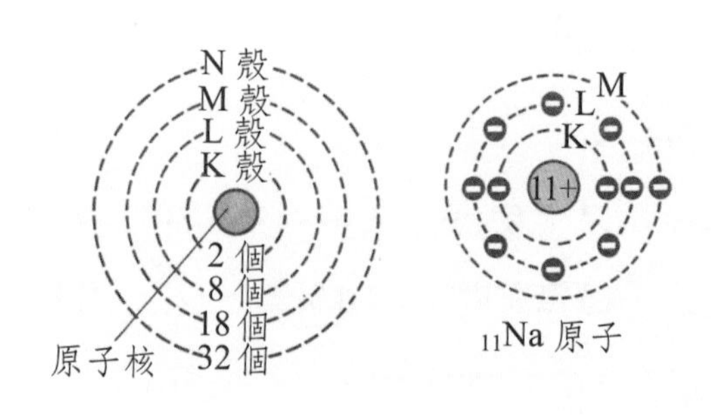

圖 1-22　原子核外電子軌道

1. 波耳的電子排列

波耳原子模型假定每一電子層的電子能量都相同。為解釋更詳細的實驗事實，其後的科學家提更複雜的原子模型以修正波耳模型之不足，惟當時是很成功的模型。

氫的原子核只有 1 個質子，核外只有 1 個電子在K軌道運動。原子序增加 1 單位時，原子核增加 1 個質子，核外也增加 1 個電子，電子進入的軌道由 K 軌道開始，而K軌道因收容 2 個電子而飽和。再有電子增加時依次進入L殼，後 L 殼填滿 8 個電子而飽和後，依序填入 M 殼。表 1-6 表示原子序 1 到 18 的元素原子之電子排列。

表 1-6　原子之電子排列

原子序	元素符號 ＼ 電子軌道	K	L	M	N
	n	1	2	3	
1	H	1			
2	He	2			
3	Li	2	1		
4	Be	2	2		
5	B	2	3		

6	C	2	4		
7	N	2	5		
8	O	2	6		
9	F	2	7		
10	Ne	2	8		
11	Na	2	8	1	
12	Mg	2	8	2	
13	Al	2	8	3	
14	Si	2	8	4	
15	P	2	8	5	
16	S	2	8	6	
17	Cl	2	8	7	
18	Ar	2	8	8	
19	K	2	8	8	1
20	Ca	2	8	8	2

2. 價電子

原子的電子排列中，最外殼的電子數稱為價電子（valence electron）。例如鈉原子最外殼的M殼有1個電子因此其價電子為1，硼原子最外殼的L殼有3個電子，因此其價電子為3。價電子在原子變成離子或原子與原子結合時擔任重要的角色。

3. 惰性氣體

氦、氖、氬、氪、氙、氡等在自然界稀有的氣體通常不與其他原子結合成化合物，稱為惰性氣體（inert gas）。惰性氣體原子最外殼的電子數除氦為K殼填滿的2個電子之外，其他如表1-7所示都是8個電子。如此最外殼電子8個的排列為最安定的電子排列，稱為八隅體安定性（octet stability）。

波耳認為在各殼上運動的電子，都具有各殼所持有的能量。K殼（n=1）最接近於原子核，K殼上的電子所具有的能量最低，離開原子核愈遠的軌道上的電子所具有的能量愈高。

表 1-7 惰性氣體電子排列

原　子	電子殼與電子數					
	K	L	M	N	O	P
$_{2}$He	2					
$_{10}$Ne	2	8				
$_{18}$Ar	2	8	8			
$_{36}$Kr	2	8	18	8		
$_{54}$Xe	2	8	18	18	8	
$_{86}$Rn	2	8	18	32	18	8

4. 氫原子光譜

氫原子在正常狀態時其核外電子在 K 殼最低能階，稱為基態（ground state）。當原子接受熱和光等外來的能量時，核外的電子能夠躍遷到較高能階的激發態（excited state）。在激發態的原子從高能階回到較低能階或基態時，放出一定量的能量，設以光的方式放出能量，可測得其光譜。

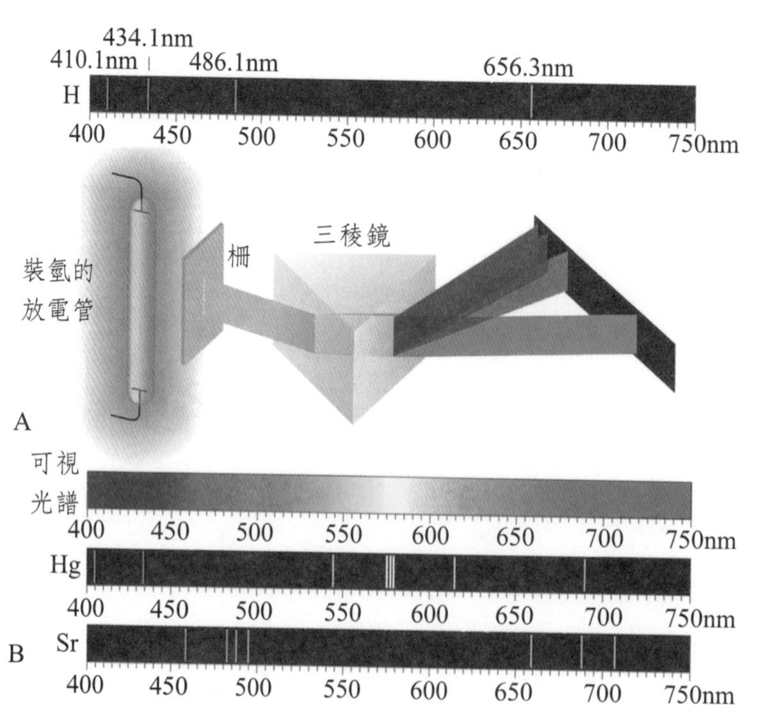

（圖片引自：Siberberg "chemistry"）

圖 1-23　氫原子光譜的產生

放電管中裝入氫氣施以高壓時管中產生藍色的光。將此藍光通過三稜鏡時可得確定頻率的光能之光譜線。這些光譜線是電子從 n=3, 4, 5, 6……等軌道躍遷回到 n=2軌道時所放出的輻射，其中最亮的一條紅線就是由 n=3 能階躍遷到 n=2軌道所放出的輻射，第二條是由 n=4 能階躍遷到 n=2 軌道所放出的。圖 1-24 表示氫原子光譜與能階關係。

每條光譜線的頻率 v 由下式求得：

$$v = R \times \left(\frac{1}{n_1^2} - \frac{1}{n_1^2}\right)$$

式中 v：光譜線的頻率

R：李伯常數（Rydberg constant）$= 3.289 \times 10^{15} s^{-1}$

n_1，n_2：整數

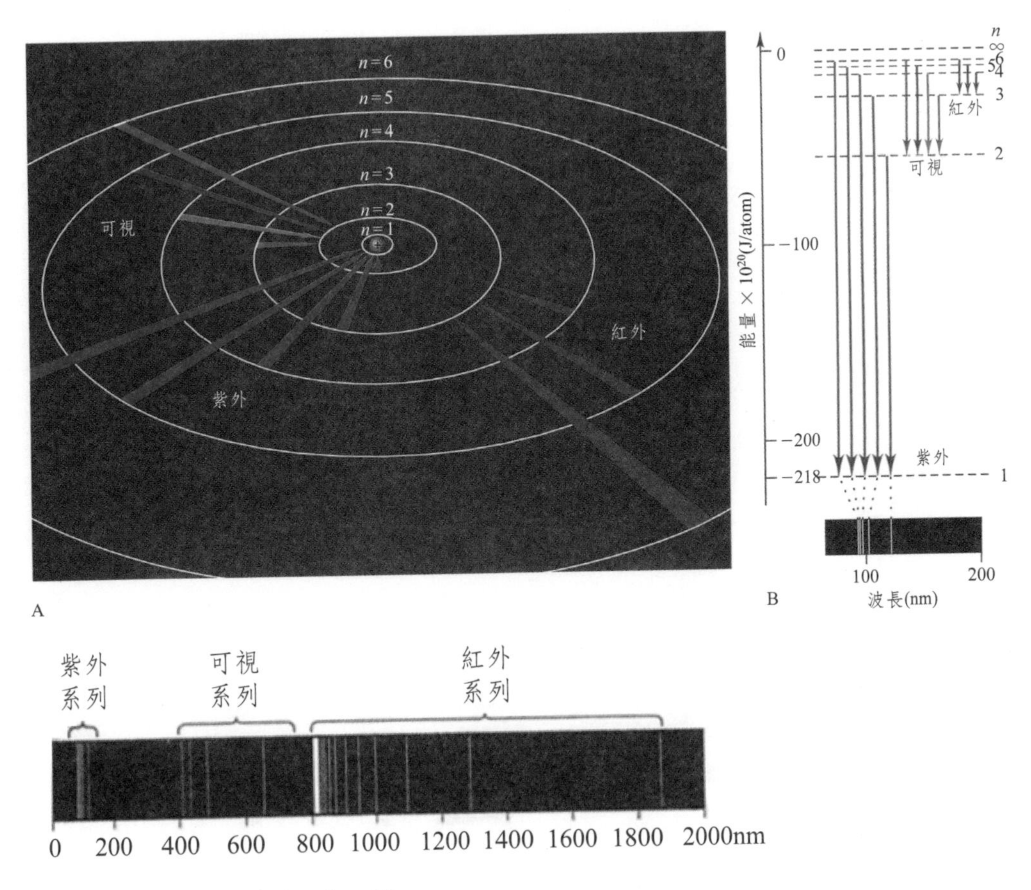

（圖片引自 Siberberg "chemistry"）

圖 1-24 氫原子光譜與能階

原子序		1	2	3	4	5	6	7	8	9	10	11	12	13	14	15	16	17	18
元素記號		H	He	Li	Be	B	C	N	O	F	Ne	Na	Mg	Al	Si	P	S	Cl	Ar
電子數	K殼	1	2	2	2	2	2	2	2	2	2	2	2	2	2	2	2	2	2
	L殼			1	2	3	4	5	6	7	8	8	8	8	8	8	8	8	8
	M殼											1	2	3	4	5	6	7	8

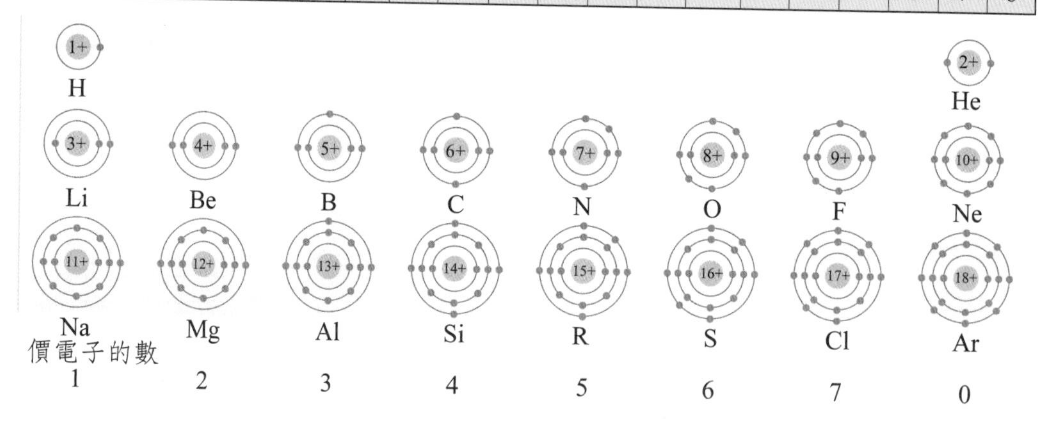

圖 1-25　原子的電子配置的波耳模型

來曼系（Lyman seris）　$\nu = R \times \left(\frac{1}{1^2} - \frac{1}{n^2}\right)$（紫外區）

巴耳麥系（Balmer seris）　$\nu = R \times \left(\frac{1}{2^2} - \frac{1}{n^2}\right)$（可見區）

帕申系（Paschen seris）　$\nu = R \times \left(\frac{1}{3^2} - \frac{1}{n^2}\right)$（紅外區）

布拉克系（Bracket seris）　$\nu = R \times \left(\frac{1}{4^2} - \frac{1}{n^2}\right)$（紅外區）

佈芬土系（Pfund seris）　$\nu = R \times \left(\frac{1}{5^2} - \frac{1}{n^2}\right)$（紅外區）

第六節　電子組態

一、測不準原理

拉塞福與波耳的原子模型均認為原子內的電子在一定的軌道繞著原子核做同心圓的圓周運動。惟人們總是根據古典力學來描述一個巨觀物體的運動狀態，對於微觀粒子的運動，古典力學不能適用。1926 年海增柏（Heisenberg）提出測不準原理（uncertainty principle）。設使用光學顯微鏡去觀察原子中的電子之位置時，光遭遇到大小與其波長相近的物體會產生繞射，因此物體的位置測量的準確度受入射光波長的限制。用光去測量物體位置的精確度（Δx）不能超過光的波長，如果設測物體本身小於光的波長，由於光會發生繞射而物體不能成像。電子是極微小的粒子，要準確測其位置必須使用極短波長的光，惟其動量愈高而光子與電子碰撞時將動量傳給電子，引起電子很大的動量變化（Δp）。相反的，若使用較長波的光，電子動量的變化不大，但其位置的測量誤差卻加大。海增柏測不準原理指出具有波性的微觀粒子，不能同時確定其座標和動量。原子核外的電子運動速率極快，遵循測不準原理，電子的運動沒有確定的軌道，只能以電子在原子核附近的空間出現的機率來表示。此電子出現機率較大的區域稱為軌域（orbital）。

二、電子軌域

1. s 軌域

氫原子的最低能階是 $n=1$，此能階的軌域數 $n^2=1^2=1$ 個。如圖 1-26 所示此軌域的電子在原子核的周圍，以球狀質點方式分佈。此一軌域稱為 1s軌域，最多可容納 2 個電子。1s 軌域電子可能出現的範圍相當大，但離原子核 0.53Å 處出現的機率最大。

2. p 軌域

$n=1$ 時只有一個 1s 軌域，但 $n=2$ 時應有 $2n^2=2\times2^2=8$ 個電子存在，這時除 2s 軌域可容納 2 個電子外，尚有 3 個 2p 軌域。p 軌域如圖所示以原子核為中心啞鈴狀的向左右、上下、前後空間，分別在 X、Y、Z 互相垂直的軸上分佈，各稱為 px、py、pz 軌域，每一 p 軌域均能容納 2 個電子。

3. d 軌域和 f 軌域

當 $n=3$ 時應有 $2\times3^2=18$ 個電子，9 個軌域。除了 3s容納 2 個電子，3p容納 6 個電子外，尚有 10 個電子進入 d 軌域。5 個 d 軌域如圖 1-26 所示相當複雜通常在普通化學不討論。$n=4$ 時應有 $2\times4^2=32$ 個電子，4s、4p 及 4d軌域進入 18 個電子外尚有 14 個電子進入 7 個 f 軌域，其形態複雜可省。

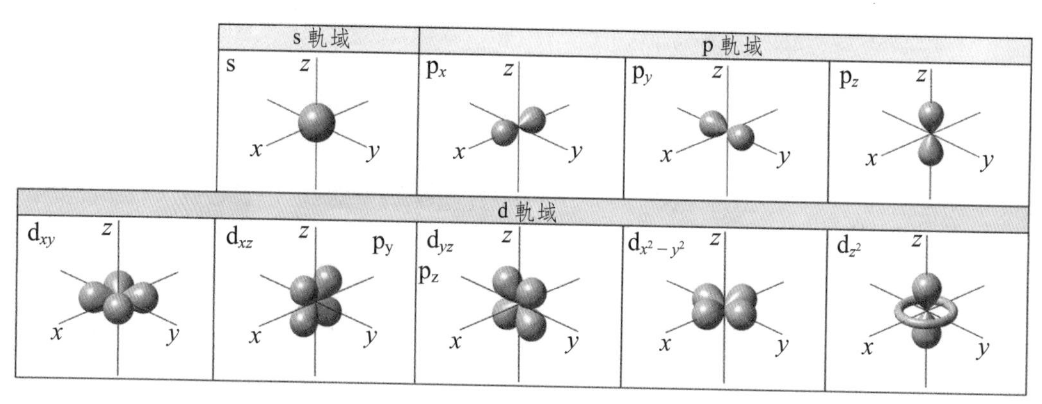

圖 1-26　s 軌域，p 軌域及 d 軌域的模型

三、電子組態

原子中電子排列的方式稱為該原子的電子組態（eletronic configuration）。從電子組態可知原子的電子數及所佔的軌域及能階。

1. 排列一原子的電子組態的原則

(1)構築原理：電子是從低能階到高能階的順序佔用軌域。

(2)庖立（Pauli）不相容原理：同一軌域僅可容納 2 個自旋方向相反的電子。

(3)罕德（Hund）定則：電子在能量相同的軌域上分佈時，總是盡可能以自旋相同的方向分佔不同的軌域。

以$_6C$為例，其電子組態為 $1s^2$，$2s^2$，$2p^2$，如 2 個 p 電子在同一軌域上排斥力大而在不同軌域且自旋方向平行時排斥力小故為 $1s^2$，$2s^2$，$2p_x^1$，$2p_y^1$。表 1-8 與原子序 1 到 11 元素的電子組態。

表 1-8　原子序 1 到 11 元素電子組態

元　素	電子組態					
$_1H$	$1s^1$					
$_2He$	$1s^2$					
$_3Li$	$1s^2$	$2s^2$				
$_4Be$	$1s^2$	$2s^2$				
$_5B$	$1s^2$	$2s^2$	$2p_x^1$			
$_6C$	$1s^2$	$2s^2$	$2p_x^1$	$2p_y^1$		
$_7N$	$1s^2$	$2s^2$	$2p_x^1$	$2p_y^1$	$2p_z^1$	
$_8O$	$1s^2$	$2s^2$	$2p_x^2$	$2p_y^1$	$2p_z^1$	
$_9F$	$1s^2$	$2s^2$	$2p_x^2$	$2p_y^2$	$2p_z^1$	
$_{10}Ne$	$1s^2$	$2s^2$	$2p_x^2$	$2p_y^2$	$2p_z^2$	
$_{11}Na$	$1s^2$	$2s^2$	$2p_x^2$	$2p_y^2$	$2p_z^2$	$3s^1$

2. 主量子數 n

主量子數（principal quantum number）n 為 1, 2, 3, 4……等的正整數，表示電子出現機率的區域離原子核的遠近和能量之高低。

3. 軌域量子數 l

軌域量子數（angular momentum quantum number）l 為 0, 1, 2, 3……(n=1)的整數決定電子角動量的大小，規定電子在空間角度的分佈情形，與電子雲形狀有關。

在 n=1 的 k 殼中 l=n − 1=0，因此只有 l=0 的軌域量子數即只有 1s 軌域。

在 n=2 的 L 殼中 l=0.1 的兩個軌域，即 2s，2p，相應有 2s，2p 電子。

在 n=3 的 M 殼中 l=0, 1, 2 的三個軌域，即 3s，3p，3d，相應有 3s，3p，3d 電子。

在 n=4 的 N 殼中 l=0, 1, 2, 3 四個軌域，即 4s，4p，4d，4f 軌域相應有 4s，4p，4d，4f 電子。

4. 磁量子數 m

磁量子數（magnetic quantum number）m 有 0，±1，±2……±l 共 $2l+1$ 個值，磁量子數在外磁場作用下，電子繞核運動的角動量在磁場方向上的分量大小，反映了原子軌域在空間的不同取向。

5. 自旋量子數 ms

電子自旋時不同的自旋角動量，其值可取 $+\frac{1}{2}$ 或 $-\frac{1}{2}$ 的自旋量子數（spin quantum number）。

以上 4 種量子數可決定原子中每個電子的運動狀態：主量子數 n 決定電子的能量與電子離原子核的遠近，軌域量子數 l 決定電子軌域的形狀，磁量子數 m 決定磁場中電子軌域在空間伸展方向不同時，電子運動角動量的分量大小，自旋量子數 ms 決定電子自旋的方向。表 1-9 為歸納 4 個量子數間之關係。

表 1-9　量子數與原子軌域

n	l	軌域符號	m	軌域數		m_s	電子最大容量	
1	0	1s	0	1		$\pm\frac{1}{2}$	2	
2	0	2s	0	1	4	$\pm\frac{1}{2}$	2	8
	1	2p	0, ±1	3		$\pm\frac{1}{2}$	6	
3	0	3s	0	1	9	$\pm\frac{1}{2}$	2	18
	1	3p	0, ±1	3		$\pm\frac{1}{2}$	6	
	2	3d	0, ±1, ±2	5		$\pm\frac{1}{2}$	10	
4	0	4s	0	1	16	$\pm\frac{1}{2}$	2	32
	1	4p	0, ±1	3		$\pm\frac{1}{2}$	6	
	2	4d	0, ±1, ±2	5		$\pm\frac{1}{2}$	10	
	3	4f	0, ±1, ±2, ±3	7		$\pm\frac{1}{2}$	14	

四、多電子組態

美國化學家包林（Pauling）指出在氫原子中原子軌域能量只與 n 有關，但在多電子原子中軌域能量與 n 和 l 都有關。包林用小圓圈代表原子軌域依照能量高低順序排列如圖 1-27 的能階圖，此能階圖中每一方框中的軌域能量相近。

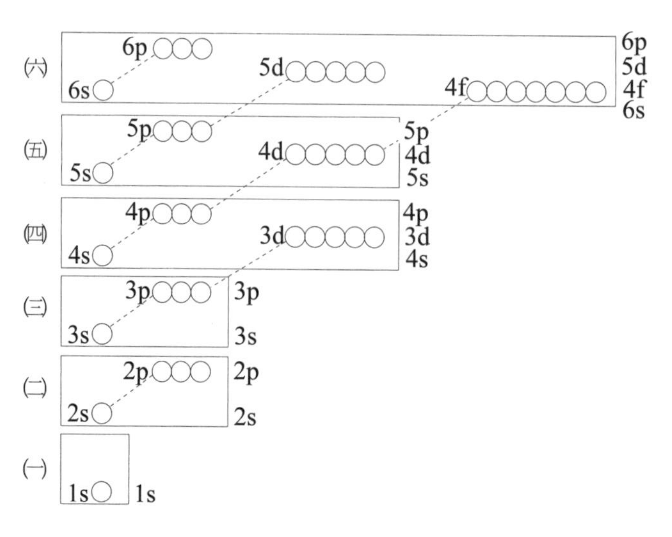

圖 1-27　原子的近似能階圖

由圖 1-27 可知軌域量子數 l 相同的能階能量由主量子數 n 決定，如 s 軌域及 p 軌域能階順序為：

$$E_{1s} < E_{2s} < E_{3s} < E_{4s}$$
$$E_{2p} < E_{3p} < E_{4p} \cdots$$

但主量子數n相同，軌域量子數 l 不同的能階，能量隨 l 的增加而升高，例如：

$$E_{ns} < E_{np} < E_{nd} < E_{nf}$$

此現象稱為能階分裂。當主量子數 n 和軌域量子數 p 都不相同時，還會出現能階交替現象。例如：

$$E_{4s} < E_{3d} < E_{4p}$$
$$E_{5s} < E_{4d} < E_{5p}$$
$$E_{6s} < E_{4f} < E_{5d} < E_{6p}$$

如依照包林能階圖各軌域能量低到高的順序填充電子時所得結果與光譜實驗所得各元素原子中的電子排布情形大致符合，可將能階圖當做多電子組態之填充順序圖。表 1-10 為繼續表 1-8 原子序 12 以後元素的電子組態。

表 1-10　原子序 12 以後元素之電子組態

元　素	電子組態	元　素	電子組態
$_{12}Mg$	$1s^2\ 2s^2\ 2p^6\ 3s^2$	$_{24}Cr$	$[Ar]\ 3d^5\ 4s^1$
$_{13}Al$	$1s^2\ 2s^2\ 2p^6\ 3s^2\ 3p^1$	$_{25}Mn$	$[Ar]\ 3d^5\ 4s^2$
$_{14}Si$	$1s^2\ 2s^2\ 2p^6\ 3s^2\ 3p^2$	$_{26}Fe$	$[Ar]\ 3d^6\ 4s^2$
$_{15}P$	$1s^2\ 2s^2\ 2p^6\ 3s^2\ 3p^3$	$_{27}Co$	$[Ar]\ 3d^7\ 4s^2$
$_{16}S$	$1s^2\ 2s^2\ 2p^6\ 3s^2\ 3p^4$	$_{28}Ni$	$[Ar]\ 3d^8\ 4s^2$
$_{17}Cl$	$1s^2\ 2s^2\ 2p^6\ 3s^2\ 3p^5$	$_{29}Cu$	$[Ar]\ 3d^{10}\ 4s^1$
$_{18}Ar$	$1s^2\ 2s^2\ 2p^6\ 3s^2\ 3p^6$	$_{30}Zn$	$[Ar]\ 3d^{10}\ 4s^2$
$_{19}K$	$[Ar]\ 4s^1$	$_{31}Ca$	$[Ar]\ 3d^{10}\ 4s^2\ 4p^1$
$_{20}Ca$	$[Ar]\ 4s^2$	$_{32}Ge$	$[Ar]\ 3d^{10}\ 4s^2\ 4p^2$
$_{21}Se$	$[Ar]\ 3d^1\ 4s^2$	$_{33}As$	$[Ar]\ 3d^{10}\ 4s^2\ 4p^3$
$_{22}Ti$	$[Ar]\ 3d^2\ 4s^2$	$_{34}Se$	$[Ar]\ 3d^{10}\ 4s^2\ 4p^4$
$_{23}V$	$[Ar]\ 3d^3\ 4s^2$	$_{35}Br$	$[Ar]\ 3d^{10}\ 4s^2\ 4p^5$

$_{36}Kr$	[Ar] $3d^{10}$ $4s^2$ $4p^6$	$_{73}Ta$	[Xe] $4f^{14}$ $5d^3$ $6s^2$
$_{37}Rb$	[Kr] $5s^1$	$_{74}W$	[Xe] $4f^{14}$ $5d^4$ $6s^2$
$_{38}Sr$	[Kr] $5s^2$	$_{75}Re$	[Xe] $4f^{14}$ $5d^5$ $6s^2$
$_{39}Y$	[Kr] $4d^1$ $5s^2$	$_{76}Os$	[Xe] $4f^{14}$ $5d^6$ $6s^2$
$_{40}Zr$	[Kr] $4d^2$ $5s^2$	$_{77}Ir$	[Xe] $4f^{14}$ $5d^7$ $6s^2$
$_{41}Nb$	[Kr] $4d^4$ $5s^1$	$_{78}Pt$	[Xe] $4f^{14}$ $5d^9$ $6s^1$
$_{42}Mo$	[Kr] $4d^5$ $5s^1$	$_{79}Au$	[Xe] $4f^{14}$ $5d^{10}$ $6s^1$
$_{43}Tc$	[Kr] $4d^5$ $5s^2$	$_{80}Hg$	[Xe] $4f^{14}$ $5d^{10}$ $6s^2$
$_{44}Ru$	[Kr] $4d^7$ $5s^1$	$_{81}Tl$	[Xe] $4f^{14}$ $5d^{10}$ $6s^2$ $6p^1$
$_{45}Rh$	[Kr] $4d^8$ $5s^1$	$_{82}Pb$	[Xe] $4f^{14}$ $5d^{10}$ $6s^2$ $6p^2$
$_{46}Pd$	[Kr] $4d^{10}$	$_{83}Bi$	[Xe] $4f^{14}$ $5d^{10}$ $6s^2$ $6p^3$
$_{47}Ag$	[Kr] $4d^{10}$ $5s^1$	$_{84}Po$	[Xe] $4f^{14}$ $5d^{10}$ $6s^2$ $6p^4$
$_{48}Cd$	[Kr] $4d^{10}$ $5s^2$	$_{85}At$	[Xe] $4f^{14}$ $5d^{10}$ $6s^2$ $6p^5$
$_{49}In$	[Kr] $4d^{10}$ $5s^2$ $5p^1$	$_{86}Rn$	[Xe] $4f^{14}$ $5d^{10}$ $6s^2$ $6p^6$
$_{50}Sn$	[Kr] $4d^{10}$ $5s^2$ $5p^2$	$_{87}Fr$	[Rn] $7s^1$
$_{51}Sb$	[Kr] $4d^{10}$ $5s^2$ $5p^3$	$_{88}Ra$	[Rn] $7s^2$
$_{52}Te$	[Kr] $4d^{10}$ $5s^2$ $5p^4$	$_{89}Ac$	[Rn] $6d^1$ $7s^2$
$_{53}I$	[Kr] $4d^{10}$ $5s^2$ $5p^5$	$_{90}Th$	[Rn] $6d^2$ $7s^2$
$_{54}Xe$	[Kr] $4d^{10}$ $5s^2$ $5p^6$	$_{91}Pa$	[Rn] $5f^2$ $6d^1$ $7s^2$
$_{55}Cs$	[Xe] $6s^1$	$_{92}U$	[Rn] $5f^3$ $6d^1$ $7s^2$
$_{56}Ba$	[Xe] $6s^2$	$_{93}Np$	[Rn] $5f^4$ $6d^1$ $7s^2$
$_{57}La$	[Xe] $5d^1$ $6s^2$	$_{94}Pu$	[Rn] $5f^6$ $7s^2$
$_{58}Ce$	[Xe] $4f^1$ $5d^1$ $6s^2$	$_{95}Am$	[Rn] $5f^7$ $7s^2$
$_{59}Pr$	[Xe] $4f^3$ $6s^2$	$_{96}Cm$	[Rn] $5f^7$ $6d^1$ $7s^2$
$_{60}Nd$	[Xe] $4f^4$ $6s^2$	$_{97}Bn$	[Rn] $5f^9$ $7s^2$
$_{61}Pm$	[Xe] $4f^5$ $6s^2$	$_{98}Cf$	[Rn] $5f^{10}$ $7s^2$
$_{62}Sm$	[Xe] $4f^6$ $6s^2$	$_{99}Es$	[Rn] $5f^{11}$ $7s^2$
$_{63}Eu$	[Xe] $4f^5$ $6s^2$	$_{100}Fm$	[Rn] $5f^{12}$ $7s^2$
$_{64}Gd$	[Xe] $4f^5$ $5d^1$ $6s^2$	$_{101}Md$	[Rn] $5f^{13}$ $7s^2$
$_{65}Tb$	[Xe] $4f^9$ $6s^2$	$_{102}No$	[Rn] $5f^{14}$ $7s^2$
$_{66}Dy$	[Xe] $4f^{10}$ $6s^2$	$_{103}Lr$	[Rn] $5f^{14}$ $6d^1$ $7s^2$
$_{67}Ho$	[Xe] $4f^{11}$ $6s^2$	$_{104}Rf$	[Rn] $5f^{14}$ $6d^2$ $7s^2$
$_{68}Er$	[Xe] $4f^{12}$ $6s^2$	$_{105}Ha$	[Rn] $5f^{14}$ $6d^3$ $7s^2$
$_{69}Tm$	[Xe] $4f^{13}$ $6s^2$	$_{106}Sg$	[Rn] $5f^{14}$ $6d^4$ $7s^2$
$_{70}Yb$	[Xe] $4f^{14}$ $6s^2$	$_{107}Bh$	[Rn] $5f^{14}$ $6d^5$ $7s^2$
$_{71}Lu$	[Xe] $4f^{14}$ $5d^1$ $6s^2$	$_{108}Lr$	[Rn] $5f^{14}$ $6d^6$ $7s^2$
$_{72}Hf$	[Xe] $4f^{14}$ $5d^2$ $6s^2$	$_{109}Mt$	[Rn] $5f^{14}$ $6d^7$ $7s^2$

第七節　元素週期表

一年有四季：春、夏、秋、冬，大自然總是有規律的循環不息而影響人類的生活習性。科學也像大自然一樣，試圖尋求反覆循環的規律性。1863 年英國的紐蘭（John Newlands）發現元素性質的規律性。他將當時已知的元素順原子量增加順序排列時，發現從任一元素算起每到第八元素的性質與第一個元素的性質相似的循環規律性。此規律性與音樂的八音程相似，因此紐蘭取名為元素的八度律（law of octaves）。表 1-11 為紐蘭的元素八度律，惟此一排列法對於一、二列元素很適合，但第三列以後元素就不適合了。

表 1-11　紐蘭的元素八度律

1	2	3	4	5	6	7	8
Li	Be	B	C	N	O	F	Na
Na	Mg	Al	Si	P	S	Cl	K
K							

一、門得列夫元素週期表

19 世紀中葉俄國化學家門得列夫（Dmitri Mendeleev）根據元素的化學性質、原子價、原子量等之關係，從事元素之分類。他發現一價元素都是活潑的金屬元素，七價元素都是非金屬元素，四價元素的性質介於金屬與非金屬之間使其堅信各元素之間一定存在一種規律性。門得列夫將各元素依照原子量增加的順序排列結果，發現鈉元素與鉀元素的原子量相差很多，但兩者的化學性質很相似，氯元素與鉀元素的原子量相差不多，但兩者的化學性質全然不同。鉀以後的元素，隨原子量的增加其化學性質顯然與鈉到氯的順序相類似的轉變，故門得列夫堅信各元素的化學性質具有週期性變化的規律存在，於 1869 年門得列夫提出元素的性質隨原子量的增加而有週期性改變的元素週期律（periodic law of elements）及元素週期表（periodic table of elements）。圖 1-28 為門得列夫初期元素週期表。

ОПЫТЪ СИСТЕМЫ ЭЛЕМЕНТОВЪ,

ОСНОВАННОЙ НА ИХЪ АТОМНОМЪ ВѢСѢ И ХИМИЧЕСКОМЪ СХОДСТВѢ.

			Ti=50	Zr=90	?=180.
			V=51	Nb=94	Ta=182.
			Cr=52	Mo=96	W=186.
			Mn=55	Rh=104,4	Pt=197,4
			Fe=56	Ru=104,4	Ir=198.
			Ni=Co=59	Pl=106,6	Os=199.
H=1			Cu=63,4	Ag=108	Hg=200.
	Be=9,4	Mg=24	Zn=65,2	Cd=112	
	B=11	Al=27,4	?=68	Ur=116	Au=197?
	C=12	Si=28	?=70	Sn=118	
	N=14	P=31	As=75	Sb=122	Bi=210?
	O=16	S=32	Se=79,4	Te=128?	
	F=19	Cl=35,5	Br=80	I=127	
Li=7	Na=23	K=39	Rb=85,4	Cs=133	Tl=204.
		Ca=40	Sr=87,6	Ba=137	Pb=207.
		?=45	Ce=92		
		?Er=56	La=94		
		?Yt=60	Di=95		
		?In=75,6	Th=118?		

圖 1-28　門得列夫週期表

1. 門得列夫週期表的優點

元素週期表不但把混亂的各種元素歸納成有秩序的排列，根據元素在週期表的位置可瞭解未知元素的物理及化學性質外，可預言尚未發現的新元素及其性質。如圖 1-28 所示矽元素與錫元素間有一空位。此一空位的元素門得列夫取名為擬矽（ekasilicon）並預測其性質如表 1-12 所示。

表 1-12　門得列夫預測與實際性質

擬矽（ekasilicon, Es）		鍺（germanium, Ge）
1871 預測		1886 發現
原子量	72	72.6
熔　點	甚高	958℃

密　度	5.58/cm³	5.368/cm³
外　觀	暗灰色金屬	灰色金屬
來　源	從 K_2EsF_6 製得	從 K_2GeF_6 製得
氧化物	EsO_2	GeO_2
密度（氧化物）	4.7 g/cm³	4.70 g/cm³
HCl 溶解度	難溶於 HCl	不溶於 HCl

1886 年發現鍺元素後，科學家都很驚訝，鍺的性質與門得列夫的預測幾乎一致。門得列夫曾預言鈧、鎵、鍺、鎝、錸及釙等六元素的性質，後來這些元素被發現後，各元素的性質都與其預測的極為相近。今日我們亦可使用元素週期表預測原子序 111 以上尚未發現的新元素的性質。如原子序 118 的元素為元素週期表第七週期的最後一個元素，其性質與惰性氣體的氡相似，具有放射性，半生期很短。

門得列夫週期表另一優點為可校正錯誤觀念。在週期表未發表以前，科學家認為鈹（Be）是三價的元素，其原子量為 13.5，但門得列夫在排週期表時無適當空格容納鈹，後來發現硫酸鈹（$BeSO_4$）與硫酸鎂（$MgSO_4$）的性質很相似，重新測得其原子量為 9 而不是 13.6，故排於鎂之上面。

2. 門得列夫週期表的缺點

雖然門得列夫週期表為 19 世紀最佳的元素分類法，但仍存在著一些缺點：

⑴氫沒有適當位置

氫是最重要元素之一，但在門得列夫週期表上沒有適當的位置容納氫。

⑵元素位置有顛倒的

門得列夫以原子量增加的順序排列時，為遷就元素性質的相似性，有原子量順序顛倒的情況存在。例如氬的原子量為 39.948，鉀的原子量為 39.102。但在週期表中氬卻排在鉀之前。如此情形亦發生於鎳與鈷，碘與碲，鏷與釷之間。開始時以為原子量的測定有誤，惟經精密測定結果無誤，故門得列夫週期律需一部分修正。

二、現代元素週期表

1913 年英國莫色勒（Henry Moseley）測各元素的 x 射線光譜提出原子序的

觀念後，門得列夫週期表中原子量顛倒的問題獲得解決。現代元素週期律為：元素的物理及化學性質為原子序的週期函數。圖為現代所用的元素週期表。

週期表由一橫列稱為週期，由第一週期到第七週期，其名稱及元素數目表示於表 1-13。週期表的每一縱行稱為族，共有十八族，同一族的元素其化學性質相似。表 1-14 為各族與其名稱。

週期＼族	1	2	3	4	5	6	7	8	9	10	11	12	13	14	15	16	17	18
1	H																	He
2	Li	Be											B	C	N	O	F	Ne
3	Na	Mg											Al	Si	P	S	Cl	Ar
4	K	Ca	Sc	Ti	V	Cr	Mn	Fe	Co	Ni	Cu	Zn	Ga	Ge	As	Se	Br	Kr
5	Rb	Sr	Y	Zr	Nb	Mo	Tc	Ru	Rh	Pd	Ag	Cd	In	Sn	Sb	Te	I	Xe
6	Cs	Ba	*	Hf	Ta	W	Re	Os	Ir	Pt	Au	Hg	Tl	Pb	Bi	Po	At	Rn
7	Fr	Ra	**	Rf	Db	Sg	Bh	Hs	Mt									

非金屬元素
金屬元素

* La～Lu　　** Ac～Lr 為內過渡元素

*	La	Ce	Pr	Nd	Pm	Sm	Eu	Gd	Tb	Dy	Ho	Er	Tm	Yb	Lu
**	Ac	Th	Pa	U	Np	Pu	Am	Cm	Bk	Cf	Es	Fm	Md	No	Lr

圖 1-29　現代使用的元素週期表

表 1-13　元素週期表中的週期

週　期	名　稱	起迄元素	元素數
1	最短週期	氫　氦	2
2	短　週　期	鋰　氖	8
3	短　週　期	鈉　氬	8
4	長　週　期	鉀　氪	18
5	長　週　期	銣　氙	18
6	最長週期	銫　氡	32
7	未完成週期	鍅　?	

表 1-14 各族與元素群名稱

族	族名（所屬元素）	族	族名（所屬元素）
1	鹼金族（Li, Na, K, Rb, Cs, Fr）	10	鎳族（Ni, Pd, Pt）
2	鹼土金族（ea, Sr, Ba, Ra）	11	銅族（Cu, Ag, Au）
3	稀土類（Se, Y, La～Lu, Ac～Lr）	12	鋅族（Zn, Cd, Hg）
4	鈦族（Ti, Zr, Hz）	13	鋁族（Al, Ga, In, Tl）
5	釩族（V, Nb, Ta）	14	碳族（C, Si, Ge, Sn, Pb）
6	鉻族（Cr, Mo, W）	15	氮族（N, P, As, Sb, Bi）
7	錳族（Mn, Tc, Re）	16	氧族（O, S, Se, Te, Po）
8	鐵族（Fe, Ru, Os）	17	鹵族（F, Cl, Br, I, At）
9	鈷族（Co, Rn, In）	18	惰性氣體（He, Ne, Ar, Kr, Xe, Rn）

1. 元素性質的週期性

每一週期的元素，自週期表的左到右，其物理性質及化學性質都隨原子序的增加而遞變。

⑴物理性質

每週期中的元素之熔點、沸點及原子體積及密度等隨原子序的增加而有週期性的改變。圖 1-30 表示熔點與沸點，圖 1-31 表示原子體積，圖 1-32 表示密度等隨原子序週期性改變的情形。

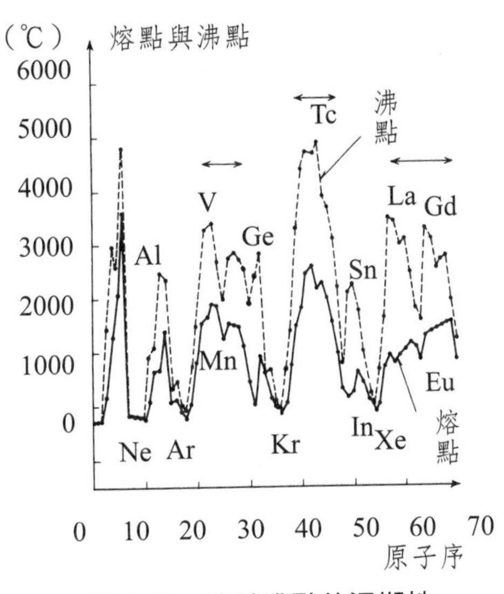

圖 1-30 熔點沸點的週期性

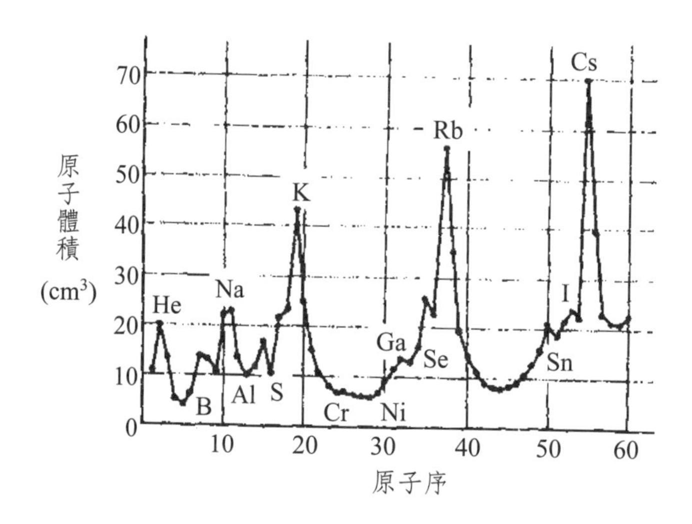

圖 1-31　原子體積週期性

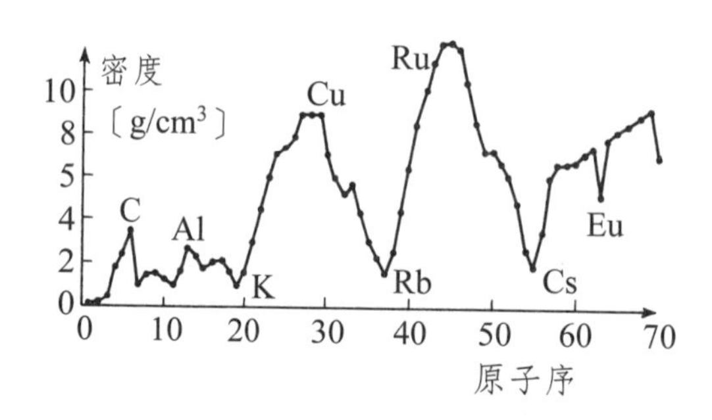

圖 1-32　密度的週期性

⑵化學性質

每一週期中的元素之成鹼性自左向右逐漸減少，成酸性逐漸增加到第 17 族為止。元素的金屬性亦由左向右逐漸減弱而非金屬性逐漸增強。例如第三週期，最左邊的鈉溶於水成強鹼的氫氧化鈉，鎂溶於水成氫氧化鎂之鹼性較弱，鋁為兩性元素具有成鹼性及成酸性，磷的成酸性較強，硫的成酸性更強而氯的成酸性最強。

2. 同族元素的關係

⑴物理性質

同族元素的熔點、沸點及密度等都隨原子序的增加（週期表同族由上向下）而遞變。此情形可由圖 1-31 至圖 1-32 可看出外，從表 1-15 可看出第十七族鹵素物理性質的變遷。

表 1-15 鹵素物理性質

元素	原子序	原子量	物理狀態	熔點（℃）	沸點（℃）	比重
氟 F	9	19.00	淡黃色氣體	−218	−188	1.108(l)
氯 Cl	17	35.46	黃綠色氣體	−103	−34.6	1.577(l)
溴 Br	35	79.92	紅棕色流體	−7.2	58.8	3.119(l)
碘 I	53	126.92	紫黑色固體	113.7	184.4	4.93(s)

⑵化學性質

同族元素的化學性質很相似，惟隨原子序的增加同族元素由上向下，化學性質會遞變。例如鹼金族元素的成鹼性，從鋰開始增強到銫。鹵素族的成酸性即以氟最強而減弱到碘。

3.元素週期表與電子組態

隨原子結構奧秘的解開，科學家發現元素週期表與游離能，電子親和力、電負度及電子組態等都有密切有關係。

⑴游離能

從氣態原子移出一個最外殼的電子所需要的能量，稱為該元素的第一游離能（ionization energy）。

$$A_{(g)} + 游離能 \rightarrow A^{+}_{(g)} + e^{-}$$

同樣，移出第二個電子所需的能量稱為第二游離能。表 1-16 表示原子序 1～20 元素的第一游離能。圖 1-33 為游離能與原子序的相關曲線。在同一週期元素的第一游離能，由左向右順序增加。但同一族元素的游離能，由上向下隨原子序增加而減少的趨勢。金屬元素游離能較低較易失去電子，非金屬元素游離能較高較不易失去電子。

表 1-16 第一游離能（千焦／莫耳）

H 1312.1							He 2372.5
Li 520.3	Be 899.5	B 800.7	C 1086.5	N 1402.4	O 1314.0	F 1681.1	Ne 2080.5
Na 495.9	Mg 737.8	Al 577.6	Si 786.5	P 1011.8	S 999.7	Cl 1251.2	Ar 1520.6
K 418.9	Ca 589.9						

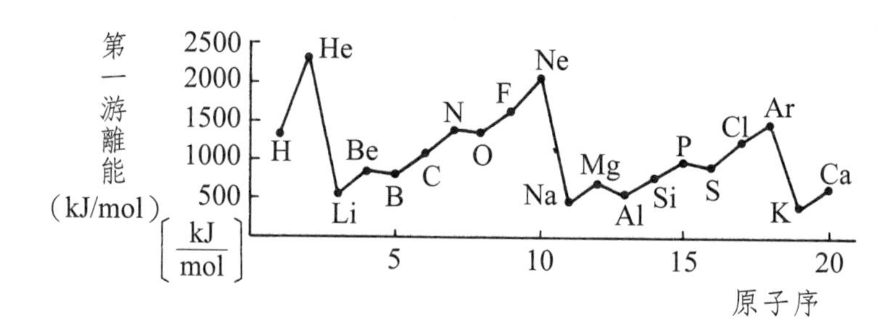

圖 1-33　元素第一游離能與原子序

惰性氣體的游離能最高最不易失去電子。從測定所得的游離能效值可確認電子組態的概念。

⑵電子親和力

在基態原子添加一個電子所放出的能量稱為電子親和力（electron affinity）。

$$A_{(g)} + e^- \rightarrow A^-_{(g)} + \text{電子親和力}$$

此一過程通常是放出能量，因此以負值表示，表 1-17 為一些元素之電子親和力。

表 1-17　電子親和力（千焦／莫耳）

H −72							He +54
Li −57	Be +66	B −15	C −121	N +31	O −142	F −333	Ne +99
Na −21	Mg +67	Al −26	Si −135	P −60	S −200	Cl −346	
						Br −324	
						I −295	

表中電子親和力「+」值表示添加一個電子時需要加能量使原子接受電子。通常電子親和力愈大，其游離能愈大，金屬元素的電子親和力較低，非金屬元素的電子親和力較大。

⑶電子組態與週期表

元素週期表與電子組態有密切的關係。表 1-18 為第一到第三週期元素的電子組態。

表 1-18 第一到第三週期元素電子組態

週期＼族	1	2	13	14	15	16	17	18
1	$_1H$ $1s^1$							$_2He$ $1s^2$
2	$_3Li$ $2s^1$	$_4Be$ $2s^2$	$_5B$ $2s^22p^1$	$_6C$ $2s^22p^2$	$_7N$ $2s^22p^3$	$_8O$ $2s2p^4$	$_9F$ $2s^22p^5$	$_{10}Ne$ $2s^22p^6$
3	$_{11}Na$ $3s^1$	$_{12}Mg$ $3s^2$	$_{13}Al$ $3s^22p^1$	$_{14}Si$ $3s^22p^2$	$_{15}P$ $3s^22p^3$	$_{16}S$ $3s2p^4$	$_{17}Cl$ $3s^22p^5$	$_{18}Ar$ $3s^22p^6$

每一週期的第一個元素為電子進入新主殼的開始。第一週期只有兩個元素及一個s軌域，第二週期的 8 個元素自左的鋰開始依次由 $2s^1$填入到最右邊隋性氣體的如 $2s^22p^6$氖的電子組態顯示 ns^2np^6為最安定八隅體排列。元素按照電子組態可分為四大類。

a. 典型元素　週期表的 1，2 族（填 s 軌域）及 13 到 17 族的 ns^2np^{6-1}的電子組態的稱為典型元素（typical elements）。典型元素有金屬元素及非金屬元素。

b. 惰性元素　在元素週期表最右一行的 18 族元素為惰性氣體（inert gas），其電子組態除第一週期氦為 $1s^2$ 外，其他的都是 ns^2np^6 的八隅體安定組態。惰性氣體都是無色，無臭，無味的氣體，化學性質不活潑，極難與其他元素化合的稀有氣體。

c. 過渡元素　元素週期表中第 3 族到 12 族的元素稱為過渡元素（transition elements）。這些元素都是金屬元素，其電子組態為最外殼的 ns 軌域及次外殼的(n-1)d 軌域而這兩軌域的電子都能參與化學反應。

d. 內過渡元素　在元素週期表下面，設兩橫行的鑭系元素（lanthanides）及錒系元素（actinides），總稱為內過渡元素（innear transition element）。內過渡元素都是金屬元素而屬於元素週期表的第六及第七週期元素，其電子組態除 s, p, d 軌域外，尚可填入 f 軌域，因此 ns, (n-1)d 及(n-2)f 軌域的電子都可參加化學反應。將元素週期表與電子組態的關係歸納於圖 1-34。

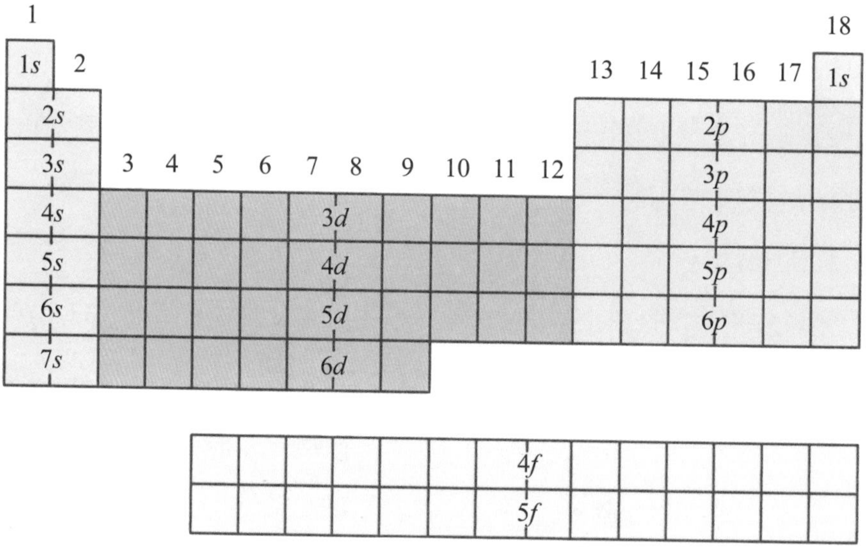

1 2 3 4 5 6 7 8 9 10 11 12 13 14 15 16 17 18

1s 1s

2s 2p

3s 3p

4s 3d 4p

5s 4d 5p

6s 5d 6p

7s 6d

4f

5f

圖 1-34　元素週期表與電子組態

第一章　習題

1. 此地有氫和氧化合所成的化合物 A，及氫和氧混合所成的混合物 B。下面敘述那幾項代表 A，那幾項代表 B？
⑴液化時可分離出氧和氫。
⑵此物質不具有原來的氫或氧的性質。
⑶此物質成分的氫與氧有一定的質量比。
⑷從氫和氧組成此物質是會發熱。
⑸此物質成分的氫與氧的比例可改變。
2. 分離混合物為其成分物質，有過濾、蒸餾、昇華、萃取、再結晶等方法，下列⑴到⑸的講述是使用那一方法的？
⑴加熱海水後冷卻所產生的水蒸氣得純粹的水。
⑵加入熱開水溶解茶的成分。
⑶使用濾紙分離氯化銀沈澱的水溶液。
⑷慢慢加熱含砂與碘，產生的氣體以放冷水的圓底燒瓶的底面冷卻。
⑸含 NaCl 的 KNO_3 晶體溶於高溫的水後，慢慢冷卻其水溶液。
3. 拉塞福以α射線對金箔的散射實驗發現原子核的存在。設使用與金箔相同厚度的銅箔做同樣的散射實驗時被彈回的α粒子數目會增加或減少？
4. 鈉與水反應生成鈉離子時，鈉原子產生下列那一項變化？
⑴一個電子進入鈉原子最外殼電子軌域。
⑵失去鈉原子最外殼軌域的一個電子。
⑶失去近鈉原子核的 k 殼電子。
⑷一個電子進入原子核。
5. 原子 A 到 E 的電子組態如下：
A：$1s^2$　$2s^2$　$2p^3$
B：$1s^2$　$2s^2$　$2p^4$
C：$1s^2$　$2s^2$　$2p^5$
D：$1s^2$　$2s^2$　$2p^6$
E：$1s^2$　$2s^2$　$2p^6$　$3s^1$
下列各項敘述最適合那一原子，以記號表示出。
⑴第一游離能最小的原子是（　）。
⑵第一游離能最大的原子是（　）。

⑶最容易成負一價陰離子的原子是（　）。

⑷最容易成正一價陽離子的原子是（　）。

6. 下表為元素週期表的一部分而表中的數字代表原子序，試根據此表回答⑴到⑶的問題。

族		12	13	14	15	16	17	18	18
週期	1	1							2
	2	3	4	5	6	7	8	9	10
	3	11	12	13	14	15	16	17	18

⑴試以原子序回答下列問題。

①易成 1 價陽離子的金屬元素及其族名。

②易成 1 價陰離子的非金屬元素及其族名。

③隋性氣體元素。

④不成離子與 4 個氫原子鍵結的元素。

⑵寫出下列下列原子的電子組態及價電子數。

①原子序 7 的原子

②原子序 9 的原子

③原子序 11 的原子

④原子序 16 的原子

⑶下列 A，B 元素互相成離子組成化合物時，回答 A，B 原子數之比如何？

① A：原子序 3　B：原子序 8

② A：原子序 9　B：原子序 12

③ A：原子序 11　B：原子序 16

④ A：原子序 13　B：原子序 8

⑤ A：原子序 13　B：原子序 17

7. 下表為原子、原子序、中子數、質量數、電子數等的關係表，請將空欄中填入原子記號或適當數值來完成整表。

原子	原子序	中子數	質量數	電子數
$^{13}_{6}C$			13	
			24	12
	17	18		

第2章

物質的變化

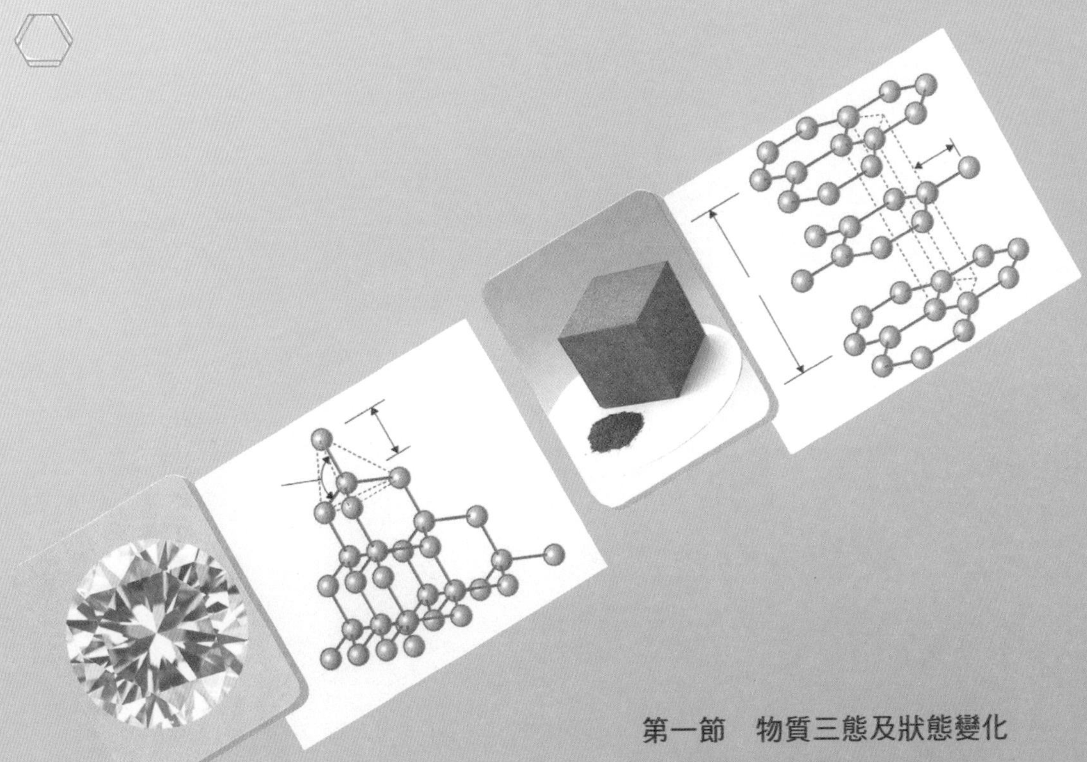

第一節　物質三態及狀態變化
第二節　化學變化及物質量
第三節　化學式及化學計量
第四節　化學反應與熱

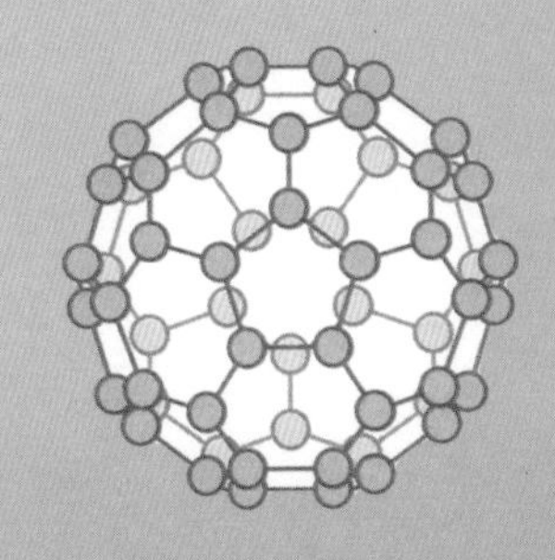

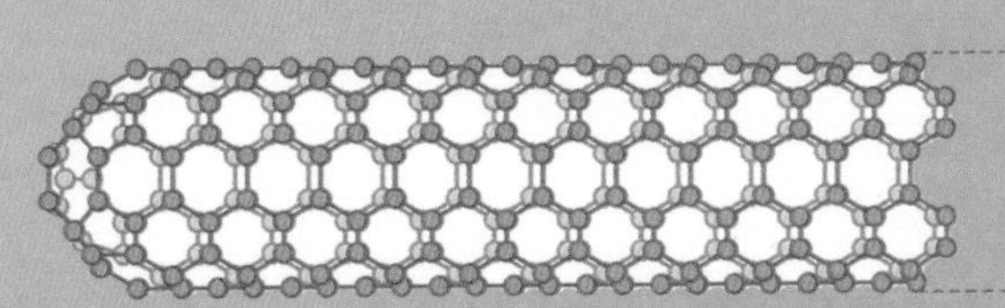

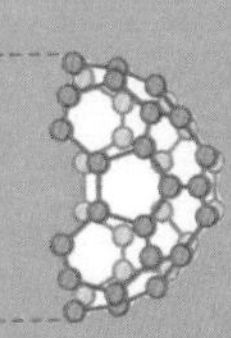

圖 2-1　水的循環

物質受環境的影響或與環境物質交互作用的時時刻刻都在改變。我們日常使用的水，無論是湖水、河水或井水，經陽光照射蒸發成水蒸氣，水蒸氣在天空凝結成雲、霧、霜、雨或雪降落於地面，雪或冰熔化為水而成水的循環。水的三態變化為變化前後的物質不會發生任何本質上的改變。稱為物理變化。另外，變化前的原物質消失而產生新物質的稱為化學變化。

第一節　物質三態及狀態變化

一、三態變化

物質因溫度與壓力在固體，液體及氣體三種狀態間改變。例如水在 1.01×10^5Pa壓力下，冷卻到0℃以下時結冰成固體。加熱到100℃以上沸騰為氣體。

空氣中的氮，經冷卻到−196℃時凝結為液態的氮，再冷卻到−210℃時凝固成固態的氮。如此氣體、液體、固體稱為物質的三態。固體具有一定的體積，如圖 2-2 所示，固體中物質的粒子（原子、分子或離子）整齊的排列在一定位置從事細的熱振動運動。固體熔化成液體時，一定量液體具有一定的形態，其形態隨容器而改變。氣體的粒子間距離很大，可自由運動，因此一定量氣體沒有一定的體積及形狀。

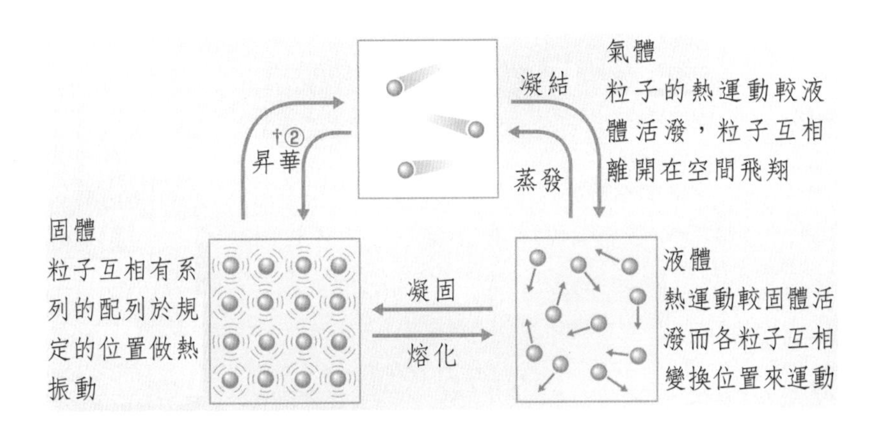

圖 2-2 物質三態

固體變為液體的現象稱為熔化，液體變固體的現象稱為凝固，其時的溫度各稱為熔點，凝固點。液體變為氣體的現象稱為蒸發，氣體變為液體的現象稱為凝結。特別從加熱液體到從液體內部有氣體蒸發的現象稱為沸騰而其溫度稱為沸點。

如圖 2-3 所示加熱碘固體時，碘不熔化成液體而直接變為紫色的碘蒸氣。如此固體物質不經過液體的過程而直接氣化的現象稱為昇華。相反地由氣體直接凝固為固體的現象亦稱為昇華。

圖 2-3 碘的昇華

二、熔化熱與汽化熱

圖 2-4 表示溫和加熱水時加熱時間與溫度關係的相關曲線。加熱冰時冰吸收熱而溫度上升到 0℃。到 0℃時，冰開始熔化，但到完全熔化為止溫度一直保持 0℃。冰熔化完後溫度再上升。通常壓力保持一定時，物質熔化時溫度會保持一定不變，這是因為從外部吸收的熱都用於熔化的過程，物質熔化時所吸收的熱量稱為熔化熱，凝固時所放出的熱量稱為凝固熱，兩者為同一值，以一莫耳水（18g）為 6.0kJ。在壓力 1.01×10^5Pa（1 氣壓）時，水的溫度到達 100℃時起沸騰。通常純物質在沸騰時溫度保持一定不變，這是因為從外部所吸收的熱都用於蒸發的過程。蒸發時所吸收的熱量稱為汽化熱，相等於凝結時所放出的凝結熱。

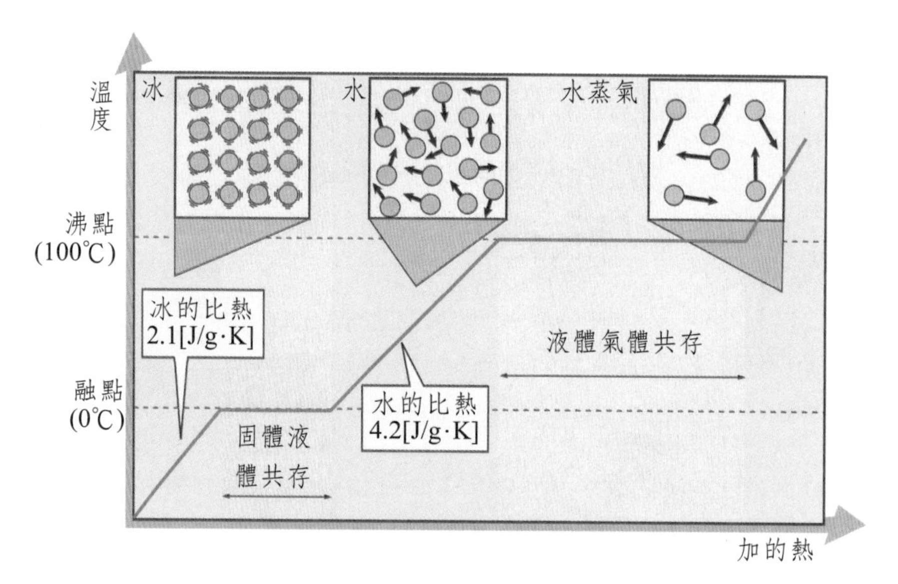

圖 2-4　水加熱的狀態變化

第二節　化學變化及物質量

物質以化學變化轉變為與原物質的性質完全不同的新物質。日常我們所使用的物質為多數的原子、分子或離子的集合體，在化學反應所處理物質的量時需要根據原子或分子數的變化，因此需要了解表示原子或分子質量的方法及表示原子或分子個數的莫耳（mole）觀念。

一、原子量、分子量與莫耳

1. 原子量

天然存在最重的鈾一原子質量約為 4.0×10^{-22}g，如此一個原子的質量非常小而將其值使用時相對不便。因此科學家都使用原子的相對質量來表示原子的質量稱為原子量（atomic weight）。現今的原子量是以碳的同位素 ^{12}C的質量為 12 做基準，其他原子與其比較的相對質量。

圖 2-5 表示米粒，紅豆及大豆相對質量的求法。一顆米粒 0.02g，紅豆 0.14g，大豆 0.26g，以原質量很難把握其關係，但以米粒為基準 1 時相對質量紅豆 7，大豆 13 較易互相比較。

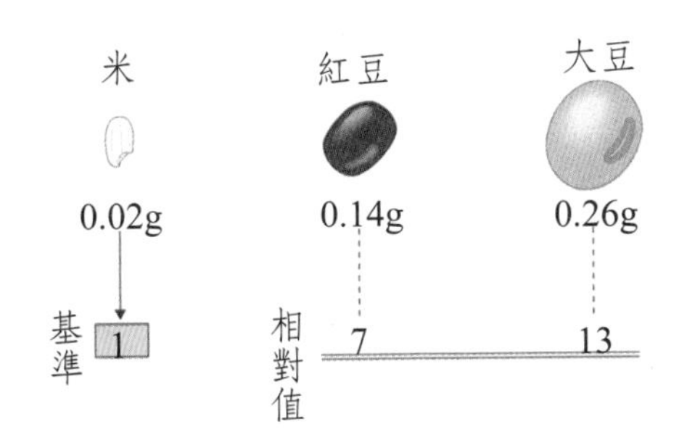

圖 2-5 米粒、紅豆、大豆的相對質量

以^{12}C 質量為 12，求各原子的相對質量之式為：

$$原子的相對質量=\frac{原子1個的質量}{^{12}C 原子1個的質量}\times 12$$

設氫原子質量為 1.6735×10^{-24}g，碳為 1.9926×10^{-23}g時，其相對質量為：

$$\frac{1.6735\times10^{-24}}{1.9926\times10^{-23}}\times 12=1.0078\doteqdot 1.00$$

表 2-1 為以^{12}C 原子質量 1.99×10^{-23}g 為 12 基準的相對質量。

表 2-1 原子質量與相對質量

原　子	質　量（g）	相對質量
$^{1}_{1}H$	1.67×10^{-24}	1.0
$^{4}_{2}He$	6.64×10^{-24}	4.0
$^{12}_{6}C$	1.99×10^{-23}	12（基準）
$^{16}_{8}O$	2.66×10^{-23}	16.0
$^{23}_{11}Na$	3.82×10^{-23}	23.0
$^{238}_{92}U$	3.95×10^{-22}	238.1

2. 同位素與原子量

同一元素的原子，原子核中質子數（即原子序）相同，中子數不同的稱為同位素（isotope）。天然存在的碳有兩種同位素一為 98.96%的 ^{12}C 及 1.10%的 ^{13}C，因此碳的原子量為：

$$12\times0.9896+13\times0.011=12.011$$

同樣天然存在的銅為 ^{63}Cu（相對質量 62.9）69.2%與 ^{65}Cu（相對質量 64.9）30.8%混合所成的，其原子量為：

$$62.9 \times 0.692 + 64.9 \times 0.308 = 63.5$$

表 2-2　表示一些元素的同位素及原子量的關係。

表 2-2　同位素與原子量

同位素	相對質量（$^{12}C=12$）	存在比（%）	元素的原子量
^1_1H	1.008	99.985	1.008
^2_1H	2.014	0.015	
^{12}C	12	98.90	12.01
^{13}C	13.003	1.10	
$^{16}_8O$	15.995	99.762	16.00
$^{17}_8O$	16.999	0.038	
$^{18}_8O$	17.999	0.200	

3. 分子量

以原子量相同基準所表示分子質量的相對值稱為分子量（molecular weight）。因此分子量可由構成分子的成分原子的原子量之總和來求得。例如水（H_2O），甲烷（CH_4）的分子量各為：

$$H_2O\text{ 的分子量} = 1.0 \times 2 + 16 = 18$$

$$CH_4\text{ 的分子量} = 12.0 + 1.0 \times 4 = 16$$

4. 式量

如氯化鈉（NaCl），銅（Cu），硫（S）等由離子或金屬構成的物質，不以分子為單位而以組成式代表的即使用式量（formula weight）代替分子量。式量為構成組成式的原子之原子量總和。例如氯化鈉（NaCl）及硫酸銨〔$(NH_4)_2SO_4$〕的式量各為：

$$NaCl\text{ 的式量} = 23 + 35.5 = 58.5$$

$$(NH_4)_2SO_4\text{ 的式量} = (14 + 1.0 \times 4) \times 2 + 32 + 16 \times 4 = 132$$

5. 物質量－莫耳

計測較多量的同樣物質時通常不一個一個的數，如使用一打鉛筆或一斤柳丁等。構成物質的粒子無論是原子、分子或離子都是極微小的粒子，因此科學家以亞佛加厥數（Avogadro's number）做為物質量的基本單位，稱為一莫耳（mole）。亞佛加厥數為 ^{12}C 即質量數 12 的碳 12g 中所含碳原子數，因 1 個 ^{12}C 的質量為 1.993×10^{-23}g 故亞佛加厥數為

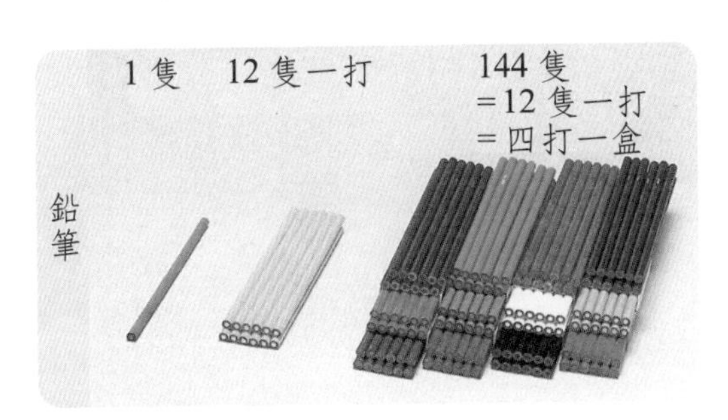

圖 2-6 一打鉛筆

$$\frac{12g}{1.993 \times 10^{-23}} = 6.02 \times 10^{23}$$

同樣 一莫耳原子 $= 6.02 \times 10^{23}$ 原子

一莫耳分子 $= 6.02 \times 10^{23}$ 分子

一莫耳離子 $= 6.02 \times 10^{23}$ 離子

表 2-3 表示原子、分子、離子的物質量與質量的關係。

表 2-3 物質量與質量

粒　子	原子量、分子量、式量	莫　耳	粒子數	質量（g）
C	12.0	1	6.02×10^{23} 原子	12.0
H_2O	18.0	1	6.02×10^{23} 分子	18.0
Na^+	23.0	1	6.02×10^{23} 離子	23.0
Cl^-	35.5	1	6.02×10^{23} 離子	35.5
NaCl	58.5	1	Na^+, Cl^- 各 6.02×10^{23} 離子	58.5

6. 莫耳質量

原子量或分子量的後面加克時，成為一莫耳物質的質量稱為莫耳質量並以 g/mol 單位表示。例如 1 莫耳鋁含有 6.02×10^{23} 個 Al 原子而其莫耳質量為 27 g/mol。表 2-4 為原子或分子的莫耳質量。

表 2-4 莫耳質量

	原子量或分子量	莫耳質量 g/mol
H	1.0	1.0
He	4.0	4.0
O	16.0	16.0
Na	23.0	23.0
H_2	2.0	2.0
N_2	28.0	28.0
CO_2	44.0	44.0
CH_4	16.0	16.0

7. 氣體的莫耳體積

亞佛加厥學說提示同溫同壓時，同體積的一切氣體都含有同數的分子。因此任何氣體一莫耳均含 6.02×10^{23} 個分子而溫度、壓力一定時其體積相同。實驗表示在標準狀況（0℃及一大氣壓）時，一莫耳氣體都是 22.4 升，此 22.4 升為任何氣體在標準狀況時的莫耳體積。圖 2-7 表示同一狀態時同體積的氣體含同數的分子，表 2-5 為氣體的莫耳體積。

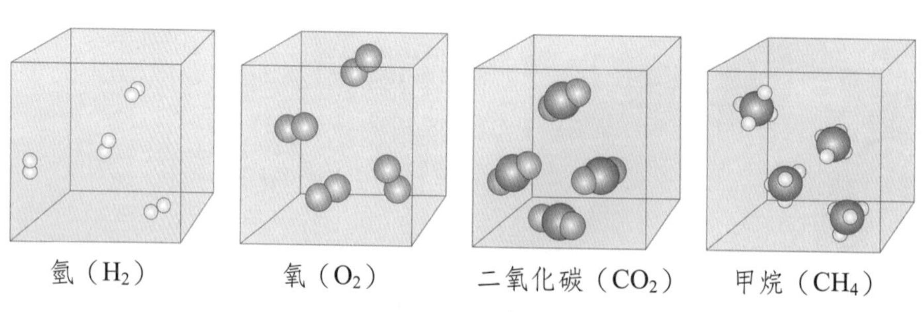

圖 2-7 氣體的體積與分子數

表 2-5 氣體的莫耳質量與體積

	氫 H_2	氧 O_2	二氧化碳 CO_2	甲烷 CH_4
莫耳	1	1	1	1
分子的個數	6.02×10^{23}	6.02×10^{23}	6.02×10^{23}	6.02×10^{23}
質量	2.0g	32.0g	44.0g	16.0g
體積（0℃, 1atm）	22.4L	22.4L	22.4L	22.4L

第三節 化學式及化學計量

一、化學式

使用元素符號表示物質組成的式稱為化學式。化學式的種類很多，最常見的有實驗式、分子式、結構式、示性式及電子點式等。

1. 實驗式

表示一物質中成分各原子最簡單整數比，但不代表其分子量的式，稱為實驗式（empirical formula）。例如醋酸的實驗式 CH_2O，表示醋酸是由碳、氫、氧以 1：2：1 的簡單整數比所組成的化合物。

2. 分子式

分子式（molecular formula）是表示物質一分子的組成及分子量的化學式。分子式所包容的含義有：

⑴表示此一分子含有那些原子所組成。例如醋酸的分子是由碳、氫、氧的原子組成。

⑵表示此物質分子中所含各原子的數目比。例如醋酸分子中碳、氫、氧以 2：4：2 組成。

⑶表示這物質的分子中所含原子的質量比。例如醋酸 $C_2H_4O_2$ 的質量比為 $12 \times 2 : 1 \times 4 : 16 \times 2 = 24 : 4 : 32 = 6 : 1 : 8$

⑷表示這物質的分子量。例如醋酸分子量 $= 12 \times 2 + 1 \times 4 + 16 \times 2 = 24 + 4 + 32 = 60$

表 2-6 表示常見物質的分子式及實驗式的關係

名稱	分子式	實驗式	分子量	實驗式量
過氧化氫	H_2O_2	HO	34	17
乙炔	C_2H_2	CH	26	13
苯	C_6H_6	CH	78	13
醋酸	$C_2H_4O_2$	CH_2O	60	30
葡萄糖	$C_6H_{12}O_6$	CH_2O	180	30

從表 2-6 可知乙炔與苯，或醋酸與葡萄糖的實驗式相同，但因分子式不同，因此兩者性質大大相異。同一物質的分子量與實驗式量之間有簡單整數倍的關係。

分子量=n× 實驗式量（n 為整數）

3. 結構式

表示分子內各原子間的鏈結情形的式稱為結構式（structural formula）。分子式雖然是表示一個分子中所含原子的比及分子量，但不表示原子是如何結合的。例如乙醇和甲醚的分子式都是C_2H_6O而分子量都是 46，但因結構式不同，乙醇為無色具芳香氣味的液體，甲醚為無色具清爽香味的氣體。

```
     H   H                H        H
     |   |                |        |
 H — C — C — O — H    H — C — O — C — H
     |   |                |        |
     H   H                H        H
```

乙醇結構式　　甲醚結構式

4. 示性式

如乙醇和甲醚一般，在有機化合物有許多分子式相同，但結構式不同而成同分異構物（isomer）。這些同分異構物通常以含有代表該物質屬性的官能基（functional group）的示性式來區別。例如表 2-7 為乙醇與甲醚的示性式與官能基的關係。

表 2-7　示性式與官能基

	分子式	示性式	官能基
乙醇	C_2H_6O	C_2H_5OH	−OH
甲醚	C_2H_6O	CH_3-O-CH_3	−O−

5. 電子點式

以電子點（electron dot）來表示原子的價電子及原子與原子結合情形的式

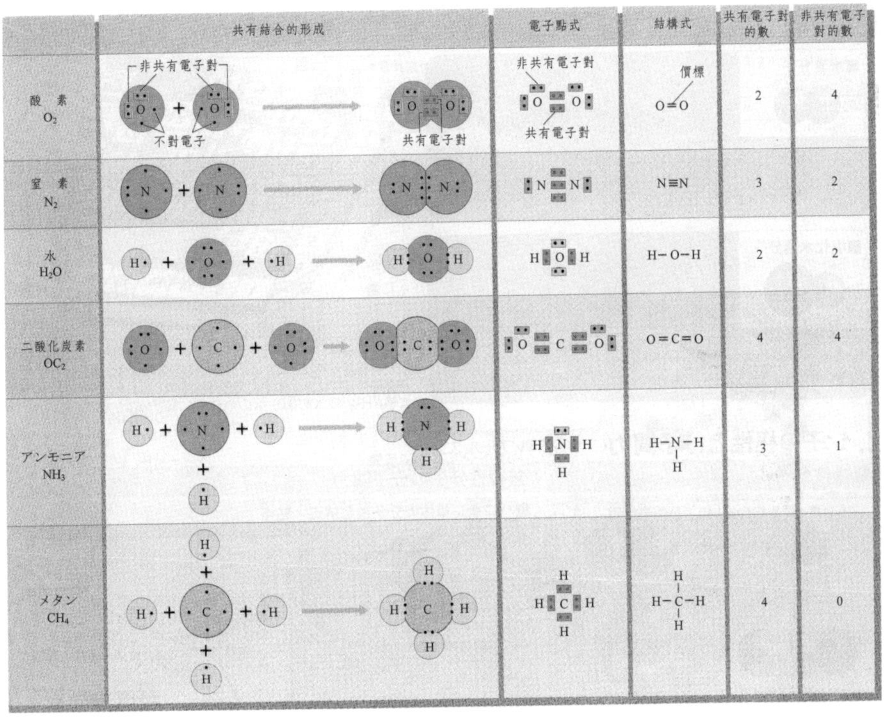

	共有結合的形成	電子點式	結構式	共有電子對的數	非共有電子對的數
酸　素 O_2	非共有電子對 O + O → O O 不對電子　共有電子對	非共有電子對 O O 共有電子對	價標 O=O	2	4
窒　素 N_2	N + N → N N	N N	N≡N	3	2
水 H_2O	H + O + H → H O H	H O H	H−O−H	2	2
二酸化炭素 OC_2	O + C + O → O C O	O C O	O=C=O	4	4
アンモニア NH_3	H + N + H + H → H N H H	H N H H	H−N−H H	3	1
メタン CH_4	H + H + C + H + H → H H C H H	H H C H H	H H−C−H H	4	0

圖 2-8　各種分子的電子點式與結構式

的稱為電子點式（electron dot formula）。圖2-8為各種分子的電子點式與結構式。

三、化學反應式

化學反應式可用化學反應式（chemical equation）來表示。例如氫在氧中燃燒生成水的化學變化以原子、分子的模式表示於本圖 2-9。

從此圖可知在化學反應有原子組合的改變，此一反應可用下式化學式來表現：

$$2H_2 + O_2 \rightarrow 2H_2O$$

如此使用化學式表示反應前的物質（反應物）及反應後的物質（生成物）的為化學反應式。

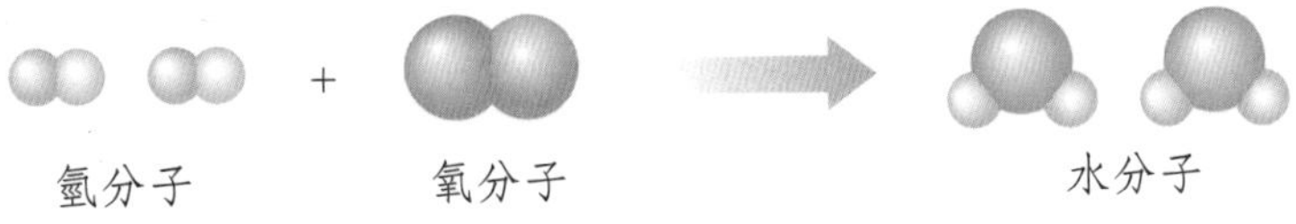

圖 2-9　各分子的反應式

1. 化學反應式的寫法

化學反應式為根據實驗的結果來寫的。其方法為：

⑴左邊寫反應物的化學式，右邊寫生成物的化學式，中間以一箭號表示變化的方向。

⑵設法使兩邊同種類的原子數相等方式決定各化學式的係數，來平衡化學反應式。係數使用最簡單的整數比，係數為 1 時可省略。

例題 2-1 寫出丙烷（C_3H_8）完全燃燒的化學反應式。

解：丙烷完全燃燒（與氧反應）生成二氧化碳和水。

⑴ $C_3H_8+O_2 \rightarrow CO_2+H_2O$

⑵著目於 C.H.O，因 O 存在於生成物質的 CO_2 及 H_2O，故由 C、H 開始著手。著目於 C 時使右邊的 CO_2 的體積數為 3，即

$$C_3H_8+O_2 \rightarrow 3CO_2+H_2O$$

從 C_3H_8 的 H8 個，使右邊的 H_2O 係數為 4，即

$$C_3H_8+O_2 \rightarrow 3CO_2+4H_2O$$

因生成物的 O 總數為 10，因此反應物為 $5O_2$，得平衡的化學反應式為：

$$C_3H_8+5O_2 \rightarrow 3CO_2+4H_2O$$

2. 化學反應式的含義

一化學反應式的含義很多，例如甲烷燃燒為二氧化碳和水的化學反應式為例，說明其含義：

$$CH_4+2O_2 \rightarrow CO_2+2H_2O$$

⑴甲烷與氧反應，生成二氧化碳和水。

⑵一分子的甲烷與二分子的氧反應，生成一分子的二氧化碳和二分子的水。

⑶一莫耳的甲烷與二莫耳的氧反應，生成一莫耳二氧化碳和二莫耳水。

⑷ 16 克的甲烷與 64 克的氧反應，生成 44 克的二氧化碳和 36 克的水。

⑸ 22.4 升的甲烷與 44.8 升的氧反應，生成 22.4 升的二氧化碳和 44.8 升的水

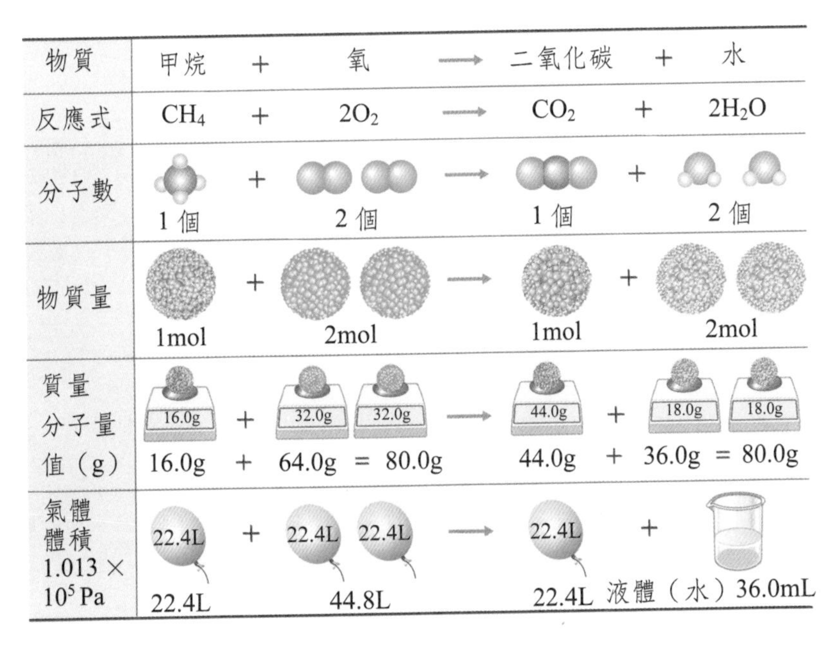

圖 2-10　甲烷燃燒反應的量關係

蒸氣。

圖 2-10 為甲烷燃燒反應的量關係圖

三、化學計量

應用化學反應式及莫耳概念，可計算反應物及生成物的重量關係的化學計量。有時反應物的一種試劑完全參與反應，但其他試劑過剩時，此一試劑可決定生成物的產量稱為限量試劑。

例題 2-2　氧化鐵 **16** 克以一氧化碳還原為鐵，試計算需要多少克一氧化碳，可生成多少克的鐵？

解：$3CO + Fe_2O_3 \longrightarrow 2Fe + 3CO_2$

3 莫耳　1 莫耳　2 莫耳　3 莫耳

16 克 Fe_2O_3 $= 16 \times \dfrac{1\text{ 莫耳 } Fe_2O_3}{160\text{ 克 } Fe_2O_3} = 0.1$ 莫耳

1 莫耳 Fe_2O_3　被還原需 3 莫耳 CO

0.1 莫耳 Fe_2O_3　被還原需 0.3 莫耳 CO

所需 CO 重 $= 0.3$ 莫耳 $\times \frac{28\text{ 克 CO}}{1\text{ 莫耳 CO}} = 8.4$ 克

所生成的 Fe 為 0.2 莫耳 $\times \frac{55.8\text{ 克 Fe}}{1\text{ 莫耳 Fe}} = 11.2$ 克

例題 2-3　10 克的碘與 5 克的鐵反應可生成多少克的碘化鐵（Ⅱ）？何者為限量試劑？

解：

I_2	+	Fe	⟶	FeI_2
1 莫耳		1 莫耳		1 莫耳
$127 \times 2 = 254$		56		310

254 克的碘與 56 克鐵反應，與 5 克鐵反應的碘為

$$5 \times \frac{254}{56} = 22.69 \text{ 克碘}$$

但碘只有 10 克，因此無法與 5 克的鐵完全反應，鐵尚未完全反應而有剩餘，碘為限量試劑。

生成的碘化鐵（Ⅱ）為

$$10 \times \frac{310 / 1\text{ 莫耳 }FeI_2}{254 / 1\text{ 莫耳 }I_2} = 12.2 \text{ 克}$$

第四節　化學反應與熱

物質的變化，無論是物理變化或化學變化，都的熱量的進出。如圖 2-11 所示，在玻璃板上滴數滴的水於中央部分後，將裝有約 20 克的硝酸銨的小燒杯放在其上。加約 10mL 的水於燒杯並以玻棒攪拌時，約 30 秒到 1 分鐘燒杯內的溫度下降約 20℃，因此室溫在 20℃以下時，可使燒杯下的水結冰，燒杯與玻璃板黏結在一起。硝酸銨溶於水時起很強的吸熱反應，此原理利用於急冷冰包或急冷冰枕。

另一面，冬天或登山時所用於取暖的熱包或暖暖包是利用細鐵粉與空氣中的氧的氧化反應所產生的熱來取暖的。

圖 2-11　硝酸銨吸熱反應

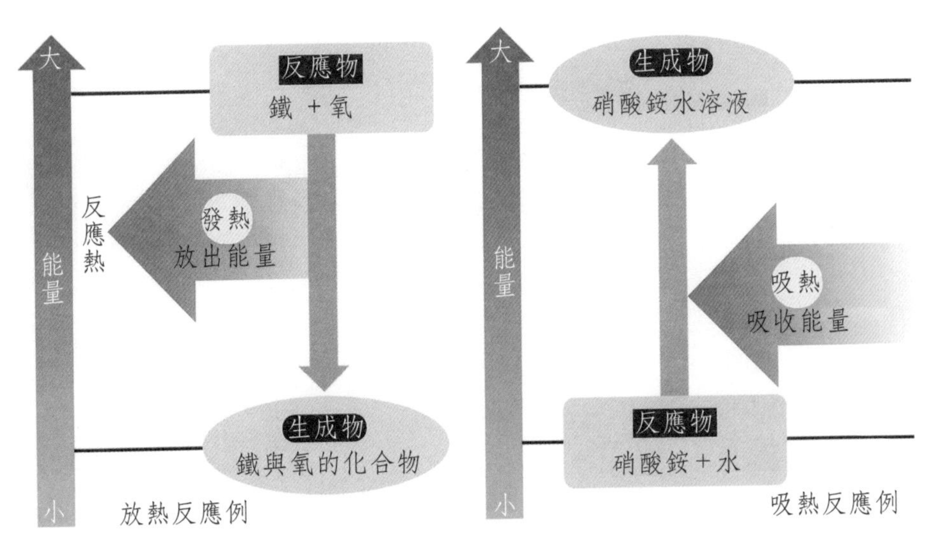

圖 2-12　放熱反應及吸熱反應的能量關係

$$4Fe + 3O_2 \rightarrow 2Fe_2O_3 + 1632kJ$$

如前面的硝酸銨溶於水時吸收熱的反應稱為吸熱反應，如後者的鐵粉氧化放出熱的反應稱為放熱反應。在化學反應時出入的熱稱為反應熱（heat of reaction）。圖 2-12 表示放熱反應及吸熱反應的能量關係。

一、反應熱與熱化學反應式

化學反應式的右邊加反應熱的式稱為熱化學反應式（thermochemical equation）。例如一莫耳甲烷 CH_4 燃燒時放出 891 千焦耳[註]的熱，可寫成：

$$CH_4 + 2O_2 \rightarrow CO_2 + 2H_2O + 891kJ$$

註：1 焦耳 = 0.239cal，891kJ = 891 × 0.239kcal/kJ = 213kcal，1cal = 4.18J

探討反應熱時必須考慮反應物或生成物的狀態，例如一莫耳氫與 0.5 莫耳氧反應所生成的水為氣體時放出 241kJ 而生成的水為液體時為 286kJ。

$$H_2 + \frac{1}{2}O_2 \rightarrow H_2O\text{（氣體）}\quad \text{反應熱} = 242kJ/mol$$

$$H_2 + \frac{1}{2}O_2 \rightarrow H_2O\text{（液體）}\quad \text{反應熱} = 286kJ/mol$$

圖 2-13 表示生成物的不同狀態與反應熱的差異，由圖可知 1 莫耳水蒸發為水蒸氣時吸收 44kJ 的熱量。

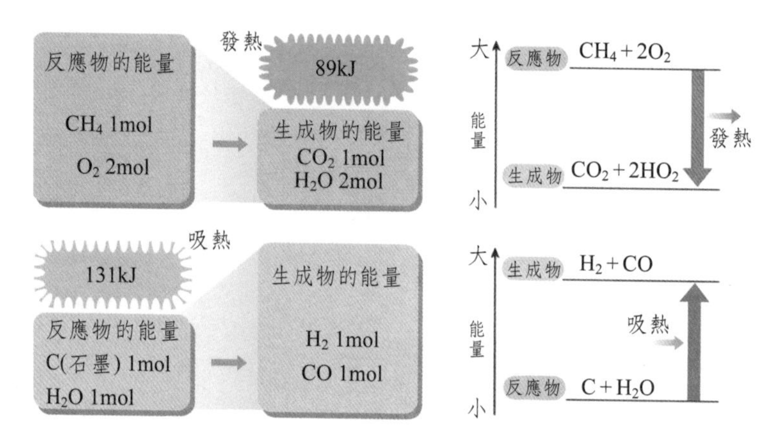

圖 2-13　生成物狀態不同與反應熱

註：$H_2O_{(l)} \rightarrow H_2O_{(g)} - 44kJ$
註：方便上以 g、l、s 各代表物質的氣體，液體及固體狀態。

表 2-8　表示各種反應熱及狀態變化隨伴之熱變化。

表 2-8　各種反應的反應熱

名　稱	定　義	熱化學方程式例
燃燒熱	一莫耳物質完全燃燒時的反應熱	$C_3H_{8(g)} + 5O_{2(g)} \rightarrow 3CO_{2(g)} + 4H_2O + 2220kJ$
生成熱	一莫耳化合物由其成分元素生成時的反應熱	$\frac{1}{2}H_{2(g)} + \frac{1}{2}Cl_{2(g)} \rightarrow HCl + 92.3kJ$
中和熱	氫離子與氫氧根離子反應生成一莫耳水時的反應熱	$H^+_{(aq)} + OH^-_{(aq)} \rightarrow H_2O_{(l)} + 56.5kJ$
溶解熱	一莫耳物質溶解於多量溶劑時所放出或吸收的熱量	$H_2SO_4 + aq$ 註 $\rightarrow H_2SO_{4(aq)} + 95.4kJ$
熔化熱	一莫耳物質由固體熔化為液體所需的熱量	$H_2O_{(s)} \rightarrow H_2O_{(l)} - 6.0kJ$
蒸發熱	一莫耳物質由液體蒸發為氣體所需的熱量	$CH_3OH_{(l)} \rightarrow CH_3OH_{(g)} - 35.3kJ$
昇華熱	一莫耳物質由固體昇華為氣體所需的熱量	$I_{2(s)} \rightarrow I_{2(g)} - 62.3kJ$

註：aq 代表多量的水，（aq）表示水溶液

二、赫士定律

1. 反應熱

1840 年瑞士的赫士（G.H.Hess）測定多數反應的反應熱提出：反應熱不問反應的過程如何，決定於反應前的狀態及反應後的狀態，此規律性稱為赫士定律（Hess's Law）。根據赫士定律，熱化學方程式能夠彼此加減，如有無法直接測量的反應熱能夠以計算方式間接求得。

例題 2-4　石墨燃燒成二氧化碳的燃燒熱為 394kJ，一氧化碳燃燒成二氧化碳的燃燒熱為 283kJ，試求石墨燃燒為一氧化碳的燃燒熱。

解：石墨燃燒成一氧化碳時同時產生二氧化碳，因此無法由實驗測得。惟如圖 2-14 所示

$$C_{(s)}+O_{2(g)}\rightarrow CO_{2(g)}+394kJ$$

$$CO_{(g)}+\frac{1}{2}O_{2(g)}\rightarrow CO_{2(g)}+283kJ$$

$$C_{(s)}+\frac{1}{2}O_{2(g)}\rightarrow CO_{(g)}+111kJ$$

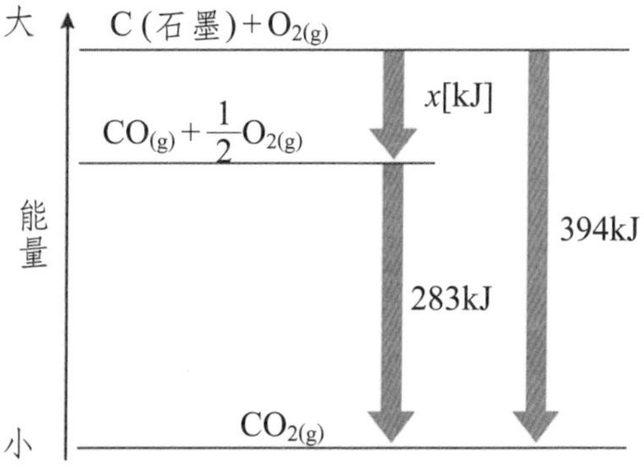

圖 2-14　赫士定律之應用

由此可知一莫耳石墨與 1/2 莫耳氧反應生成一莫耳一氧化碳為 111kJ 的放熱反應。

例題 2-5　電晶體工業所需超純的矽，由鎂與熔化的氯化矽的反應製得。已知

$$\mathbf{Si_{(s)}+2Cl_{2(g)}\rightarrow SiCl_{4(l)}+687kJ}$$

$$\mathbf{Mg_{(s)}+Cl_{2(g)}\rightarrow MgCl_{2(s)}+641kJ}$$

試求 $2Mg_{(s)}+SiCl_{4(l)}\rightarrow Si_{(s)}+2MgCl_{2(s)}$ 的反應熱。

解：將第一式移項成：$SiCl_{4(l)}\rightarrow Si_{(s)}+2Cl_{2(s)}-687kJ$

第二式乘 2：$2Mg_{(s)}+2Cl_{2(g)}\rightarrow 2MgCl_{2(s)}+1282kJ$

兩式相加得：$2Mg_{(s)}+SiCl_{4(l)}\rightarrow Si_{(s)}+2MgCl_{2(s)}+595kJ$

2. 生成熱與反應熱

已知參與反應物質的生成熱時，應用赫士定律可求得反應熱。反應熱為生成物的生成熱總和減去反應物的生成熱總和。元素單體的生成熱為 0kJ/mol。現在已知多數物質的生成熱，常用的表示於表 2-9。

表 2-9　生成熱（25℃）

物質	生成熱（kJ/mol）	物質	生成熱（kJ/mol）
水（液體）$H_2O_{(g)}$	285.8	乙烯 $C_2H_{4(g)}$	－52.5
水（氣體）$H_2O_{(g)}$	241.8	乙炔 $C_2H_{2(g)}$	－228.2
一氧化碳 $CO_{(g)}$	110.5	甲醇 $CH_3OH_{(l)}$	239.1
二氧化碳 $CO_{2(g)}$	393.5	乙醇 $C_2H_5OH_{(l)}$	277.1
甲烷 $CH_{4(g)}$	74.4	氨 $NH_{3(g)}$	45.1
乙烷 $C_2H_{6(g)}$	83.8	氯化鈉 $NaCl_{(s)}$	411.2

三、工業上化學反應的能量效應

化學工業是將產量較多，便宜而用途有限的物質，經化學反應變成價值高，用途廣而實用的物質。在工業方面需要考慮成本低，易操作，降低消耗的能量及產量大等因素。氫是未來極重要的能源，製造氫以電解水最方便，但消耗的電力大，成本貴不合經濟效益，因此工業上常以水煤氣或天然氣與蒸汽的反應來製氫。

1. 煤與蒸汽

燒熱的煤中通蒸汽時，生成水煤氣（$CO+H_2$）及二氧化碳

$$C_{(s)}+H_2O_{(g)}\rightarrow CO_{(g)}+H_{2(g)}$$
$$CO_{(g)}+H_2O_{(g)}\rightarrow CO_{2(g)}+H_{2(g)}$$

兩式相加得

$$C_{(s)}+2H_2O_{(g)}\rightarrow CO_{2(g)}+2H_{2(g)}$$

反應熱＝二氧化碳生成熱－2 蒸汽生成熱

$$=394-2(242)=-90\text{kJ/mol}$$

2. 天然氣與蒸汽

天然氣主要成分為甲烷 CH_4，與蒸汽反應亦分兩個步驟：

$$CH_{4(g)}+H_2O_{(g)}\rightarrow CO_{(g)}+3H_{2(g)}$$
$$CO_{(g)}+H_2O_{(g)}\rightarrow CO_{2(g)}+H_{2(g)}$$

兩式相加得：

$$CH_{4(g)}+2H_2O_{(g)}\rightarrow CO_{2(g)}+4H_2$$
$$\text{反應熱}=393.5-74.5-24.2=-77\text{kJ/mol}$$

兩者都是吸熱反應，但其值不大，因此在工業上均可採用。台灣在苗竹地區天然氣供應較方便。因此台灣肥料公司使用天然氣與蒸汽的反應製氫，並由氫製氨及尿素肥料。在無法供應天然氣的地區即以蒸汽通燃熱煤焦方式製氫。

四、焓與熵

1. 焓

一物質的熱含量稱為焓（enthalpy, H）。一化學反應，由生成物的焓與反應物焓之差可決定該反應為吸熱或放熱反應。

$$\Delta H=\Sigma H_{\text{生成物}}-\Sigma H_{\text{反應物}}$$

ΔH稱為焓變，為恆壓下的反應熱。例如在常溫常壓，1 莫耳氫與 0.5 莫耳氧反應，生成一莫耳水時放出 286kJ 熱量。

$$H_2+\frac{1}{2}O_2\rightarrow H_2O$$
$$\Delta H=H_{1mol}H_2O_{(l)}-\{H_{1mol}H_{2(g)}+H_{\frac{1}{2}mol}O_{2(g)}\}=-286\text{kJ}$$
$$\Sigma H_{\text{生成物}}<\Sigma H_{\text{反應物}}\text{，}\Delta H\text{ 為負值，為放熱反應。}$$

如焓變為正值時，生成物總焓值大於反應物總焓值，即為吸熱反應。

物質在具有較多能量時為較不穩定的狀態，而放出能量成安定狀態的趨勢。因此，一般化學反應朝向生成物焓量小的方向即放熱反應的方向進行。可是觀察我們的身邊的現象時，亦發現吸熱反應亦能自然產生。水蒸發為水蒸氣的現象為吸熱反應而朝向能量增加的反應但能夠自動自發進行。硝酸銨晶體放在水中時，從周圍吸收熱量而自然溶解，因此決定狀態變化方向的不只是放熱反應及另有因素存在。

2. 熵

設此地有一中間有隔板的密閉盒，盒的一邊放氣體另一邊為真空。將中間隔板移走時，氣體擴散到真空的一邊，最後成均一濃度的氣體，即雖然從周圍不供應能量，氣體分子從較狹空間能夠向較廣空間自由運動，換句話說，氣體分子的亂度增加，此亂度的量度稱為熵（entropy）。熵為決定狀態變化方向的因素之一。增加熵的方向為使物質狀態自動改變的方向，移走中間隔板時氣體分子向盒全部擴散的變化自動進行仍是隨其變化增加熵之故，充滿於盒的氣體分子決不會自動的集中於較狹空間，因其將減少熵。化學反應亦相似，隨化學反應而物質所具能量減少的方向，即放熱的方向，隨反應增加熵的方向兩者來決定自動進行的方向。圖 2-15 表示增加熵的變化。

3. 吉布士自由能

熵的概念為 1865 年德國克勞休（Clausius）所導入的。他以溫度 T（K）氣體從周圍吸收熱而增加能量 ΔQ（J）時此氣體的熵增加 $\Delta Q/T$，即熵變 ΔS 為下式表示，單位為 JK^{-1}。

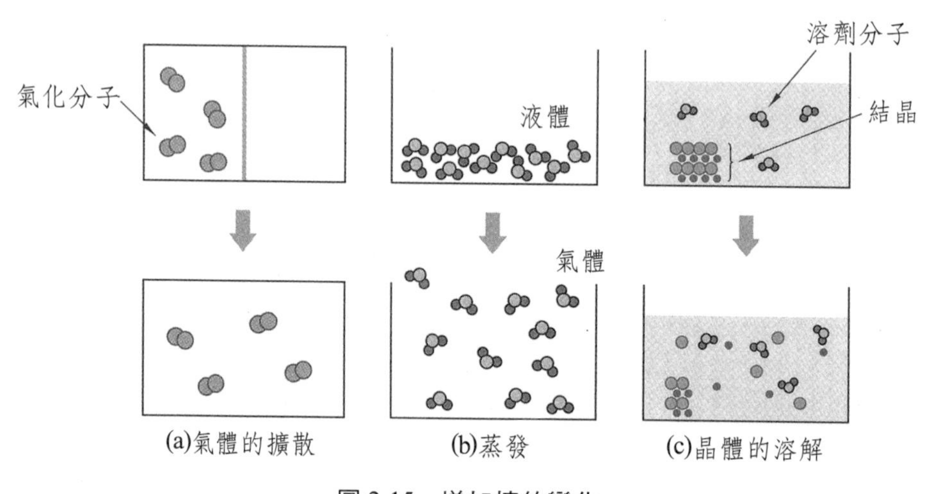

圖 2-15 增加熵的變化

$$\Delta S = \Delta Q/T$$

1870 年美國吉布士（Gibbs）將焓和熵歸併在一起，將隨狀態變化或化學反應所改變的量定義為下式：

$$\Delta G = \Delta H - T\Delta S$$

G 為吉布士自由能（Gibbs free energy），ΔG 為吉布士自由能變量（Gibbs free energy change）。ΔS 如前述隨狀態變化或化學反應的熵變，H 為焓即物質的熱含量，ΔH 為焓變即相當於反應熱。狀態變化或化學反應向 ΔG 負的方向自動進行。

例題 2-6 在 **25℃**時已知硝酸銨 **NH_4NO_3** 溶於水時的焓變 **ΔH** 為 **$+28kJmol^{-1}$**，熵變 **ΔS** 為 **$+108JK^{-1}mol^{-1}$**。試確認 **25℃**時 **NH_4NO_3** 的溶解能自動進行。

解：25℃時 NH_4NO_3 溶於水的吉布士自由能變量為：

$$\Delta G = \Delta H - T\Delta S = 28 - \frac{108 \times (25 + 273)}{1000} = -4kJmol^{-1}$$

因 $\Delta G < 0$ 故確實能夠自動進行。NH_4NO_3 溶於水 $\Delta H > 0$ 的吸熱反應，因此以熱能來講不易進行的反應，但隨溶解的熵變 ΔS 大之故，$\Delta G = \Delta H - T\Delta S < 0$ 因此自動進行。

4. 標準生成自由能

對於各種物質在一大氣壓時從其成分元素生成一莫耳此物質反應的 ΔG 已求得，稱為此物質的標準生成自由能（standard free energy of formation）以 ΔG_f° 表示。表 2-10 表示數種物質在 25℃時的 ΔG_f° 值。ΔG° 為 1atm，隨化學反應吉布士自由能變量時可由下式求得。

$$\Delta G^\circ = (\text{生成物}\,\Delta G_f^\circ\,\text{的總和}) - (\text{反應物}\,\Delta G_f^\circ\,\text{的總和})$$

表 2-10　標準生成自由能　ΔG_f°（25℃）

物質	ΔG_f° / KJ mol^{-1}	物質	ΔG_f° / KJ mol^{-1}
水，$H_2O_{(l)}$	－237.1	乙烯　$C_2H_{4(g)}$	68.4
水，$H_2O_{(g)}$	－228.6	乙炔　$C_2H_{2(g)}$	210.7
一氧化碳 $CO_{(g)}$	－137.2	甲醇　$CH_3OH_{(l)}$	－166.8
二氧化碳 $CO_{2(g)}$	－394.4	乙醇　$C_2H_5OH_{(l)}$	－173.9
甲烷 $CH_{4(g)}$	－50.3	氨　$NH_{3(g)}$	－16.5
乙烷 $C_2H_{6(g)}$	－31.9	氯化鈉　$NaCl_{(s)}$	－384.1

例題 2-7　**試辨認 25℃，1atm 時，一氧化碳與氫生成甲醇的反應能不能自發進行？**

解：$CO_{(g)}+2H_{2(g)} \rightarrow CH_3OH_{(l)}$

從上表可知 $CO_{(g)}$ 與 $CH_3OH_{(l)}$ 的 ΔG_f° 各為－137.2，－166.8kJmol^{-1} 元素單體的 $H_{2(g)}$ 的 ΔG_f° 由定義為 0kJmol^{-1}，

$$\Delta G^\circ = -166.8 - (-137.2 + 2 \times 0) = -29.6\text{kJmol}^{-1}$$

因 $\Delta G^\circ < 0$　故此一反應可視為自動進行的反應，實際上工業製甲醇由此反應利用催化劑來進行。

第二章 習題

1. 圖為某純物質固體一莫耳於一大氣壓下以每分 Q（kJ）的速率加熱時，加熱時間與此物質的溫度關係曲線。試回答下列問題。

⑴寫出在 ab，bc，cd，de，cf 時此物質的狀態。

⑵在同溫度的 d 狀態，e 狀態之分之與分子間的距離，分子的熱運動如何不同，請說明。

⑶溫度 Tb，Td 怎樣稱呼？增加壓力時 Td 如何改變？

⑷試求此物質熔化熱與蒸發熱的比。

⑸以式表示此物質的液體 1 莫耳上升 1K 溫度所需的熱量。

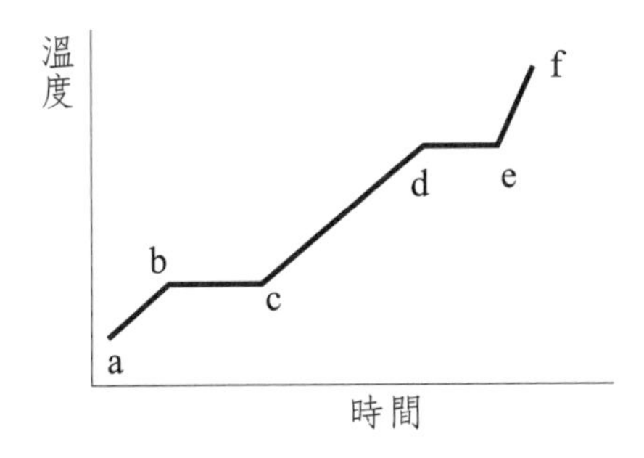

2. 下列有關氫原子的描敘中，那一項的氫原子莫耳數最大？

⑴ 3.0×10^{23} 個氫原子

⑵ 3.0×10^{23} 個水分子所含的氫原子

⑶ 8.50 克氨中所含的氫原子

⑷ 0℃，1atm 的甲烷 4.48 升所含的氫原子

3. 甲烷與空氣混合而點火時完全燃燒生成二氧化碳與水。

$$CH_4 + 2O_2 \rightarrow CO_2 + 2H_2O$$

在 0℃，1atm 時使 5.60L 的甲烷與空氣反應，試解答下列問題。設空氣中氮與氧的體積比為 4：1。

⑴反應的甲烷有多少莫耳？

⑵生成的二氧化碳在 STP 時為多少升？生成的水有多少克？

⑶完全燃燒甲烷需要的空氣為多少升？

4. 在標準狀態時有 280mL 的氣體，對於此氣體回答下列問題。

⑴求此氣體的分子數。

⑵設此一氣體為氧時，其質量有多少？

⑶設此氣體質量為 0.55 克時，其分子量為多少？

5. 在標準狀態時甲烷 CH_4 與丙烷 C_3H_8 混合氣體有 11.2 升。加入氧於此混合氣體使其完全燃燒為二氧化碳和水所需的氧為 51.2 克。試回答下列問題。

⑴以化學反應式表示甲烷與丙烷燃燒的反應。

⑵混合氣體中甲烷與丙烷的莫耳比為多少？

⑶混合氣體中有多少克的甲烷？

⑷燃燒所生成的水有多少克？

⑸燃燒所生成的二氧化碳在 STP 時為多少升？

6. 對於酒精$C_2H_5OH_{(l)}$ 根據下列三項寫出表示其燃燒熱、生成熱及溶解熱的熱化學反應式。

⑴ 0.5 莫耳酒精完全燃燒為二氧化碳和水時產生 684kJ 的熱。

⑵石墨、氫和氧生成 11.5 克的酒精時放出 69.5kJ 的熱。

⑶液態酒精 9.2 克溶於多量的水時，發出 2.1kJ 的熱。

7. 使用下列熱化學反應式，求甲醇CH_3OH 的生成熱。

$$H_2 + \frac{1}{2}O_2 \rightarrow H_2O_{(l)} + 286kJ \cdots\cdots ①$$

$$C + O_2 \rightarrow CO_2 + 394kJ \cdots\cdots ②$$

$$CH_3OH + \frac{3}{2}O_2 \rightarrow CO_2 + 2H_2O_{(l)} + 744kJ \cdots\cdots ③$$

8. 在電晶體工業需要在熔化的氯化矽以鎂還原方式製造超純的矽做半導體。試求 $SiCl_{4(l)} + 2Mg_{(s)} \rightarrow Si_{(s)} + 2MgCl_{2(s)}$ 的反應熱。

9. 使用下列三種熱化學反應式，試導出乙炔C_2H_2 生成熱 Q。

$$H_2 + \frac{1}{2}O_2 \rightarrow H_2O_{(l)} + 286kJ \cdots\cdots ①$$

$$C + O_2 \rightarrow CO_2 + 394kJ \cdots\cdots ②$$

$$C_2H_2 + \frac{5}{2}O_2 \rightarrow 2CO_2 + H_2O_{(l)} + 1309kJ \cdots\cdots ③$$

第3章

物質的狀態

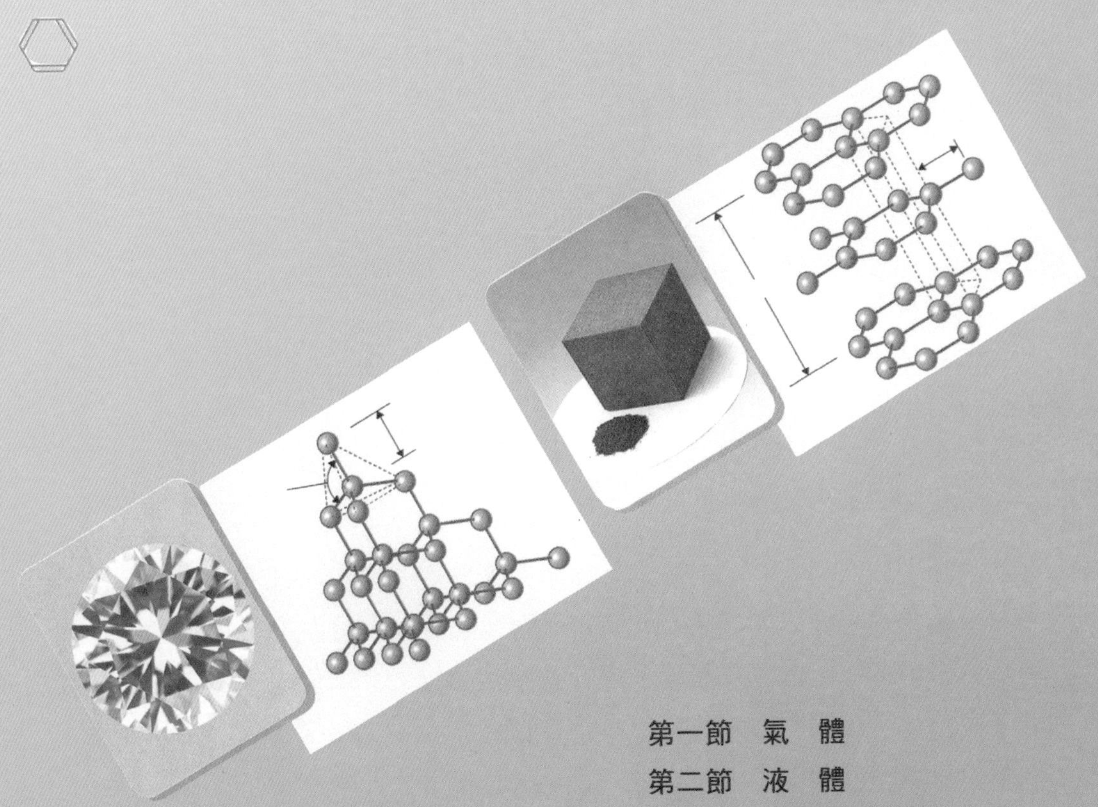

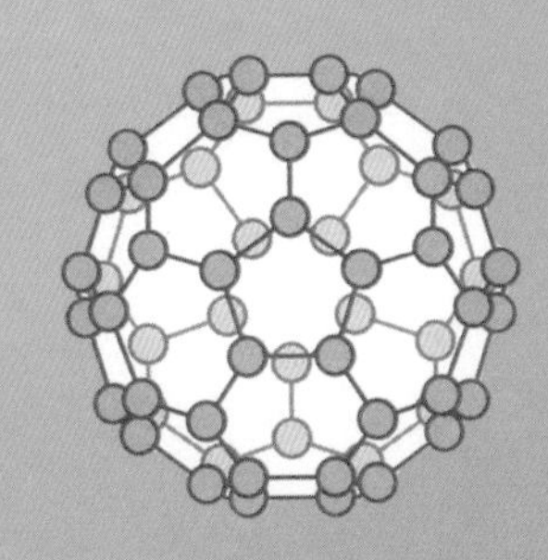

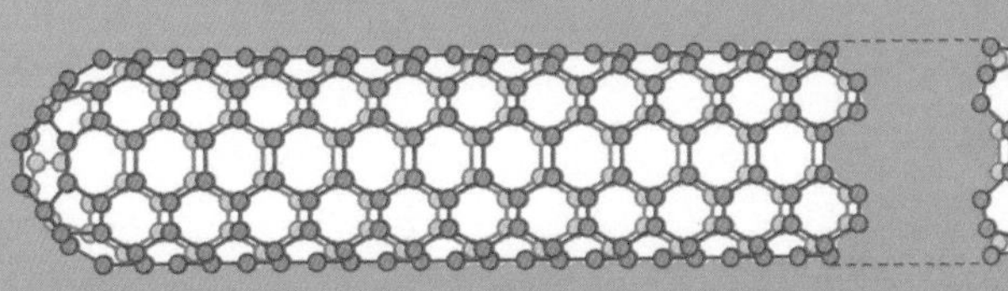

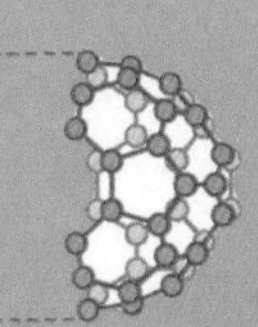

通常物質隨溫度、壓力而在固體、液體、氣體的三種狀態間變化。例如水在極低溫度到0℃為止以固態的冰存在，從 0℃到 100℃之間以液態的水，100℃以上時以氣態的水蒸氣存在。在 1 大氣壓時苯C_6H_6的固體變液體，液體變氣體的溫度各為 5.5℃及 80.1℃。如此三態間變化的溫度隨物質，壓力而改變。

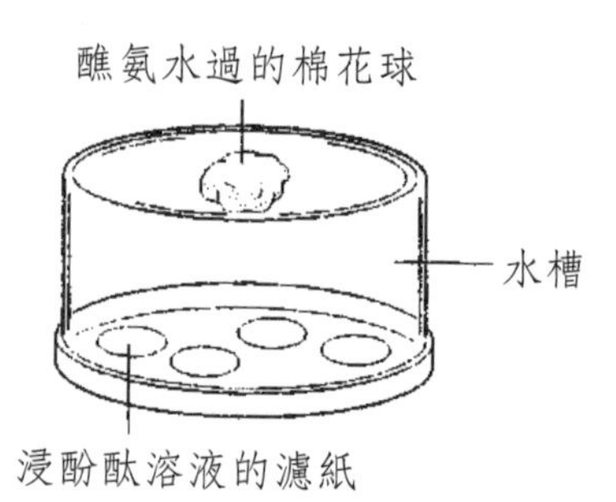

圖 3-1

在培養皿低部放酸性酚酞溶液的數張小型濾紙。另以醮氨水的棉花球貼在培養皿上蓋的底部並蓋上（如圖所示）。放一些時間後可看到小型濾紙的顏色都變紅色。氨是較空氣輕的氣體，為什麼濾紙會著色呢？

第一節　氣　體

多數氣體都是無色、無臭及無味的。這些氣體都看不見，摸不到，可是氣體是物質，一定量氣體佔有空間，具有質量並有一定的性質。

一、氣體的壓力

氣體分子在空間高速自由運動，撞擊容器器壁時呈現一種力，一個分子所給予器壁之力很小，但如圖 3-2 所示分子的大集團給予器壁之力卻很大，此種力稱為氣體的壓力。溫度升高分子運動愈激烈，壓力亦增加，在一定時間衝突的分子數目愈多，壓力亦升高。

壓力以單位面積上的力來定義。即

壓力＝力／面積，其單位有mmHg，atm，巴（bar）等，現在科學上使用帕（Pa）。

1643 年托里切利（E. Torriceli）從實驗測得地球外圍的大氣對地球表面所呈現的壓力。他發現大氣壓力能夠支持水銀柱高度 760mm（圖 3-3）。水銀的密度為 13.6gcm^{-3}，因此大氣壓力能夠支持約 10 公尺高度的水。押上 1mm 水銀柱的壓力為 1mmHg，因此大氣壓力為 760mmHg。記念托里切利將 1mmHg 稱為 1 托

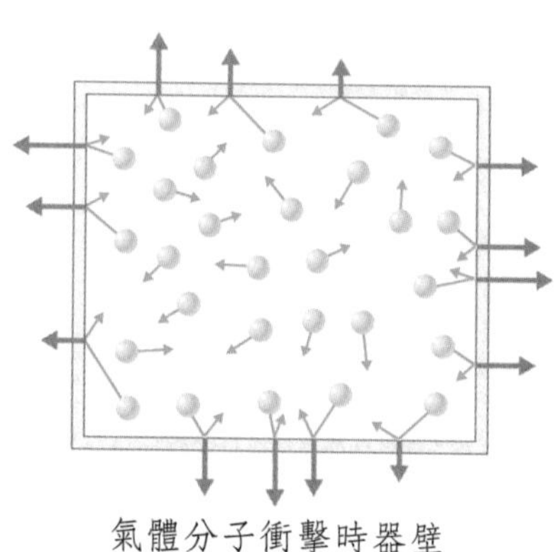

圖 3-2　分子運動與氣體壓力

（Torr）。此大氣壓力為包圍地球表面之大氣與地球表面衝突時呈現於地表之力而此大氣壓力的標準值定義為 1atm（1 氣壓）。國際單位系統（SI）使用帕Pa（Pascal），1Pa為 $1m^2$ 有 1 牛頓 N 的力時之壓力。1atm＝760mmHg＝760Torr＝101325Pa。氣象學常使用百帕（hPa）為大氣壓力的單位。

$$1atm = 1013 \text{ 百帕} = 101325Nm^{-2}$$

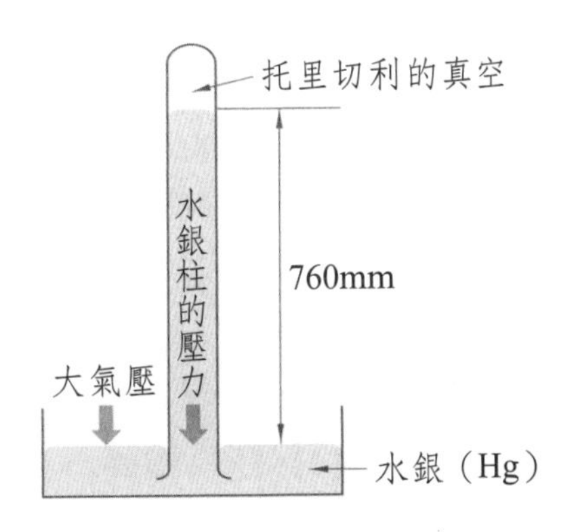

圖 3-3 托里切利的實驗

二、氣體的一般性質

1. 氣體的擴散

如圖 3-4 所示取兩個集氣瓶，一瓶中滴數滴溴另一瓶不放任何東西倒立於裝溴的瓶上面。雖然溴比空氣重，但經過一段時間後可見到比空氣重的紅棕色溴分子慢慢上升，最後在上下兩集氣瓶內都有紅棕色的溴與空氣的混合氣體存在。溴分子的密度較空氣的密度大很多，可是氣體的分子都具有自由運動而擴張其運動範圍到碰撞器壁為止，此一現象稱為氣體的擴散。前面所提貼在培養皿蓋的氨，雖然比空氣輕，但能使皿底的酚酞變色，也是氨的擴散所致。

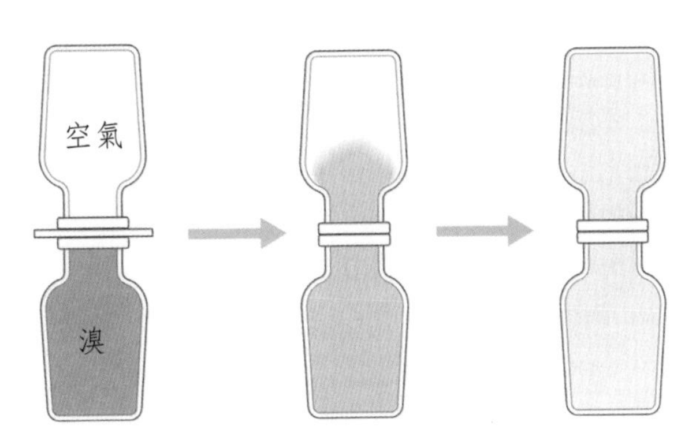

圖 3-4 因擴散氣體的混合

2. 氣體的壓縮性

氣體的分子與分子間的間隔很大，因此具有受壓力時減少體積的性質。汽車或腳踏車的輪胎沒有氣時，可用唧筒將大量空氣壓入輪胎內，使其充滿空氣以恢復輪胎的彈性是氣體之壓縮性的應用。

3. 氣體的熱漲冷縮

加熱一定量的氣體時，體積會膨脹。例如將凹下的乒乓球放入熱水中可使乒乓球恢復到原來的球狀，是因為球內的空氣受熱膨脹所起的。另一方面冷卻一定量氣體時，體積將縮小。例如取一氣球，吹入空氣使其膨脹後綁住氣球口，將此氣球放於冰箱的冷藏室數分鐘後，可看到氣球的體積縮小的現象。

4. 氣體的液化

任何氣體降低溫度到足夠低溫度時，都會凝結成液體。家庭使用的液化煤氣是將丙烷 C_3H_8 氣體冷卻到 -42℃液化所成的。氣體液化成液體時，某體積縮小到原來體積的約千分之一，因此液化後較易運輸。

三、波以耳定律

1662 年英國波以耳（Robert Boyle）建立氣體的壓力與體積的相關關係。波以耳將 J 形玻璃管一端封閉，如圖 3-5 所示，從管的開口部分倒入水銀，讀取封閉端的空氣體積 V 與水銀柱的高度差 h。改變所加水銀的量及測得空氣體積結果獲得如圖 3-6 所示，壓力 P（mmHg）與空氣體積 V（mL）的相關曲線而提出：在一定溫度時一定量氣體的體積與壓力成反比，稱為波以耳定律（Boyle's law）。

設壓力為 P_1 時的氣體體積為 V_1，在同一溫度時改變壓力為 P_2 而其體積變為 V_2，則波以耳定律可寫成：

$$p = R\frac{1}{V}$$

$$pV = R = P_1V_1 = P_2V_2 \text{，} \frac{p_1}{p_2} = \frac{V_2}{V_1}$$

空氣 760[mmHg]

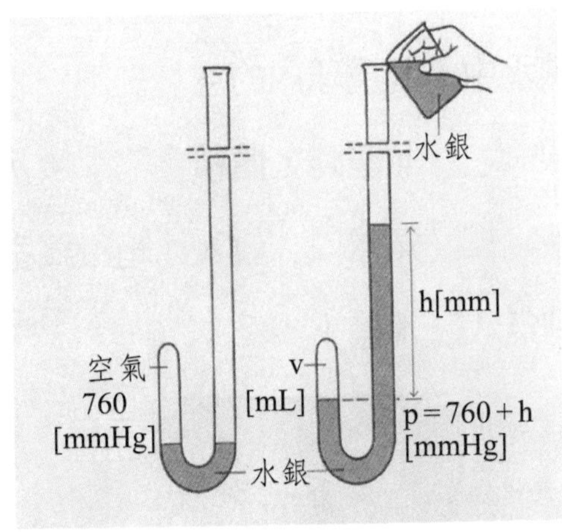

圖 3-5　空氣的壓力與體積的關係

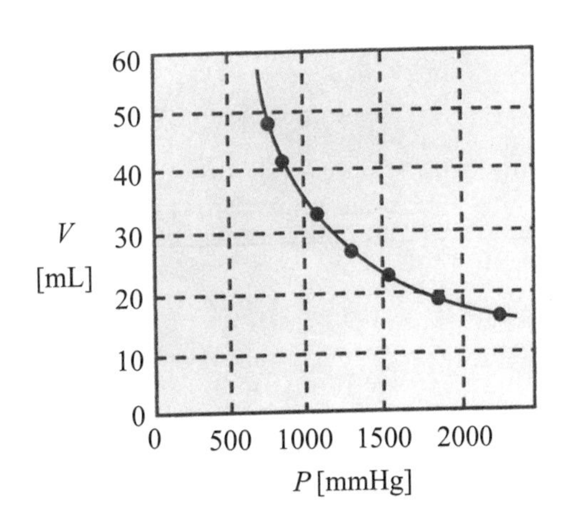

圖 3-6　氣體壓力－體積曲線

例題 3-1　有一氣體在 **0.75** 大氣壓時體積為 **360mL**。設在同一溫度時，壓力增加到 **1.00** 大氣壓，其體積變為多少？

解：$p_1 = 0.75\text{atm} \quad V_1 = 360\text{mL}$

$p_2 = 1.00\text{atm} \quad V_2 = ?$

$$p_1V_1 = p_2V_2 \quad V_2 = V_1\frac{p_1}{p_2} = 360 \times \frac{0.75}{1.00} = 270\ (\text{mL})$$

例題 3-2　在 **0**℃，**5atm** 時某氣體體積為 **75.0** 公升，維持溫度不變下，壓縮此氣體到 **30.0** 公升時需多少壓力。

解：$p_1 = 5.00\text{atm} \quad V_1 = 75.0\text{L}$

$p_2 ? \quad V_2 = 30.0\text{L}$

$$p_2 = p_1\frac{V_2}{V_1} = 5.00 \times \frac{75.0}{30.0} = 12.5\ (\text{atm})$$

四、查理定律

1787 年法國查理（Jacques Charles）提出氣體的體積與溫度的關係，但當時未正式發表，到 1802 年給呂薩克（Joseph Gay-Lussac）重複其研究，發現其正確性並公布：在一定壓力時，氣體的溫度每升降攝氏一度，其體積將增減其在 0℃時體積的 1/273，稱為查理定律（Charle's law）。設 0℃時氣體體積為 V_0，t°c 時體積為 V 時，

$$V = V_0 + V_0\frac{1}{273}t = \left(\frac{t+273}{273}\right)V_0$$

絕對溫度

根據查理定律，設有一氣體在 0℃時的體積為 273mL，如果溫度升高 1℃，其體積變為 274mL，溫度降低 1℃，其體積為 272mL，如降低到－100℃時，其體積為 173mL。設一直減少溫度到－273℃時，如表所示該氣體體積應為 0。惟實際上無此情形發生的可能，因為任何氣體溫度降到－273℃以前已液化成液體或固化成固體了。此一現象在圖 3-7 以點線表示。因此－273℃是一個很特別的溫度，英國的凱氏（Lord Kelvin）於 1848 後首倡以－273℃為絕對溫標（absolute temperature scale）的起點溫度，稱為絕對零度（absolute zero）。絕對溫度又稱凱氏溫標（Kelvin's temperature scale），以 K 表示的凱氏溫標一個單位等於攝氏溫標的一個單位。絕對溫度 T 與攝氏溫度 t 的關係為：

$$T = t + 273$$

設在一定壓力下，一定量氣體在 0℃時的體積為 V_0，t_1 時的體積為 V_1，

$$V_1 = V_0\left(1+\frac{t_1}{273}\right) = V_0\left(\frac{273+t_1}{273}\right)$$
$$= V_0\frac{T_1}{273}$$

設壓力保持不變，溫度改變為 t_2 時氣體體積變為 V_2，

$$V_2 = V_0\left(1+\frac{t_2}{273}\right) = V_0\left(\frac{273+t_2}{273}\right) = V_0\frac{T_2}{273}$$

表 3-1　氣體體積與溫度關係

V（mL）	t（℃）	T（K）
546	273	546
373	100	373
274	1	274
273	0	273
272	－1	272
173	－100	173
0	－273	0

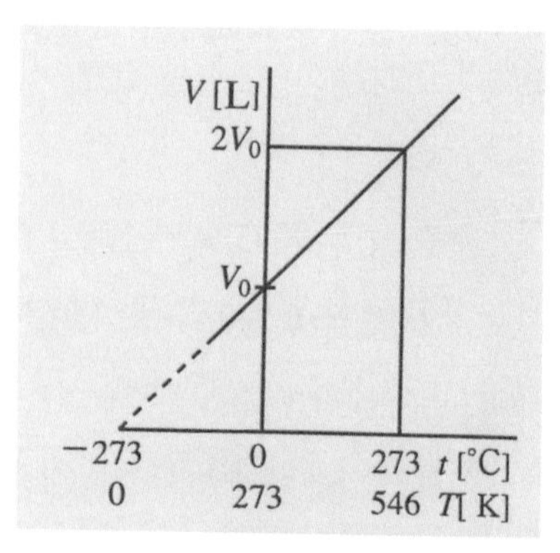

圖 3-7　氣體溫度與體積

以下式除上式得 $\frac{V_1}{V_2}=\frac{T_1}{T_2}$

因此查理定律可改寫成：壓力一定時，一定量氣體的體積與絕對溫度成正比。

例題 3-3 一氣體在 **45**℃時體積為 **79.5** 公升，設壓力不變，冷卻此氣體到 **0**℃時，體積變為多少？

解：$V_1=79.5L$　$t_1=45℃$　$T_1=273+45=318K$

$V_2=?$　$t_2=0℃$　$T_2=273+0=273K$

$\frac{V_1}{V_2}=\frac{T_1}{T_2}$　$V_2=V_1\frac{T_2}{T_1}=79.5\frac{273}{318}=68.2$（L）

五、理想氣體定律

氣體的操作，實際上遭遇的是溫度與壓力同時改變的狀況。聯合波以耳定律與查理定律可解決此一問題。設某氣體在壓力 p_1 及溫度 T_1 時的體積為 V_1，壓力變為 p_2，溫度變為 T_2 時的體積為 V_2 時，

$$V_2=V_1\times\frac{p_1}{p_2}\times\frac{T_2}{T_1}$$

$$\therefore\frac{p_1V_1}{T_1}=\frac{p_2V_2}{T_2}$$

1. 標準狀況

科學上以攝氏 0°，一大氣壓為標準溫度及標準壓力，在此溫度及壓力時稱為標準狀況（standard temperature and pressure，簡寫為 STP）。

例題 3-4 某氣體在 **730mmHg** 及 **27**℃時的體積為 **86.8L**，求此氣體在標準狀況時的體積。

解：$V_1=86.8L$　$p_1=730mm$　$T_1=273+27=300K$

$V_2=?$　$p_2=760mm$　$T_2=273K$

$V_2=V_1\times\frac{P_1}{P_2}\times\frac{T_2}{T_1}=86.8\times\frac{730}{760}\times\frac{273}{300}=75.9$（L）

2. 理想氣體方程式

亞佛加厥定律敘明同溫同壓時，同體積的任何氣體含同數的分子，故以 n 代表氣體莫耳數時：$V \propto n$

根據波以耳定律：$V \propto \frac{1}{P}$，根據查理定律 $V \propto T$ 乘比例常數 R 使 $\propto$ 為 =，移項得

因此 $V \propto n\left(\frac{1}{P}\right)T$，

$V = Rn\left(\frac{1}{P}\right)T$

$PV = nRT$　此式稱為理想氣體方程式

氣體的性質符合於波以耳定律和查理定律的稱為理想氣體（ideal gas），理想氣體是假定分子不佔有空間，兩分子與分子間沒有作用力的。真實氣體在高溫低壓時的性質接近理想氣體，壓力增加或降低溫度時的氣體行為偏離理想氣體的特性。圖 3-8 表示一些真實氣體增加壓力時的行為與理想氣體行為的偏差。

氣體常數 R 可由理想氣體方程式求得。實驗得任何氣體在 STP 時一莫耳的體積為 22.4 升，

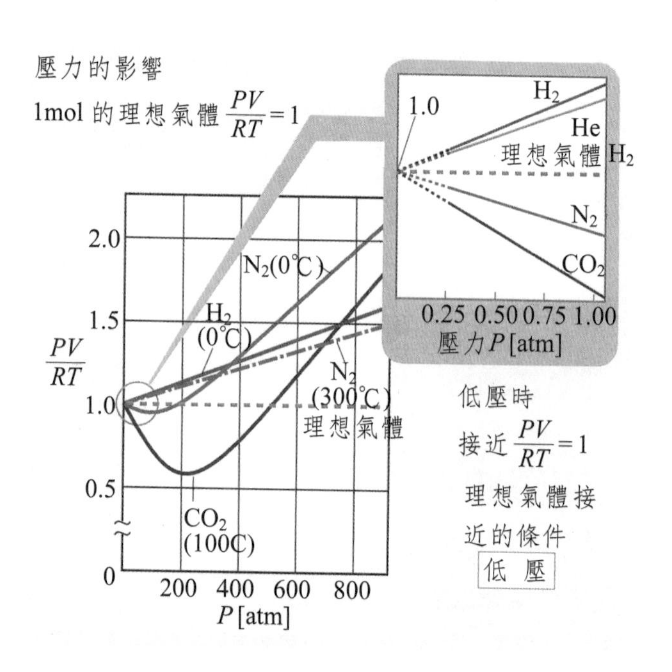

圖 3-8　增加壓力時真實氣體行為

$$PV = nRT$$

$$R = \frac{PV}{nT} = \frac{1\ 大氣壓 \times 22.4\ 升}{1\ 莫耳 \times 273K}$$

$$= 0.082$$

表 3-2 為使用不同數值單位時的氣體常數。另一算法為：

$$R = \frac{PV}{nT} = \frac{1.013 \times 10^5\,Pa \times 22.4 \times 10^{-3}\,(m^3/mol)}{1 \times 273\,(K)}$$

$$= 8.314[Pa \cdot m^3/mol \cdot K]$$

$$= 8.314[J/mol \cdot K]$$

表 3-2 氣體常數

數值	單位
0.082	atm · L/mol · K
62.4	mmHg · /mol · K
8.314	J/mol · K
1.987	cal/mol · K

例題 3-5 試計算 **27**℃，**30.0atm** 時，**0.5** 公升的氮有多少莫耳？

解：V = 0.5L P = 30.0atm T = 273 + 27 = 300K

$$n = \frac{PV}{RT} = \frac{30.0 \times 0.5}{0.082 \times 300} = 0.16（莫耳）$$

3. 氣體的分子量

使用理想氣體方程式，可求得氣體物質的分子量。設氣體的分子量為 M（g/mol），質量為 $W_{(g)}$ 的氣體之莫耳數為 n（mol）時。 $n = \frac{W}{M}$ 代入理想氣體方程式

$$PV = nRT = \frac{W}{M}RT$$

$$\therefore 分子量\ M = \frac{WRT}{PV}$$

例題 3-6 在體積為 **10.0cm³** 的真空容器中放四硼烷（B_4H_{10}，沸點為 **180**℃），使容器保持 **25**℃時，壓力為 **600mmHg**，而容器與內容物的質量增加

17.2mg。試求四硼烷的分子量。

解：$M = \dfrac{0.0172(g) \times 0.082\,(atmL\,mol^{-1}K^{-1}) \times 298K}{\dfrac{600}{760}(atm) \times 10 \times 10^{-3}(L)}$

$= \dfrac{1.72 \times 0.082 \times 298 \times 760}{600}\ (gmol^{-1})$

$= 53.3\ (gmol^{-1})$　$\therefore$分子量 $= 53.3$

另一種使用 $R = 8.31 Jmol^{-1}K^{-1}$ 的求法即

$M = \dfrac{17.2 \times 10^{-6}(kg) \times 8.31\,(Jmol^{-1}k^{-1}) \times (273+25)\,(k)}{\dfrac{600}{760} \times 1.013 \times 10^{5}(Nm^{-2}) \times 10 \times 10^{-6}(m^{3})}$

$= \dfrac{17.2 \times 8.31 \times 198 \times 760 \times 10^{6}}{600 \times 1.013}\ (kgJN^{-1}\,m^{-1}\,mol^{-1})$

$= 53300 \times 10^{-6}\ (kgmol^{-1})$

$= 53.3\ (gmol^{-1})$

六、氣體反應定律

1808 年給呂薩克從氣體反應的實驗結果提出：在氣體反應中，各氣體的體積互成簡單的整數比。此一定律稱為給呂薩克定律或氣體反應定律。給呂薩克擬以道耳吞的原子說解釋氣體反應定律而提出：同溫同壓時，同體積的氣體含同數的原子的假說，惟此一假說不符實驗的事實。

設以氫與氯反應為氯化氫為例。實驗前後測量各氣體的體積時發現一體積氫與一體積氯反應，生成兩體積的氯化氫。如圖 3-9 所示，如氣體由一個原子組成時，必將原子分割一半才能解釋實驗結果，顯然與道耳吞原子說不符。設氣體由兩個原子結合的分子組成時，可合理解釋實驗結果。

1811 年義大利的亞佛加厥（Amadeo Avogadro）提出一假說，很合理的解釋氣體反應定律。亞佛加厥假說為：

㈠構成物質的最小單位是分子，分子是由原子組成。

㈡元素的分子是由同種原子組合而成，化合物的分子由不同元素的原子組成。

㈢同溫同壓時，同體積的氣體含同數的分子。

後來的科學家將此假說由氣體分子動力論給予理論上的證明，現稱其為亞佛加厥定律（Avogadro's Law）。記念亞佛加厥以分子概念合理解釋氣體行為，將標準狀況時，一莫耳氣體所含分子數 6.02×10^{23} 訂為亞佛加厥數（Avogadro's number）。

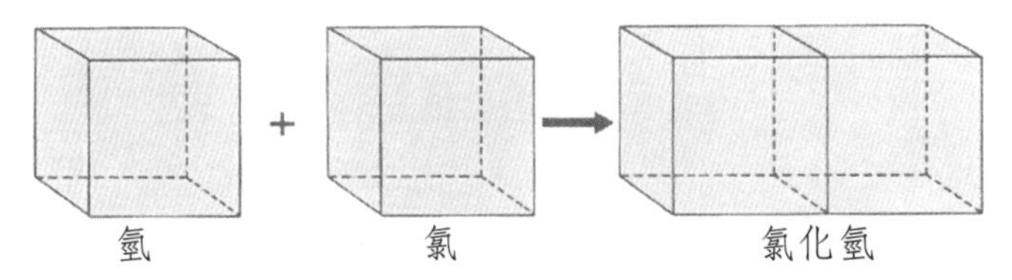

氫、氯、氯化氫體積間成 1：1：2 簡單整數比，氣體反應定律。

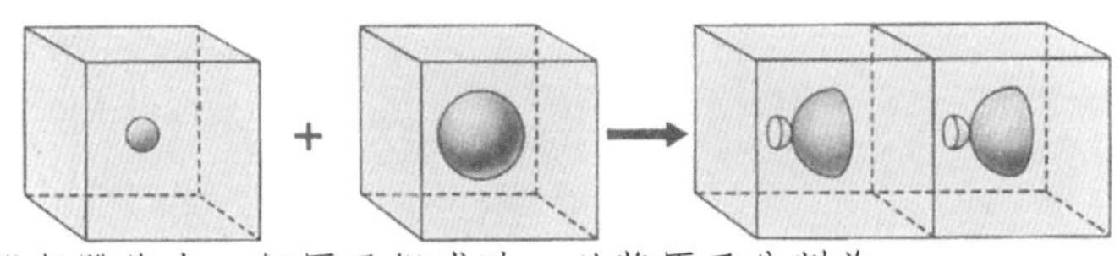

設氣體為由一個原子組成時，必將原子分割為一半，方能解釋實驗結果（原子說）。

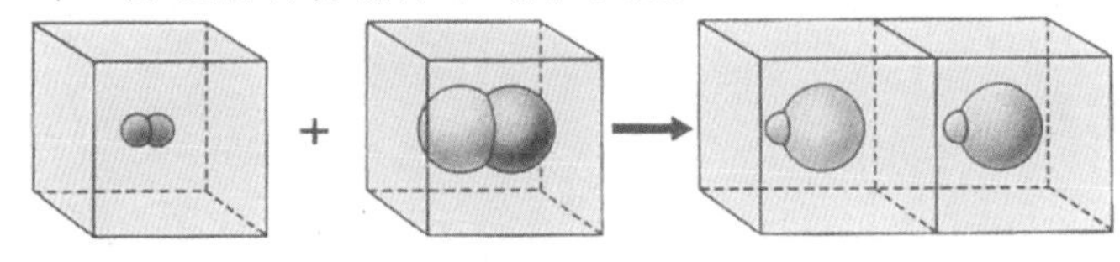

設氣體為由兩個原子所成的分子組成時，可合理解釋實驗結果（亞佛加厥學說）。

圖 3-9　氣體反應定律與亞佛加厥學說

七、氣體分子動力論

19 世紀中葉，為合理解釋氣體的行為，波茲曼（Ludwig Boltzmann），馬克士威（James Clerk Maxwell）等人發展所謂的氣體分子動力論（gas kinetic-molecular theory）。此動力論是根據下列三個假設的。

1. 粒子的體積：氣體是由無數的單獨粒子組成的，每一單獨粒子的體積較容器內的氣體體積微小，可認為氣體粒子只具質量而無體積。

2. 粒子的運動：氣體粒子不時地做任意，除碰撞器壁或互相碰撞外的直線運動。

3. 粒子的碰撞：氣體粒子的碰撞是十足彈性的。碰撞時雖有能量的轉移，但總動能維持一定而不會損失。

氣體分子動力論的基本構想為氣體在容器中的分子具與絕對溫度比例的平均動能自由飛翔，分子碰撞器壁反跳時，給予器壁壓力。

分子的動能以分子質量 m，速度 v 的 $\frac{1}{2}mv^2$ 表示，其速度不是所有的分子都相同，但速度平方的平均值 $\bar{v}^2$ 表示時，可用 $\frac{1}{2}m\bar{v}^2$ 代表分子的平均動能。此平均動能與溫度 T 的關係為：

$$\frac{3}{2}KT=\frac{1}{2}m\bar{v}^2$$

K為氣體常數以亞佛加厥數所除的值稱為波茲曼常數（Boltzmann constant）即假定下式：

$$\frac{3}{2}\frac{R}{N_A}T=\frac{1}{2}m\bar{v}^2$$

設一氣體封入於如圖 3-10 所示一邊為 L 的立方體內，其中的某分子向 x，y，z 軸方向的運動速度為 v_x，v_y，v_z。當分子與垂直的面 A 碰撞時，y，z 軸方向的速度不變，只向 x 軸方向的速度變 $-v_x$，此時動量的變化 $2mv_x$ 對壁力積。此分子再碰撞 A 面為經過時間 $\frac{2L}{v_x}$ 以後，因此 t 時間間此一分子碰撞 A 面的次數為 $\frac{v_x}{2L}$t 次，在此時間內給予 A 面的力積為：

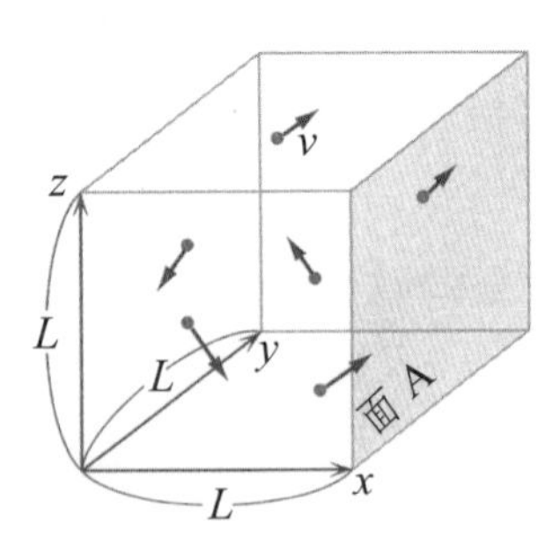

圖 3-10　封閉於立方體的氣體運動

$$2mv_x\times\frac{v_x}{2L}t=\frac{mv_x^2}{L}t$$

以 F_x 表示此碰撞而分子押在面的力時：

$$F_x t=\frac{mv_x^2}{L}t$$

因此一個分子押在 A 面的力與時間無關係而

$$F_x=\frac{mv_x^2}{L}$$

容器中的分子以各種速度運動而考慮N個分子押於面的力時只考慮上式的平均值就可。多數分子場合對 x，y，z 方向的速度應均等，故分子的平均速度平方 $\bar{v}^2$ 為：

$$\bar{v}^2=\overline{v_x^2}+\overline{v_y^2}+\overline{v_z^2}=3\overline{v_x^2}$$

因此 N 個分子對 A 面的力為：

$$F=N\frac{m\overline{v_x^2}}{L}=\frac{Nm\bar{v}^2}{3L}$$

對 A 面的壓力 P 為將此力以面的面積 L^2 所除的，

$$p=\frac{F}{L^2}=\frac{Nm\bar{v}^2}{3L^3}=\frac{Nm\bar{v}^2}{3V} \quad V\ 為容器體積$$

$$pV=\frac{1}{3}n\,N_Am\bar{v}^2$$

$$pV=nRT$$

氣體分子動力論可求得理想氣體方程式。波茲曼常數又稱為分子氣體常數。

$$K=\frac{R}{N_A}=\frac{8.314J\cdot mol^{-1}\cdot k^{-1}}{6.02\times10^{23}\,mol^{-1}}=1.381\times10^{-23}\,J\cdot k^{-1}$$

九、氣體的擴散

前面已討論過氣體的擴散，1829 年蘇格蘭的格銳目（Thomas Graham）從實驗建立氣體的擴散速率與其密度的平方根成反比的關係稱為格銳目定律（Graham's law）。如圖 3-11 所示在一長玻璃管的兩端塞棉花後平放在桌上。以吸管分別滴 1mL 濃鹽酸於左方的棉花，滴 1mL 濃氨水於右方的棉花。靜置玻璃管內的變化。不久在管中靠近鹽酸的一端有白色煙圈的氯化銨出現。

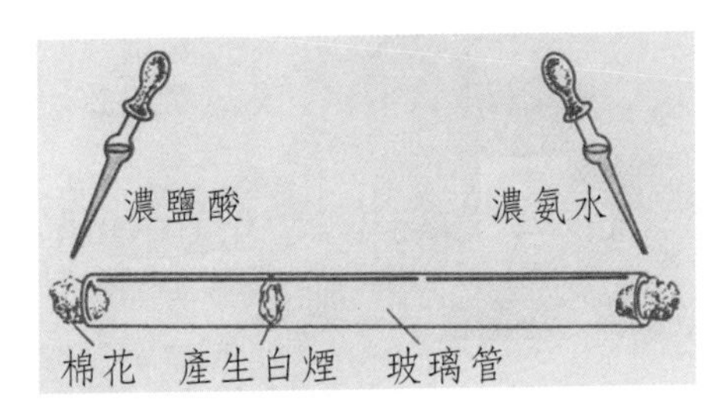

圖 3-11 氯化氫與氨的擴散

$$HCl_{(g)}+NH_{3(g)}\rightarrow NH_4Cl_{(s)}$$

設 V_{HCl}，d_{HCl}，M_{HCl} 代表氯化氫的擴散速率，密度及分子量 V_{NH_3}，d_{NH_3}，M_{NH_3} 代表氨的擴散速率，密度及分子量，根據格銳目定律

$$\frac{V_{NH_3}}{V_{HCl}}=\sqrt{\frac{d_{HCl}}{d_{NH_3}}}=\sqrt{\frac{M_{HCl}}{M_{NH_3}}}=\sqrt{\frac{36.45}{17.02}}=1.46$$

氨的擴散速率為氯化氫的 1.46 倍，氨擴散的較快，因此氯化銨的白煙圈出現於靠近濃鹽酸的一端。

天熱產生的鈾含 0.7%的 ^{235}U 及 99.3%的 ^{238}U。具核分裂性而可做核燃料的是 ^{235}U 而 ^{238}U 不具核分裂性，因此無法做核燃料之用。^{235}U 與 ^{238}U 為同位素無法由化學方法來分離，因此各國均設法以氣體擴散法來分離得核分裂性的 ^{235}U。將鈾與氟反應成六氟化鈾（UF_6，b.p.56℃），在較高溫時通過無數的孔時，根

據 $^{235}UF_6$ 與 $^{238}UF_6$ 擴散速度的稍微不同濃縮 ^{235}U 成核燃料。

$$\frac{V_{^{235}UF_6}}{V_{^{238}UF_6}}=\sqrt{\frac{M_{^{238}UF_6}}{M_{^{235}UF_6}}}=\sqrt{\frac{238+18\times 6}{235+19\times 6}}=1.004$$

十、道耳吞分壓定律

兩種或兩種以上氣體，如不起化學反應時，能以任何比例均勻混合於同一容器內。這時各氣體分子對容器器壁所呈現的壓力稱為該氣體的分壓（partial pressure），此分壓相當於該氣體單獨占此容器時的壓力。1801 年道耳吞提出：混合氣體的總壓力等於各成分氣體分壓之和，稱為道耳吞分壓定律（Dalton's law of partial pressure）。圖 3-12 表示空氣中氮與氧的分壓。設體積 V 的容器中有 n_1 莫耳的氣體 1 及 n_2 莫耳的氣體 2。設此容器中只有氣體 1 時的壓力為 p_1，只有氣體 2 時的壓力為 p_2 時，

$$\because pV=nRT$$

$$p_1,=\frac{n_1RT}{V}\quad p_2=\frac{n_2PT}{V}$$

$$\text{總壓力}\quad p=\frac{(n_1+n_2)RT}{V}=\frac{n_1RT}{V}+\frac{n_2RT}{V}=p_1+p_2$$

例題 3-7 空氣是 **4/5** 體積的氮與 **1/5** 體積的氧組成的混合氣體，氣壓 **1atm** 的空氣中氮與氧的分壓各為多少？

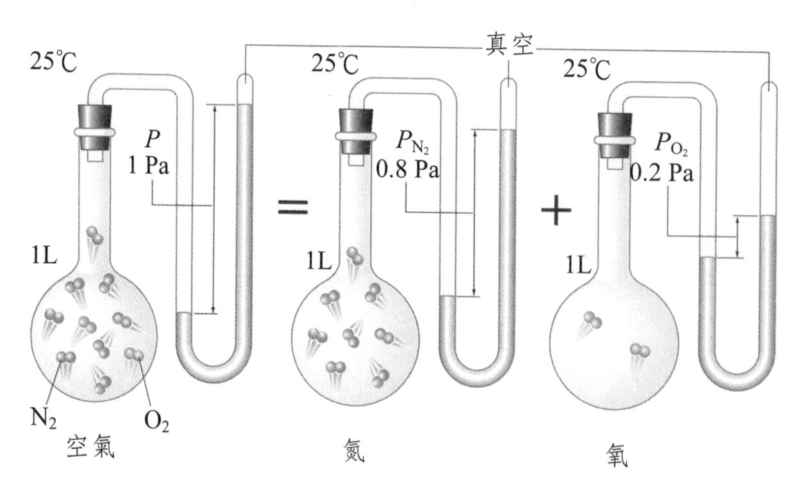

圖 3-12 空氣中氮與氧的分壓

解：體積比相當於分子數之比，

$$P_{O_2} = p \times \frac{nO_2}{nO_2 + nN_2} = 1atm \times \frac{1}{1+4} = 0.2\ (atm)$$

$$P_{N_2} = P \times \frac{nN_2}{nO_2 + nN_2} = 1\ (atm) \times \frac{4}{1+4} = 0.8\ (atm)$$

排水集氣時的水蒸氣分壓

在實驗室收集氫、氮及氧等不易溶於水的氣體，常用排水集氣法。如圖3-13所示，排水集氣法所收集的氣體中含有水蒸氣，因此氣體的壓力為減去水蒸氣的分壓。

$$p_g = p - p_{H_2O}$$

表3-3　表示常用的飽和水蒸氣壓力。

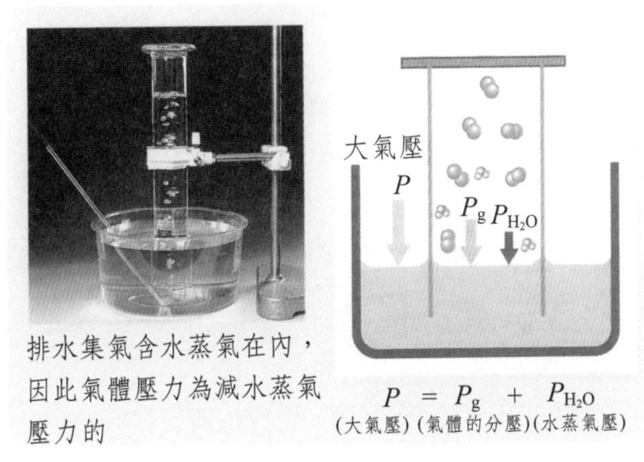

圖3-13　排水集氣時水蒸氣分壓

表3-3　常用的飽和水蒸氣壓力

溫度	壓力（mmHg）	溫度	壓力（mmHg）
0℃	4.6	22℃	19.8
10℃	9.2	23℃	21.1
15℃	12.8	24℃	22.4
16℃	13.6	25℃	23.8
17℃	14.5	26℃	25.2
18℃	15.5	27℃	26.7

19℃	16.5	28℃	28.3
20℃	17.5	29℃	30.0
21℃	18.7	100℃	760.0

例題3-8 在**27**℃時以排水集氣法收集氫氣**5**公升，瓶內氣體壓力為**780mmHg**，試計算所收集氫氣的莫耳數。

解：27℃時飽和水蒸氣壓力為26.7mmHg

∴氫的分壓 $= P - P_{H_2O} = 780 - 26.7 = 753.3$mmHg

∵PV=nRT

$$\frac{753.3}{760} \times 5.0 = n \times 0.082 \times (273+27)$$

$n = 0.20$(mol)

第二節 液體

物質三態中，液體是介於氣體與固體之間的狀態，加壓氣體並降低溫度時可將氣體凝結為液體。氣體凝結，固體熔化，液體凝固或蒸發等的物態變化，在化學上統稱為相變（phase change），相變時兩相之間的動能平衡稱為相平衡（phase equilibrium），溫度及壓力對於相變影響的相關圖稱為相圖（phase diaqram）。

一、水的蒸氣壓曲線及三相圖

氣體、液體及固體中的粒子（分子、原子或離子）都在不停地運動。氣體分子間距離大，作用力小因此能自由擴散，均勻充滿空間，液體分子間距離比氣體小很多，具有一定體積但無一定形狀具流動性可流到任何容器。液體中的分子不停地運動。如圖 3-14 所示，位於液體表面的分子受同類分子的吸引力不均勻而位於液體內部的分子受其四周同類分子的吸引力是均勻的。液面的分子能夠克服分子間的引力，逸出液面而氣化，此一液面氣化的現象稱為蒸發。逸出到液面上的氣態分子群稱為蒸氣。蒸發是吸熱過程。蒸發過的分子在空間飛翔，但亦有一部分再進入液體中。圖 3-15 為真空的密閉容器中放入適量的液體而保持一定溫度。最初有分子從液面蒸發到空間，但會到達單位時間蒸發的分子數與飛回液體的凝結分子數相等的平衡情況，此時空間內的蒸氣所表示

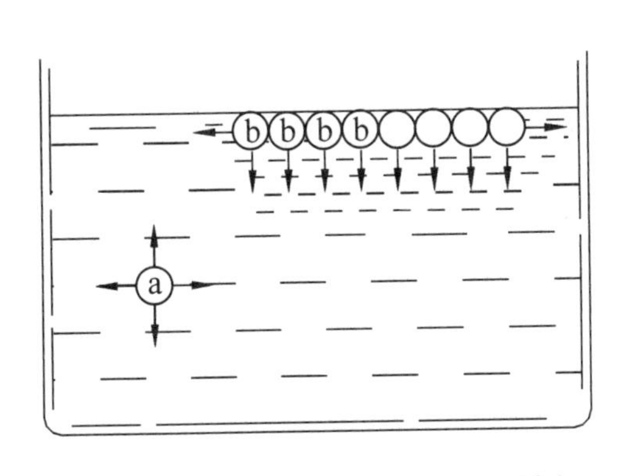

圖 3-14 液內及液面分子之吸引力

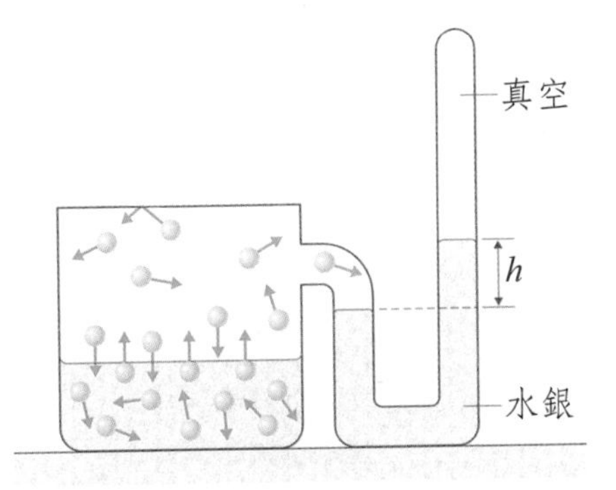

圖 3-15 飽和蒸氣壓

的壓力稱為該溫度時的飽和蒸氣壓（saturated vapor pressure）或簡稱蒸氣壓。

液體的飽和蒸氣壓隨溫度的變化而改變，溫度升高時液體分子運動的能量高，逸出液面的分子增加，隨之返回液面的分子數目亦增多，直到建立一種新的平衡，結果蒸氣壓增加。

表 3-4 表示水在不同溫度時的飽和蒸氣壓。圖 3-16 表示水的蒸氣壓與溫度的相關曲線，此蒸氣壓曲線的右側為氣相區，左側為液相區。

表 3-4 水的蒸氣壓

溫度（℃）	蒸氣壓（kPa）
−20	0.10
−10	0.29
−5	0.40
0	0.61
10	1.23
15	1.71
20	2.34
25	3.17
30	4.24
35	5.62
40	7.4
60	19.9
80	47.3
100	101.3

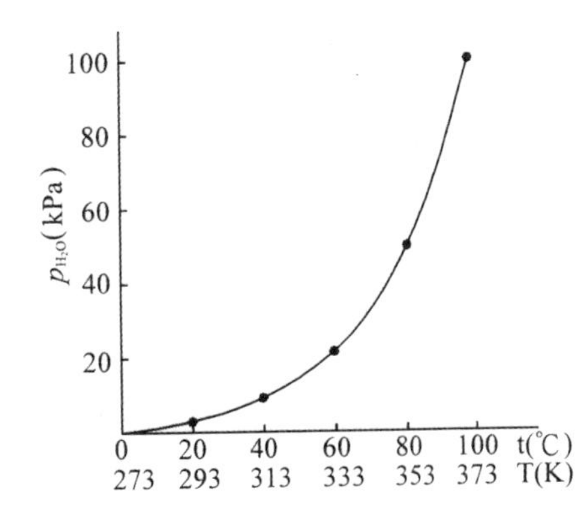

圖 3-16 水的蒸氣壓溫度曲線

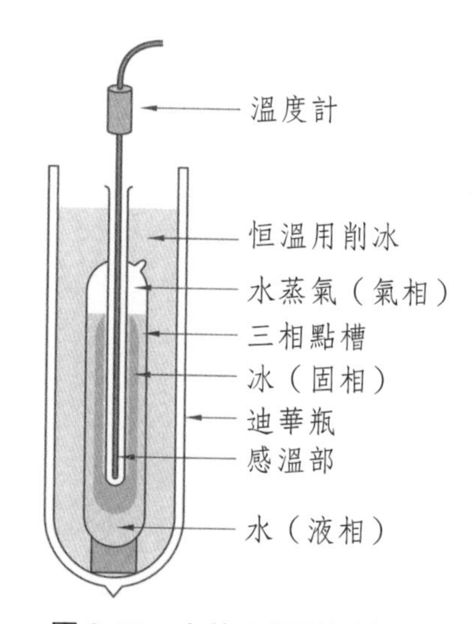

圖 3-17　水的三相點測定槽

在100℃時水的蒸氣壓為101.3kPa即1atm。將液體的水共存時再升高溫度時，水蒸氣壓力會再升高，另一面降低溫度時蒸氣隨之下降，但使水結冰時水蒸氣壓力不會變零。這時液體的水一部分結冰、成冰、水與水蒸氣三相共存狀態的三相點（triple point）。三相點的溫度為0.01℃，610pa而三相點以外的溫度及壓力時決不會相共存。具有此三相點行為的液體亦只有水而已。水的三相點可由圖 3-17 所示的裝置測定。

圖 3-18 為水的三相圖。AT 曲線為熔化曲線，BT 為蒸氣壓曲線，CT 為昇華曲線。T 為三相點。AT 與 CT 所包圍的區域只有固體存在而不存在液體與氣體。固體與液體共存時必位於 AT 曲線上方。同樣 AT 與 BT 曲線所包圍的區域只有液體存在而CT與BT曲線所包圍的區域只有氣體存在。

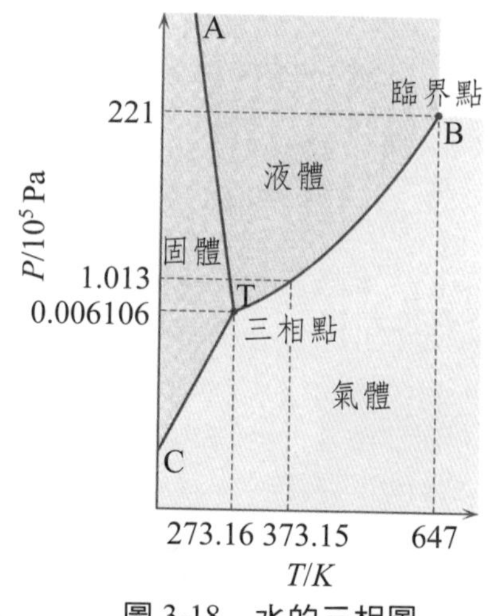

圖 3-18　水的三相圖

水的熔化曲線為負的斜率（向右往下）是因為冰熔化時體積縮小之故。

二、溶液的種類

將一塊方糖投入於一杯水而攪拌時，方糖消失，但方糖的本質沒有消失而分散於水中成具有甜味的糖溶液。溶液是兩種或兩種以上物質混合所成的均勻混合物。溶液中被溶解的物質稱為溶質（solute），溶解物質的介質稱為溶劑（solvent）。例如上例中的方糖為溶質，水為溶劑，糖水為溶液（solution）。因為溶液為混合物，其組成可改變。例如一杯咖啡中，有的人放一塊方糖，有的人卻需要兩塊方糖。以溶液的定義來講，溶液不限於液態溶液，尚有氣態溶液及固態溶液。表 3-5 為溶液的種類及其用途。

表 3-5　溶液的種類及其用途

種類	溶劑	溶質	例	用途
液態溶液	液體	液體	乙二醇於水	抗冷凍劑
	液體	固體	食鹽於水	料理
	液體	氣體	二氧化碳於水	汽水，啤酒
固態溶液	固體	固體	銅於金	裝飾品
	固體	液體	汞於合金	假牙
	固體	氣體	氫於鈀	點火器
氣態溶液	氣體	氣體	氧於氦	潛水夫
	氣體	液體	汽油於空氣	汽車引擎
	氣體	固體	樟腦於空氣	滅蟲

通常以溶解的過程中量較多的為溶劑，較少的為溶質，惟兩者的量幾乎相等時很難區分。化學家以兩種物質混合在一起時，狀態改變者為溶質，狀態不變者為溶劑。例如糖水中，方糖由固態變為液態，水保持液態，因此方糖為溶質，水為溶劑。表 3-5 是根據此一方式來分類的。水是一種很好的溶劑，通常溶解各種物質而存在於海水，湖水或河水之外，生體內的反應幾乎全在水溶液內進行，因此一般所謂的溶液經常都是指水溶液。

二、溶解度

將一物質溶解於一定量的水時，在一定溫度時會達到不再被溶解的限界，達到此一限界的溶液稱為飽和溶液（saturated solution）。飽和溶液是如圖 3-19 所示，固體溶於溶液的速率與從溶液析出固體的速率相等，達到溶解平衡狀態的溶液。飽和溶液的濃度稱為該物質的溶解度（solubility）通常使用 100 克水溶解的溶質克數來表示。

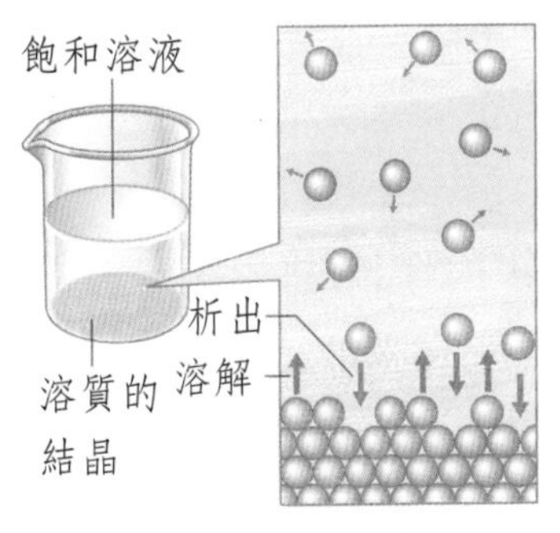

圖 3-19　溶解平衡

1. 固體物質的溶解度

固體物質的溶解度，常隨溫度的增加而增加，惟有少數物質在溫度升高時的溶解度反而減少。表 3-6 為常見物質的溶解度。圖 3-20 為溶解度與溫度關係的溶解度曲線。

表 3-6 固體物質在水中的溶解度（g/100g 水）

溫度（℃）	物質						
	氯化鈉 NaCl	氯化鉀 KCl	硝酸鉀 KNO_3	硫酸銅* $CuSO_4$	硼酸 H_3BO_3	蔗糖 $C_{12}H_{22}O_{11}$	氫氧化鈣** $Ca(OH)_2$
0	35.7	28.1	13.3	14.0	2.77	—	0.172
20	35.8	34.2	31.6	20.2	4.88	198	0.155
40	36.3	40.1	63.9	28.7	8.90	235	0.132
60	37.1	45.8	109	39.9	14.9	287	0.108
80	38.0	51.3	169	56.0	23.5	365	0.085
100	39.3	56.3	254	77.0	38.0	492	0.069

註：*從水溶液結晶所得硫酸銅為藍色的五水合物晶體 $CuSO_4 \cdot 5H_2O$，但溶解度通常使用無水鹽的質量（g）來表示。

**溫度愈低溶解度愈大的例外性固體物質之一。

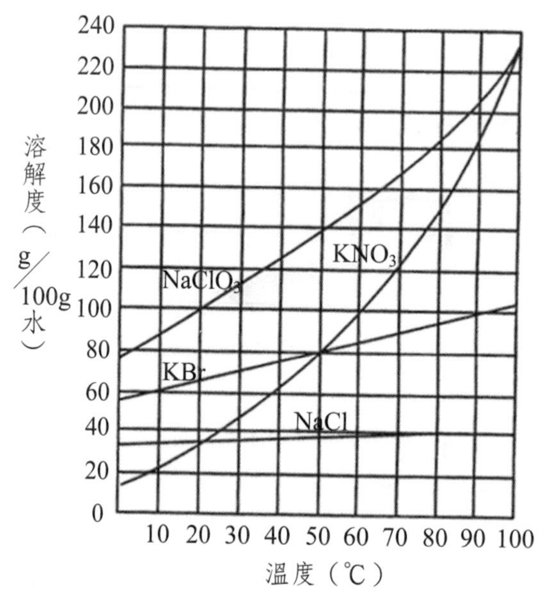

圖 3-20 溶解度曲線

使用溶解度曲線可知物質在各溫度的溶解度外，對物質的分離及純化很有用。例如硝酸鉀中有少量溴化鉀混在一起時將此溶液由高溫冷卻，硝酸鉀在溫度降低時溶解度減小而析出於溶液底部，溴化鉀在低溫仍留在溶液中，因此可得較純的硝酸鉀晶體，此一操作過程稱為再結晶（recrystallization）。

2. 液體與液體的溶解度

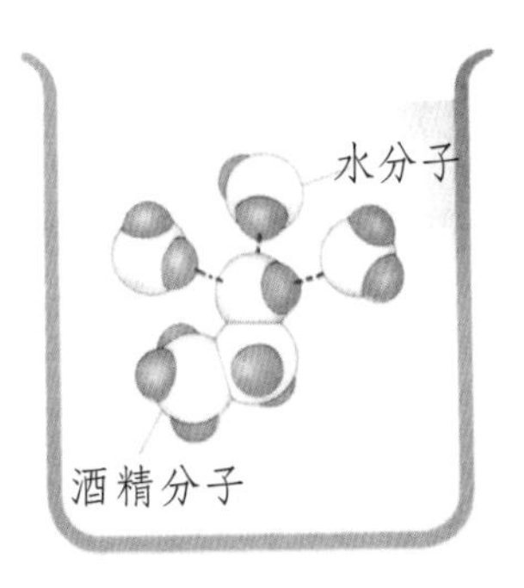

圖 3-21 酒精與水互溶

液體與液體的溶解度可分三類：

⑴完全互溶

例如酒精與水，甘油與水可以以任何比例互相互溶成均勻的溶液。圖 3-21 表示酒精分子的氫氧基與水分子產生氫鍵，因此可完全互溶。

⑵部分互溶

乙醚與水放在一隻試管中搖蕩後靜置時，溶液分為兩層。乙醚密度較小因此在上層，水的密度較大因此在下層。雖然看起來不互溶，實際上上層為少量水溶於乙醚的飽和溶液，下層為少量乙醚溶於水的飽和溶液。在 20℃時，100 克乙醚可溶 1.2 克水，100 克水可溶 6.95 克的乙醚，因此可稱為部分互溶。

⑶不能互溶

汽油與水，二硫化碳CS_2與水混合，雖然搖盪但立即分兩層並無互溶的現象。雖然有極少量的部分互溶，惟因相互的溶解度極小，通常視為不能互溶的。

3. 氣體物質的溶解度

加熱水而尚未沸騰前常看到水中有氣泡逸出，這氣泡是溶於水中的空氣，因加熱時溶解度減少而產生的。另外打開汽水瓶蓋時看到二氧化碳氣泡逸出。從這些現象可知氣體的溶解度在溫度愈高，壓力愈低時降低。溫度高時溶液中的氣體分子的熱運動愈激烈而易跳出液外，壓力低時飛回的氣體分子較少之故。表 3-7 球表示氣體在標準狀況時一公升水能溶解氣體的體積（升）。

表 3-7 氣體的溶解度（標準狀況時體積（L）／水（L））

氣體 ＼ 溫度（℃）	0	20	40	60	80
氮 N_2	0.024	0.016	0.012	0.010	0.0096
氧 O_2	0.049	0.031	0.023	0.019	0.018
二氧化碳 CO_2	1.71	0.88	0.53	0.36	—
氯化氫 HCl	507	442	386	339	—
氨 NH_3	1176	702	—	—	—

水在沸騰時不再有任何氣體溶解於水中。圖 3-22 表示不與水反應的氣體之溶解度曲線。

溶解度小而不與溶劑反應的氣體的溶解量與壓力的關係在 1803 年由英國享利（William Henry）提出：一定溫度時溶解於溶劑的氣體質量與溶劑表面所受的壓力成正比，稱為享利定律（Henry's law）。圖 3-23 與享利定律的圖解。

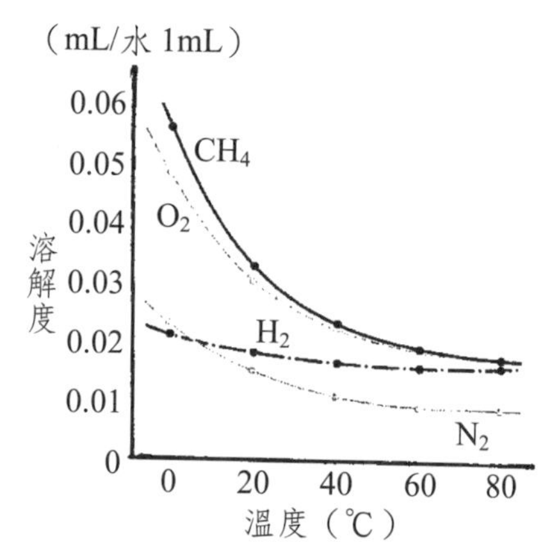

圖 3-22　不與水反應的氣體的溶解度曲線

例題 3-9　空氣為體積比 **4：1** 的氮與氧的混合氣體。試求在 **20℃，20×10⁵ Pa** 空氣接觸的 **10** 公升水中各溶解多少克的氮及氧？參照表 **3-7** 求之。

解：1.0×10^5 Pa 氮與 1.0×10^5 Pa 氧在 20℃時 10L 水中各溶解

$0.016 \times 10 = 0.16$（L）及 $0.031 \times 10 = 0.31$（L）

換算為質量時，氮：$28.0 \times \frac{0.16}{22.4} = 0.2$（g）

氧：$32.0 \times \frac{0.31}{22.4} = 0.44$（g）

2.0×10^5 Pa 空氣中氮的分壓為　$2.0 \times 10^5 \times \frac{4}{5} = 1.6 \times 10^5$（Pa）

2.0×10^5 Pa 空氣中氧的分壓為　$2.0 \times 10^5 \times \frac{1}{5} = 0.4 \times 10^5$（Pa）

因此溶解的氣體質量為：

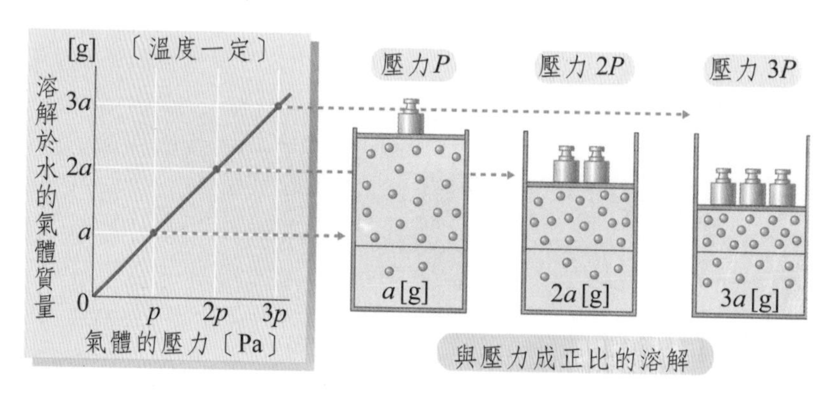

圖 3-23　享利定律

$$氮：\frac{0.20 \times 1.6 \times 10^5}{1.0 \times 10^5} = 0.32\ (g)$$

$$氧：\frac{0.44 \times 0.40 \times 10^5}{1.0 \times 10^5} = 0.18\ (g)$$

三、溶液的濃度

在一定量溶液中所含溶質的量常以濃度（concentration）表示，由於使用的目的不同，有數種濃度的表示方法。

1. 重量百分率濃度

以 100 克溶液中所含溶質的總數來表示的濃度，稱為重量百分率濃度（weight percent concentration）。例如在 100 克蔗糖溶液中含有 25 克的蔗糖時，其濃度為 25%。

$$重量百分率濃度 = \frac{溶質重量}{溶液重量} \times 100\ (\%)$$

$$= \frac{溶質重量}{溶質重量 + 溶劑重量} \times 100\ (\%)$$

因此可知 100 克的 25%蔗糖溶液，是由 25 克的蔗糖溶解於 75 克水所成的溶液。

設溶液的比重為 d，體積與 $V_{(mL)}$ 時，溶質的克數 W

$$W = d \times V \times \%$$

例題 3-10　設比重為 1.25，濃度為 50%的氯化氫溶液 200mL 中有 HCl 多少克？

解：比重 1.25　即密度為 1.25g/mL

$W = 1.25 \times 200 \times 40\% = 100g$

2. 體積莫耳濃度

一升溶液中所含溶質的莫耳數表示的濃度稱為體積莫耳濃度（molarity），簡稱為莫耳濃度，以 M 或 mol/L 表示。

$$莫耳濃度\ (M) = \frac{溶質莫耳數}{溶液體積\ (升)}$$

例如一升氫氧化鈉溶液中，含有 80 克氫氧化鈉時，因一莫耳 NaOH 重為 40 克：$\frac{80\text{ 克}}{40\text{ 克／莫耳}}=2$ 莫耳

故此 NaOH 溶液為 2M。

3. 重量莫耳濃度

在 1000 克溶劑中所含溶質的莫耳數表示的濃度稱為重量莫耳濃度（molality），以 m 表示。

$$\text{重量莫耳濃度（m）}=\frac{\text{溶質莫耳數}}{\text{溶劑 1000 克}}$$

例如，1000 克水中溶解 80 克的氫氧化鈉時，其重量莫耳濃度為 2m，其重量百分率濃度為：

$$\frac{80\text{ 克}}{80\text{ 克}+1000\text{ 克}}\times 100=7.4\%$$

設此溶液的比重為 1.05 時，其體積為 $\frac{10808}{1.05\text{g/mL}}=1028\text{mL}$

$=1.028\text{L}$

莫耳濃度 $=\frac{2\text{mol}}{1.028\text{L}}=1.95\text{M}$

4. 百萬分濃度

環境科學常用的空氣中或水中所含微量的污染物質的濃度通常不用 m，M 或%表示其濃度。以每百萬克溶液或氣體混合物中所含微量物質的克數來表示的濃度稱為百萬分濃度（part per million，簡寫成 ppm）。更低的濃度即以十億分濃度表示（part per billion，稱寫為 ppb）。

$$\text{ppm}=\frac{\text{物質質量}}{\text{溶液質量}}\times 10^6$$

$$\text{ppb}=\frac{\text{物質質量}}{\text{溶液質量}}\times 10^9$$

稀薄的水溶液之密度接近於 1.00g/mL，因此對極稀薄水溶液常使用 1g 水 = 1mL 水，因此

1ppm 濃度相當於 1μg/mL 或 1mg/L 的濃度。

1ppb 濃度相當於 1ng*/mL 或 1μg/L 的濃度。

$$*ng = 10^{-9} g$$

例如空氣中含 CO 為 1 ppm，表示一升空氣中有 1μL 的一氧化碳，雨水中含 H_2SO_4 為 34ppb 表示一升雨水中有 34μg，硫酸或一毫升雨水中有 34ng 的硫酸。

四、液體與液體的混合溶液之蒸氣壓

苯 C_6H_6 與甲苯 $C_6H_5CH_3$ 為性質相似的液體而能夠以任何比例互相互溶。這時混合溶液的蒸氣壓曲線如圖 3-24 所示，曲線的橫軸為溶液的組成以苯的莫耳分率表示，橫軸的 0 處表示為純粹的甲苯，1 處表示為純粹的苯。溶液的蒸氣壓為純粹的甲苯及苯的蒸氣壓以直線連結的形態。經甲苯及苯的蒸氣壓各以 P_A^0 及 P_B^0 來表示，溶液中甲苯與苯的莫耳分率各以 x_A，x_B（即 $1-x_A$），蒸氣中甲苯與苯的分壓各以 P_A，P_B 表示時成立下列關係。

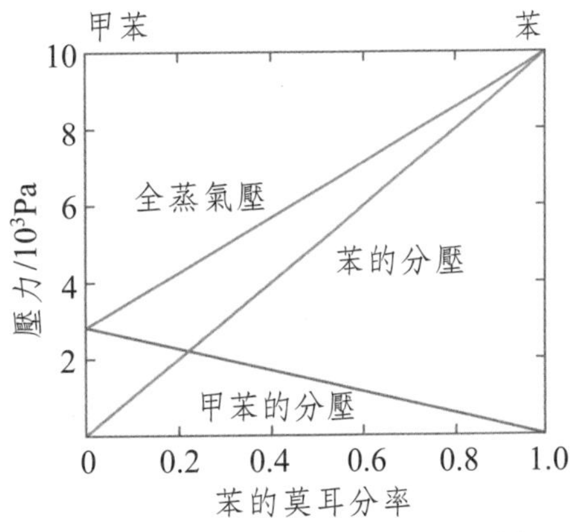

圖 3-24 苯—甲苯混合溶液的全蒸氣壓

$$P_A = P_A^0 x_A$$
$$P_B = P_B^0 x_B$$

溶液的蒸氣壓 P 為 P_A 與 P_B 合在一起的，

$$\begin{aligned} P &= P_A + P_B = P_A^0 x_A + P_B^0 x_B \\ &= P_A^0 (1-x_B) + P_B^0 x_B \\ &= P_A^0 + (P_B^0 - P_A^0) x_B \end{aligned}$$

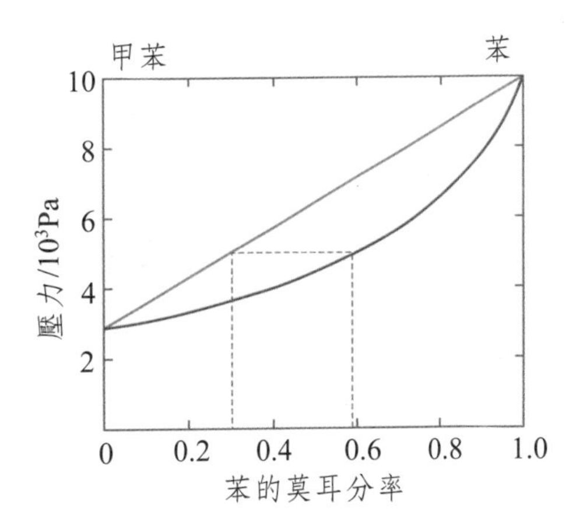

圖 3-25 苯—甲苯混合溶液的蒸氣壓在組成曲線

因此可成立如圖所示的直線。如此混合溶液的蒸氣壓之分壓與各成分的莫耳分率成正比的關係稱為拉牛耳定律（Raoult's law）。

此地要留意的是，溶液與平衡存在於氣相中組成成分的莫耳分率與溶液中的莫耳分率不相同。例如溶液中苯的莫耳分率為 0.3 時所算出的氣相中苯的莫耳分率為 0.59。以一定壓力下溶液中的莫耳分率與蒸氣中的莫耳分率關係為如

圖 3-25 所示的苯甲苯混合溶液的蒸氣壓組成曲線。圖中上面的曲線為溶液中的苯之莫耳分率為基礎的蒸氣壓，下一曲線為氣相中的苯之莫耳分率為基礎的蒸氣壓。

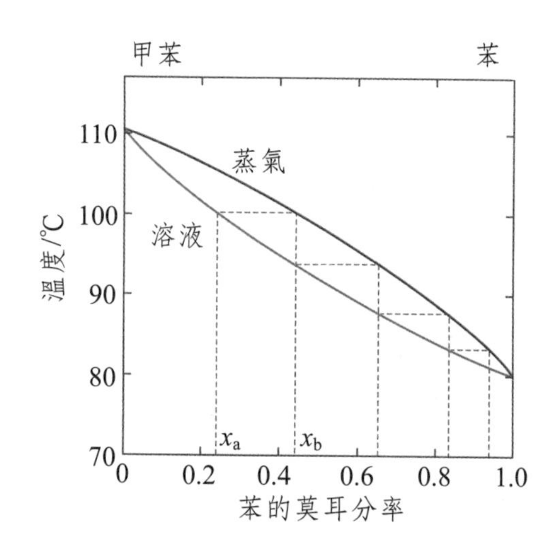

圖 3-26　1atm 時苯－甲苯混合溶液的沸點與苯莫耳率之關係

混合溶液經蒸餾過程能夠分離低沸點物質與高沸點的物質，此一過程稱為分餾（fractional distillation）。在實驗室進行分餾時通常在一大氣壓時流出液體。圖 3-26 表示一大氣壓時苯－甲苯混合溶液的沸點與苯的莫耳分率的關係。純粹的苯與甲苯的沸點各為 80℃及 110℃。圖 3-26 的兩線曲線之上一曲線表示該溫度時氣相中的苯之莫耳分率，下一曲線為液相中的苯之莫耳分率，這兩條曲線各稱為氣相線及液相線。圖中水平的破線與氣相線，液相線相交的點各表示該溫度的氣相中及液相中苯存在的比率。設苯組成 x_a 溶液與其沸點時氣相中苯的莫耳分率為 x_b，即將此蒸氣收集而冷凝時，可得較液相時苯濃度較高的溶液，這過程是蒸餾混合溶液時沸點較低的成分先出而沸點較高的成分後出的理由。只蒸餾要分離兩種成分較難，但使液體與氣體在蒸餾塔中數次成平衡方式慢慢使沸點低的成分由下部往上部分純粹取出。

在全濃度範圍能成立拉牛耳定律的溶液稱為理想溶液（ideal solution）。理想溶液是形成溶液時不吸熱亦不放熱，即溶質的溶劑混合後，分子間的吸引力等於其單獨存在時的作用力，也就是溶質分子與溶劑分子間的作用力等於溶劑與溶劑分子間作用力的溶液。一般的溶液都不是理想溶液，但溶液愈稀薄，愈接近於理想溶液的行為。

五、稀薄溶液的性質

稀薄溶液不問是溶解的化合物的種類，具有只依存於其莫耳濃度的性質，這種性質稱為溶液的依數性（colligative property）。這依數性包括蒸氣壓下降、沸點上升、凝固點下降及浸透壓等性質。

1. 蒸氣壓下降

溶劑的蒸氣壓往往受溶解的固體物質的影響而下降。一般固體物質的蒸氣壓極微小可視為。因此如圖 3-27 所示溶液的蒸氣壓較強溶劑以溶質的濃度或比例下降。

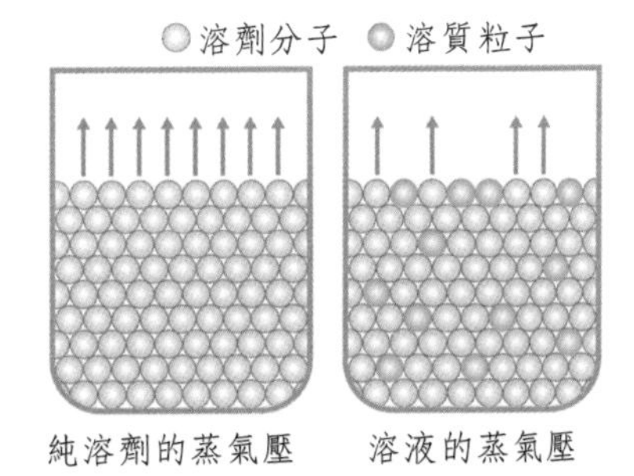

圖 3-27　蒸氣壓下降的模式

設溶劑為A，溶質為B，純溶劑的蒸氣壓為 P_A^0，溶液的蒸氣壓為 P_A 時，蒸氣壓下降 ΔP_A 可由 $P^\circ_A - P_A$ 表示。x_A，x_B 表示A，B成分的莫耳分率時

$$\frac{\Delta P_A}{P_A^0} = 1 - x_A = x_B = M_A m_B$$

因為是稀薄溶液，故溶質莫耳數較溶劑莫耳數 n_A 少很多而忽略。

$$x_B = \frac{n_B}{n_A + n_B} \doteqdot \frac{n_B}{n_A} = \frac{n_B}{W_A/M_A} = M_A m_B$$

此地 W_A 為溶劑的質量，M_A 為溶劑分子量，m_B 為重量莫耳濃度。由這些式可得蒸氣壓下降 ΔP_A 為：

$$\Delta P_A = M_A P_A^0 m_B$$

已知 M_A，P_A^0 並測定蒸氣壓下降，可得此溶液的重量莫耳濃度 m_B，因此可決定不知分子量的物質之分子量。

圖 3-28 所示的器具為利用蒸氣壓下降來測分子量的。在 A 槽中放入已知分子量 Ms 的標準物質一定質量 Wsg，B槽中稱取未知分子量U的物質 Wug。加入能夠溶解兩者的溶劑加入A槽及B槽，密封容器並靜置之，最初兩種溶液的蒸氣壓不同，因此蒸氣壓較高的溶液（莫耳濃度較低）之溶劑成蒸氣而凝結到蒸氣壓較低的溶液中。當兩者的蒸氣壓相等時此系達到平衡而不會有體積的增減。此時兩者的莫耳濃度相等，留意

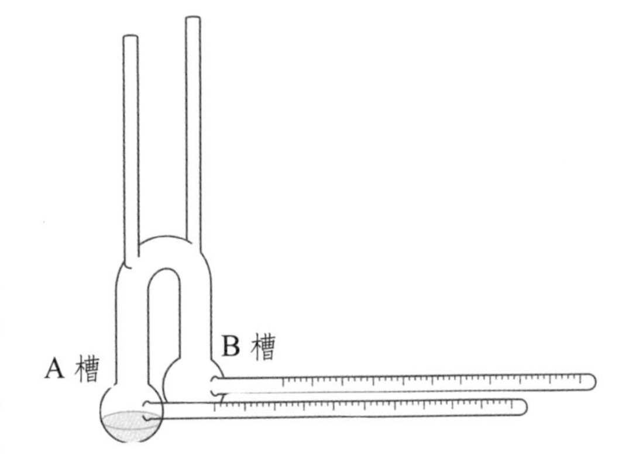

圖 3-28　利用蒸氣壓下降測分子量器具

將器具傾斜移各溶液於細管，測定的溶液體積為 $\overline{V}_s$，$\overline{V}_u$，設U的分子量為Mu時：

$$\frac{\frac{Ws}{Ms}}{Vs}=\frac{\frac{Wu}{Mu}}{Vu} \qquad \frac{VuWs}{Ms}=\frac{VsWu}{Mu}$$

$$\therefore Mu=\frac{Vs\,Wu\,Ms}{VuWs}$$

2. 沸點上升

溶液因蒸氣壓較純溶劑的蒸氣壓下降以致沸點升高的現象稱為沸點上升。圖 3-29 表示溶液的蒸氣壓曲線在於純溶液劑蒸氣壓曲線的下方，因此溶液的蒸氣壓要達到純溶劑的沸點所表示的蒸氣壓，需要更高的溫度。對於不揮發性的非電解質溶質溶於一定量溶劑時，沸點上升度數與溶質種類無關，只與溶質莫耳數有關。設 ΔT_b 表示溶液的重量莫耳濃度（m）之沸點上升度數時：

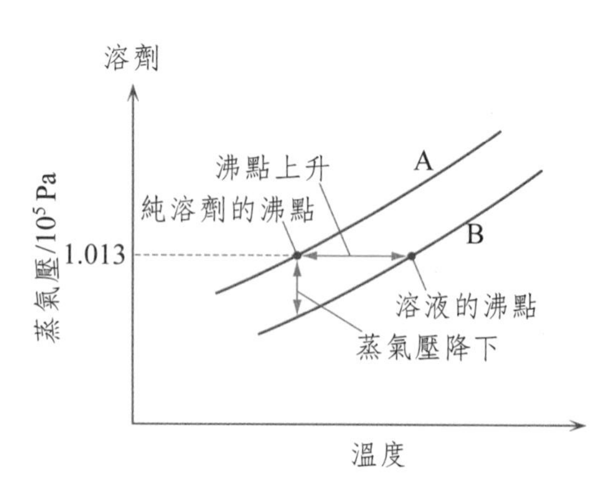

圖 3-29　蒸氣壓下降與沸點上升

$$\Delta T_b = K_b \times m$$

K_b 為比例常數稱為莫耳沸點上升常數，也就是溶液 1m 時的沸點上升度數。表 3-8 表示一些溶劑的沸點及莫耳沸點上升常數。

例如一莫耳蔗糖 $C_{12}H_{22}O_{11}$ 為 342.3 克，葡萄糖 $C_6H_{12}O_6$ 為 180 克，兩者都分別溶於一升水時，沸點都是 100.52℃。

表 3-8　溶劑的沸點 K_b

溶劑	沸點℃	K_b
水	100	0.52
甲醇	64.7	0.78
乙醇	78.3	1.16
丙酮	56.3	1.71
甲酸	100.5	2.4
苯	80.1	2.53
環己烷	80.7	2.75
乙酸	117.9	2.53
氯仿	61.2	3.62
四氯化碳	76.8	5.03

3. 凝固點下降

水在 0℃結冰，但海水在 0℃不能結冰而在約 −2℃時開始結冰。如此溶液較純溶劑的凝固點降低，此現象稱為凝固點下降。凝固點下降亦使用蒸氣壓曲線來理解。圖 3-30 所示凝固點為固體的蒸氣壓曲線與液體的蒸氣壓曲線相交，即固體的蒸氣壓等於液體蒸氣壓的溫度。溶液凝固時只溶劑結晶，溶質不摻入於結晶中。因此溶液的凝固點為溶液的蒸氣壓曲線與溶劑的固體蒸氣壓曲線相交之點。不揮發性非電解質的溶液凝固點下降度數（ΔT_f）與溶液的重量莫耳濃度（m）成正比：

$$\Delta T_f = K_f \times m$$

K_f為莫耳凝固點下降度數，表 3-9 為常見溶劑的凝固點與莫耳凝固點下降度數。

A：純溶劑的蒸氣壓曲線

B：溶液的蒸氣壓曲線

C：純溶劑固體的蒸氣壓曲線

圖 3-30 凝固點下降模式圖

表 3-9 溶劑的凝固點與 K_f

溶劑	凝固點（℃）	K_f
水	0.00	1.86
乙酸	16.67	3.90
苯	5.53	5.12
苯胺	−5.98	5.87
硝基苯	5.76	6.85
萘	80.3	6.94
環己烷	6.54	20.2
樟腦	178.75	37.7
二溴乙烷	9.97	11.8

例題 3-11 尿素〔**$(NH_2)_2CO$**〕**9** 克溶於 **1000** 克水所成溶液的沸點為 **100.078**℃，試計算尿素的分子量。

解：$\Delta T_b = K_b \times m$

$\Delta T_b = 100.078 - 100 = 0.078$℃

$m = \dfrac{\Delta T_b}{K_b} = \dfrac{0.078}{0.52} = 0.15$

9 克尿素溶於 1000 克水中的莫耳濃度為 0.15m，故 1m 濃度溶解的尿素為 $\dfrac{9}{0.15} = 60$ 克

尿素分子量＝60

例題 3-12 甘油〔**$C_3H_5(OH)_3$**〕**46** 克溶於 **1000** 克水所成甘油溶液的凝固點為 **−0.93**℃，試求甘油的分子量。

解：$\Delta T_f = K_f m$

$\Delta T_f = 0.93$℃，$m = \dfrac{\Delta T_f}{K_f} = \dfrac{0.93}{1.86} = 0.5$

46 克甘油溶於 1000 克水中的莫耳濃度為 0.5m，故 1m濃度應溶解甘油為：

$\dfrac{46}{0.5} = 92$（克）

∴甘油分子量為 92。

4. 滲透壓

撒鹽於水蛭身上時，可見水蛭的身體縮小的現象。這是因為水蛭的細胞膜能使水分透過，但細胞內的較大分子不能通過而使細胞內部的各種物質溫度等於體外的鹽之濃度使體內的水分逸出的緣故。如此現象可用如圖 3-31 所示的實驗來定量處理。動物的細胞膜，賽珞凡玻璃紙或硝化纖維素膜等能夠自由通過水分子，但不能通過如蔗糖等溶質分子的膜稱為半透膜（semipermeable membrane）。將半透膜包緊一長頸漏斗的口，放入蔗糖溶液於漏斗內倒立於裝水的燒杯中，漏斗口下方放一以防止半透膜膨脹而垂下。過一段時間可看到蔗糖溶液柱升高到一定高度停止。此時蔗糖溶液液面的高度與純水液面的高度差所呈現的壓力稱為滲透壓（osmotic pressure），溶劑經過半透膜進入濃度較濃溶液的過程稱為滲透（osmosis）。

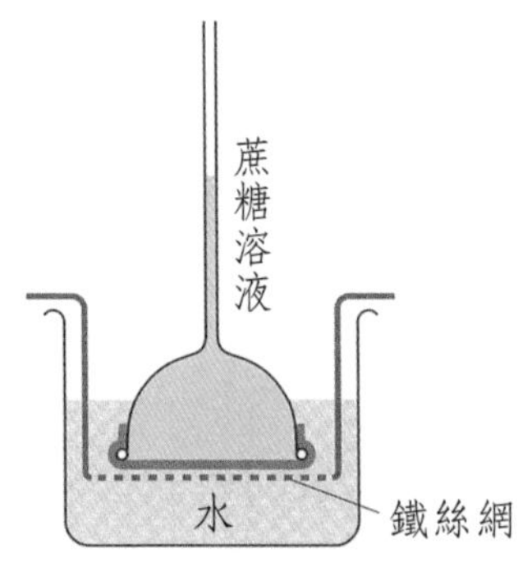

圖 3-31 滲透壓的實驗

1887 年荷蘭的凡何夫（J. H.van't Hoff）研究溶液滲透壓結果提出，滲透壓（π）的大小與溶質的莫耳數（n）和絕對溫度（T）成正比，與溶液的體積（V）成反比，但與溶質的種類無關。

$$\pi = \frac{nRT}{V} \quad \text{R 為氣體常數}$$

$$\pi V = nRT$$

例題 3-13 **一升的葡萄糖（$C_{13}H_{12}O_6$）溶液中含葡萄糖 18 克而在長頸漏斗中經半透膜垂直倒插純水中，試求在標準狀況時，此溶液的滲透壓。**

解：葡萄糖的分子量為 180，因此此葡萄糖溶液的濃度為 $\frac{18g}{180g/mol} = 0.1M$

$$\pi = \frac{nRT}{V} = \frac{0.1 \times 0.082 \times 273}{1} = 2.24 \text{（大氣壓）}$$

滲透作用在生物體極為重要。生物體的細胞膜是一種半透膜。生物體的攝取養分及排泄廢物都藉滲透作用進行。細胞膜不但容許水分子自由進出，對於溶質粒子的通不通過亦有高度的選擇性，但與溶質粒子的大小較無關係。例如，腸管壁容許較大粒子的葡萄糖分子通過，但不能使較小的鎂離子通過。

第三節 固體和化學鍵

物質第三態中，與人類生活最密切而接觸最多的是固態物質。固體物質在任何容器中都能保持其一定的形狀及體積。固體的粒子不具液體或氣體粒子一般的流動性，只能在一定的位置做振動的運動。

一、固體的種類

固體通常分為晶形固體（crystalline solid）及非晶形固體（amorphous solid）兩大類。

1. 晶形固體

晶形固體又稱為晶體（crystal）。一般物質降低溫度時成結晶狀態的晶體。

⑴分子晶體

碘 I_2 和苯 C_6H_6 等的分子結晶時，保持其分子結構來結晶，分子間的距離為分子內原子間距離的約 2 倍而分子間的相互作用力很小，如此一般的晶體稱為分子晶體。圖 3-32 為苯和碘分子晶體的模式圖。另一面如氯化鈉，金屬，金剛石等由液態結晶時晶體中不存在獨立的分子。這些晶體由於連結成分原子的結合方式的不同而分子離子晶體，金屬晶體及共價晶體等。

⑵離子晶體

使原子或離子結合在一起的力稱為化學鍵（chemical bond）。前面已提過各元素原子的價電子都有成 s^2 p^6 最安定八隅體組態的趨勢。元素週期表的一及

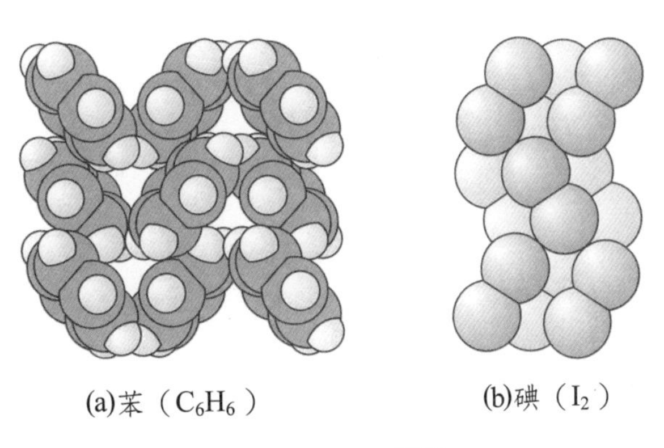

(a)苯（C_6H_6） (b)碘（I_2）

圖 3-32 分子晶體

二族元素的原子較易失去其價電子成為帶正電的陽離子，週期表 16，17 族的原子易獲得電子成為帶負電的陰離子。圖 3-33 表示

$$Na \rightarrow Na^+ + e^-$$

$$Cl + e^- \rightarrow Cl^-$$

所生成的Na^+與Cl^-以 1：1 的比例由庫侖吸引力互相吸引所產生的化學鍵稱離子鍵，這時所成的晶體如圖 3-34 所示每一鈉離子周圍有六個氯離子，每一氯離子周圍有六個鈉離子互相吸引的面心立方離子晶體。離子晶體因陽離子與陰離子以庫侖吸引力互相吸引，因此熔點、沸點較高，硬而脆，易溶於水或酒精，但不易溶於苯、四氯化碳、汽油等有機溶劑。固態的離子晶體為電的絕緣體，但熔化成液態時或溶於水時為電的良導體。

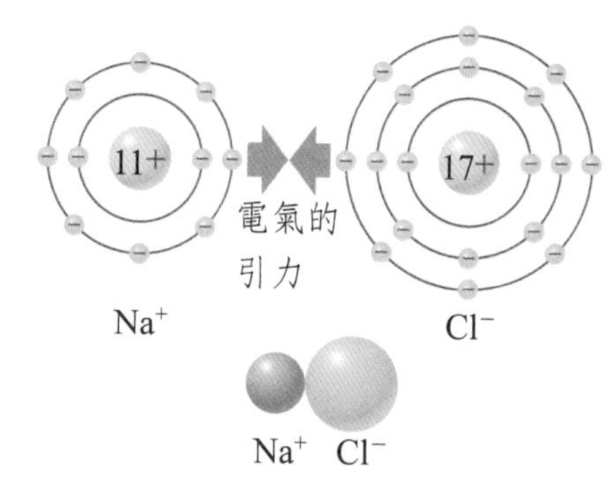

圖 3-33 離子結合

3. 金屬晶體

存在於自然界的元素九十多種中金屬元素佔 70%以上。金屬具有金屬光澤，其表面可反射光線，因此在玻璃表面鍍金屬薄膜可做鏡面。金屬是熱與電的良導體，廣用於加熱器具或電器製品。金屬具良好的展性及延性，可製金箔及金屬線，這些性質因金屬鍵所致。金屬元素的電負度很小，因此易放出價電子成為陽離子。在金屬晶體中所放出的電子如圖 3-35 所示不特定屬於那一原子而成在晶體中能自由移動的自由電子。由這些自由電子使金屬原子的結合，稱為金屬鍵（metallic bond）。這些自由電子的存在成為金屬具有電及熱良導性的原因。金屬鍵較離子鍵強，因此金屬通常較硬，溶點、沸點亦較高。金屬

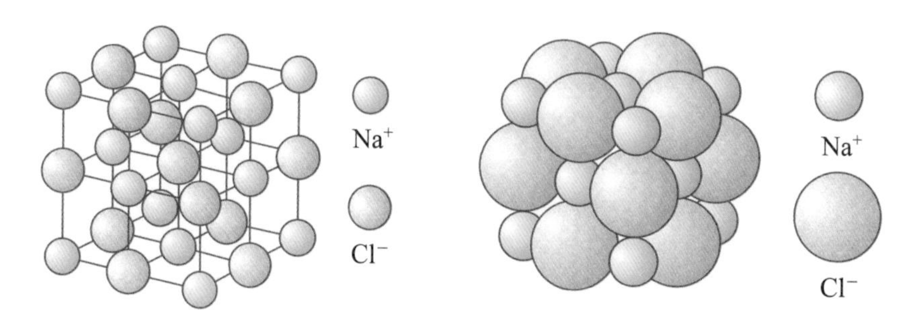

圖 3-34 氯化鈉的晶體結構

晶體不像離子晶體，受強力衝擊時晶體內的排列面移動，但自由電子能吸引各陽離子，因此金屬晶體不致於破裂。離子晶體受力衝擊時晶體中離子排列面移動如圖 3-36 所示，同電荷的離子互相排斥而使晶體破碎。金屬晶體中自由電子數影響金屬的性質，例如鋰、鈉、鉀等每一原子只有一個價電子成自由電子，因此為較輕而軟的金屬，鐵、鈷、鎳等價電子較多，因此為軟重而硬的金屬。

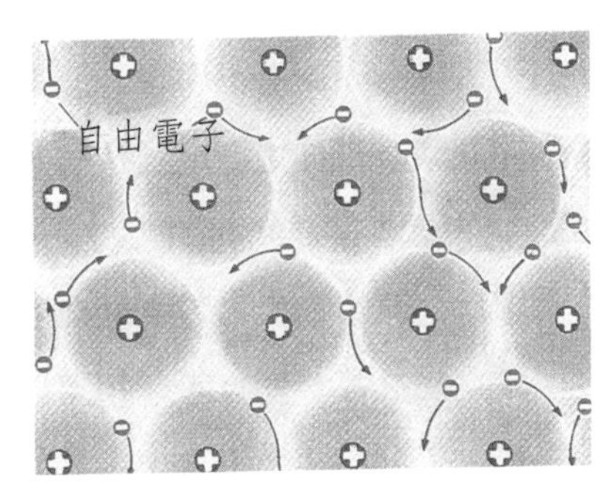

圖 3-35　金屬鍵模式圖

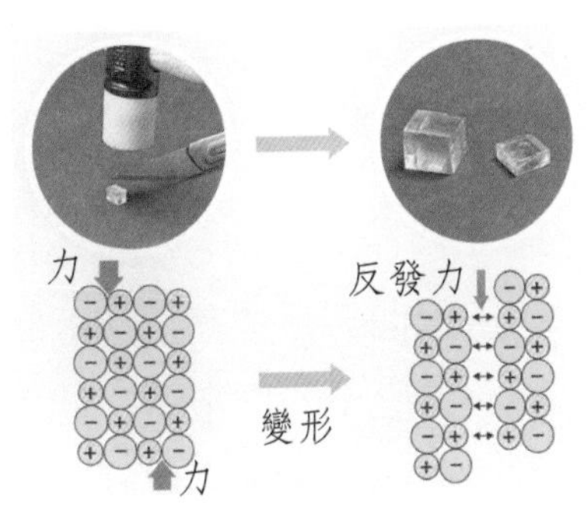

圖 3-36　離子晶體與金屬晶體受力的差別

在金屬晶體中每一個金屬原子盡量與其他原子靠近而成很有規則的立體排列存在，此規則性的排列方式稱為結晶格子或晶格（crystal lattice）。圖 3-37 表示主要的金屬晶體的三種晶格。

⑴體心立方晶格

鹼金族元素和鐵等的金屬晶體，以體心立方晶格存在。體心立方晶格（body-centered cubic lattice）以一個金屬粒子（陽離子）為中心，在立方體各角落有 8 個其他粒子存在的排列方式。在此晶格裡每一陽離子都可做立方體的中心。

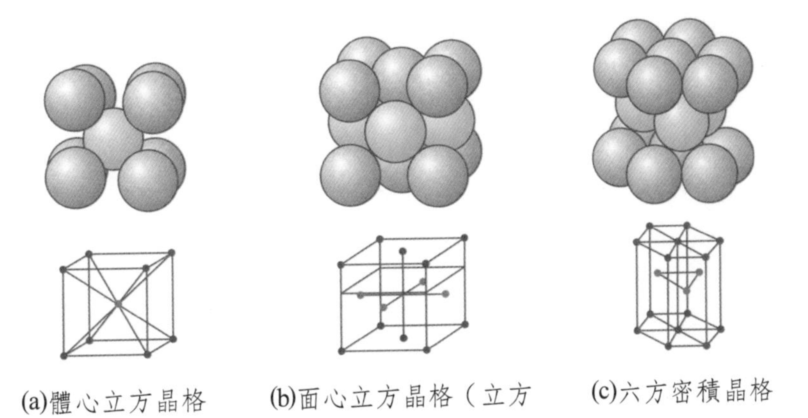

圖 3-37　金屬晶體的三種晶格

⑵面心立方晶格

如圖 3-37 所示在一立方體的 8 個各頂點與 6 個面的中心都有金屬粒子的晶格稱為面心立方晶格（face-centered cubic lattice）。此結構為同樣大小的球，能夠最密集堆積在一起的結構，鋁、銅、銀、金等金屬以面心立方晶格存在。

⑶六方密積晶格

以正六角柱體方式配置金屬粒子的晶體結構稱為六方密積晶格（hexagonal closepacked lattice）。六方密積晶格中的每一個金屬粒子都有 12 個鄰近的其他金屬粒子存在。鎂、鋅、鎘及鈦等金屬以六方密積晶格存在。

4. 共價晶體

⑴非極性共價化合物

當兩個氫原子互相接近時，一個氫原子的價電子與另一個氫原子的價電子重疊，各原子的價電子都能夠互相吸引兩方的原子核而生成安定的氫分子，圖 3-38 表示氫原子結合生成氫分子的模型。如此以共用電子方式的結合稱為共價鍵（covalent bond）。例如氫、氧、氮、碘等非金屬元素本身通常都以共價鍵結的 H_2、O_2、N_2、I_2 等分子存在。圖 3-39 為氧的分子之形成圖。

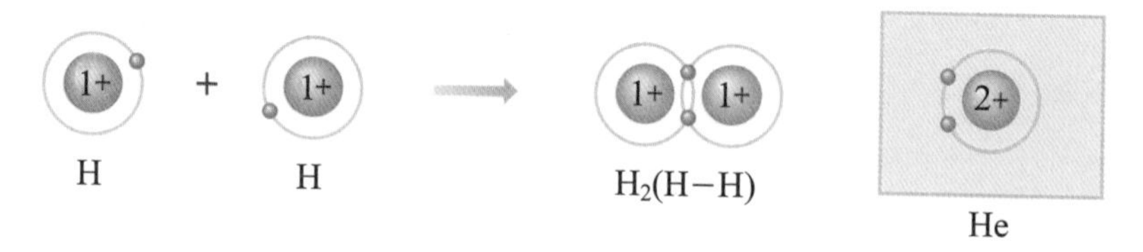

圖 3-38　氫分子的形成

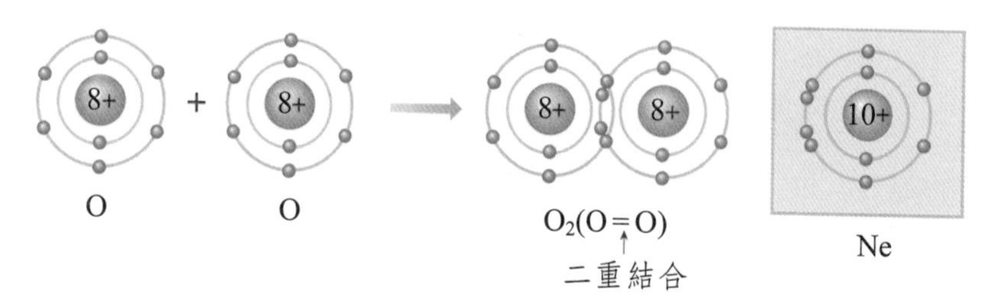

圖 3-39　氧分子的形成

氫分子及氧分子，參與鍵結的共用電子對為兩原子核平均共有，價電子對在兩原子核附近出現的機率相等，故稱為非極性共價鍵，而有此鍵結的化合物稱為非極性共價化合物（nonpolar covalent compound）。圖 3-40 所示的二氧化碳，甲烷都屬於非極性共價化合物。此類化合物的分子與分子間的吸引力較弱，在常溫時通常以氣體或揮發性液體方式存在。熔點及沸點較低，蒸氣壓較高，不易溶於水或酒精等極性溶劑，但易溶於苯或四氯化碳等非極性溶劑。降低溫度於非極性共價化合物所成的分子晶體已於本節一之 1 ⑴介紹。

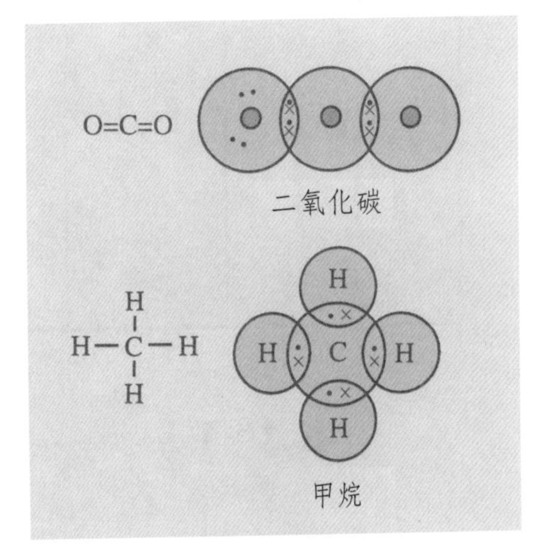

圖 3-40　二氧化碳及甲烷的共價鍵

⑵極性共價化合物

水分子（H_2O）的分子式與二氧化碳（CO_2）分子式相似，但水分子的兩個氫原子與氧原子結合的共價鍵如圖 3-41 所示，是以 105°的夾角來結合在一起的。氧原子的電負度較氫原子的電負度大，因此在 H_2O 分子中共用電子對偏向氧原子的一方成δ−，氫原子一方因共用電子對較遠離成δ+端，這樣具δ−與δ+一端的共價分子稱為極性共價化合物（polar covalent compound）。圖 3-41 另表示氯化氫及氨的極性共價化合物的分子。極性共價化合物在常溫時通常以液體或硬度較低的固體存在，沸點與熔點介於離子晶體與非極性共價化合物之間。

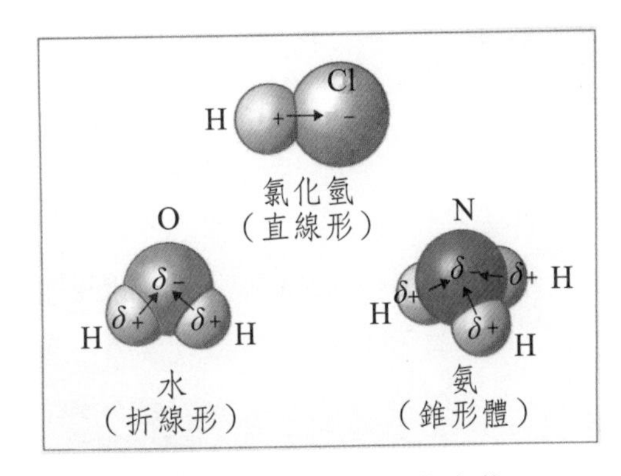

圖 3-41　極性共價化合物

⑶網狀晶體

一般共價鍵所成的共價化合物都是簡單結構的單獨分子，可是有的由多數原子互相結合成巨大的網狀結構的分子之網狀晶體。例如碳、硼、矽等的原子以共價鍵互相結連成巨大的網狀晶體，其熔點甚高，硬而不溶於水。圖 3-42 表示金剛石和石墨的網狀晶體的結構。

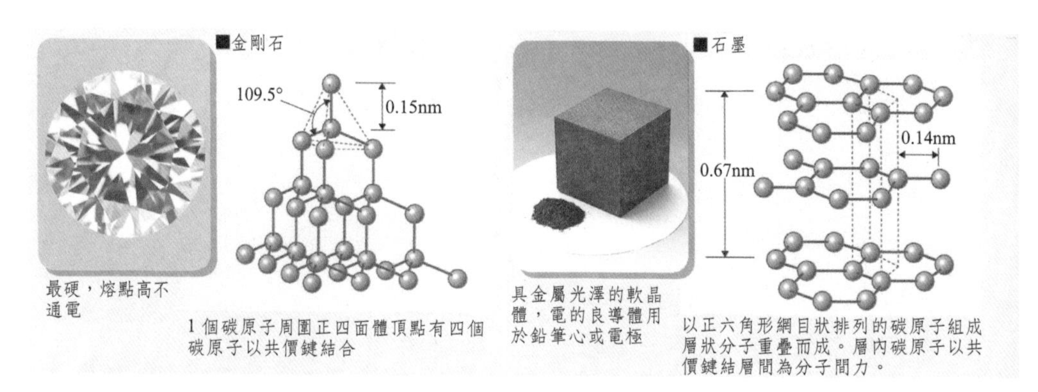

圖 3-42　金剛石和石墨的網狀晶體結構

(a)金剛石（diamond）　為碳原子於三度空間所成的網狀晶體，每一碳原子與其他正四面體各角落的四個碳原子以一對共用電子結合，形成熔點極高（3550℃），密度高（3.514g/cm^3）的無色晶體。金剛石的硬度在一切物質中最大，為電的絕緣體但熱傳導性較高的特性，這是因為共價結合連結晶體全體部分，因此原子的振動（即熱）容易傳到晶體各部分之故。

(b)石墨（graphite）　為一個碳原子的 4 個價電子中的三個用於與其他碳原子共價鍵結成蜂巢狀的平面網狀晶體。六角平面形的上下部分有剩下的一個價電子如金屬晶體的自由電子一般的行為，因此石墨雖然是網狀晶體，但為電的良導體，常用為乾電池的電極。石墨分子以層狀結構所成，每一層的面與面間的吸引力較弱，石墨晶體較軟，容易劈開，其熔點極高，為 3652～3697℃而直接昇華。

(c)富樂烯　1985 年英國的克樂多（Kroto）等人以雷射光照射石墨解離碳原子後，發現有 60 個碳原子集合而形成安定的分子。此一碳分子是由 20 個苯環縮合成 12 個五角形而成球狀物，恰好如足球的各頂點以 sp^2 碳取代的結構。發現者因其形狀與建築家 Buckminster Fuller 所設計的球形庫相似，因此取名為 Buckminsterfullerene，現而稱為富樂烯（fullerene）。圖 3-43 表示富樂烯與奈米碳管。

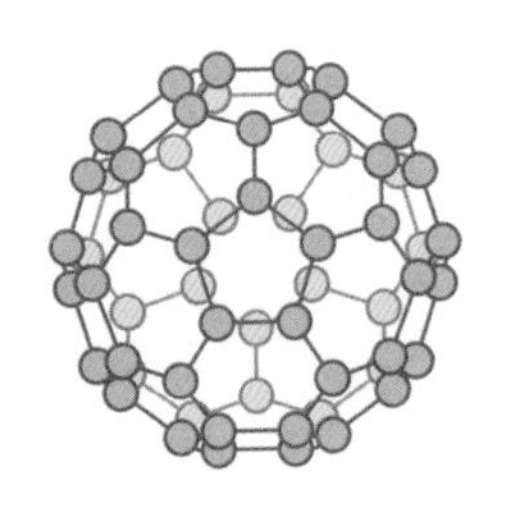
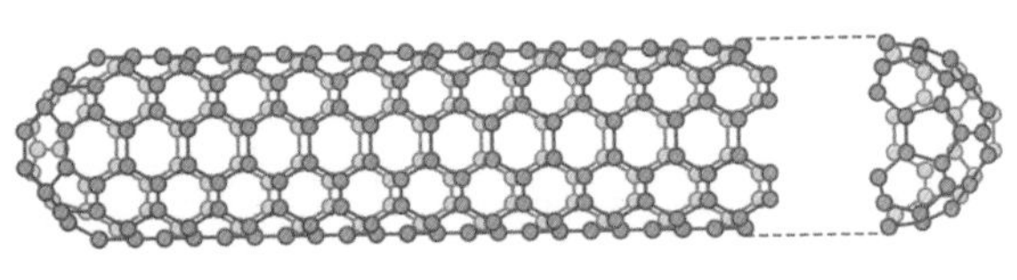

圖 3-43 富樂烯與奈米碳管

富樂烯為金剛石、石墨之後碳的同素異形體。現已能夠大量合成而利用 C_{60} 用於超電導或有機物磁性研究已正進展。1991 年日本飯島澄男等發現選擇合成條件時可將碳原子形成苯環連結在一起的細管稱為奈米碳管（carbon nanotube）。奈米碳管因具有非局部化的π電子，因此在電或磁材料科學很有探討餘地。奈米碳管直徑只一奈米，長度數奈米中空圓柱形碳原子超微細管，化學性質安定，具有優異的儲氫能力，將來在氫引擎汽車可應用。奈米碳管所製的光學纖維重量只有鐵的六分之一，但強度大於鐵光纖的一百倍，應用範圍很廣。

⑷凡得瓦力

非極性共價化合物在降低溫度使分子互相靠近時，非極性共價分子會起暫時性的電荷不均衡的現象產生。如圖 3-44 所示一分子的一端成為暫時性的部分帶正電（δ+）另一端部分帶負電（δ−），影響其鄰近分子亦產生另一暫時性的正負電的部分分離，結果產生互相吸引的現象。這種存在於分子間的作用力稱為凡得瓦力（van der waals force）或分散力（dispersion force）。

凡得瓦力的大小隨分子的大小與形狀而定，通常分子愈大，凡得瓦力愈大。由於分子間的作用力很弱，凡得瓦力所形成的分子晶體熔點沸點都很低，硬度較小。

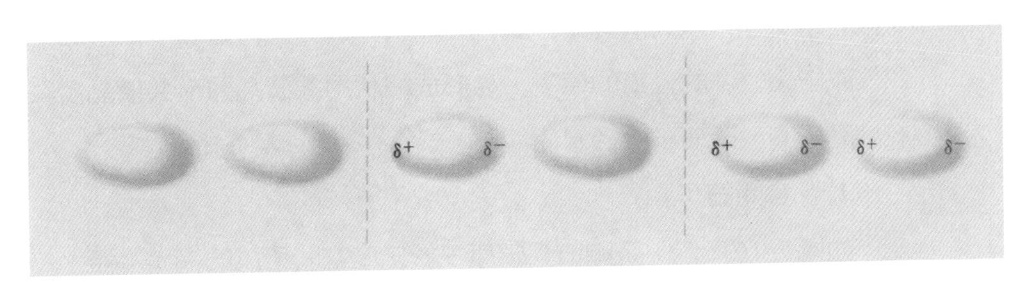

圖 3-44 凡得瓦力的生成

二、氫鍵

極性分子的水（H_2O）和氟化氫（HF），與相同結構的同族元素氫化合物的沸點比較時，兩者的沸點都異常的高（圖 3-45）。這是因為 H_2O，HF 的分子中的 O，F 原子電子親和力較大，強力吸引另一分子的氫而生成氫鍵（hydrogen bond）之故。

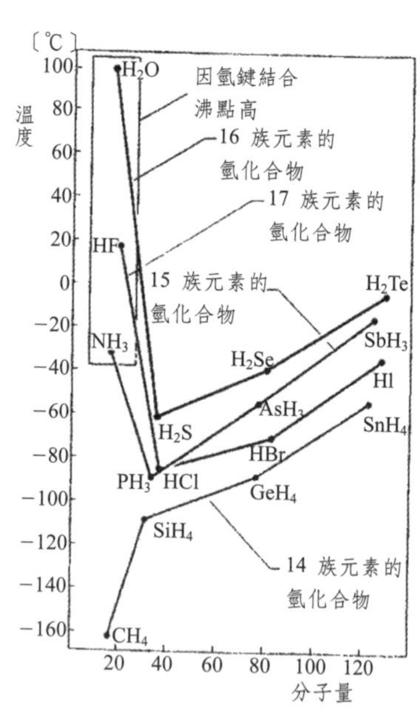

圖 3-45　氫化物的沸點

水結冰時一水分子與其他四個水分子以氫鍵結合成如圖所示立體結構，因此冰較同質量水的體積增加，密度較小，故可浮於水上。氟化氫（HF）、甲醇（CH_3OH）等都能夠與水氫鍵結合，因此可以任何比例與水互相互溶。氫鍵結合較非極性分子間的結合強很多，因此由氫鍵結合所生成物質的熔點或沸點都異常的高。氫鍵在生物體內擔負重要的角色。構成生物組織架構的蛋白質之α-螺旋結構，主要是依靠氫鍵來維繫。氫鍵普遍地存在於許多化合物與溶液之中。雖然氫鍵鍵能不是很大，但在水、醇、酸、氨、胺、胺基酸、蛋白質、碳水化合物、氫氧化物、酸式鹽、鹼式鹽及結晶水化合物等的結構與性質有關的研究過程中，不可忽視氫鍵的作用。圖 3-48 為蛋白質的氫鍵結合。

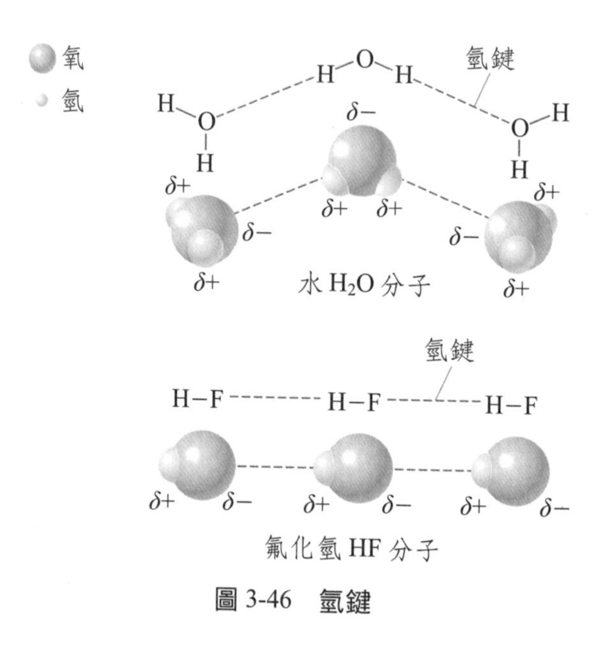

圖 3-46　氫鍵

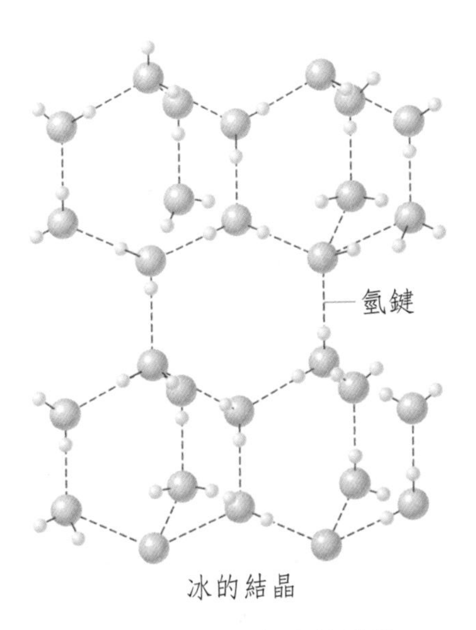

圖 3-47　氫鍵與冰的結構

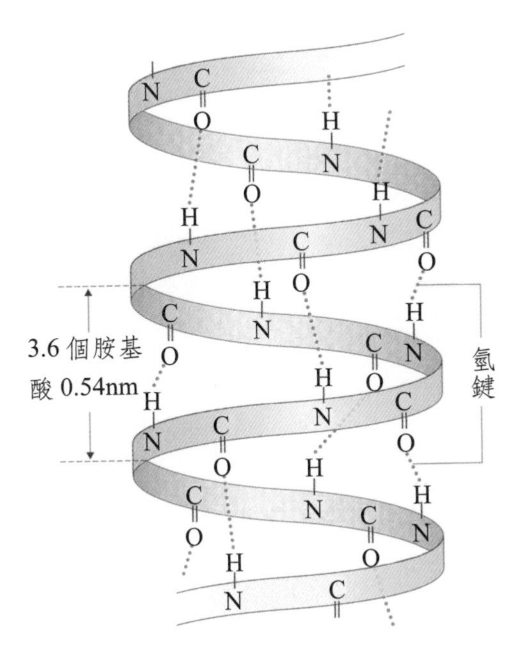

圖 3-48　蛋白質分子的螺旋結構

第四節 半導體與液晶

一、半導體

資訊工業的發展改變人類的生活與文化很多，資訊工業完全靠半導體技術來發展。具有導體與絕緣體中間電阻率的物質稱為半導體（semiconductor）。元素週期表中介於金屬元素與非金屬元素中間的矽（Si）、鍺（Ge）、鎵（Ga）、砷（As）等均具半導體性質。表 3-10 為各種物質電阻率的比較。

表 3-10 電阻率（20℃）

物質		電阻率（Ω・m）
導體	銀	1.6×10^{-8}
	鋁	2.8×10^{-8}
半導體	鍺	4.5×10^{-1}
	矽	6.4×10^{2}
絕緣體	雲母	10^{13}
	聚乙烯	$>10^{14}$

資訊工業所用的半導體為純矽或純鍺金屬中加微量的不純物所成的，可分為兩種結構。

1. n 型半導體

在純矽或純鍺中添加微量帶 5 個價電子的銻或砷的半導體，稱為n型半導體。圖 3-49 為矽晶體中添加銻所成 n 型半導體的結構圖。銻（Sb）有 5 個價電子，其中 4 個價電子與矽（Si）的 4 個價電子形成網狀的共價結合，剩下的一個價電子成為自由電子，因此加電壓於此半導體，由於自由電子的流動，可通電流。

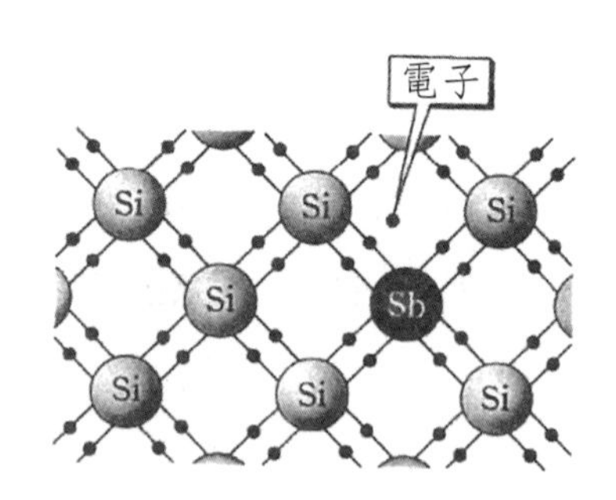

圖 3-49 n 型半導體

2. p 型半導體

在純矽或鍺晶體中添加微量帶 3 個價電子的銦（In）或硼（B）的半導體，稱為p型半導體。銦只有 3 個價電子，因此與 4 個價電子的矽結合時只形成三個共價結合並生成一個缺少電子的洞。此一洞雖然受In原子的微弱吸引力，惟在常溫時因熱能使周圍的電子能夠移動填進洞而使原

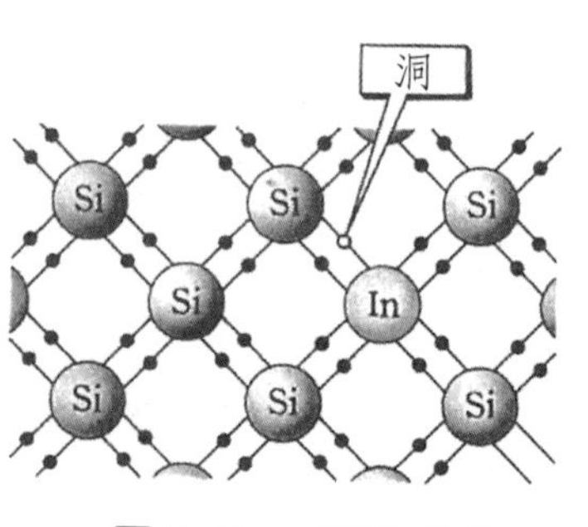

圖 3-50 p 型半導體

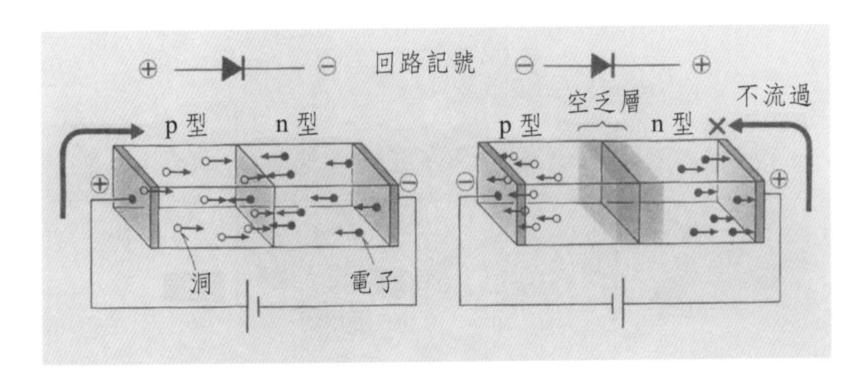

圖 3-51 半導體的整流作用

來的位置產生新的洞，而此洞又有其他電子進入，因此加電壓於此半導體時，負極一端的電子依序填進正極一端的洞，產生電流的流動。

使電流能夠向一方向流通的作用稱為整流（rectification）。如圖 3-51 所示，將 n 型半導體和 p 型半導體接合並通電流時，從 p 型到 n 型半導體電流能流通，但是從 n 型到 p 型半導體電流不能流通。因此半導體用於交流電的整流器（rectifier）。現代電腦使用的電晶體（transistor）使用數百萬 p-n 整流的鎳片半導體。最常用的是 n-p-n 型的電晶體，在兩片 n 型半導體中間夾一片 p 型半導體所成。通過一會合（junction）的電流能夠控制其他會合的電流結果得擴大的信號，今日電晶體已廣用於收音機、電視及電腦等。

二、液晶

日常生活使用的手錶、電算器、數位照相機及電腦等都使用液晶（liquid crystal）。液晶是分子的排列向一定方面整齊排列，但具有液體一樣流動性的物質。圖 3-52 表示液晶分子的排列情形。液晶具有類似晶體的各向異性（anisotropic），像固體的分子晶體一般，液晶相含單獨的分子。大多情況而言形成液晶相的分子具兩種特性：一長圓柱形具有能夠容許經分散、偶極—偶極或氫鍵力等分子間吸引的結構，但抑制完全結晶性填充的。圖 3-53 表示能夠形成液晶相的兩種分子的結構。請注意圓柱狀的形態，平的似苯環的系統。這些分子在長分子軸具有分子偶極，足夠強的電場能夠引導這些大量的極性分子於大的相同的

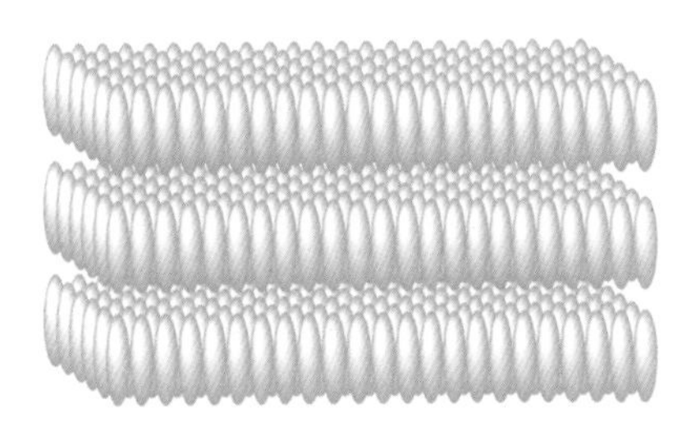

圖 3-52 液晶分子的排列

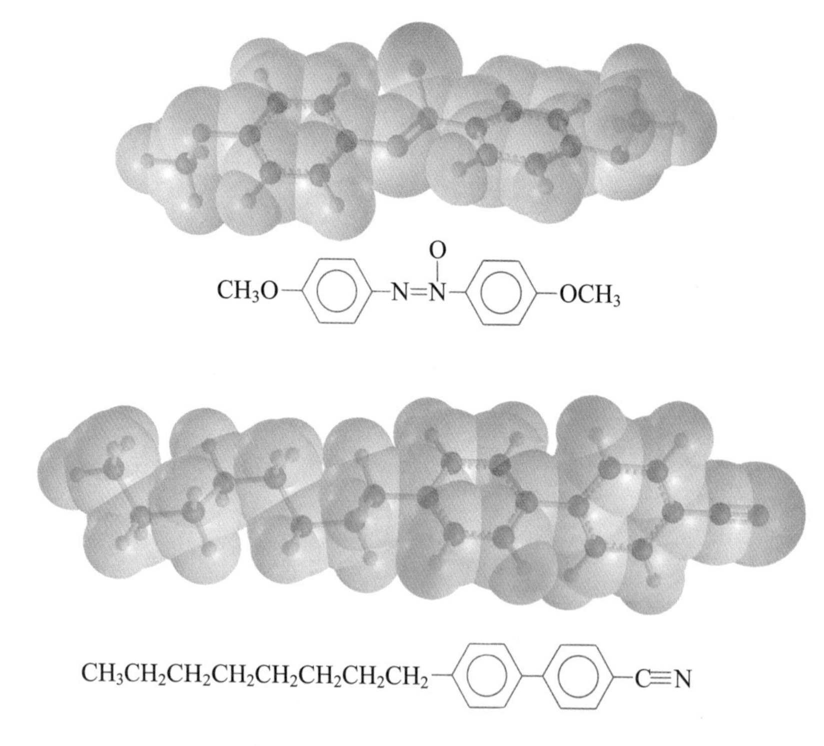

圖 3-53　兩種典型液晶分子結構

方向，如同指南針在磁場一樣。

這些液晶相熔化時，分子不會分離，能夠以排列方式流動。圖 3-54 表示兩個透明的電極板間放液晶，連結電源的電流於兩極板，隨電源的開或關，可使細長的液晶分子的排列改變為站立或橫倒，液晶排列改變能夠使光線通過或遮斷，因此如圖 3-55 所示能夠產生影像。使用電子技術精巧控制電源開或關機構，調整光線的強弱所製成的液晶電視、電腦顯示器等已廣受現代人使用。國家級的台南工業園區為我國液晶工業的重心，已成世界級產業之一。

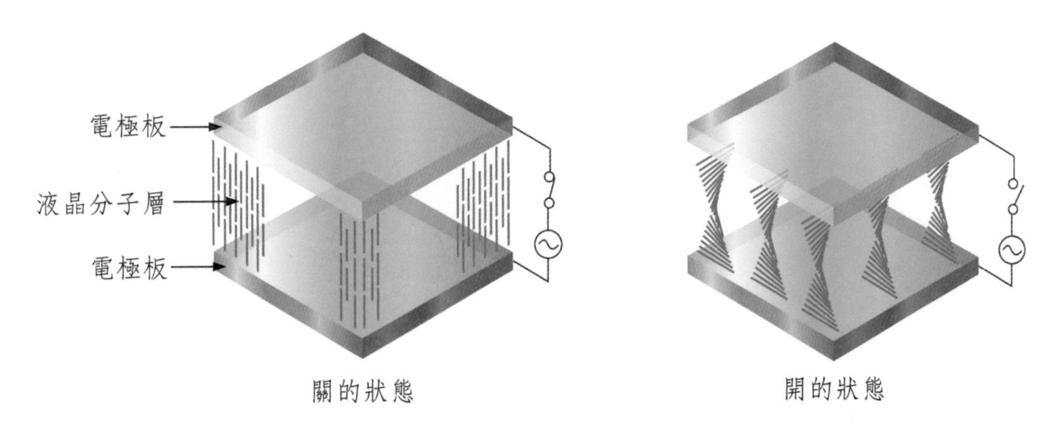

圖 3-54 液晶電源的開及關

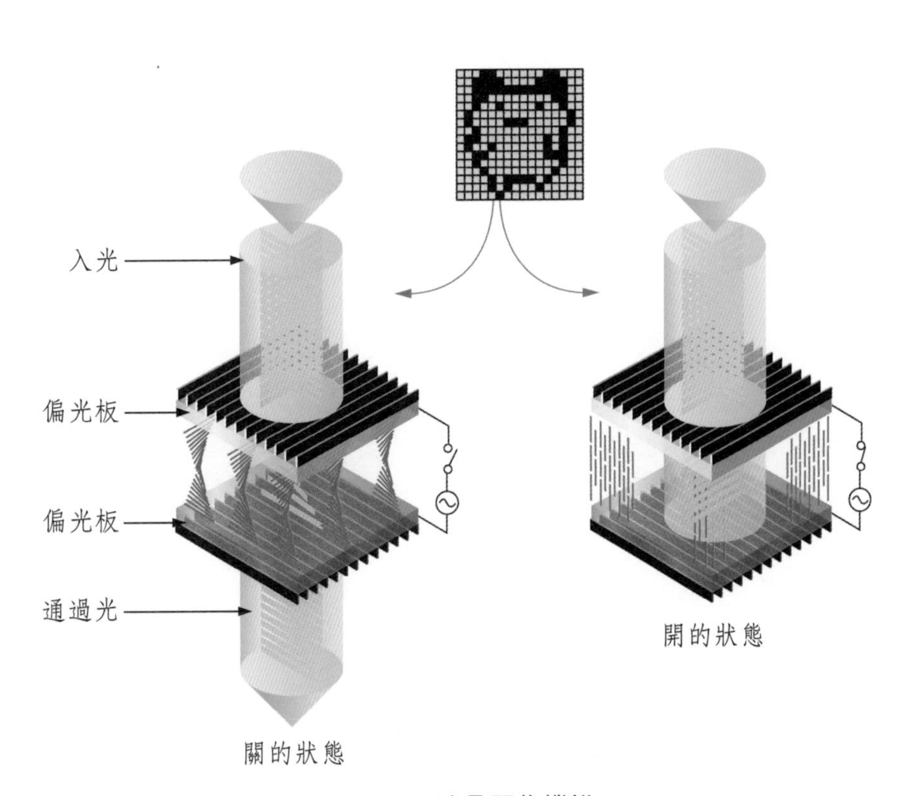

圖 3-55 液晶顯像機構

第三章　習題

1. 下列有關理想氣體的敘述中，正確的請加+，不正的請加－。
   (　) (1)分子不佔空間、分子間無作用力的氣體為理想氣體。
   (　) (2)理想氣體降低溫度增加壓力時可凝結為液體。
   (　) (3)真實氣體在高温、低壓時的性質接近於理想氣體。
   (　) (4)理想氣體無分子的質量。
2. 試計算 27℃，0.5atm 的氧之密度。
3. 空氣是氮：氧為 4：1 的混合氣體。試求空氣的平均分子量。
4. 在一定體積容器中放入甲醇 CH_3OH 後加入氧使其完全燃燒。甲醇的量為 1.92 克而容器體積為 10 升。
   (1)在 0℃，1atm，導入 2.24 升的氧後，保持 27℃，甲醇都氣化，全壓力為幾atm？
   (2)容器內氣體完全燃燒後，加熱到 127℃ 使生成的水完全氣化後，全壓力為幾atm？
   甲醇燃燒反應式為：

$$2CH_3OH + 3O_2 \rightarrow 2CO_2 + 4H_2O$$

5. 在一圓柱狀容器中於溫度 57℃ 時放入分壓 600mmHg的氬氣及分壓 130mmHg的水蒸氣。設水的蒸氣壓在 57℃ 時為 130mmHg 而在 27℃ 為 27mmHg，氬常以氣體存在。試回答下列問題。
   (1)將容器內溫度保持 57℃ 而容器體積減半時容器內的全壓力為多少 mmHg？
   (2)容器的體積不變而溫度保持為 27℃ 時容器內的全壓力為多少 mmHg？
   (3)容器內的全壓力保持 730mmHg 而溫度下降到 27℃ 時，其體積為 57℃ 時體積的多少倍？
6. 蔗糖溶液 100 克中溶解 6.84 克的蔗糖（$C_{12}H_{22}O_{11}$，分子量為 342）。設此溶液的密度為 $1.00g/cm^3$ 時試求此溶液的
   (1)重量百分率濃度
   (2)莫耳濃度
   (3)重量莫耳濃度
7. 0℃，1atm 時氮 24mL 可溶於 1L 水中，試回答下列問題。
   (1)在 0℃，1atm 時溶解於 1L 水的氮為多少克？
   (2)在 0℃，5atm 時溶解於 1L 水的氮為多少克？
8. 葡萄糖（$C_6H_{12}O_6$）9.00g 溶於水 500g 的溶液 A 與氯化鈉（NaCl）5.85g 溶於 1000g

水的溶液 B，試回答下列問題。

⑴溶液 A 與溶液 B，那一溶液沸點較高？

⑵溶液 B 的沸點為多少℃？

第4章

化學反應速率與平衡

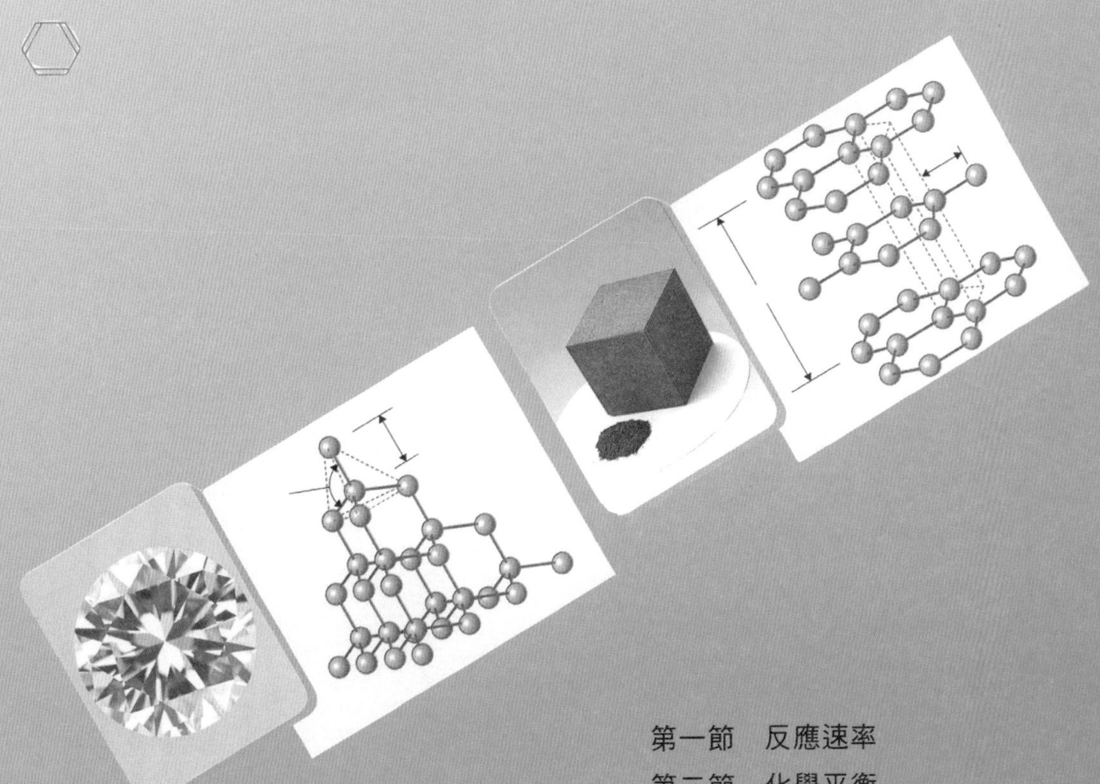

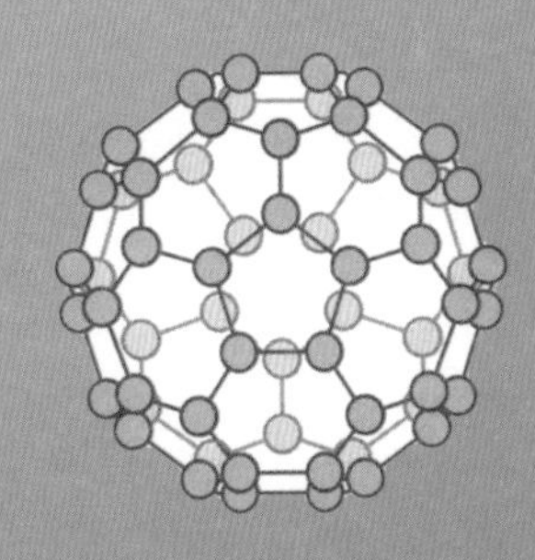

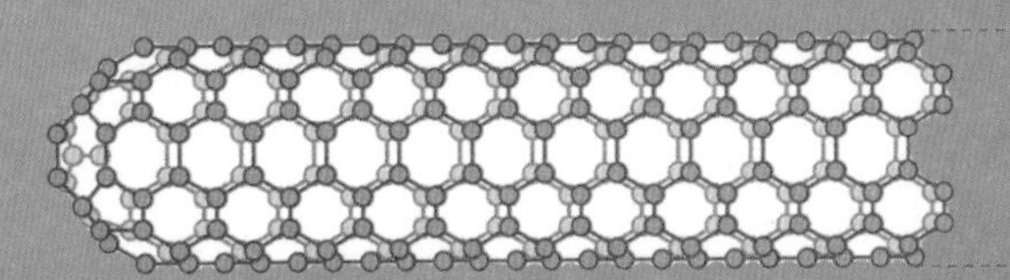

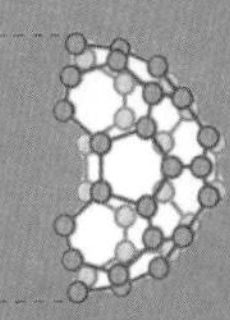

過年放煙花或鞭炮，一瞬間就完成，可是放在空氣中的鐵器，經長時間慢慢生銹。另一面鐵磨成粉末放在暖暖包，打開與空氣接觸時，很快的氧化的產生熱量。化學反應的速率由那些因素決定？我們生活中應用各式各樣的化學反應，在化學工廠利用化學反應製造有用物質時，希望這些化學反應盡速進行，另一面使用製成的物質，即希望此物質長時間不會變質。如何控制變因改變化學反應速率是化學所研討的主題。化學反應以一定速度進行後到達平衡狀態一見如停止的情況，本章繼續討論溫度、濃度、壓力等因素對化學平衡的關係。

圖 4-1

第一節　反應速率

物質在氧氣中燃燒比在空氣中燃燒的快而劇烈。過氧化氫放在冰箱內幾乎不會分解，但在太陽照到的地方時分解的很快，在實驗室以過氧化氫製造氧時，加入少量的二氧化錳做催化劑可使其加速分解。如此，化學反應速率受反應物的濃度、溫度及催化劑等的影響。

在化學反應裡單位時間反應物濃度的減少量或生成物濃度的增加量稱為反應速率（reaction rate）。

$$反應速率\ v=\frac{反應物濃度變化量}{反應時間}=\frac{生成物濃度變化量}{反應時間}$$

設以反應物 A 變生成物 B 的反應為例：

$$A \longrightarrow B$$

以[A]表示A的濃度，在 t_1 時反應的濃度為$[A_1]$，而到 t_2 時，其濃度減少到$[A_2]$，其間平均的反應速率 $\bar{v}$ 為

$$\bar{v}=-\frac{[A_2]-[A_1]}{t_2-t_1}=-\frac{\Delta[A]}{\Delta t_1}$$

Δ表示變化量的記號，反應物隨時間的減少，因此$\Delta[A]$為負值。平均的反應速率$\bar{v}$隨時間間隔Δt 的取法而改變。設取Δt 值充分的小表示一瞬間的反應速率時，反應速率v可用下列表示

$$v=-\frac{\Delta[A]}{\Delta t}=\frac{\Delta[B]}{\Delta t}$$

由$\Delta[A]=-\Delta[B]$，因此v可用B的濃度表示，圖 4-2 表示濃度與反應速率的關係。

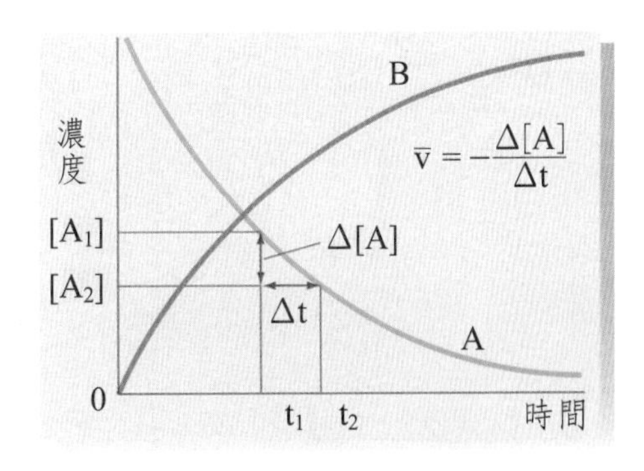

圖 4-2 濃度與反應速率

一、反應速率與濃度

過氧化氫 H_2O_2 分解時生成氧和水。

$$H_2O_2 \rightarrow H_2O+\frac{1}{2}O_2$$

從實驗結果，在一定溫度時H_2O_2分解反應的反應速率v與$[H_2O_2]$成正比，即$v=k[H_2O]$，k 為比例常數稱為反應速率常數（reaction rate constant）。

加Fe^{3+}離子做催化劑時，在 25℃將過氧化氫的濃度以 1 分鐘間隔測定的結果表示於表 4-1 及圖 4-3。

將表 4-1 的平均濃度〔$\overline{H_2O_2}$〕與平均分解速率$\bar{v}$的關係圖示於圖 4-4。從此圖的曲線可知$\bar{v}$與$[H_2O_2]$成比而由其斜率可求反應速率常數 k 或如表所示由$\bar{v}$／$[\overline{H_2O_2}]$的平均值求得。

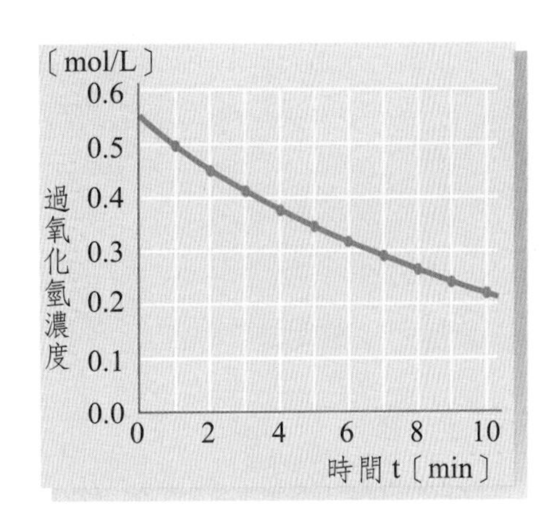

圖 4-3 過氧化氫分解反應的溫度變化

表 4-1　25℃時過氧化氫分解反應（Fe^{3+} 存在）

時間（t）（分）	〔H_2O_2〕濃度（莫耳／升）	〔$\overline{H_2O_2}$〕平均濃度（莫耳／升）	平均分解速率 $\bar{v}=-\frac{\Delta[H_2O_2]}{\Delta t}$（莫耳／升・分）	$\frac{\bar{v}}{[\overline{H_2O_2}]}$（1／分）
0	0.542			
		0.520	0.045	0.087
1	0.497			
		0.477	0.041	0.086
2	0.456			
		0.438	0.037	0.084
3	0.419			
		0.402	0.035	0.087
4	0.384			
		0.369	0.031	0.084
5	0.353			
		0.339	0.029	0.086
6	0.324			
		0.311	0.027	0.087
7	0.297			
		0.285	0.025	0.088
8	0.272			
		0.261	0.022	0.084
9	0.250			
		0.240	0.021	0.088
10	0.229			
		0.220	0.019	0.086
11	0.210			
		0.202	0.017	0.084
12	0.193			
		0.185	0.016	0.086
13	0.177			
		0.170	0.014	0.082
14	0.163			
		0.156	0.014	0.090
15	0.149			
				0.086

二、反應速率與活化能

1. 反應速率與溫度

表 4-2 表示過氧化氫在 25℃，35℃，45℃不同溫度時分解反應的反應速率常數值。由表可知溫度上升 10℃時速率常數大約增加 3 倍。一般來講溫度升高 10 度時反應速率將增加 2～4 倍。

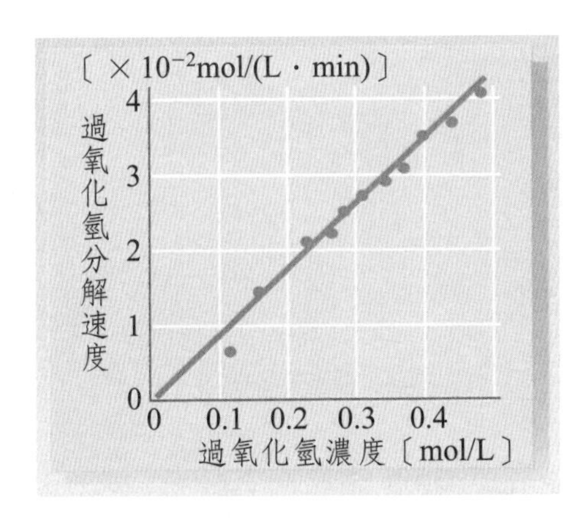

圖 4-4 H_2O_2 濃度與分解速率

表 4-2 過氧化氫分解反應速率的溫度變化

溫度（t℃）	速率常數 k（L/min）
25	0.086
35	0.24
45	0.65

汽車排出的廢氣所含的一氧化碳在常溫時幾乎都不會與氧反應，但加熱到攝氏數百度時，立即反應成二氧化碳。

$$2CO + O_2 \rightarrow 2CO_2$$

CO 與 O_2 要起反應必須互相靠的很近而碰撞，可是並不是碰撞的分子都能夠起反應。在常溫時雖然 CO 與 O_2 碰撞仍不起反應。這是因為如圖 4-5 所示 CO 與 O_2 反應成 CO_2 的中途又經過所謂活化錯合物（activated complex）的高能量狀態。超越到活化錯合物所需最低能量即起反應所需最低能量稱為活化能（activation energy）。活化能能夠切斷反應分子的原子間的鍵結，重新組合原子並鍵結新原子的結合等所需要的能

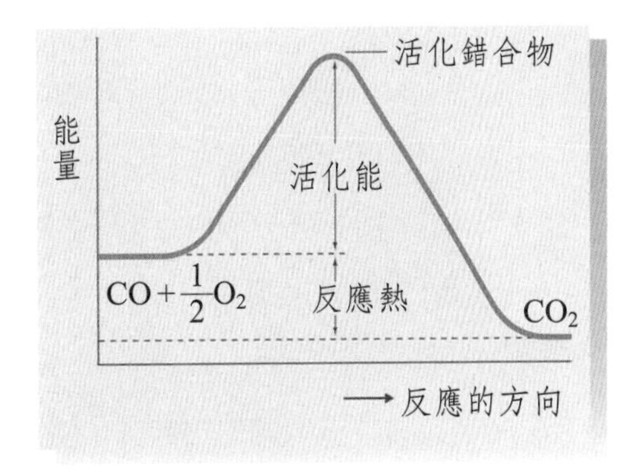

圖 4-5 反應的方向活化能

量，因此要起化學反應的分子必須具活化能以上的能量來碰撞。

溫度上昇時反應速度急劇增加並不能只由碰撞頻率之增加來解釋。這是因為如圖 4-6 所示溫度升高時具動能較大的分子數增加之故，即超越活化的分子數顯著的增加。

活化能的大小隨反應的種類而不同，活化能愈大的反應之反應速率愈小。

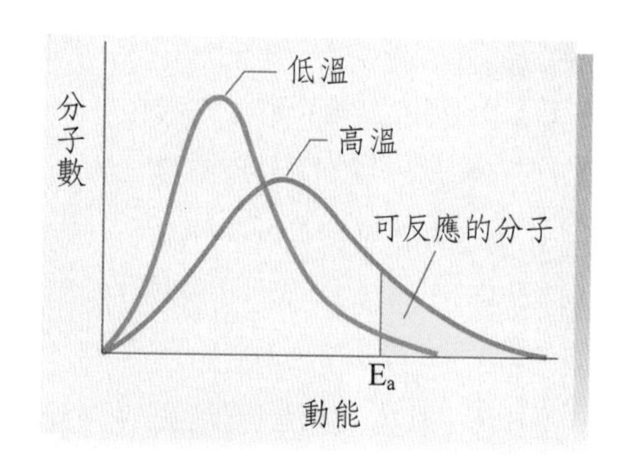

圖 4-6　氣體分子動能分布與溫度的關係

2. 催化劑

化學反應的速率除濃度或溫度外，受一些少量物質的內在之影響。過氧化氫在常溫時緩慢分解，但加入少量的二氧化錳時會激烈分解產生氧氣。在此反應中二氧化錳本身始終沒有變化，只是促進過氧化氫的分解而已。如此在化學反應前後本身沒有改變而能夠改變反應速率的稱為催化劑（catalyst）或觸媒。

使用催化劑能夠增加反應速率的原因在於反應所需要的活化能降低，即如圖 4-7 所示從以前高活化能的反應途徑改變為低活化能的反應途徑，因此碰撞的粒子較多成活化錯合物之故。催化劑以新的途徑成反應物與催化劑所成的活化能錯合物，但活化錯合物分解為生成物時恢復到原來的催化劑，結果在反應前後都沒有改變。催化劑能降低活化能，但不會改變反應熱，根據赫士定律反應熱為一定的。

催化劑根據其作用可分為均勻觸媒（homogeneous catalyst）與不勻觸媒（heterogeneous catalyst）兩類。

(1)均勻觸媒　與反應場均勻混合狀態觸媒作用時稱為均勻觸媒。例如在水溶液中的觸媒反應中，溶解的離子從事觸媒作用時，此離子為均勻觸媒。過氧化氫溶液中溶解氯化鐵時加速過氧化氫的分解，這是溶液中的 Fe^{3+} 從事均勻觸媒的作用。在均勻觸媒，觸媒與反應物反應或中間物的活化錯合物，此中間物分解為生成物和再生的觸媒，如此過程繼續不斷進行。

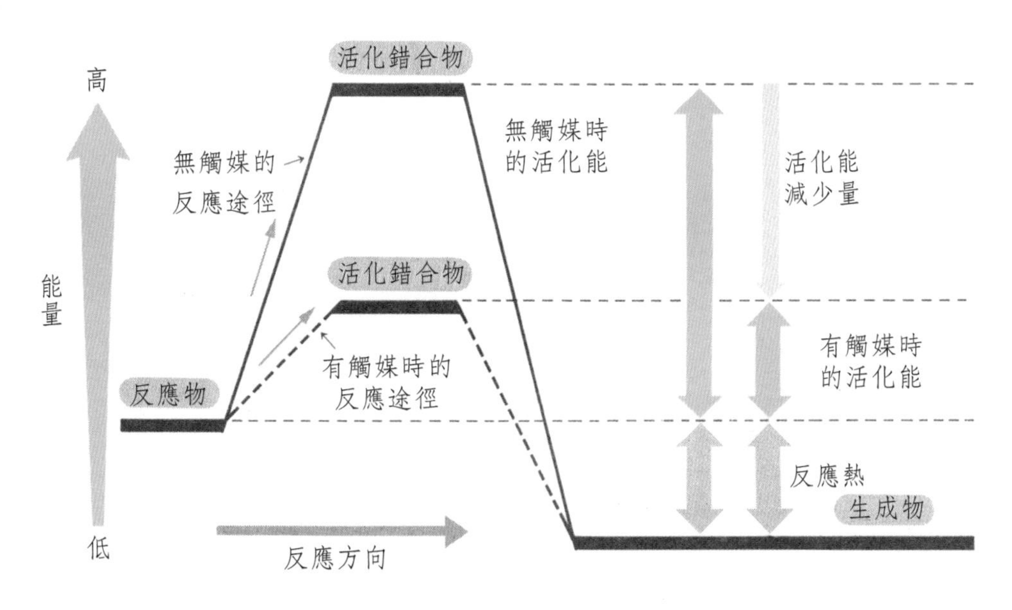

圖 4-7 催化劑與活化能的降低

反應物＋觸媒→活化錯合物→生成物＋觸媒

(2)不勻觸媒　觸媒不與反應物均一混合而作用的稱為不勻觸媒。例如反應物為氣體或液體而觸媒為固體時為不勻觸媒。氫與氧的混合氣體在室溫幾乎不會反應，但鉑、鎳或銅等金屬存在時，可進行反應。此時的鉑、鎳或銅做不勻觸媒的作用。在過氫化氫的分解使用的二氧化錳亦為不勻觸媒。不勻觸媒為固體物質較多，反應物從氣體或溶液集中於固體觸媒的表面受觸媒的作用。如圖 4-8 所示，分子 A 或離子集於固體表面的現象稱為吸附，而反應在於觸媒表面進行而因觸媒脫附成生成物。反應的分子被吸附於觸媒表面時起分子成分原子間的距離被拉長，鍵結力減弱等使反應的活化能降低。

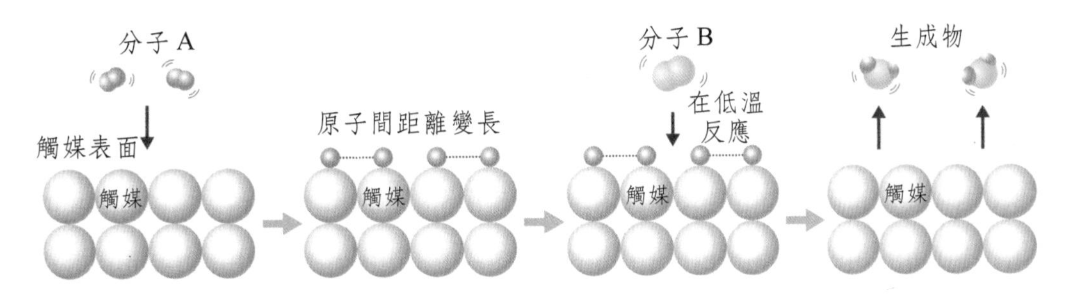

圖 4-8 觸媒反應的機構

在化學工業上觸媒非常重要，發現適切的觸媒決定一化學工業的成敗。有效的觸媒可縮短反應時間，提高裝置的效率並使反應溫度降低節省能源。表4-3 表示使用於工業的觸媒。

表 4-3　用於化學工業的觸媒

反　應	觸　媒	備　要
合成氨（$N_2+3H_2 \rightarrow 2NH_3$）	$Fe_3O_4+Al_2O_3+K_2O$	哈柏法
接觸法製硫酸（$2SO_2+O_2 \rightarrow 2SO_3$）	V_2O_5	製硫酸
氨的氧化（$4NH_3+5O_2 \rightarrow 4NO+6H_2O$）	Pt	製硝酸
合成甲醇（$CO+2H_2 \rightarrow CH_3OH$）	$ZnO+Cu_2O+Cr_2O_3$	水煤氣
油之氫化（$-CH=CH+H_2 \rightarrow -CH_2-CH_2-$）	Ni	製人造奶油

固體觸媒不但用於化學工業，在工場排煙中的氮之氧化物，硫之氧化物的排除，汽車排氣的淨化使用外，在日常生活中亦使用於無臭的烤魚用器及無臭的石油暖爐等製品。生體內的酵素為觸媒的一種之蛋白質分子，酵素在生體內穩和作用使生理化學反應有效促進。

第二節　化學平衡

化學反應以某一速率進行後，到達一見如停止的平衡狀態。在此平衡狀態時反應物與生成物的濃度間產生化學平衡的定律，根據此化學平衡定律可理解濃度、壓力、溫度對化學平衡的影響。

一、可逆反應

反應物反應而生成生成物的變化，以反應物寫在左邊生成物寫在右邊，其中間的箭號→連結的化學反應式來表示。例如氫與碘反應生成碘化氫的反應為：

$$H_2+I_2 \rightarrow 2HI$$

另一面，碘化氫分解為氫與碘的反應為：

$$2HI \rightarrow H_2+I_2$$

此時如以碘化氫的生成反應為正反應時，碘化氫的分解反應為正反應的逆反應。事實上碘化氫的生成反應與分解反應為同時進行的反應。如此正逆向方向進行的反應稱為可逆反應（reversible reaction），另一面生成沉澱或氣體等只向一方向進行的反應稱為不可逆反應。表示可逆反應的化學反應式使用雙箭號⇌代替→。

$$H_2 + I_2 \underset{\text{逆反應}}{\overset{\text{正反應}}{\rightleftharpoons}} 2HI$$

二、可逆反應反應方向與反應速率

在可逆反應，正反應與逆反應同時進行。反應全體所進行的方向決定於該時的正反應與逆反應之反應速率大小關係而向反應速率大的方向進行。

$$\text{正反應反應速率} \quad v_1 = K_1[H_2][I_2]$$

$$\text{逆反應反應速率} \quad v_2 = K_2[H\,I]^2$$

設 $v_1 > v_2$ 時正反應的方向進行，其反應速率與 $v_1 - v_2$ 有關，相反的 $v_1 < v_2$ 時反應向逆反應的方向進行其反應速率與 $v_2 - v_1$ 有關。

三、化學平衡

碘化氫的生成及分解反應，放置後會達到氫，碘及碘化氫的混合氣體而某一限度以上反應不再進行，如此可逆反應不向雙方進行的狀態稱為化學平衡（chemical equibrium）。圖 4-9 表示化學平衡的模式。

1. 平衡常數與質量作用定律

在密閉容器中放入不同濃度的氫、碘和碘化氫，於 700K 的溫度放置達到化學平衡時的各物質濃度表示於表 4-4。

對於此三種氣體的化學平衡時的濃度以最右項方式計算時，實驗 1 到 6 的數值為自 54.4 到 55.2 幾乎是一定值的平均值為 54.7。

$$\frac{[HI]^2}{[H_2][I_2]} = 54.4 \sim 55.2$$

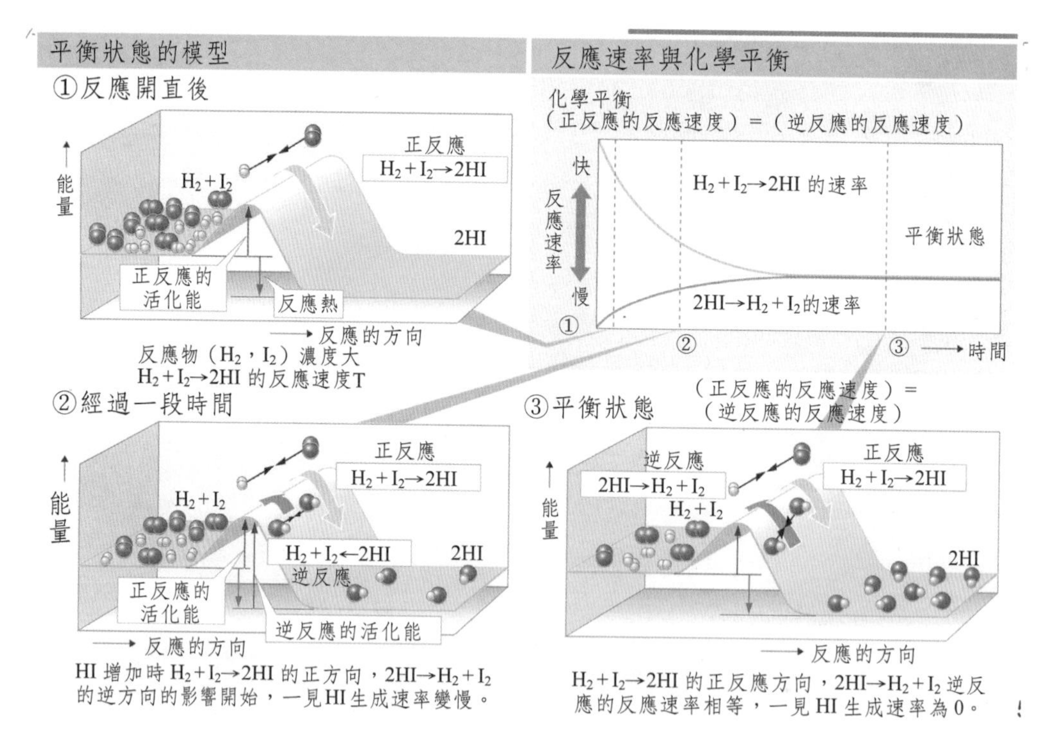

圖 4-9　化學平衡的模式

表 4-4　$H_2+I_2 \rightleftharpoons 2HI$ 可逆反應平衡時的溫度

實驗編碼	各物質開始溫度→平衡時濃度（$\times 10^{-3}$mol/L）			$\frac{[HI]^2}{[H_2][I_2]}$
	$[H_2]$的變化	$[I_2]$的變化	$[HI]$的變化	
1	10.67→1.83	11.96→3.12	0→17.68	54.7
2	10.67→2.24	10.76→2.33	0→16.86	54.5
3	11.35→3.56	9.04→1.25	0→15.58	54.5
4	8.67→4.56	4.84→0.73	5.32→13.55	55.2
5	0→1.14	0→1.14	10.69→8.41	54.4
6	0→0.495	0→0.495	4.64→3.66	54.7

如此式的關係在所有的可逆反應都能成立。設

$$aA+bB+\cdots \rightleftharpoons cC+dD+\cdots$$

$$\frac{[C]^c[D]^d\cdots}{[A]^a[B]^b\cdots}=K\text{（常數）}$$

平衡時物質濃度間成立上式關係稱為化學平衡定律或質量作用定律（law

of mass action），此時的常數 K 稱為平衡常數（equilibrium constant）。

例如 $N_2 + 3H_2 \rightleftharpoons 2NH_3$ 反應達到平衡時，

$$K = \frac{[NH_3]^2}{[N_2][H_2]^3}$$

含有固體物質的反應，因固體的密度不變，因此在化學平衡定律中不會出現固體的濃度，例如

$CO_{2(g)} + C_{(s)} \rightleftharpoons 2CO_{(g)}$ 反應中的 K 為

$$K = \frac{[CO]^2}{[CO_2]}$$

例題 4-1 酒精與乙酸反應生成乙酸乙酯和水。達到平衡時分析結果有 **C_2H_5OH 0.428M，CH_3COOH 0.302M，$CH_3COOC_2H_5$ 0.655M，H_2O 0.654M**。求此酯化反應的平衡常數。

解：反應式為 $CH_3COOH + C_2H_5OOH \rightleftharpoons CH_3COOC_2H_5 + H_2O$

$$K = \frac{[CH_3COOC_2H_5][H_2O]}{[CH_3COOH][C_2H_5OH]} = \frac{(0.655)(0.654)}{(0.302)(0.428)} = 3.31$$

例題 4-2 在一定容器中放入 **2.50** 莫耳氫和 **2.50** 莫耳的碘保持一定的溫度，**$H_2 + I_2 \rightleftharpoons 2HI$** 反應達到平衡時測得氫有 **0.5** 莫耳。

(a)求在此溫度時的平衡常數。

(b)在此容器中放入氫 **6.0** 莫耳和碘 **4.5** 莫耳而保持同一溫度達到平衡時，生成多少莫耳的碘化氫？

解：(a)到平衡狀態時各物質的變化為：

	H_2	+	I_2	$\rightleftharpoons$	2HI
開始時	2.50mol		2.50mol		0mol
	− 2.00mol		− 2.00mol		+ 4.00mol
平衡時	0.50mol		0.50mol		4.00mol

設容器體積為 V(L)時

$$K = \frac{[HI]^2}{[H_2][I_2]} = \frac{(4.00/V)^2}{(0.50/V)(0.50/V)} = 64$$

(b)設 H_2 和 I_2 以αmol 反應為 HI 在，在平衡狀態各物質的量為 $H_2=6.0-\alpha$（mol），$I_2=4.5-\alpha$（mol）而

HI＝2α（mol）

$$\therefore K=64=\frac{[HI]^2}{[H_2][I_2]}=\frac{(2\alpha/V)^2}{\left(\frac{6.0-\alpha}{V}\right)\left(\frac{4.5-\alpha}{V}\right)}$$

求得α＝4.0 或 7.2，惟所加的碘只 4.5 項目，因此 $4.5>\alpha>0$，故α＝4.0 較適當，因此生成的 HI＝2α＝8.0 莫耳。

2. 平衡常數與氣體壓力的關係

混合氣體中各成分氣體的濃度與其分壓成比例的關係。例如溫度 T（K），體積 V（L）的混合氣體中的成分氣體 A 有 n_A（mol）存在時，其濃度 C_A（mol/L）如下式所示與其分壓 P_A 成正比。

$$C_A=\frac{n_A}{V}=\frac{P_A}{RT}$$

因此在氣體間的可逆反應，表示平衡常數式中的濃度以此式代入時可知平衡常數與壓力的關係。例如

$$K=\frac{[HI]^2}{[H_2][I_2]}=\frac{(P_{HI}/RT)^2}{(P_{H_2}/RT)(P_{I_2}/RT)}=\frac{P_{HI^2}}{P_{H_2}P_{I_2}}$$

同樣在　$N_{2(g)}+3H_{2(g)}\rightleftharpoons 2NH_{3(g)}$ 反應中

$$K_c=\frac{[NH_3]^2}{[N_2][H_2]^3}\quad K_p=\frac{P_{NH_3^2}}{P_{N_2}P_{H_2^3}}$$

使用體積莫耳濃度為單位的平衡常數以 K_c 或 K 表示，使用氣體的分壓代表濃度的平衡常數以 K_p 表示。

四、平衡的移動

可逆反應在平衡狀態時，將濃度、壓力、溫度等因素改變可使平衡向正反應或逆反應方向移動，重新建立對應於新條件的平衡狀態，此現象稱為化學平衡的移動。

1884 年法國勒沙特列（Le Chatelier）發表下列有關化學平衡因素的改變與

平衡移動的方向的原理。化學平衡時改變反應混合物的濃度、壓力、溫度等因素時，平衡會向減少此一因素的方向移動到建立新的平衡，此規律性稱為勒沙特列原理（Le Chatalier's Principle）。圖 4-10 表示沙特別原理。

上昇	條件	下降
吸熱的方向	溫度	發熱的方向
減少的方向	濃度	增加的方向
減少的方向	壓力	增加的方向

圖 4-10 勒沙特列原理

1. 濃度變化與平衡的移動

因為反應速率與參加反應的物質的濃度成正比，因此在可逆反應中⑴增加反應物或移走生成物時，反應向正反應方向移動，⑵移出反應物或增加生成物時，反應向逆反應方向移動。

例如 Fe^{3+} + SCN^- ⇌ $FeSCN^{2+}$ 平衡系中
（黃色） （無色） （血紅色）

無論是加氯化鐵（$FeCl_3$）溶液或硫氰化鉀（KSCN）溶液，平衡都向右移動而增加硫氰化鐵（$FeSCN^{2+}$）的濃度而溶液的血紅色變濃。圖 4-11 表示比平衡的移動。

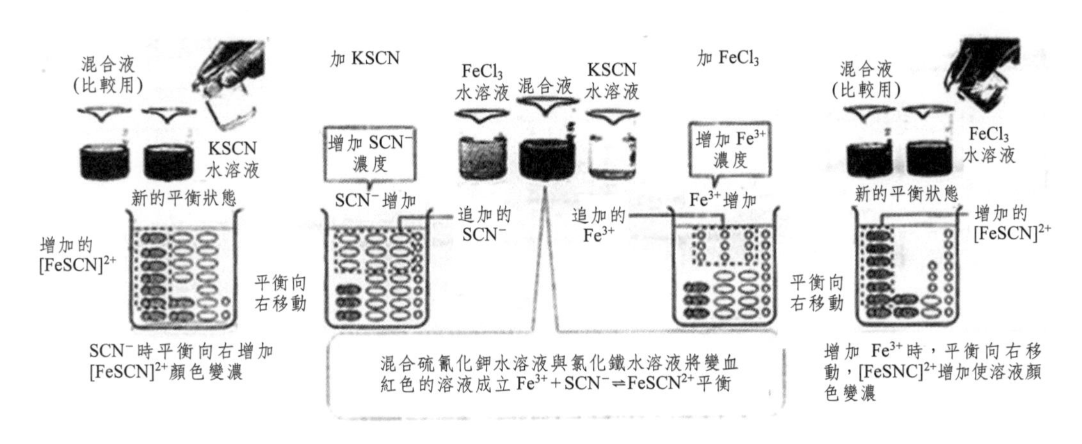

圖 4-11 $Fe^{3+}+SCN^- \rightleftharpoons FeSCN^{2+}$ 平衡的移動

2. 溫度變化與平衡的移動

溫度的改變對平衡狀態有很大的影響，一般而言，升高溫度有利於吸熱反應，降低溫度有利於放熱反應的進行。例如無色四氧化二氮（N_2O_4）與紅棕色的二氧化氮（NO_2）在密閉容器中保持20℃時達到平衡：

$$2NO_2 \rightleftharpoons N_2O_4 + 56.9kJ$$

（紅棕色）　（無色）

將此混合氣體冷卻到0℃時有利於放熱反應，N_2O_4濃度增加，顏色變淡。設加熱到 60℃時，平衡向左移動，生成更多的 NO_2，混合氣體顏色變濃。圖4-12表示此平衡的移動。

3. 壓力變化與平衡的移動

氣體反應的反應物與生成物總莫耳數不同而保持溫度一定時，其平衡受壓力的影響而移動。因為氣體體積與所受的壓力成反比，因此⑴增加壓力時向體積收縮的方向移動，⑵減少壓力時，向體積膨脹的方向移動。

例如 $2NO_2 \rightleftharpoons N_2O_4$平衡系中如圖4-13所示

在保持一定溫度而壓下注射筒便混合氣體壓力增加時，所加壓的瞬間混合氣體全體被濃縮而顏色加深，但不久顏色會變淡。這是因為增加壓力時，平衡向氣體莫耳總數減少的方向，即混合氣體所含紅棕色NO_2莫耳數減少之故。相反地，減壓時，瞬間因濃度變小顏色較淡，但不久因移動平衡而顏色變濃。

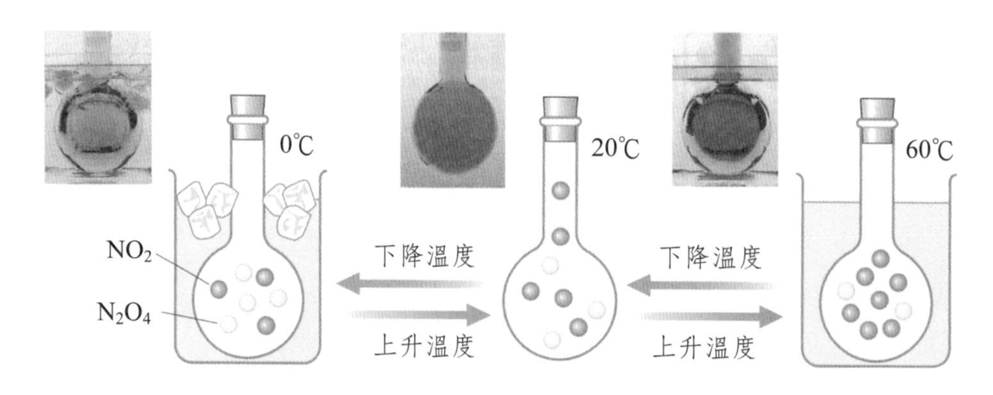

圖4-12　$2NO_2 \rightleftharpoons N_2O_4$平衡的移動

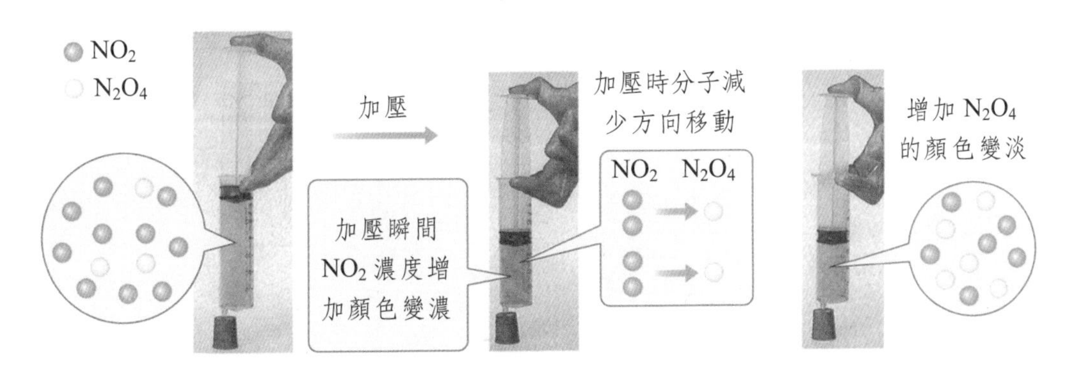

圖 4-13 $2NO_2 \rightleftharpoons N_2O_4$ 反應的壓力影響

在 $H_2 + I_2 \rightleftharpoons 2HI$ 的平衡系中，反應物與生成物的總莫耳數都是 2 莫耳，因此改變壓力，其平衡系不會移動。

4. 觸媒與化學平衡

觸媒是能夠改變化學反應速率而本身始終不變的物質，使用觸媒時，往往走活化能較低到達活化錯合物的路途，因此可加快反應速率，惟對逆反應亦取同樣的活化錯合物的途徑，活化能亦降低而逆反應的速率亦加快。因此觸媒可使反應速率加快而達到化學平衡的時間縮短，但不能改變平衡狀態。

五、化學平衡與化學工業

以氮和氫為原料合成氨的方法為應用勒沙特列原理於化學工業最成功的例。生成氨的反應為放熱反應而莫耳總數會減少一半的反應。

$$N_{2(g)} + 3H_{2(g)} \rightleftharpoons 2NH_{3(g)} + 92.2\text{kJ}$$

此反應為可逆反應，因此降低溫度，增加壓力對氨的生成有利。可是溫度低時反應速率減慢而達到平衡的時間拉長因此不大適合，此問題因在適當低溫時能夠使反應速率加快的觸媒的發現而解決。高壓雖然有利於氨的生成，可是壓力太高時反應裝置的強度和耐久性等亦有問題存在，因此氨的工業合成考慮反應裝置的強度、耐久性或反應速率等而以 2×10^7 Pa，500℃左右溫度並使用鐵為主成分的觸媒來進行。圖 4-14 表示影響氨的產率之壓力、溫度及觸媒的關係。

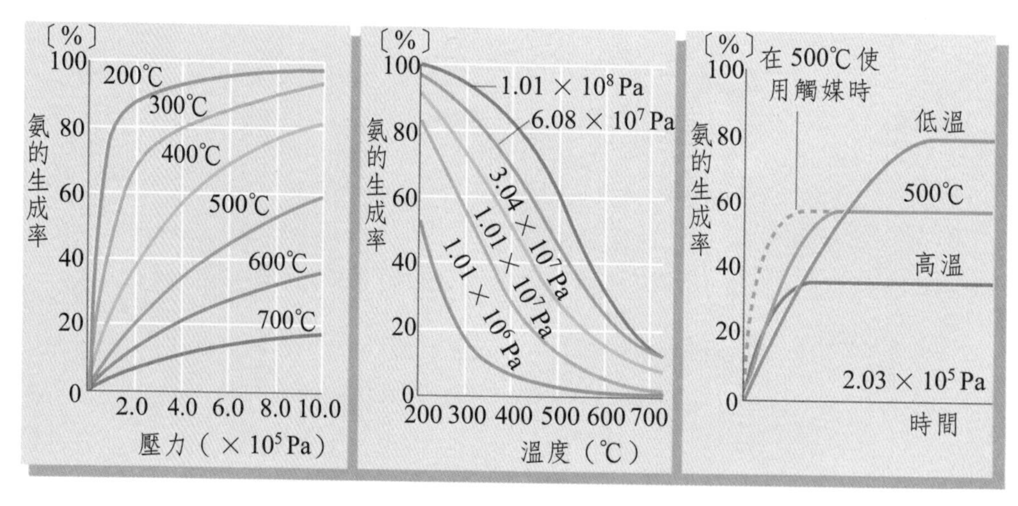

圖 4-14 影響氨的產率之各種因素

六、化學平衡與吉布士自由能

在熵與自由能項曾提及支配化學反應進行方向的是吉布士自由能變化的 ΔG。化學反應達到平衡狀態時，反應不向雙方進行，故成立 $\Delta G=0$，根據此式探討 ΔG 與平衡常數 K 的關係。

以 $H_2+I_2 \rightleftharpoons 2HI$ 的可逆反應為例，平衡狀態時為 H_2，I_2 及 HI 的混合氣體。1870 年代的後半，吉布士注目於構成混合氣體的各個成分的自由能，稱為其成分的化學勢（chemical potential）。根據吉布士混合氣體中 H_2，I_2，HI 的化學勢 μ_{H_2}，μ_{I_2}，μ_{HI}，以各成分濃度為$[H_2]$，$[I_2]$，$[HI]$（$mol \cdot L^{-1}$）時以下式表示：

$$\mu_{H_2}=\mu^0_{H_2}+RTln[H_2]$$

$$\mu_{I_2}=\mu^0_{I_2}+RTln[I_2]$$

$$\mu_{HI}=\mu^0_{HI}+RTln[HI]$$

此地的 $\mu^0_{H_2}$，$\mu^0_{I_2}$，μ^0_{HI} 為各物質 1 莫耳所具的吉布士自由能，及為氣體常數（約 $8.314Jk^{-1}mol^{-1}$），T 為反應溫度，反應在平衡狀態時

$$\Delta G=2\mu_{HI}-(\mu_{H_2}+\mu_{I_2})=0$$

將此式代入於上式時，

$$2\mu^0_{HI}-(\mu^0_{H_2}+\mu^0_{I_2})=-RTln\frac{[HI]^2}{[H_2][I_2]}$$

左邊為隨物質1莫耳的正反應之吉布士自由能的變化ΔG^0可由ΔG^0＝（生成物ΔG_f^0總和）－（反應物ΔG_f^0總和）求得之值，右邊的$[HI]^2/[H_2][I_2]$為平衡常數K，因此可得下式：

$$\Delta G^0 = -RT\ln K$$

或

$$K = \exp\left(-\frac{\Delta G^0}{RT}\right)$$

通常化學反應在平衡狀態時，其正反應在1atm時的吉布士自由能變化ΔG^0與平衡常數間有上式兩式成立。使用這些得ΔG^0時可求得平衡常數K，相反的能由實驗決定K值時可求得該反應的ΔG^0。

例題4-3　氫的標準生成自由能ΔG_f^0為$-16.5kJmol^{-1}$，試求在25℃時氨生成反應的平衡常數K_P。

解：$N_{2(g)}$，$H_{2(g)}$的ΔG_f^0根據定義均為$0kJmol^{-1}$，因此NH_3生成反應的吉布士自由能變化ΔG^0為

$$\Delta G^0 = 2 \times (16.5) - (0+0) = -33.0kJmol^{-1}$$

$$K_P = \exp\left(-\frac{\Delta G^0}{RT}\right) = \exp\left(\frac{33.0 \times 1000}{8.314 \times 298}\right) = 6.1 \times 10^5 atm^{-2}$$

第三節　游離平衡

目前為止討論的化學平衡以分子間的反應為主，惟在溶液中離子反應的平衡亦很重要。溶液中的離子通常有兩種生成的方式：⑴溶質為鹽的離子化合物，溶液中的離子是固體晶體中的離子水合而成的。⑵溶質為共價化合物，溶於水時，溶質的分子與水反應生成離子。後者稱為游離（ionization）而此化合物與水反應生成離子的程度以游離度（degree of ionization）表示。

一、游離常數

醋酸溶於水生成氫離子的醋酸根離子到達某一濃度時會再結合成醋酸分

子。當分子游離為離子的速率與離子再結合成分子的速率相等時達到游離平衡的狀態。

$$HC_2H_3O_2 + H_2O \rightleftharpoons H_3O^+ + C_2H_3O_2^-$$

鋞離子（H_3O^+）即水合的氫離子，因此亦可寫成

$$HC_2H_3O_2 \rightleftharpoons H^+ + C_2H_3O_2^-$$

表示游離平衡的常數為游離常數（ionization constant, Ki）Ki 使用於酸時常以 Ka 代替，使用於鹼時用為 Kb。

$$Ki = Ka = \frac{[H^+][C_2H_3O_2^-]}{[HC_2H_3O_2]}$$

1. Kc 與 Ki

Ki 與一般反應的平衡常數 Kc 不同，Kc 是將水當做反應物，但 Ki 在反應式中的水沒有表示出來。

$$Kc = \frac{[H_3O^+][C_2H_3O_2^-]}{[HC_2H_3O_2][H_2O]}$$

很明顯的 $Kc = \frac{Ki}{[H_2O]}$，在溶液中$[H_2O] = 55$ 莫耳／升為一常數

$$Kc = \frac{[H_3O^+][C_2H_3O_2^-]}{[HC_2H_3O_2]55}$$

以$[H^+]$代替$[H_2O]^+$則得

$$Kc \times 55 = \frac{[H^+][C_2H_3O_2^-]}{[HC_2H_3O_2]} = Ki = Ka$$

對於氨的游離平衡　$NH_3 + H_2O \rightleftharpoons NH_4^+ + OH^-$游離平衡以下式表示。

$Kc = \frac{[NH_4^+][OH^-]}{[NH_3][H_2O]}$，同樣水的溫度$[H_2O]$為一常數應以 $Kc[H_2O]$為 Kb 表示氨的游離常數時，

$$Kb = Kc[H_2O] = \frac{[NH_4^+][OH^-]}{[NH_3]}$$

2. 游離度與游離常數

在醋酸的游離平衡中，醋酸的全濃度為c（mol/L），游離的醋酸的程度為游離度α時，在水溶液中以分子存在的醋酸與游離所生成各離子濃度間有下列關係。

	$HC_2H_3O_2$	$\rightleftharpoons$ H^+	+ $C_2H_3O_2^-$	
游離前	c	0	0	（mol/L）
游離平衡	c(1 − α)	cα	cα	（mol/L）

游離常數 Ka 以下式表示

$$Ka = \frac{[H^+][C_2H_3O_2^-]}{[HC_2H_3O_2]} = \frac{c\alpha \cdot c\alpha}{c(1-\alpha)} = \frac{c\alpha^2}{1-\alpha}$$

此式中如醋酸游離度α值非常小時 $1-\alpha \doteqdot 1$，因此Ka可由近似式表示為：$Ka = c\alpha^2$

$$\text{因此游離度} \quad \alpha = \sqrt{\frac{Ka}{c}}$$

從此式可知醋酸的弱酸之游離度α與其濃度 c 的平方根成反比的關係，濃度愈小游離度愈大。以同濃度酸的強度比較時，游離常數值愈大，游離度α愈大而愈強的酸。表 4-5 為醋酸濃度與游離度。圖 4-15 為醋酸配游離度的相關曲線。

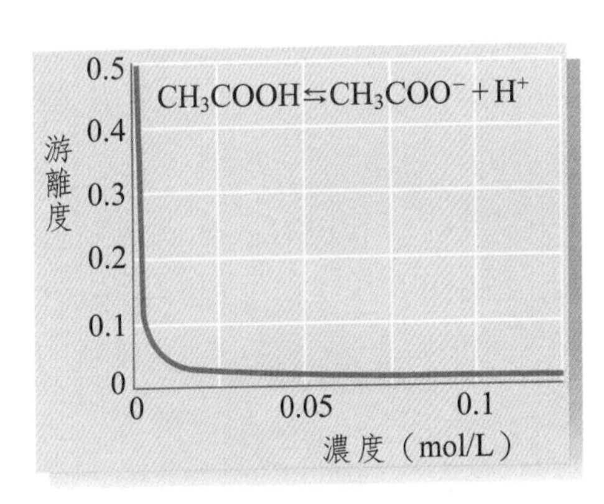

圖 4-15 醋酸濃度與游離度

表 4-5 醋酸濃度與游離度

醋酸濃度 c（mol/L）	游離度α（25℃）
1.0	0.004
0.1	0.019
0.01	0.042
0.001	0.13
0.0001	0.34

例題4-4　試求**0.020mol/L**醋酸水溶液醋酸游離度。**25**℃時酸的**Ka = 1.5 × 10⁻⁵**。

解：$\alpha=\sqrt{\dfrac{Ka}{c}}$　$Ka=1.8\times10^{-5}$，$c=0.020$

$$\alpha=\sqrt{\frac{1.8\times10^{-5}}{0.020}}=\sqrt{9.0\times10^{-4}}=0.030$$

3. 水的游離平衡與 pH 值

純粹的水只有微少的部分游離呈現微弱的電導性。其游離平衡式為：

$$H_2O \rightleftharpoons H^+ + OH^-$$

水的游離度極小在25℃時 H^+ 和 OH^- 的溫度各為：

$$[H^+]=[OH^-]=1.0\times10^{-7}mol/L$$

水的游離平衡的常數K以下式表示：

$$K=\frac{[H^+][OH^-]}{[H_2O]}$$

在25℃時$[H_2O]$為常數，因此$K[H_2O]$亦在一定溫度下為一定的常數稱為水的離子積（ion product）以Kw表示。

$$[H^+][OH^-]=K[H_2O]=Kw$$

Kw的值在25℃時為 $1.0\times10^{-14}(mol/L)^2$。

水的離子積$[H^+][OH^-]=Kw$的關係不但用於純水，酸或鹼溶解於水的水溶液中亦能成立。水中加酸時因Kw一定而氫離子濃度$[H^+]$增加，$[OH^-]$和$[H^+]$成反比而減少。

$$[OH^-]=\frac{Kw}{[H^+]}$$

因此水溶液的酸性或鹼性的程度可用$[H^+]$或$[OH^-]$任何一方來表示。水溶液中$[H^+]$或$[OH^-]$值往往在非常廣大的範圍改變，因此使用很不方便。科學家將水溶液的$[H^+]$的倒數之對數值稱為氫標值（pH值）來使用。

$$氫標值=pH=\log\frac{1}{[H^+]}=-\log[H^+]$$

25℃時純水的$[H^+]=1.0\times10^{-7}$mol/L

$$pH=\log\frac{1}{1.0\times10^{-7}}=-\log1.0\times10^{-7}=7$$

第四節　沉澱溶解平衡

沉澱的生成和溶解是一種常見的化學平衡。例如硝酸銀（$AgNO_3$）溶液中加入氯化鈉（NaCl）溶液時，生成白色的氯化銀（AgCl）沉澱；鉻酸鉀（K_2CrO_4）溶液中加入硝酸銀（$AgNO_3$）溶液時，生成紅磚色的鉻酸銀（Ag_2CrO_4）沉澱等都是沉澱反應。另一面碳酸鈣（$CaCO_3$）或硫化鋅（ZnS）等白色沉澱中加入鹽酸時原有的沉澱消失稱為溶解反應。

一、難溶性鹽的溶解平衡

氯化銀為不易溶於水的鹽而只有微小部分溶於水中成飽和溶液。例如氯化銀水溶液中溶解的微量 AgCl 完全游離為 Ag^+ 和 Cl^- 而建立下列的溶解平衡：

$$AgCl_{(s)}\rightleftharpoons Ag^+_{(aq)}+Cl^-_{(aq)}$$

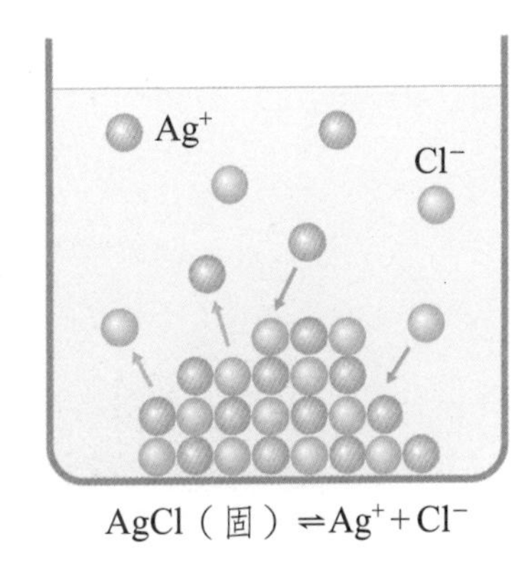

圖 4-16　AgCl 沈澱

其平衡常數為

$$Kc=\frac{[Ag^+][Cl^-]}{[AgCl]}$$

可是在一定溫度時，氯化銀固體的濃度（即密度）為一定的常數，因此無論在溶液中尚有多少莫耳的氯化銀存在其濃度（密度）不變，

$$[AgCl]=K$$

$$Kc=\frac{[Ag^+][Cl^-]}{K}$$

$$Kc\times K=[Ag^+][Cl^-]=Ksp$$

Ksp 稱為溶度積常數（solubility product constant）有時簡稱為溶度積。$Ksp=[Ag^+][Cl^-]$即水溶液中的Ag^+莫耳濃度與Cl^-莫耳濃度的乘積$[Ag^+][Cl^-]$與水的

離子積相同，溫度不變時保持一定不變。因此溶液中$[Ag^+]$與$[Cl^-]$的乘積小於Ksp 時不會生成沉澱，$[Ag^+][Cl^-]$大於 Ksp 時，AgCl 的游離平衡向左移動而生成 AgCl 沉澱。

二、溶度積常數

設A_mB_n為一微溶性強電解質的鹽，在水中溶解成飽和溶液時成立下列平衡：

$$A_mB_{n(s)} \rightleftharpoons mA^{+\cdots} + nB^{-\cdots}$$

$$\text{其溶度積常數為：} Ksp = [A^{+\cdots}]^m[B^{-\cdots}]^n$$

例如：

$$PbI_{2(s)} \rightleftharpoons Pb^{2+} + 2I^-$$

$$Ksp = [Pb^{2+}][I^-] = [Pb^{2+}][I^-]^2$$

$$Ca_3(PO_4)_{2(s)} \rightleftharpoons 3Ca^{2+} + 2PO_4^{3-}$$

$$Ksp = [Ca^{2+}]^3[PO_4^{3-}]^2$$

$$Al(OH)_{3(s)} \rightleftharpoons Al^{3+} + 3OH^-$$

$$Ksp = [Al^{3+}][OH^-]^3$$

1. 由溶解度求溶度積常數

例如在 25℃時從實驗結果知氯化銀的溶解度為 0.0014 克／升。以莫耳／升單位為$\dfrac{0.0014\text{ 克／升}}{143.32\text{ 克／莫耳}} = 1.0 \times 10^{-5}$莫耳／升即

$$Ksp = [Ag^+][Cl^-] = 1.0 \times 10^{-5} \times 1.0 \times 10^{-5} = 1.0 \times 10^{-10}$$

由上例可知從溶解度求溶度積常數以下列步驟進行。

⑴將溶解度（克／升）改為溶解質（莫耳／升）。

⑵寫出沉澱平衡反應式。

⑶由溶解度決定溶液中每一離子的濃度。

⑷寫出表示 Ksp 的式。

⑸在 Ksp 表示式中代入每一離子濃度並計算其乘積。

例題 4-5　25℃時氟化鍶（SrF_2）的溶解度為 1.22×10^{-2} g/100ml，試計算氟化鍶的溶度積。

解：(1) $1.22 \times 10^{-2}\ g/100ml = 1.22 \times 10^{-1}\ g/L = \dfrac{1.22 \times 10^{-1} g/L}{125.6 g/mol}$

$= 9.7 \times 10^{-4}$ mol/L

(2) $SrF_2 \rightleftharpoons Sr^{2+} + 2F^-$

(3) $[Sr^{2+}] = 9.7 \times 10^{-4}$ mol/L

$[F^-] = 2 \times 9.7 \times 10^{-4}\ mol/L = 1.94 \times 10^{-3}$ mol/L

(4) $Ksp = [Sr^{2+}][F^-]^2$

(5) $Ksp = (9.7 \times 10^{-4})(1.94 \times 10^{-3})^2 = 3.64 \times 10^{-9}$

2. 由溶度積常數求溶解度

已知難溶鹽的 Ksp 求其溶解度的步驟如下：

(1)寫出難溶鹽溶解的平衡反應式。

(2)設此鹽的溶解度為 x 莫耳／升，寫出各離子的濃度。

(3)寫出 Ksp 表示式。

(4)以各離子濃度代 Ksp 表示式中，解 x 值。

(5)將溶解度（莫耳／升）改為克／升或 g/100mL。

例題 4-6　$BaCO_3$ 的 Ksp 在 25℃時為 8.1×10^{-9}。試計算碳酸鋇的溶解度。

解：(1) $BaCO_3 \rightleftharpoons Ba^{2+} + CO_3^{2-}$

(2)設 $BaCO_3$ 的溶解度為 x 莫耳／升時，由上式得知 $[Ba^{2+}] = [CO_3^{2-}] = x$ 莫耳／升

(3) $Ksp = [Ba^{2+}][CO_3^{2-}]$

(4) $Ksp = x \cdot x = 8.1 \times 10^{-9}$

$x = \sqrt{8.1 \times 10^{-5}} = 9 \times 10^{-5}$ 莫耳／升

(5) $BaCO_3$ 為 197.34 克／莫耳

$BaCO_3$ 溶解度 $= 9 \times 10^{-5}$ 莫耳／升 × 197.34 克／莫耳

$= 0.1775$ 克／升 $= 1.775 \times 10^{-2}$ g/100mL

三、同離子效應

在氯化銀沉澱達到溶解平衡狀態的水溶液中加入 Ag^+ 或 Cl^- 往一方的離子時，游離平衡向左移動，生成新的氯化銀沉澱而增加沉澱，如此難溶性電解質在水中的溶解度常因同離子的存在而溶解度減少的現象稱為同離子效應（common ion effect）。

例題 4-7　設氯化銀的溶度積為 1.56×10^{-10} 時，試計算此氯化銀在 0.1MHCl 溶液中的溶解度。

解：

$$AgCl_{(s)} = Ag^+ + Cl^-$$
$$x \quad x \quad x$$
$$HCl \rightarrow H^+ + Cl^-$$
$$0.1 \quad 0.1 \quad 0.1$$
$$Ksp = [Ag^+][Cl^-] = 1.56 \times 10^{-10}$$

設 AgCl 在 0.1MHCl 溶液中的溶解度為 x，

則 $Ksp = [Ag^+][Cl^-] = x \cdot (c \cdot 1 + x) = 0.1x$，$0.1 \gg x$

$= 1.56 \times 10^{-10}$

$x = 1.56 \times 10^{-9}$ 莫耳／升

純水中 AgCl 的溶解度為 $\sqrt{Ksp} = 1.25 \times 10^{-5}$ 莫耳／升，在 0.1MHCl 溶液中有共同離子的 Cl^- 離子存在。其溶解度減少到 1.56×10^{-9} 莫耳／升，減少到純水時溶解度的 1/10000。

例題 4-8　鉻酸銀的 Ksp 為 9.0×10^{-12}，試計算在 0.25MK_2CrO_4 溶液中 Ag_2CrO_4 的溶解度。

解：

$$Ag_2CrO_4 \rightleftharpoons 2Ag^+ + CrO_4^{2-}$$
$$x \quad 2x \quad x$$
$$k_2CrO_4 \rightarrow 2K^+ + CrO_4^{2-}$$
$$0.25 \quad 0.25 \times 2 \quad 0.25$$

設 x 為 K_2CrO_4 存在時 Ag_2CrO_4 的溶解度而 $0.25 \gg x$

故 $0.25 + x \doteqdot 0.25$，$Ksp = [Ag^+]^2[CrO_4^{2-}]$

$$Ksp = [2x]^2[x + 0.25] = (4x^2)(0.25) = 9.0 \times 10^{-12}$$

$$x^2 = \frac{9.0 \times 10^{-12}}{4 \times 0.25} = 9.0 \times 10^{-12}$$

$$x = 3.0 \times 10^{-6}\,M$$

第四章 習題

1. 在 1 升的過氧化氫溶液中加入觸煤時，起放出氧的反應。

$$2H_2O_2 \rightarrow 2H_2O + O_2$$

在 STP 時 10 分鐘內可得氧 560 毫升，試回答下列問題。

⑴所得的氧為多少莫耳？

⑵計算氧的生成速率（mol ／分）。

⑶計算過氧化氫的分解速率（mol ／ L · 分）

2. 碘化氫的生成與分解為可逆反應而其熱化學反應式以下式表示。

$$H_{2(g)} + I_{2(g)} \rightleftharpoons 2HI + 9kJ$$

對此平衡反應中下列五項敘述中，那兩項是錯誤的請選出。

⑴正反應的活化能為 169kJ 時，逆反應的活化能為 178kJ。

⑵氫的濃度與碘的濃度都加倍時，正反應的反應速率成 4 倍。

⑶加鉑為觸媒時只正反應速率增加。

⑷升高溫度時正反應與逆反應的反應速率都增加。

⑸在平衡狀態時，正反應和逆反應的反應速率都變為 0。

3. 在容器中密封同質量的氫與二氧化碳，保持一定溫度時下列反應進行而達到平衡狀態。

$$H_{2(g)} + CO_{2(g)} \rightleftharpoons H_2O_{(g)} + CO_{(g)}$$

下列有關平衡狀態的敘述中那一項是錯的？

⑴在平衡狀態時 H_2，CO_2，H_2O，CO 的分壓，都相等。

⑵在平衡狀態時正反應與逆反應都在進行。

⑶平衡狀態時 H_2O 與 CO 的人分壓相等。

4. 在 1 升容器中對入 0.100 莫耳的四氧化二氮氣體，保持 47℃ 時生成 0.048 莫耳二氧化氮而達到平衡。

$$N_2O_{4(g)} \rightleftharpoons 2NO_{2(g)}$$

⑴平衡狀態時的四氧化二氮的濃度為多少 mol/L？

⑵試求此反應的平衡常數。

5. 2 莫耳的 A 分解為 1 莫耳的 B 和 n 莫耳的 C。此反應為可逆反應而易達到平衡狀態。設從下列各項敘述中選出正確表示此反應的平衡狀態是怎樣狀態的。

(1) A 的濃度到達一定的狀態。

(2) A、B、C 的濃度到達 2：1：n 的狀態。

(3) A 不再分解，B 與 C 不起反應的狀態。

(4) B 與 C 開始反應的狀態。

(5)反應式左邊的分子數與右邊的分子數到達相等的狀態。

(6) A 的分解速率與 B、C 反應生成 A 的速率到達相等的狀態。

(7)經反應較活化的高的分子 A 消失的狀態。

6. 從一氧化碳和水蒸氣製造二氧化碳和氫的反應為可逆反應。

$$CO_{(g)} + H_2O_{(g)} \rightleftharpoons CO_{2(g)} + H_{2(g)}$$

試回答下列問題：

(1)試寫出各成分濃度為基礎的平衡常數式。

(2)在容積 5.0 升的容器中各放入 6.0 莫耳的一氧化碳和水蒸氣，保持 800K 達到平衡狀態時，生成的二氧化碳和氫各為 4.0 莫耳，求在此溫度時的平衡常數。

(3)容積 5.0 升容器中各放入 3.0 莫耳的二氧化碳和氫，保持 800°K 達到平衡狀態時，求所生成一氧化碳的莫耳數。

7. 下列各項在平衡狀態時各加〔　〕所示的變化時，平衡向右移動的請寫（→），平衡向左移動的請寫（←）平衡不移動的請寫（×）。

(1) $H_{2(g)} + I_{2(g)} \rightleftharpoons 2HI_{(g)} + 9kJ$〔加熱〕（　）

(2) $2SO_{2(g)} + O_{2(g)} \rightleftharpoons 2SO_{3(g)}$〔加壓〕（　）

(3) $C_{(s)} + H_2O_{(s)} \rightleftharpoons CO_{(s)} + H_{2(g)}$〔加壓〕（　）

(4) $CH_3COOH \rightleftharpoons H^+ + CH_3COO^-$〔過氧化氫於溶液〕（　）

(5) $N_{2(g)} + 3H_{2(g)} \rightleftharpoons 2N_{3(g)}$〔加觸媒〕（　）

(6) $2NO_{2(g)} \rightleftharpoons N_2O_{4(g)}$〔溫度，壓力保持一定，加入氬〕（　）

(7) $2NO_{2(g)} \rightleftharpoons N_2O_{4(g)}$〔溫度，體積保持一定，加入氬〕（　）

8. 氨溶於水時產生游離反應成立下列游離平衡。

$$NH_3 + H_2O \rightleftharpoons NH_4^+ + OH^-$$

其游離常數 $Kb = \frac{[NH_4^+][OH^-]}{[NH_3]}$

設 0.1mol/L 氨水溶液的游離度α為 1.32×10^{-2} 而 Kb 為 1.74×10^{-5} mol/L 時

(1) 0.10mol/L 的氨水溶液稀釋 10 倍時，游離度變多少？

(2)加入與 0.10mol/L 氨水溶液相同濃度的氯化銨溶液等量並混合時氫離子溫度$[H^+]$

變為多少？但此混合溶液中的$[NH_4^+]$設為相等於 NH_4Cl 的濃度。

(3)在(2)的混合溶液中各加少量的鹽酸或氫氧化鈉水溶液時平衡向右或左移動？敘明移動的原因及其化學反應式。

9. 難溶性固體 $M(OH)_2$ 的溶解平衡以下式表示：

$$M(OH)_{2(s)} \rightleftharpoons M^{2+}_{(aq)} + 2OH^-_{(aq)}$$

某溫度時溶度積常數 $Ksp = [M^{2+}][OH^-]^2 = 4.0 \times 10^{-12}(mol/L)^2$

(1)在 1.0×10^{-5} mol 的 $M(OH)_2$ 加水使其全量為 1.0L 時 M^{2+} 離子濃度為多少？

(2)此地有含 1.0×10^{-8} molM^{2+} 的水溶液 1L，加多少克以上的氫氧化鈉時 $M(OH)_2$ 開始沉澱？

第5章

酸鹼鹽

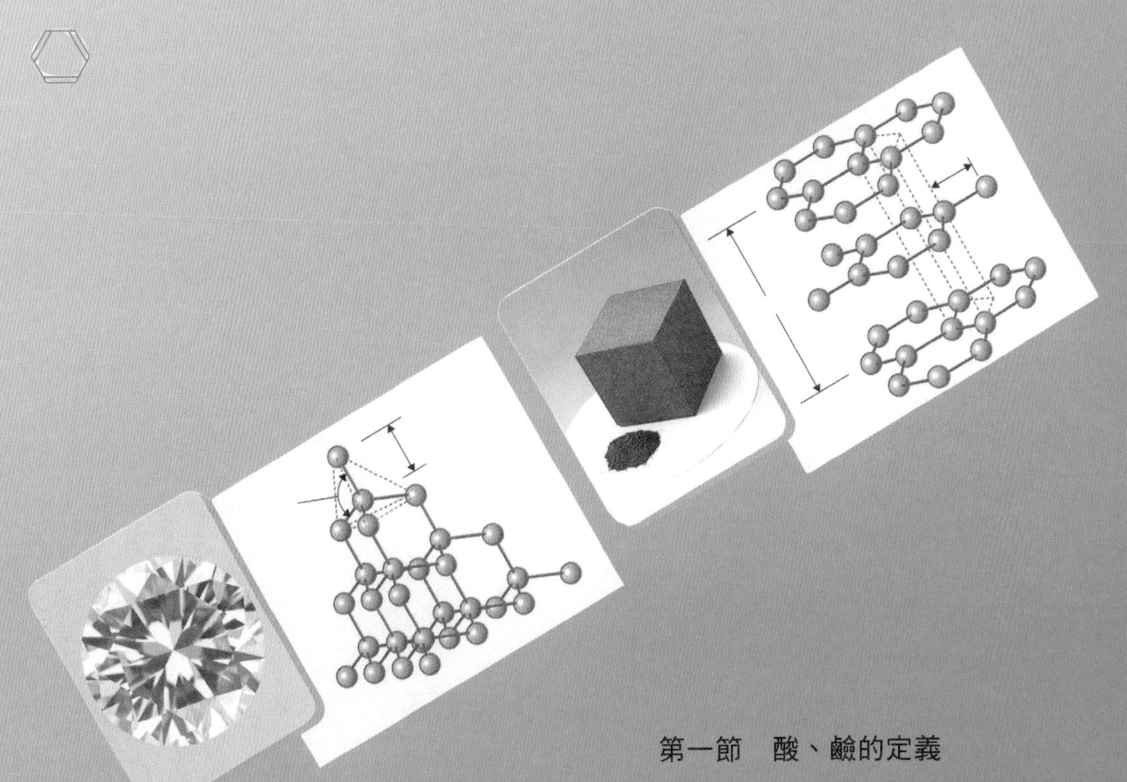

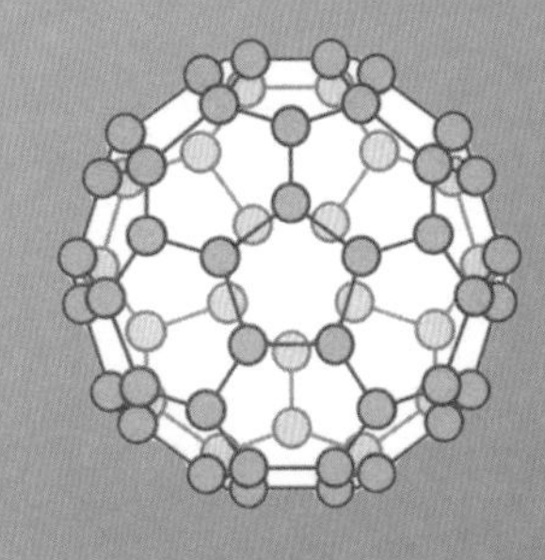
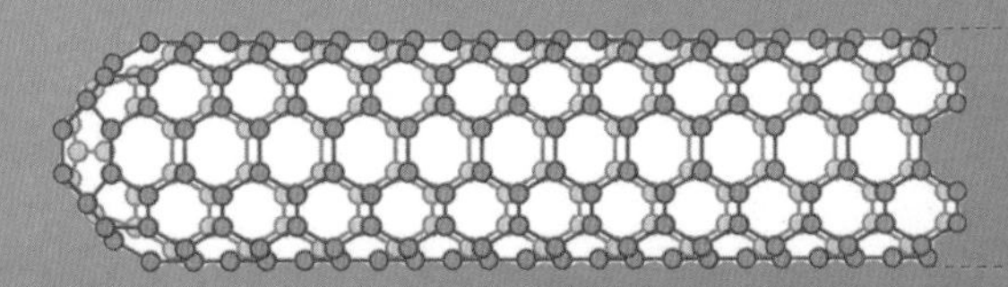
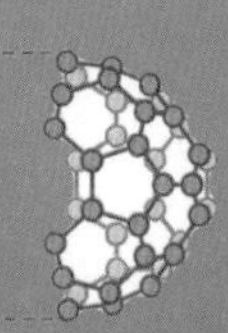

自古以來酸、鹼、鹽與人類生活有密切的關係。早期的人們已能夠用發酵方法製造食醋用來調味，食醋是一種酸。古時候的婦女們能夠使用草木灰來清洗油污的衣類，草木灰的水溶液是一種鹼性溶液。古今中外人們均使用食鹽來調味和保存食物。酸鹼鹽是人類最熟悉而經常使用的物質。

第一節　酸、鹼的定義

16 世紀瑞士煉金術家及醫生的巴拉塞爾士（Paracelsus）歸納當時人類對於酸的瞭解提出具有酸味並能夠溶解某些物質的稱為酸（acid）。到 18 世紀，波以耳（Boyle）擴展此一酸的定義：具有酸味並能夠溶解一些金屬或金屬氧化物，可使藍色石蕊試紙變紅色的稱為酸。波以耳的酸概念廣被世人接受，今日仍有很多場合使用石蕊試紙來決定是否是酸。

一、阿瑞尼士的酸、鹼定義

1889 年瑞典化學家阿瑞尼士（Arrhenius）根據游離說提出不同的酸、鹼定義，他說：

在水中能夠游離而生成氫離子的為酸，例如：

鹽酸　$HCl \longrightarrow H^+ + Cl^-$

硫酸　$H_2SO_4 \longrightarrow 2H^+ + SO_4^{2-}$

醋酸　$CH_3COOH \longrightarrow H^+ + CH_3COO^-$

在水中能夠游離，生成氫氧根離子的為鹼，例如：

氫氧化鈉　$NaOH \longrightarrow OH^- + Na^+$

氫氧化鈣　$Ca(OH)_2 \longrightarrow 2OH^- + Ca^{2+}$

氨　$NH_3 + H_2O \longrightarrow OH^- + NH_4^+$

阿瑞尼士的游離說創立後，科學家以氫離子濃度$[H^+]$或酸標值（pH）來表示溶液的酸鹼度。水溶液中的氫離子濃度的變化很大，為了方便使用氫離子濃度倒數的對數值為酸標值（pH）來表示。

$$pH = -\log\frac{1}{[H^+]} = -\log[H^+]$$

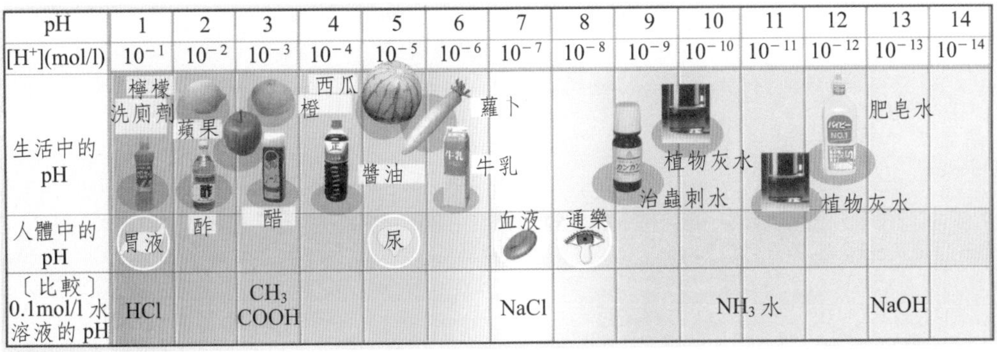

pH	1	2	3	4	5	6	7	8	9	10	11	12	13	14
$[H^+]$(mol/l)	10^{-1}	10^{-2}	10^{-3}	10^{-4}	10^{-5}	10^{-6}	10^{-7}	10^{-8}	10^{-9}	10^{-10}	10^{-11}	10^{-12}	10^{-13}	10^{-14}
生活中的pH	檸檬 洗廁劑	蘋果		西瓜 橙	醬油	蘿卜 牛乳			治蟲刺水	植物灰水		植物灰水	肥皂水	
人體中的pH	胃液	酢	醋		尿		血液	通樂						
〔比較〕0.1mol/l 水溶液的 pH	HCl		CH_3COOH				NaCl				NH_3 水		NaOH	

圖 5-1 身邊物質的 pH 值

圖 5-1 為我們身邊物質的 pH 值與氫離子濃度關係。

二、布忍司特－洛瑞的酸鹼定義

1923 年丹麥的布忍司特（Broensted）與英國的洛瑞（Lowry）共同提出較廣義的酸、鹼概念。在化學反應時能夠供應質子的為酸，能夠接受質子的為鹼。換句話說，酸是質子予體（proton donor），鹼是質子受體（proton acceptor）。

氮化氫溶於水時能夠供應質子給水，氮化氫為酸，水能夠接受質子，水是鹼。

$$HCl + H_2O \longrightarrow H_3O^+ + Cl^-$$

供應質子　接受質子
（酸）　（鹼）

相反的一面來看時，鋞離子能夠供應質子給氯離子，鋞離子是酸，氯離子能夠接受質子，氯離子為鹼。

$$H_3O^+ + Cl^- \longrightarrow HCl + H_2O$$

供應質子　接受質子
（酸）　（鹼）

根據布忍司特－洛瑞酸鹼概念，酸供給質子後變為可接受質子的鹼，故兩者稱為共軛酸鹼對（conjugated acid-base pair）。表 5-1 為常用的共軛酸鹼對。

表 5-1 常用的共軛酸鹼對

共軛酸	⇌	共軛鹼	+	質子
HBr^-	⇌	Br^-	+	H^+
HNO_3	⇌	NO_3^-	+	H^+
H_2SO_4	⇌	HSO_4^-	+	H^+
$HClO_3$	⇌	ClO_3^-	+	H^+
NH_4^+	⇌	NH_3	+	H^+
HSO_4^-	⇌	SO_4^{2-}	+	H^+
H_2O	⇌	OH^-	+	H^+

惟這種共軛酸鹼對的半反應是不能單獨存在的。因為酸不能自動放出質子，必須另有一物質存在接受質子，酸才能變成共軛鹼，同樣鹼也必須從另外一種酸接受質子才能變成共軛酸。因此酸在水中的游離，根據布忍司特－洛瑞共軛酸鹼對，寫成

$$\underset{\text{酸(1)}}{HCl} + \underset{\text{鹼(2)}}{H_2O} \rightleftharpoons \underset{\text{酸(2)}}{H_3O^+} + \underset{\text{鹼(1)}}{Cl^-} \quad (H^+ \text{ 由 } HCl \text{ 轉移至 } H_2O)$$

$$\underset{\text{酸(1)}}{CH_3COOH} + \underset{\text{鹼(2)}}{H_2O} \rightleftharpoons \underset{\text{酸(2)}}{H_3O^+} + \underset{\text{鹼(1)}}{CH_3COO^-} \quad (H^+ \text{ 由 } CH_3COOH \text{ 轉移至 } H_2O)$$

$$\underset{\text{酸(1)}}{NH_4^+} + \underset{\text{鹼(2)}}{H_2O} \rightleftharpoons \underset{\text{酸(2)}}{H_3O^+} + \underset{\text{鹼(1)}}{NH_3} \quad (H^+ \text{ 由 } NH_4^+ \text{ 轉移至 } H_2O)$$

根據布忍司特－洛瑞的酸鹼概念，我們日常所用的中性的水，也有酸或鹼的行為。此觀念對於酸鹼滴定時的指示劑的角色解釋的很適當。例如弱酸的醋酸用氫氧化鈉強鹼滴定時，中和的當量點不在 pH＝7.0 而在 pH＝8.7 處。因此不能使在 pH6～8 範圍改變顏色的石蕊指示劑，必須用在 pH8.3～10 範圍改變顏色的酚酞指示劑。酚酞在pH8.3 時為無色的酸式酚酞，根據阿瑞尼士的酸鹼概念 pH 大於 7 為鹼，但 pH8.3 的酚酞為質子予體的酸，到 pH10 時才變成紅色的鹼式酚酞在反應中可接受質子，因此可做醋酸與氫氧化鈉滴定的指示劑。

三、路以士酸鹼概念

美國化學家路以士（Gilbert N. Lewis）提出更廣義的酸鹼概念。他以電子對受體（electron pair acceptor）為酸，電子對供應者（electron pair doner）為鹼。例如：

$$BF_3 + :NH_3 \longrightarrow BF_3:NH_3$$

$$Cu^{2+} + 4(:NH_3) \longrightarrow [Cu(:NH_3)_4]^{2+}$$

酸　　　鹼

路以士的酸鹼概念比阿瑞尼士及布忍司特－洛瑞酸鹼概念更廣泛不涉及H^+或質子的轉移，對於不含氫的化合物在化學反應裡是否具有酸鹼反應的機能有重要的貢獻。

第二節　酸、鹼、鹽的命名

一、酸的命名

通常酸分為兩大類，一為分子中不含氧的酸稱為氫酸，另一在分子中含氧的酸稱含氧酸。

1. 氫酸

氫酸在氣體狀態時稱「某化氫」，其水溶液稱「氫某酸」。

化學式	氣態時名稱	水溶液名稱
HI	碘化氫	氫碘酸
HBr	溴化氫	氫溴酸
HCl	氯化氫	氫氯酸〔註〕
H_2S	硫化氫	氫硫酸
HCN	氰化氫	氫氰酸

註：氫氯酸自食鹽製得，俗稱鹽酸。

2. 含氧酸

含氧酸以分子式中氫、氧以外之元素名來取名為「某酸」。

化學式	名稱
$HClO_3$	氯酸
HNO_3	氮酸〔註〕
H_2SO_4	硫酸
H_2CO_3	碳酸
H_3PO_4	磷酸
H_3BO_3	硼酸

註：氮酸自智利硝石製得，俗稱硝酸。

含氧酸有的分子中有一元素的氧化數不同而有不同的名稱。上述的名稱都是正酸的名稱，但氧化數較低的稱「亞某酸」，再低於亞某酸的的稱「次某酸」，氧化數較高於正酸的稱「過某酸」。

$H_2\overset{+6}{S}O_4$ 硫酸

$H_2\overset{+4}{S}O_3$ 亞硫酸

H_3PO_4 磷酸

H_3PO_3 亞磷酸

$H\overset{+7}{Cl}O_{44}$ 過氯酸

$H\overset{+5}{Cl}O_3$ 氯酸

$H\overset{+3}{Cl}O_2$ 亞氯酸

$H\overset{+1}{Cl}O$ 次氯酸

二、鹼的命名

鹼的命名較簡單，因鹼為金屬元素之氫氧化物，因此稱為「氫氧化某」。

化學式	名稱
KOH	氫氧化鉀
NaOH	氫氧化鈉
$Ca(OH)_2$	氫氧化鈣
$Ba(OH)_2$	氫氧化鋇
$Al(OH)_3$	氫氧化鋁

三、鹽的命名

酸與鹼中和生成鹽及水，因此酸中的氫被金屬元素或原子團所取代而成的化合物為鹽。鹽可分為正鹽、酸式鹽、鹼式鹽、複鹽及錯鹽等。

1. 正鹽

酸中的氫被金屬元素或原子團完全取代的鹽為正鹽。從氫酸來的鹽稱「某化某」，從含氧酸來的稱「某酸某」。例如：

化學式	名稱
$NaCl$	氯化鈉
KBr	溴化鉀
$MgCl_2$	氯化鎂
KI	碘化鉀
KNO_3	硝酸鉀
$CaCO_3$	碳酸鈣
$MgSO_4$	硫酸鎂
$KClO_3$	氯酸鉀

2. 酸式鹽

鹽中含有可被取代的氫離子的稱為酸式鹽。例如：

$NaHCO_3$	碳酸氫鈉
$KHSO_4$	硫酸氫鉀
Na_2HPO_4	磷酸氫二鈉
NaH_2PO_4	磷酸二氫鈉

3. 鹼式鹽

鹽中含有可被取代的氫氧根離子的鹽稱鹼式鹽。例如：

$Bi(OH)_2NO_3$	鹼式硝酸鉍
$Mg(OH)Cl$	鹼式氯化鎂
$Pb(OH)_22PbCO_3$	鹼式碳酸鉛

4. 複鹽

兩種或兩種以上的鹽結合而成的複合物稱為複鹽（double salt）。複鹽在水溶液中能解離為其成分鹽的離子。例如

硫酸銨鐵（II） $Fe(NH_4)_2(SO_4)_2 \longrightarrow Fe^{2+} + 2NH_4^+ + 2SO_4^{2-}$

碳酸鉀鈉 $NaKCO_3 \longrightarrow Na^+ + K^+ + CO_3^{2-}$

5. 錯鹽

錯合物的鹽稱錯鹽（complex salt）。錯鹽在水溶液解離子為錯離子。例如：

鐵氰化鉀 $K_3[Fe(CN)_6] \longrightarrow 3K^+ + Fe(CN)_6^{3-}$

氯化六氨鈷 $[Co(NH_3)_6]\ Cl_3 \longrightarrow [Co(NH_3)_6]^{3+} + 3Cl^-$

第三節　酸鹼強度

一、酸的強度

酸在水溶液中解離的情形如下：

$$HCl \longrightarrow H^+ + Cl^-$$

$$HNO_3 \longrightarrow H^+ + NO_3^-$$

$$CH_3COOH \longrightarrow H^+ + CH_3COO^-$$

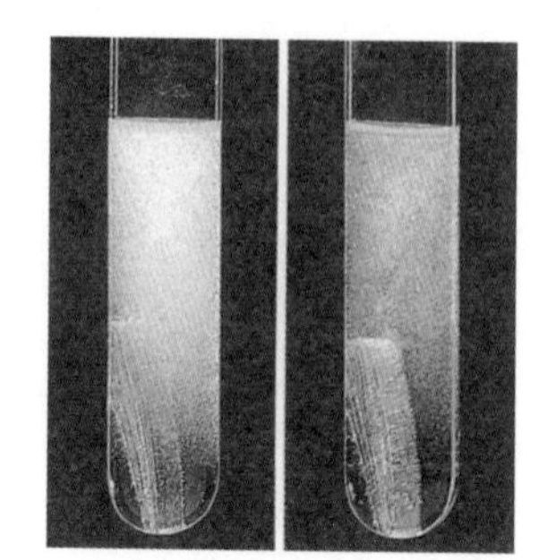

0.1mol/L 鹽酸 0.1mol/L 醋酸

圖 5-2　鎂帶在鹽酸與醋酸中之反應

由此可知各種鹼的共同性質來自氫離子。同濃度的鹽酸與醋酸的水溶液中，如圖 5-2 所示放入鎂帶時，鎂帶在鹽酸中反應很激烈而在醋酸中的反應較溫和。這是鹽酸水溶液中的氫離子濃度較高，即鹽酸在水中解離的較多之故。另一面醋酸在水溶液中的氫離子濃度較低，即解離的較小。如鹽酸一樣在水溶液中幾乎全部解離的酸為強酸。

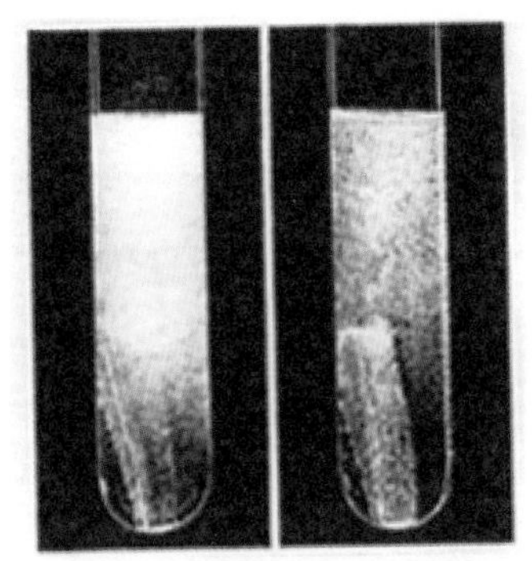
0.1mol/L 鹽酸 0.1mol/L 醋酸

圖 5-3

$$HCl \longrightarrow H^+ + Cl^-$$

如醋酸一樣在水溶液中只一部分解離，大部分仍以分子方式存在於水溶液的稱為弱酸。$CH_3COOH \rightleftharpoons H^+ + CH_3COO^-$。圖 5-3 表示鹽酸與醋酸水溶液的差別。

二、鹼的強度

鹼與酸一樣，如氫氧化鈉在水溶液中幾乎全都解離為離子的稱為強酸。

$$NaOH \longrightarrow Na^+ + OH^-$$

如氨在水溶液中只有一部分解離為離子，大部分仍以分子方式存在於水溶液的稱為弱鹼。

$$NH_3 + H_2O \rightleftharpoons NH_4^+ + OH^-$$

表 5-2 為常見的酸與鹼的名稱與化學式

表 5-2　常見的酸與鹼

強　酸	弱　酸	強　鹼	弱　鹼
鹽酸 HCl	醋酸 CH_3COOH	氫氧化鈉 $NaOH$	氨 NH_3
硝酸 HNO_3	氫硫酸 H_2S	氫氧化鉀 KOH	氫氧化銅 $Cu(OH)_2$
硫酸 H_2SO_4	草酸 $H_2C_2O_4$	氫氧化鈣 $Ca(OH)_2$	氫氧化鐵 $Fe(OH)_3$
	磷酸 H_3PO_4	氫氧化鋇 $Ba(OH)_2$	

三、酸鹼的游離度

酸或鹼的強度可用游離度（degree of ionization）來表示

$$游離度\alpha=\frac{游離的酸或鹼的莫耳數}{溶於溶液的酸或鹼的莫耳數}$$

例如　0.1M 醋酸溶液中解離的氫離子為 0.00134 莫耳時其游離度為：

$$\alpha=\frac{0.00134}{0.1}=0.0134=1.34\%$$

強酸的鹽酸游離度幾乎等於 1，但實際數值隨濃度的改變而稍有變動，如表 5-3 所示鹽酸的游離度隨濃度的減少而增加，到無限稀時趨近於 1。

表 5-3　鹽酸游離度與濃度關係

濃度 M	游離度α
0.2	0.867
0.1	0.921
0.05	0.940
0.02	0.959
0.01	0.971
0.005	0.980
0.002	0.987
0.000	0.991
⋮	⋮
0.000	1.000

四、酸、鹼的游離常數

弱酸與弱鹼在水溶液中不完全解離（通常在水溶液中進行故稱為游離 ionization），比較弱酸或弱鹼的強度，以一種平衡常數的游離常數（ionization constant）較方便。

1. 弱酸及弱鹼的游離常數

設以 HB 代表一弱酸，其游離為：

$$HB \rightleftharpoons H^+ + B^-$$

$$Ka = \frac{[H^+][B^-]}{[HB]}$$

Ka 值愈大酸的強度愈大，Ka 值愈小，酸的強度愈弱。例如：醋酸與氫氟酸的游離及游離常數如下：

$$CH_3COOH \rightleftharpoons H^+ + CH_3COO^-$$

$$Ka = \frac{[H^+][CH_3CCO^-]}{[CH_3COOH]} = 1.8 \times 10^{-5}$$

$$HF \rightleftharpoons H^+ + F^-$$

$$Ka = \frac{[H^+][F^-]}{[HF]} = 6.7 \times 10^{-4}$$

醋酸、氫氟酸兩者都是弱酸，但氫氟酸為比較強的弱酸。

同樣以 AOH 代表鹼時，其游離如下：

$$AOH \rightleftharpoons A^+ + OH^-$$

故鹼的游離常數　$Kb = \frac{[A^+][OH^-]}{[AOH]}$

例題 5-1　設氨的游離常數為 $\mathbf{1.8 \times 10^{-5}}$ 時，試計算 **0.5M** 氨水溶液的氫氧根離子濃度及游離度。

解：$Kb = \frac{[NH_4^+][OH^-]}{[NH_3]} = 1.8 \times 10^{-5}$

$\because NH_3 + H_2O \rightleftharpoons NH_4^+ + OH^-$

設$[OH^-]$為 x 時

$Kb = \frac{x \cdot x}{0.5 - x} = 1.8 \times 10^{-5}$

NH_3 為弱酸　$0.5 \gg x$　$\therefore 0.5 - x \fallingdotseq 0.5$

$\therefore \frac{x^2}{0.5} = 1.8 \times 10^{-5}$，$x^2 = 0.5 \times 1.8 \times 10^{-5} = 9.0 \times 10^{-6}$

$x = [OH^-] = [NH_4^+] = 3.0 \times 10^{-3}$ M

游離度$\alpha = \frac{[OH^-]}{[NH_3]} = \frac{3.0 \times 10^{-3}}{0.5} = 0.006$

2. 多質子酸的游離常數

多質子酸的游離分階段進行，例如 H_3A 代表之三質子酸的游離分為：

$$H_3A \rightleftharpoons H^+ + H_2A^- \quad K_1 = \frac{[H^+][A^-]}{[H_3A]}$$

$$H_2A^- \rightleftharpoons H^+ + HA^{2-} \quad K_2 = \frac{[H^+][HA^{2-}]}{[H_2A^-]}$$

$$HA^{2-} \rightleftharpoons H^+ + A^{3-} \quad K_3 = \frac{[H^+][A^{3-}]}{[HA^{2-}]}$$

通常 $K_1 > K_2 > K_3$ 而如此三質子酸的游離平衡亦可用下式表示：$H_3A \rightleftharpoons 3H^+ + A^{3-}$ 而以下列方式表示其游離常數。

$$K = \frac{[H^+]^3[A^{3-}]}{[H_3A]} = \frac{[H^+][H_2A^-]}{[H_2A^-]} \times \frac{[H^+][HA^{2-}]}{[H_2A^-]} \times \frac{[H^+][A^{3-}]}{[HA^{2-}]} = K_1K_2K_3$$

表 5-4 為酸與鹼的游離式游離常數式及游離常數

表 5-4　酸與鹼的游離常數

名　稱	游離式	游離常數式	游離常數
鹽　酸	$HCl \rightarrow H^+ + Cl^-$	$Ka = \frac{[H^+][Cl^-]}{[HCl]}$	1×10^8
氫溴酸	$HBr \rightarrow H^+ + Br^-$	$Ka = \frac{[H^+][Br^-]}{[HBr]}$	1×10^9
氫碘酸	$HI \rightarrow H^+ + I^-$	$Ka = \frac{[H^+][I^-]}{[HI]}$	1×10^{10}
亞硫酸	$H_2SO_3 \rightarrow H^+ + HSO_3^-$	$K_1 = \frac{[H^+][HSO_3^-]}{[H_2SO_3]}$	1.23×10^{-2}
	$HSO_3^- \rightarrow H^+ + SO_3^{2-}$	$K_2 = \frac{[H^+][SO_3^{2-}]}{[HSO_3^-]}$	6.46×10^{-8}
磷　酸	$H_3PO_4 = H^+ + H_2PO_4^-$	$K_1 = \frac{[H^+][H_2PO_4^-]}{[H_3PO_4]}$	7.08×10^{-3}
	$H_2PO_4^- = H^+ + HPO_4^{2-}$	$K_2 = \frac{[H^+][HPO_4^{2-}]}{[HPO_4^-]}$	6.31×10^{-8}
	$HPO_4^{2-} = H^+ + PO_4^{3-}$	$K_3 = \frac{[H^+][PO_4^{3-}]}{[HPO_4^{2-}]}$	4.17×10^{-13}
醋　酸	$CH_3COOH \rightleftharpoons H^+ + CH_3COO$	$Ka = \frac{[H^+][CH_3COO^-]}{[CH_3COOH]}$	1.75×10^{-8}
草　酸	$H_2C_2O_4 \rightleftharpoons H^+ + HC_2O_4^-$	$K_1 = \frac{[H^+][HC_2O_4^-]}{[H_2C_2O_4]}$	5.36×10^{-2}
	$HC_2O_4^- \rightleftharpoons H^+ + C_2O_4^{2-}$	$K_2 = \frac{[H^+][C_2O_4^{2-}]}{[H_2C_2O_4^-]}$	5.42×10^{-5}
氨	$NH_3 + H_2O \rightleftharpoons NH_4^+ + OH^-$	$Kb = \frac{[NH_4^+][OH^-]}{[NH_3]}$	1.75×10^{-5}
氫氧化銀	$AgOH \rightleftharpoons Ag^+ + OH^-$	$Kb = \frac{[Ag^+][OH^-]}{[AgOH]}$	1.0×10^{-2}
氫氧化鈹	$Be(OH)_2 \rightleftharpoons BeOH^+ + OH^-$	$K_1 = \frac{[BeOH^+][OH^-]}{[Be(OH)_2]}$	1.78×10^{-6}
	$BeOH^+ \rightleftharpoons Be^{2+} + OH^-$	$K_2 = \frac{[Be^{2+}][OH^-]}{[BeOH^+]}$	2.5×10^{-8}
氫氧化鈣	$Ca(OH)_2 \rightleftharpoons Ca^{2+} + 2OH^-$	$K_2 = \frac{[Ca^{2+}][OH^-]^2}{[Ca(OH)_2]}$	6×10^{-2}

五、水的游離與離子積常數

酸的水溶液因酸的游離生存氫離子 H^+，鹼的水溶液亦因鹼的游離生成氫氧根離子OH^-。純粹的水，雖然是極小部分仍能夠以下列方式游離，產生氫離子和氫氧根離子。

$$H_2O \rightleftharpoons H^+ + OH^- \quad \text{或寫成}$$
$$H_2O + H_2O \rightleftharpoons H_3O^+ + OH^-$$

此一反應為水的自遞質子作用（autoprotolysis）。在 25℃時水游離的極少所生成的$[H^+] = [OH^-] = 1.0 \times 10^{-7}$ mol/L而已。水中的$[H^+]$與$[OH^-]$的乘積稱為水的離子積（ion product of water）以Kw表示。25℃時的$Kw = [H^+][OH^-] = 1.0 \times 10^{-14}$

酸溶於水時$[H^+]$增加而水中的$[OH^-]$減少，鹼溶於水時$[OH^-]$增加而水的$[H^+]$減少，表 5-5 表示水溶液性質與$[H^+]$、$[OH^-]$濃度的關係。

表 5-5　水溶液性質與$[H^+]$，$[OH^-]$關係

酸性溶液	$[H^+] > 1.0 \times 10^{-7}$ mol/L $> [OH^-]$
中性溶液	$[H^+] = 1.0 \times 10^{-7}$ mol/L $= [OH^-]$
鹼性溶液	$[H^+] < 1.0 \times 10^{-7}$ mol/L $< [OH^-]$

第四節　酸鹼中和

在鹽酸溶液中慢慢加入氫氧化鈉溶液時，鹽酸的酸性隨所加氫氧化鈉溶液而逐漸減弱，如此酸與鹼反應而互相抵消原來的性質，生成鹽與水的反應稱為酸鹼中和（neutralization）。

$$HCl + NaCl \longrightarrow NaCl + H_2O$$

酸　鹼　鹽　水

酸、鹼、鹽都易解離為離子而Na^+、Cl^-不參與反應，因此酸鹽中和可寫成：

$$H^+ + OH^- \longrightarrow H_2O$$

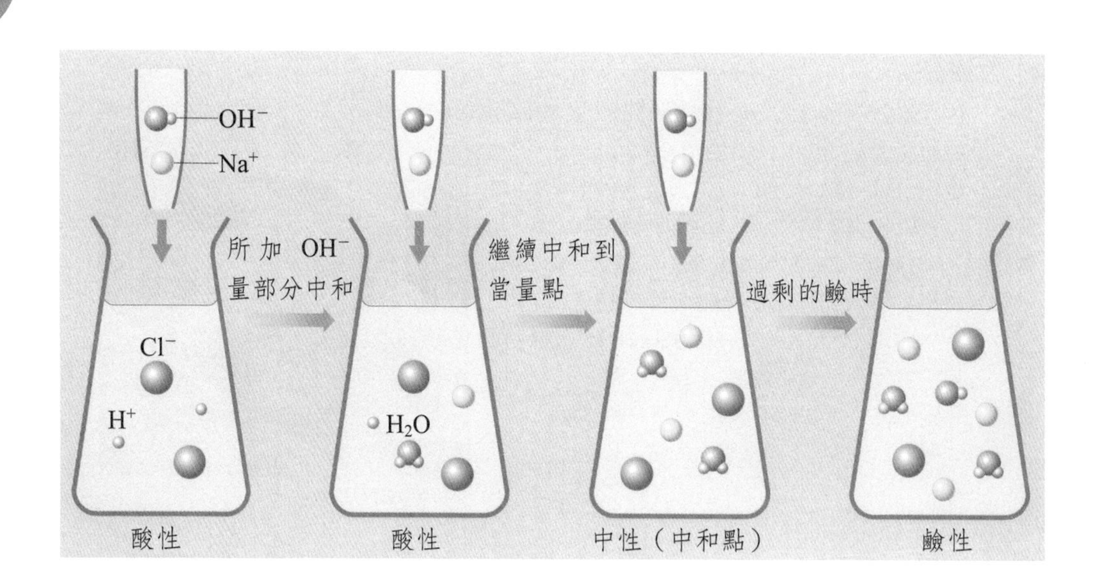

圖 5-4　酸鹼中和滴定

一、規定濃度

酸鹼滴定時所用溶液的濃度通常使用規定濃度（normality），以一升溶液中所含酸或鹼的克當量數來表示的濃度稱規定濃度或當量濃度（equivalence concentration）。一克當量的酸是含有可被鹼中和一莫耳氫離子的酸之量。例如一莫耳鹽酸（HCl）為 36.45 克，其中含有要被鹼中和的氫離子一莫耳，因此一克當量 HCl 為 36.45 克。一莫耳硫酸為 98.08 克，但一莫耳 H_2SO_4 中可被鹼中和的氫離子有二莫耳，因此一克當量 $H_2SO_4 = \frac{98.08}{2} = 49.04$ 克。

同樣，一克當量的鹼是含有可被鹼中和一莫耳氫氧根離子的鹼之量。一莫耳氫氧化鈉（NaOH）為 40.0 克，因此一克當量的 NaOH 為 40.0 克。

二、酸鹼中和滴定

酸的當量數和鹼的當量數相等時酸鹼中和。設酸的當量濃度為 N_A，體積為 V_A，鹼的當量濃度為 N_B，體積為 V_B 時，$N_AV_A = N_BV_B$

以已知濃度在酸（或鹼）來滴定一定體積的鹼（或酸），從所加酸的體積求鹼濃度的方法稱為酸鹼滴定（acid base titration）。滴定到達 $N_AV_A = N_BV_B$ 時為當量點（equivalence point）。惟當量點通常看不見，故使用酸鹼指示劑（indicator）來決定當量點。酸鹼指示劑通常是在不同 pH 值時能改變顏色的弱酸性（或弱鹼性）有機化合物。滴定時指示劑改變顏色時為滴定終點（end point）。酸鹼滴定選用的指示劑改變顏色的pH值必須接近當量點，原則會產生滴定誤差。

1. 標準溶液

酸鹼滴定使用標準溶液為強度或強鹼的溶液。

⑴酸標準溶液

將濃鹽酸、過氯酸或硫酸等用蒸餾水稀釋後以紅碳酸鈉或三（羥甲基）胺基甲烷等標準物質來標定準確濃度作為酸標準溶液來滴定鹼。

⑵鹼標準溶液

使用固體氫氧化鈉或氫氧化鉀，溶於一定量蒸餾水後，以苯二甲酸氫鉀（$KHC_8H_4O_4$）為標準物質來標定其準確濃度做為鹼標準溶液來滴定酸。

2. 酸鹼指示劑

無論是天然產生的或人造的合成酸鹼指示劑都是弱酸或弱鹼性有機化合物，其溶液的顏色隨 pH 值的改變而變。現以酸型的指示劑為例，根據布忍司特－洛瑞酸鹼定義

$$HIn + H_2O \rightleftharpoons In^- + H_3O^+$$

酸式（一種顏色或無色）　鹼式（無色或另一種顏色）

$$Ka = \frac{[In^-][H_3O^+]}{[HIn]}$$

$$[H_3O^+] = Ka\frac{[HIn]}{[In^-]}$$

兩方都乘負的對數

$$-\log[H_3O^+] = -\log Ka - \log\frac{[HIn]}{[In^-]}$$

$$pH = pKa + \log\frac{[In^-]}{[HIn]}$$

由上式可知指示劑 pH 值受其酸游離常數，酸式指示劑的濃度及鹼式指示劑濃度的影響。

當滴定在當量點時　$[HIn] = [In^-]$

$$\therefore pH = pKa + \log 1 = pKa$$

例如石蕊指示劑在當量點[HIn]＝[In⁻]時為紫色，這時的

$$pH = pKa$$

在紫色石蕊溶液中加酸時[HIn]＞[In⁻]即紅色的酸式石蕊的濃度增加，但人眼從紫色溶液中能夠分辨紅色的酸式石蕊，需要酸式石蕊濃度約大鹼式石蕊濃度十倍方能看清楚，因此

$$pH = pKa + \log\frac{[In^-]}{[HIn]} = pKa + \log\frac{1}{10} = pKa - 1$$

同樣紫色石蕊溶液中加鹼時，[HIn]＜[In⁻]而藍色鹼式濃度增加，但需要加到約十倍於酸式石蕊濃度方能看清楚藍色，因此

$$pH = pKa + \frac{[In^-]}{[HIn]} = pKa + \log\frac{10}{1} = pKa + 1$$

由以上兩式可知酸鹼指示劑的變色範圍為 $pH = pKa \pm 1$。表 5-6 表示常用的酸鹼指示劑，圖 5-5 表示三種酸鹼指示劑的變色範圍。

表 5-6　常用的酸鹼指示劑

名　稱	變色範圍（pH）	顏色變化	調配法
瑞香草酚藍（thymol blue）	1.2～2.8	紅－黃	0.1 溶於 20mL 酒精加水稀釋到 100mL
甲基橙（methyl orange）	3.1～4.4	紅－橙	0.1g 溶於 100mL 水
甲基紅（methyl red）	4.2～6.2	紅－黃	0.1g 溶於 18.6mL 的 0.02NNaOH 並加水到 250mL
溴瑞香草酚藍（bromothymol blue）	6.0～7.6	黃－藍	0.1g 溶於 8mL 的 0.02NNaOH 並加水到 250mL
酚紅（phenol red）	6.8～8.4	黃－紅	0.1g 溶於 14.2mL 的 0.02NNaOH 並加水到 250mL
酚酞（phenolphthalein）	8.3～10.0	無色－紅	0.1g 溶於 90mL 酒精後加水到 100mL
瑞香草酚酞（thymolphthalein）	9.3～10.5	無色－藍	0.1g 溶於 90mL 酒精後加水到 100mL
茜草黃（alizarin yellow）	10.0～12.0	黃－褐	0.1g 溶於水稀釋到 100mL

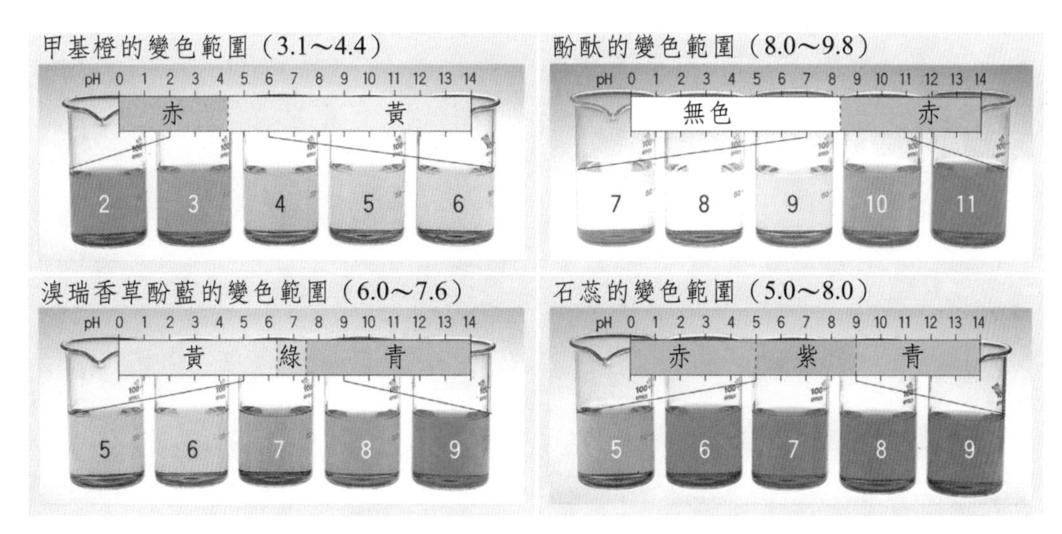

圖 5-5 四種酸鹼指示劑的變色範圍

三、強鹼滴定、強酸的滴定曲線

在滴定的過程中的滴定液體與溶液相關濃度，以曲線表示的稱為滴定曲線（titration curue）。

設以 0.100M 氫氧化鈉標準溶液滴定 50.00mL 0.100M 鹽酸溶液為例。中和反應式為

$$HCl + NaOH \longrightarrow NaCl + H_2O$$

$$即\quad H^+ + OH^- \longrightarrow H_2O$$

1. 開始時的 pH 值

尚未加入氫氧化鈉溶液以前，只有鹽酸溶液，鹽酸在水中完全解離，因此

$$[H^+] = 0.100M = 1 \times 10^{-1}M$$

$$pH = 1.00$$

2. 當量點以前溶液的 pH 值決定於溶液所剩下的鹽酸濃度。

(1)加 0.100MNaOH 10.00mL 時，

$$[HCl] = [H^+] = \frac{N_{HCl}V_{HCl} - N_{NaOH}V_{NaOH}}{V_{HCl} + V_{NaOH}}$$

$$=\frac{0.100\times 50.00-0.100\times 10.00}{50.00+10.00}$$
$$=\frac{4.00}{60.00}=6.67\times 10^{-2}\,M \quad pH=1.18$$

(2)加 0.100MNaOH20.00mL 時

$$[H^+]=\frac{0.100\times 50.00-0.100\times 20.00}{50.00+20.00}=4.28\times 10^{-2}\,M \quad pH=1.37$$

(3)加 0.100MNaOH40,00mL 時

$$[H^+]=\frac{0.100\times 50.00-0.100\times 40.00}{50.00+40.00}=1.11\times 10^{-2}\,M \quad pH=1.96$$

3. 當量點即加入 0.100MNaOH50.00mL 時，溶液的 pH 值決定於水的解離。

$$[H^+]=[OH^-]=\sqrt{Kw}=\sqrt{1.0\times 10^{-14}}=1.0\times 10^{-7}\,M \quad pH=7.00$$

4. 當量點以後 pH 值決定於溶液中的氫氧化鈉濃度。

加入 0.100MNaOH50.10mL 時

$$[OH^-]=\frac{N_{NaOH}V_{NaOH}-N_{HCl}V_{HCl}}{V_{HCl}+V_{NaOH}}$$
$$=\frac{0.100\times 50.00-0.100\times 50.00}{50.00+50.00}=\frac{0.01}{100.10}=1\times 10^{-4}\,M$$

pOH = 4.00　pH = 10.00

加入 0.100MNaOH60.00mL 時

$$[OH^-]=\frac{0.100\times 60.00-0.100\times 50.00}{50.00+60.00}$$
$$=0.0091=9.1\times 10^{-3}\,M \qquad pH=11.96$$

圖 5-6 為強酸 HCl 與強鹼 NaOH 的滴定曲線。圖 5-7 為滴定的操作。

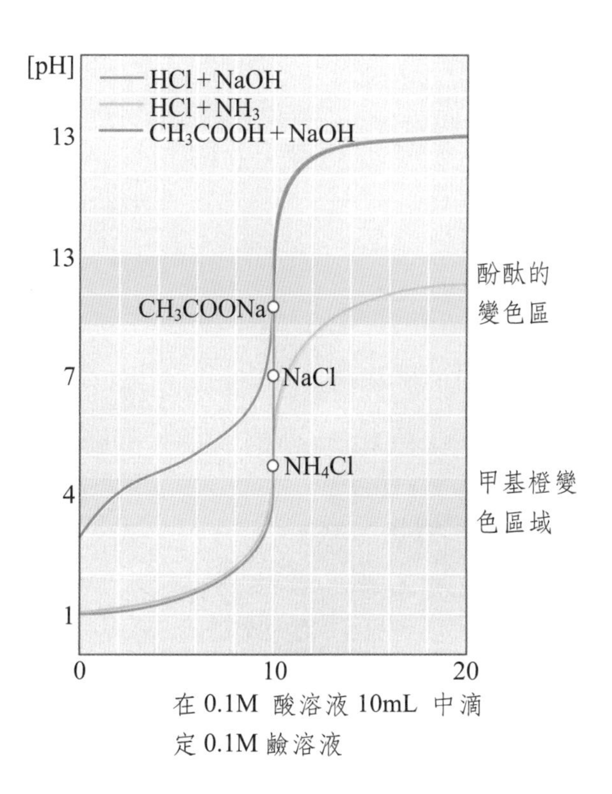

圖 5-6　中和滴定曲線

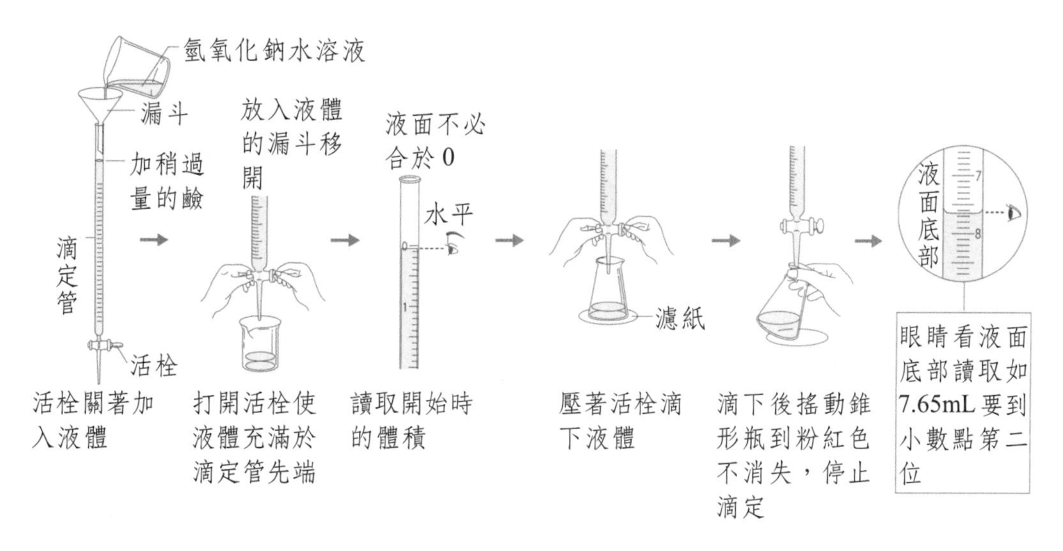

圖 5-7　中和滴定的操作

四、強鹼滴定弱酸的滴定曲線

以 0.100MNaOH 標準溶液滴定 50.00mL0.100MCH_3COOH 為例（醋酸的 Ka $=1.75\times10^{-5}$）。

1. 開始時的 pH

開始時只有弱酸的醋酸，其游離式為：

$$CH_3COOH+H_2O \rightleftharpoons CH_3COO^-+H_3O^+$$

$$Ka=\frac{[CH_3COO^-][H_3O^+]}{[CH_3COOH]}=1.75\times10^{-5}=\frac{[H_3O^+]^2}{[CH_3COOH]}$$

$$[H_3O^+]=\sqrt{1.75\times10^{-5}\times0.100}=1.32\times10^{-3}\,M$$

$$pH=2.88$$

2. 當量點以前形成弱酸與弱酸強鹼反應所生成鹽之緩衝溶液，其 pH 值決定於所剩的醋酸濃度及其共軛鹼的濃度。加 0.100MNaOH10.00mL 時

$$CH_3COOH+NaOH \longrightarrow CH_3COO^-Na^++H_2O$$

為 CH_3COOH 與 CH_3COO^- 所成的緩衝溶液

$$[CH_3COOH]=\frac{0.100\times50.00-0.100\times10.00}{50.00+10.00}=\frac{4.00}{60.00}\,M$$

$$[CH_3COO^-]=\frac{0.100\times10.00}{50.00+10.00}=\frac{1.00}{60.00}\,M$$

$$Ka=\frac{[H_3O^+][CH_3COO^-]}{[CH_3COOH]}$$

$$\therefore[H_3O^+]=Ka\frac{[CH_3COOH]}{[CH_3COO^-]}=1.75\times10^{-5}=\frac{\frac{4.00}{60.00}}{\frac{1.00}{60.00}}=7.00\times10^{-5}\,M$$

$$pH=4.16$$

以同樣方式求得加 25.00mL，40.00mL，49.90mL 的 0.100MNaOH 時的 pH 值於表 5-7 中。

3. 當量點的pH值決定於所生成醋酸鈉的加水分解。加 0.100MNaOH50,00mL 達到當量點時，醋酸鈉的加水分解使溶液呈鹼性。

$$CH_3COO^-+H_2O \rightleftharpoons CH_3COOH+OH^-$$

$$Kb=\frac{[CH_3COOH][OH^-]}{[CH_3COO^-]}=\frac{[OH^-]^2}{[CH_3COO^-]}=\frac{Kw}{Ka}=\frac{1.0\times10^{-14}}{1.75\times10^{-5}}=5.71\times10^{-10}$$

$$[OH^-]=\sqrt{5.71\times10^{-10}\times0.05}=5.34\times10^{-6}M$$

$$pH=14.00-(-\log5.34\times10^{-6}M)=8.73$$

4. 當量點以後，鹼過量可抑制加水分解，pH 值決定於過量的強鹼濃度。

加 0.100MNaOH50.10mL 時

$$[OH^-]=\frac{0.100\times50.10-0.100\times50.00}{50.00+50.00}\doteqdot1.0\times10^{-4}M$$

$$pH=10.00$$

以後所加的 0.100MNaOH51.00mL，60.00mL，75.00mL 以上式同樣方式所求得的 pH 值表示於表 5-7。

表 5-7 強鹼與弱酸的滴定

所加 0.100MNaOH 體積（mL）	50.00mL0.100M CH_3COOH 溶液之 pH
0.00	2.88
10.00	4.16
25.00	4.76
40.00	5.36
49.00	6.45
49.90	7.46
50.00	8.73
50.10	10.00
51.00	11.00
60.00	11.96
75.00	12.30

第五節 鹽的生成反應及分類

一、鹽的生成反應

酸和鹼中和反應物生成鹽以外，其他的反應亦能夠生成鹽。鹽是帶正電的金屬離子（或銨根離子）與帶負電的非金屬離子（或酸根離子）結合而成的化合物。表 5-8 表示生成鹽的各種來源及其反應。

表 5-8　生成鹽的反應

反應物	反應式之例
酸鹼中和	$HCl + NaOH \longrightarrow NaCl + H_2O$
酸與金屬氧化物	$2HCl + MgO \longrightarrow MgCl_2 + H_2O$
酸與金屬元素	$H_2SO_4 + Fe \longrightarrow FeSO_4 + H_2$
非金屬氧化物與鹼	$CO_2 + 2NaOH \longrightarrow Na_2CO_3 + H_2O$
非金屬氧化物與金屬氧化物	$CO_2 + CaO \longrightarrow CaCO_3$
非金屬元素與金屬元素	$Cl_2 + 2Na \longrightarrow 2NaCl$

在常溫時鹽通常為固態的晶體，溶於水後成為帶正電的陽離子和帶負電的陰離子。鹽的熔點和沸點通常都很高。

二、鹽的分類

在鹽的命名項已提鹽由其化學式是否含可游離的氫離子或氫氧根離子分為正鹽、酸式鹽及鹼式鹽三大類外，依照其組成成分的不同而有複鹽及錯鹽。

1. 複鹽

由兩種或兩種以上的鹽結合而成，溶於水成溶液時均可游離為其成分離子的稱為複鹽（double salt）。一般所謂的明礬即硫酸鈉鋁 $Na_2SO_4 \cdot Al_2(SO_4)_3 \cdot 24H_2O$ 為複鹽，溶於水產生 Na^+，Al^{3+} 和 SO_4^{2-} 離子。氯化鉀鎂 $KCl \cdot MgCl_2 \cdot 6H_2O$ 也是複鹽，溶於水生成 K^+，Mg^{2+} 及 Cl^- 離子。其他複鹽的例為：

$Fe(NH_4)_2SO_4$　　硫酸銨鐵（II）

$NaKCO_3$　　碳酸鉀鈉

2. 錯鹽

溶於水後生成錯離子的鹽稱為錯鹽（complex salt）。例如氯化二氨銀 $Ag(NH_3)_2Cl$ 溶於水，生成二氨銀錯離子和氯離子。

$$Ag(NH_3)_2Cl \longrightarrow Ag(NH_3)_2^+ + Cl^-$$

鋅氰化鉀 $K_2Zn(CN)_4$溶於水或鋅氰根錯離子和鉀離子。

$$K_2Zn(CN)_4 \longrightarrow 2K^+ + Zn(CN)_4^{2-}$$

其他錯鹽的例為：

$K_4Fe(CN)_6$	亞鐵氰化鉀
$[Cu(NH_3)_4]\ SO_4$	硫酸四氨銅

三、鹽的水分解

1. 弱酸與強鹼所生成的鹽

醋酸鈉 $NaC_2H_3O_2$ 為強鹼的氫氧化鈉與弱酸的醋酸中和所生成的鹽。

$$NaOH + HC_2H_3O_2 \longrightarrow NaC_2H_3O_2 + H_2O$$

醋酸鈉溶於水的溶液不是中性而是呈弱鹼性，因為所生成的醋酸根離子與水反應，生成不易游離的醋酸和氫氧根離子，因此呈弱鹼性。

$$NaC_2H_3O_2 \longrightarrow Na^+ + C_2H_3O_2^-$$
$$C_2H_3O_2^- + H_2O \longrightarrow HC_2H_3O_2 + OH^-$$

如醋酸鈉一般鹽游離所生成的離子與水反應，使溶液呈鹼性（或酸性）的反應稱為鹽的加水分解（hydrolysis，簡稱為水解）。水解後的 pH 值以 0.05M 的醋酸鈉為例，介紹如後：

$$C_2H_3O_2^- + H_2O \longrightarrow HC_2H_3O_2 + OH^-$$

以 Kh 為水解常數而醋酸的 $Ka = 1.75 \times 10^{-5}$，

$$Kh = \frac{[HC_2H_3O_2][OH^-]}{[C_2H_3O_2^-]} \quad \text{分子分母均乘}[H^+]$$

$$Kh = \frac{[HC_2H_3O_2][OH^-][H^+]}{[C_2H_3O_2^-][H^+]} = \frac{Kw}{Ka} = \frac{[OH^-]^2}{[C_2H_3O_2^-]}$$

$$= \frac{1.0 \times 10^{-14}}{1.75 \times 10^{-5}} = 5.71 \times 10^{-10}$$

$$[OH^-] = \sqrt{5.71 \times 10^{-10} \times 0.05} = 5.34 \times 10^{-6}$$

$$pH = 14.00 - (-\log 5.34 \times 10^{-6}) = 8.73$$

2. 強酸與弱鹼所生成的鹽

氯化銨 NH_4Cl 為強酸的鹽酸與弱鹼的氨中和所生成的鹽。

$$HCl + NH_3 \longrightarrow NH_4Cl$$

氯化銨溶於水的溶液不是中性而呈弱酸性。因為所生成的銨根離子與水反應，生成不易游離的氨和鋞離子，因此呈弱酸性。

$$NH_4Cl \longrightarrow NH_4^+ + Cl^-$$

$$NH_4^+ + H_2O \longrightarrow NH_3 + H_3O^+$$

$$Kh = \frac{[NH_3][H_3O^+]}{[NH_4^+]} = \frac{[NH_3][H_3O^+][OH^-]}{[NH_4^+][OH^-]} = \frac{Kw}{Kb} = \frac{[H_3O^+]^2}{[NH_4^+]}$$

同樣由鹽的濃度和論鹼的游離常數求得水解後的 pH 值。

四、緩衝溶液

如醋酸與醋酸鈉的弱酸與其鹽的混合溶液，或氨水與氯化銨的弱鹼與其鹽的混合溶液中，加入少量的酸或鹼時其 pH 值幾乎不改變，具有如此性質的溶液稱為緩衝溶液（buffer solution），在需要保持一定 pH 值的實驗時常使用緩衝溶液，我們的血液和生體內的體液亦為緩衝溶液。

現以醋酸與醋酸鈉的混合溶液為例，探討緩衝溶液的作用。醋酸在水溶液中達成游離平衡

$$HC_2H_3O_2 \rightleftharpoons H^+ + C_2H_3O_2^-$$

加入醋酸鈉於此溶液時，因其完全游離，溶液中的 $C_2H_3O_2^-$ 增加，平衡向左移動而溶液中的 H^+ 濃度減少。此時水溶液中醋酸根離子濃度$[C_2H_3O_2^-]$幾乎等於所加醋酸鈉的濃度Cs（mol/L），沒有游離的醋酸濃度$[HC_2H_3O_2]$幾乎等於最初的醋酸濃度 Ca（mol/L）。醋酸的游離常數 $Ka = \frac{[H^+][C_2H_3O_2]}{[HC_2H_3O_2]}$

$$\therefore [H^+] = Ka\frac{[HC_2H_3O_2]}{[C_2H_3O_2^-]} = Ka\frac{Ca}{Cs}$$

在此溶液中加 H^+ 時，H^+ 與多量存在的 $C_2H_3O_2^-$ 反應成 $HC_2H_3O_2$ 未除去，

另一面加入 OH^- 時 OH^- 與多量存在的 $HC_2H_3O_2$ 起中和反應生成水與 $C_2H_3O_2^-$ 未除去，如此在混合溶液中加 H^+ 或 OH^- 任一方都會被除去，因此 pH 值幾乎不會改變。

第五章　習題

1. 試寫出下列水溶液的 pH 值。
   (1) 0.01mol/L 的氫氧化鈉溶液。
   (2) 0.05mol/L 的醋酸水溶液（游離度 0.02）
   (3)純粹醋酸 2.4g 溶於水的溶液 400mL（游離度 0.01）
2. 下列反應式中畫下線的分子或離子的部分，根據布忍司特－洛瑞酸鹼概念，是酸或鹼？
   (1) $NH_4^+ + \underline{H_2O} \rightarrow NH_3 + H_3O^+$
   (2) $CO_3^{2-} + \underline{H_2O} \rightarrow HCO_3^- + OH^-$
   (3) $\underline{CH_3COOH} + NH_3 \rightarrow CH_3COO^- + NH_4^+$
   (4) $\underline{CH_3COOH} + H_2SO_4 \rightarrow CH_3COOH_2^+ + HSO_4^-$
3. 從下列 5 項鹽中選出適當的鹽
   (1)正鹽而水溶液為中性的。
   (2)正鹽而水溶液為酸性的。
   (3)正鹽而水溶液為鹼性的。
   (4)酸性鹽而水溶液為酸性的。
   (5)酸性鹽而水溶液為鹼性的。
   $KHSO_4$，Na_2SO_4，NH_4Cl
   CH_3COONa，$MgCl(OH)$，$NaHCO_3$
4. 為求食醋中的醋酸的濃度，從事下列實驗，取食醋 10mL 加水為 100mL 後，取這稀薄溶液 10mL 以 0.108M 氫氧化鈉中和結果需要 6.62mL 達到中和點。原來食醋中的醋酸濃度為多少 mol/L？
5. 25.00mL 的 0.200MHCl 與下列各溶液 20.00mL 混合時的 pH 值各為多少？
   (1)蒸餾水
   (2) 0.132M　$AgNO_3$
   (3) 0.132M　NaOH
   (4) 0.132M　NH_3
   (5) 0.232M　NaOH
6. 當 0.102g 的 $Mg(OH)_2$ 加入於下列各溶液時的 pH 值各為多少？
   (1) 75.0mL 的 0.060M　HCl
   (2) 15.0mL 的 0.060M　HCl

(3) 30.0mL 的 0.060M　HCl

(4) 30.0mL 的 0.060M　$MgCl_2$

7. 有雙質子酸 H_2A 其 $K_1 = 1.00 \times 10^{-5}$，$K_2 = 1.00 \times 10^{-9}$。試計算下列溶液的 pH 及 H_2A，HA^- 及 A^{2-} 的濃度。

(1) 0.100M　H_2A

(2) 0.100M　NaHA

(3) 0.100M　Na_2A

第6章

氧化與還原

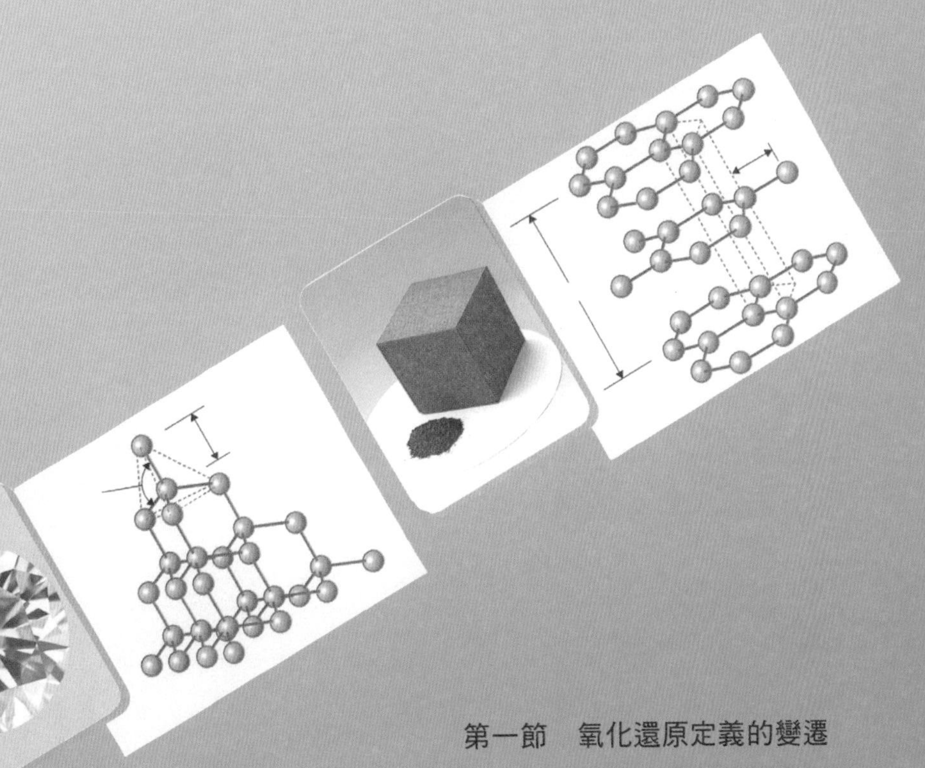

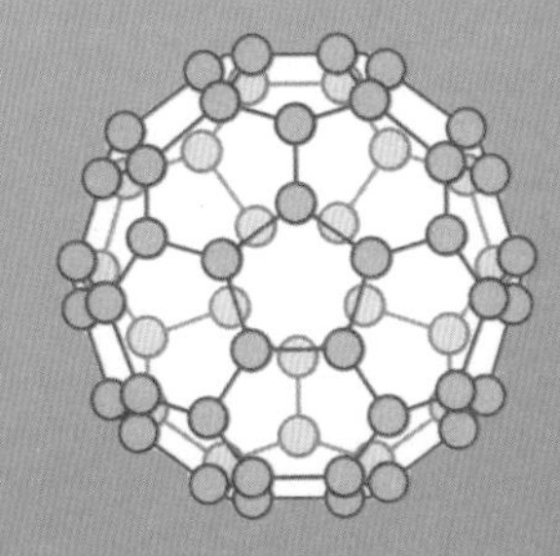
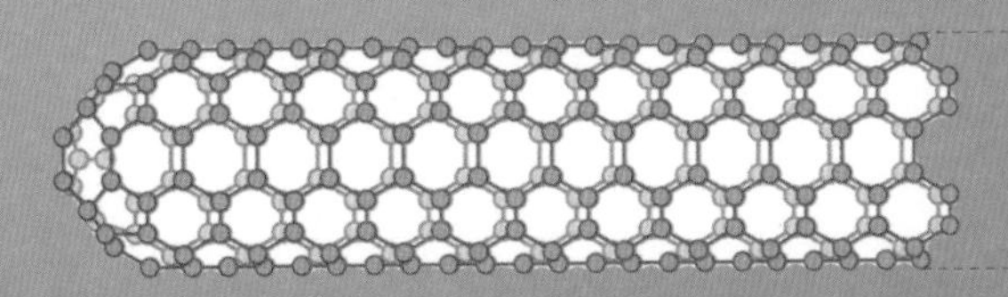
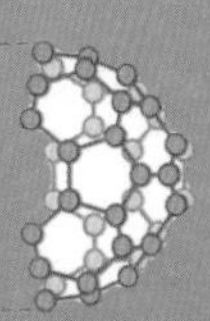

第一節　氧化還原定義的變遷

一、氧化還原與氧的授受

鎂帶在空氣中點火時如圖 6-1 所示發出強光燃燒。這時鎂與氧反應生成白色粉未狀的氧化鎂：

$$2Mg + O_2 \rightarrow 2MgO$$

同樣把銅片在空氣中加熱時，銅與氧反應生成黑色的氧化銅：

$$2Cu + O_2 \rightarrow 2CuO$$

圖 6-1　鎂之燃燒

如此，某一物質與氧化合的反應稱為氧化（oxidation）。另一面，如圖 6-2 所示加熱黑色氧化銅亦通入氫氣時，黑色氧化銅失去氧而變回紅色的銅。如此一物質失去氧的反應稱為還原（reduction）。

$$CuO + H_2 \rightarrow Cu + H_2O$$

惟在上式可看出氫 H_2 還原氧化 CuO 為銅 Cu 的同時自己本身與氧反應變成水 H_2O。因此可知氧化反應與還原反應同時進行。

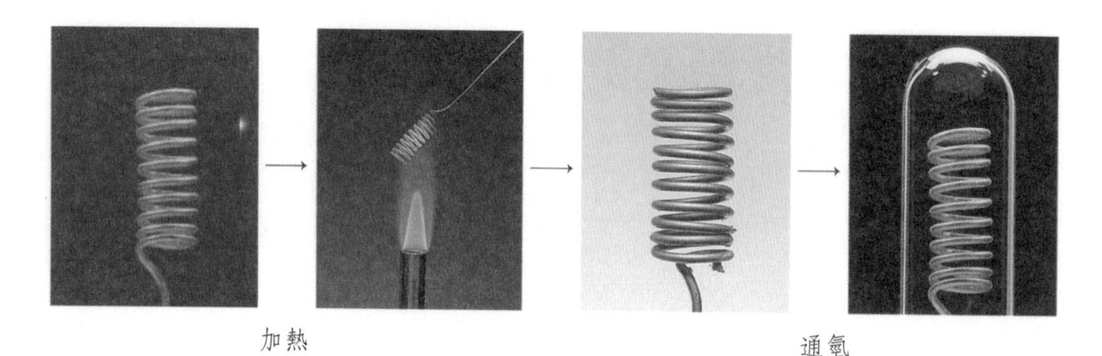

圖 6-2　銅線的氧化，氧化銅的還原

二、氧化還原與氫的授受

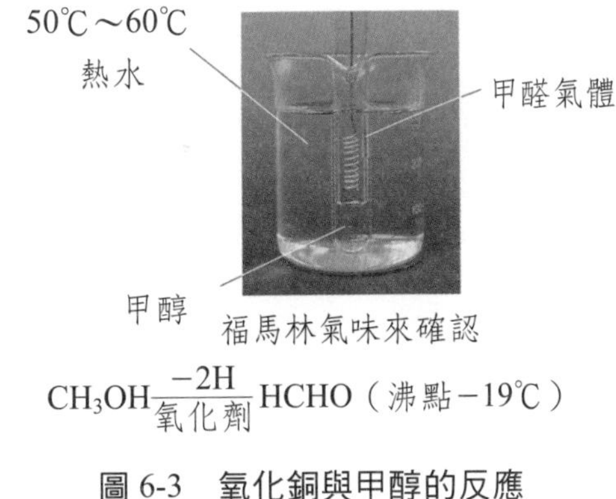

$$CH_3OH \xrightarrow[\text{氧化劑}]{-2H} HCHO$$（沸點－19℃）

圖 6-3　氧化銅與甲醇的反應

銅在空氣中加熱成黑色的氧化銅後，放入於裝甲醇 CH_3OH 的大試管中並插入於 50～60℃的水浴中時，黑色氧化銅還原為紅色的銅。圖 6-3 表示氧化銅與甲醇的反應。

在上反應裡氧化銅 CuO 失去氧為銅，因此氧化銅被還原，另一面甲醇 CH_3OH 與氧化銅 CuO 反應變成甲醛 HCHO 與水 H_2O。

$$CuO + CH_3OH \rightarrow Cu + HCHO + H_2O$$

（CH_3OH → HCHO：被氧化；CuO → Cu：被還原）

氧化與還原同時進行，故甲醇被氧化為甲醛，在此反應中從甲醇 CH_3OH 失去氫原子成為甲醛 HCHO，因此可視為失去氫的反應為氧化，獲得氫的反應為還原。

在溫泉或火山地帶，由地底噴出的硫化氫 H_2S 氣體與空氣中的氧反應生成黃色的硫。此時的硫化氫與氧反應，故為氧化，另一面硫化氫失去氫的反應也是氧化。氧因獲得氫成水，因此被還原。

$$H_2S + O_2 \rightarrow 2S + H_2O$$

三、氧化還原與電子的授受

銅的氧化所生成的氧化銅是由銅離子 Cu^{2+} 與氧離子 O^{2-} 所形成的。因此 Cu 與 O_2 反應生成 CuO 時，Cu 失去電子而成 Cu 而 O_2 獲得電子變成 O^{2-}，此一反應為從 Cu 有電子轉移到 O_2 的反應。

$$2Cu \rightarrow 2Cu^{2+} + 4e^- \qquad \text{（氧化）}$$

$$O_2 + 4e^- \rightarrow 2O^{2-} \qquad \text{（還原）}$$

如此氧化還原反應可用電子的轉移來定義為：失去電子的反應為氧化，獲得電子的反應為還原。

鎂帶放入硫酸銅溶液時，鎂會溶解於溶液中而其表面有銅析出，這時 Mg 失去電子成 Mg^{2+} 而硫酸銅溶液中的 Cu^{2+} 獲得電子成 Cu。在此反應中 Mg 被氧化 Cu^{2+} 被還原

$$\overset{2e^-}{\overbrace{Mg + Cu^{2+}}} \rightarrow Mg^{2+} + Cu$$

4. 氧化還原定義的變遷

表 6-1 歸納氧化還原定義的變遷。

表 6-1　氧化還原的定義

授受	氧	氫	電子
氧化	物質與氧結合	物質失去氫	物質失去電子
還原	物質失去氧	物質與氫結合	物質獲得電子

四、氧化數

離子化合物的反應，電子的授受一目了然，很容易瞭解氧化還原關係，但如 $N_2 + 3H_2 \rightarrow 2NH_3$ 的氧化還原反應中很離瞭解電子的得失，因此科學家訂出氧化數（oxidation number）以判斷某物質原子的氧化數增加時其原子被氧化，某物質原子的氧化數減少，即其原子被還原。

1. 氧化數決定法

⑴元素單體原子的氧化數為 0。

$$H_2\ (H : 0),\ Cu\ (Cu : 0)$$

⑵單原子離子的氧化數等於其離子的價數。

$$Cu^{2+}\ (Cu : +2),\ Cl^-\ (Cl : -1)$$

⑶化合物中氧原子的氧化數訂為−2，氫原子的氧化數為+1〔註〕。

$$H_2O\ (H: +1, O: -2)$$

⑷化合物中原子氧化數總和為 0。

$$NH_3 \quad (-3) + (+1) \times 3 = 0$$

$$Al_2O_3 \quad (+3) \times 2 + (-2) \times 3 = 0$$

⑸多原子離子中原子氧化數總和等於其離子價數。

$$MnO_4^- \quad (+7) + (-2) \times 4 = -1$$

$$NH_4^+ \quad (-3) + (+1) \times 4 = +1$$

〔註〕在過氧化氫 H_2O_2 中 H 為+1，O 為−1。

2. 氧化數的應用

⑴求化合物中元素原子的未知氧化數。

(a) Na_2SO_4 的硫：

$$\overset{(+1)}{Na_2}\ \overset{(x)}{S}\ \overset{(-2)}{O_4}$$

$$(+1)2 + x + (-2)4 = 0, \quad x = +6$$

(b) $K_2Cr_2O_7$ 的鉻：

$$\overset{(+1)}{K_2}\ \overset{(x)}{Cr_2}\ \overset{(-2)}{O_7}$$

$$(+1)2 + 2x + (-2)7 = 0 \qquad x = +6$$

(c) MnO_4^- 的錳

$$\overset{(x)}{Mn}\ \overset{(-2)}{O_4}$$

$$x + (-2)4 = -1 \qquad x = +7$$

⑵平衡氧化還原反應式

(a)二氧化錳與鹽酸的反應

$$MnO_2 + HCl \rightarrow MnCl_2 + Cl_2 + H_2O$$

$$\text{氧化：}2H^{1+}Cl^{-1} \rightarrow Cl_2^{0} \quad \text{氧化數}+2$$

$$\text{還原：}Mn^{4+}O_2 \rightarrow Mn^{2+}Cl_2 \quad \text{氧化數}-2$$

$$\therefore MnO_2 + 2HCl \rightarrow MnCl_2 + Cl_2$$

因 $MnCl_2$ 尚需 2 個 Cl 由 HCl 供應

故全反應式

$$MnO_2 + 4HCl \rightarrow MnCl_2 + Cl_2 + 2H_2O$$

(b)過氧化氫的氧化反應及還原反應

過氧化氫的酸性溶液與碘化鉀溶液反應時碘離子被氧化成碘，使溶液呈褐色。此時過氧化氫本身還原而氧化碘離子，碘離子本身可還原過氧化氫。

$$\overset{(-1)}{H_2O_2} + 2H^+ + 2e \rightarrow \overset{(-2)}{2H_2O}$$

$$\overset{(-1)}{2I^-} \rightarrow \overset{(0)}{I_2} + 2e$$

$$\overline{H_2O_2 + 2H^+ + 2I^- \rightarrow I_2 + 2H_2O}$$

過錳酸鉀酸性溶液中加入過氧化氫時，溶液的紅紫色褪色成無色的水溶液。這時的過錳酸鉀能夠氧化過氧化氫為氧，過氧化氫能夠還原過錳酸鉀為錳離子。

$$MnO_4^- + 8H^+ + 5e^- \rightarrow Mn^{2+} + 4H_2O$$

$$H_2O_2 \rightarrow O_2 + 2H^+ + 2e^-$$

式中 $5e^-$ 部分應乘 2，$2e^-$ 部分應乘 5，使電子的轉移數相等，即

$$2MnO_4^- + 16H^+ + 10e^- \rightarrow 2Mn^{2+} + 8H_2O$$

$$5H_2O_2 \rightarrow 5O_2 + 10H^+ + 10e^-$$

$$\overline{2MnO_4 + 5H_2O_2 + 6H^+ \rightarrow 2Mn^{2+} + 5O_2 + 8H_2O}$$

五、氧化劑和還原劑

在化學反應時能夠從對方物質奪取電子而使其氧化的物質稱為氧化劑（oxidant），另一面將電子給予對方物質使其被還原的物質稱為還原劑（reductant）。

氧化劑使對方氧化數增加而本身氧化數減少，還原劑使對方氧化數減少而本身的氧化數增加。表 6-2 為主要的氧化劑和還原劑及在水溶液中的反應。

表 6-2 主要的氧化劑和還原劑

	反應之例		氧化數變化
氧化劑	過錳酸鉀 $KMnO_4$	$MnO_4^- + 8H^+ + 5e^- \rightarrow Mn^{2+} + 4H_2O$	Mn $+7 \rightarrow +2$
	鹵素 X_2 (Cl_2, Br_2, I_2)	$X_2 + 2e^- \rightarrow 2X^-$	X $0 \rightarrow -1$
	濃硝酸 HNO_3	$HNO_3 + H^+ + e^- \rightarrow NO_2 + H_2O$	N $+5 \rightarrow +4$
	稀硝酸 HNO_3	$HNO_3 + 3H^+ + 3e^- \rightarrow NO + 2H_2O$	N $+5 \rightarrow +2$
	過氧化氫 H_2O_2	$H_2O_2 + 2H^+ + 2e^- \rightarrow 2H_2O$	O $-1 \rightarrow -2$
	二氧化硫 SO_2	$SO_2 + 4H^+ + 4e^- \rightarrow S + 2H_2O$	S $+4 \rightarrow 0$
還原劑	金屬 Na, Mg, Al 等	$Na \rightarrow Na^+ + e^-$	Na $0 \rightarrow +1$
	碘化鉀 KI	$2I^- \rightarrow I_2 + 2e^-$	I $-1 \rightarrow 0$
	氫 H_2	$H_2 \rightarrow 2H^+ + 2e^-$	H $0 \rightarrow +1$
	過氧化氫 H_2O_2	$H_2O_2 \rightarrow O_2 + 2H^+ + 2e^-$	O $-1 \rightarrow 0$
	二氧化硫 SO_2	$SO_2 + 2H_2O \rightarrow SO_4^{2-} + 4H^+ + 2e^-$	S $+4 \rightarrow +6$
	硫化氫 H_2S	$H_2S \rightarrow S + 2H^+ + 2e$	S $-2 \rightarrow 0$
	硫酸鐵（Ⅱ）$FeSO_4$	$Fe^{2+} \rightarrow Fe^{3+} + e^-$	Fe $+2 \rightarrow +3$

第二節　金屬的離子化傾向

鋅片放入於盛稀鹽酸的燒杯時，鋅片能夠放出氫氣泡而溶解。

$$Zn + 2HCl \rightarrow ZnCl_2 + H_2$$

這時 Zn 片失去電子氧化成 Zn^{2+}，所放出的電子由溶液中的 H^+接受而還原為 H_2。

$$Zn + 2H^+ \rightarrow Zn^{2+} + H_2$$

如此，金屬元素的單體具有放出電子，氧化成金屬離子的性質。金屬在水溶液中放出電子成陽離子的傾向稱為離子化傾向（ionization tendency）。

金屬的離子化傾向隨金屬的種類而不同。如圖6-4所示鋅片放入於硫酸銅溶液時，Zn變成Zn^{2+}而開始溶解，同時在鋅片上有銅析出。

$$Zn \rightarrow Zn^{2+} + 2e^-$$

$$Cu^{2+} + 2e^- \rightarrow Cu$$

全反應為：

$$Zn + Cu^{2+} \rightarrow Zn^{2+} + Cu$$

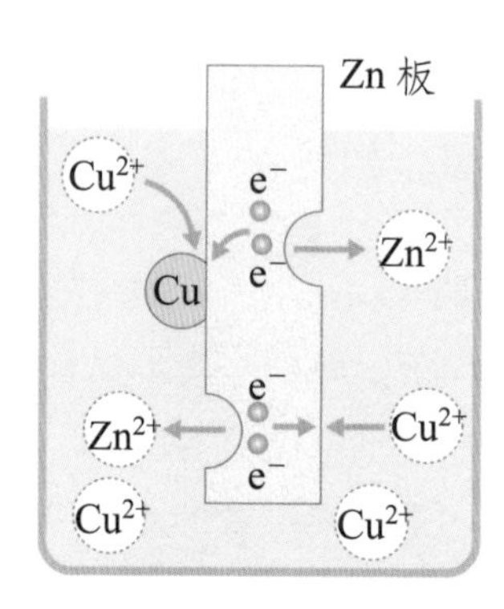

圖6-4　硫酸銅溶液中的鋅的反應

如將銅片放於盛硫酸鋅溶液的燒杯時即不起任何反應。從這些觀察可知鋅較銅易轉變為離子的傾向。

將金屬依游離成離子的傾向大小依序排列的稱金屬的游離序列（ionization series）

Li>K>Ba>Ca>Na>Mg>Al>Zn>Fe>Cd>Co>Ni>Pb>(H)>Cu>Ag>Hg>Au

1. 金屬與水的反應

離子化傾向大的K，Na，Li等金屬在常溫能與水反應生成氫氣。

$$2Na + 2H_2O \rightarrow 2NaOH + H_2$$

Mg不與常溫水反應，但與沸騰的水反應生成氫。Zn或Fe能與高溫的水蒸氣反應生成氫。

$$Mg + 2H_2O \rightarrow Mg(OH)_2 + H_2$$

2. 金屬與酸的反應

Zn，Fe，Pb等金屬能夠與稀鹽酸或稀硫酸的H^+反應生成H_2。

$$Zn + 2H^+ \rightarrow Zn^{2+} + H_2$$

$$Fe + 2H^+ \rightarrow Fe^{2+} + H_2$$

比這些金屬離子化傾向小的Cu，Hg，Ag等不能還原H^+，因此不溶於鹽酸或稀硫酸。可是這些金屬遭遇硝酸或熱濃硫酸等且強氧化力的酸時可氧化而溶解，此時產生的氣體不是氫而其他氣體如下：

$$Cu + 4HNO \text{（濃）} \rightarrow Cu(NO_3)_2 + 2NO_2 + 2H_2O$$

$$3Cu + 8HNO_3 \text{（稀）} \rightarrow 3Cu(NO_3)_2 + 2NO + 4H_2O$$

$$Cu + 2H_2SO_4 \text{（熱濃）} \rightarrow CuSO_4 + SO_2 + 2H_2O$$

Au 或 Pt 不溶於硝酸或熱濃硫酸，但可溶於王水（aqua regia 一份濃硝酸三份濃鹽酸混合所成）的氧化力極強的酸。表 6-3 表示金屬的反應性。

表 6-3　金屬的反應性

<table>
<tr><th>離子化傾向</th><th>金屬</th><th>空氣中的反應</th><th>與水的反應</th><th>與酸的反應</th></tr>
<tr><td rowspan="6">大
↑
↓
小</td><td>Li，K，Ca，Na</td><td>室溫時快氧化</td><td>常溫反應生成 H_2</td><td rowspan="4">與鹽酸稀硫酸反應生成 H_2</td></tr>
<tr><td>Mg，Al</td><td>加熱後氧化</td><td rowspan="2">高溫與水蒸氣反應生成 H_2</td></tr>
<tr><td>Zn，Fe</td><td rowspan="2">強熱時氧化</td></tr>
<tr><td>Ni，Sn，Pb</td><td>不反應</td></tr>
<tr><td>Cu，Hg，Ag</td><td rowspan="2">不被氧化</td><td rowspan="2"></td><td>溶於硝酸
熱濃硫酸</td></tr>
<tr><td>Pt，Au</td><td>溶於王水</td></tr>
</table>

第三節　氧化還原滴定

使用已知濃度的氧化劑（或還原劑）做標準溶液，以滴定方式求還原劑（或氧化劑）濃度的過程，稱為氧化還原滴定（redox titration）。氧化還原滴定的當量點與酸鹼滴定很相似。

$$N_O V_O = N_r V_r$$

N_O，V_O　代表氧化劑的當量濃度與體積

N_r，V_r　代表還原劑的當量濃度與體積

當量的表示方法稍有不同，即

$$\text{當量} = \frac{\text{氧化劑（或還原劑）的式量}}{\text{反應時氧化數的變化數}}$$

例如過錳酸鉀在酸性溶液中與硫酸鐵（Ⅱ）反應為例：

$$MnO_4^- + 5Fe^{2+} + 8H^+ \rightarrow 5Fe^{3+} + Mn^{2+} + 4H_2O$$

$KMnO_4$ 式量為 158.04 而此反應氧化數由+7→+2 即−5

$$\therefore \text{當量} = \frac{158.04}{5} = 31.6$$

$FeSO_4$　式量為 151.92 而由 $Fe^{2+} \rightarrow Fe^{3+}$ 氧化數 +1

$$\therefore \text{當量} = \frac{151.92}{1} = 151.92$$

一、氧化還原滴定的指示劑

氧化還原滴定的當量點可用電性測定來決定滴定終點外，有數種指示劑可用。

1. 自指示劑

過錳酸鉀標準溶液滴定草酸溶液時，過錳酸鉀溶液為紫色的，滴定過程中被草酸溶液還原為幾乎無色的錳（Ⅱ）離子溶液，等草酸被滴定完後再滴入過錳酸鉀溶液到溶液呈紫色就可知滴定終點。如此不必加任何指示劑而靠自己本身的顏色變化決定滴定終點的稱為指示劑（self indicator）。

2. 特殊指示劑

澱粉漿遇碘時產生深藍色，但澱粉漿與碘離子不起任何反應，故在 $I_2^0 + 2e^- \rightleftharpoons 2I^-$ 反應中由於藍色的出現或消失可決定滴定終點。澱粉漿本身不起氧化還原反應，澱粉的溶膠澱粉（amylose）如圖 6-5 所示以捲螺旋狀存在而碘分子在碘離子及澱粉存在下以長鏈狀的 I_5^- 進入溶膠澱粉螺旋的中央部分而吸收可視光譜並放出特定的藍色。

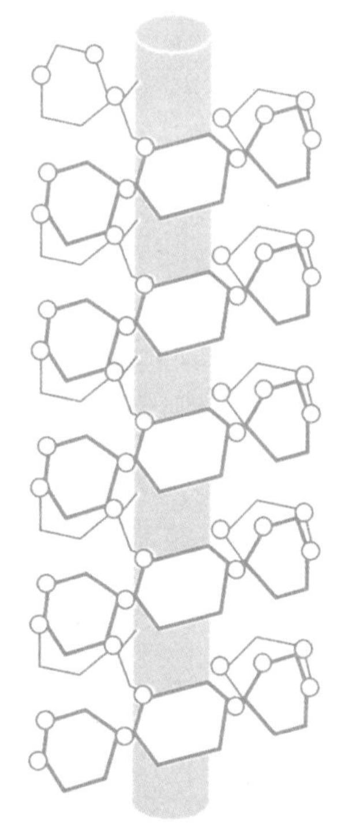

圖 6-5　碘與澱粉的錯合物

3. 氧化還原指示劑

有機化合物中氧化態與還原態時呈不同顏色的可做氧化還原指示劑。In^+ 及 In 表示氧化還原指示劑的氧化態及還原態。

$$In^+ + e \rightleftharpoons In$$

氧化態（顏色 A）　還原態（顏色 B）

$$E = E^0 - 0.059 \log\frac{[In]}{[In^+]}$$

人眼可看出顏色變化為：

$$\frac{[In]}{[In^+]} > \frac{1}{10} \text{或} \frac{10}{1}$$

$$\therefore E = E^0 \pm 0.059$$

表 6-4　為常用的氧化還原指示劑及 E^0

表 6-4　氧化還原指示劑

名　稱	E^0(V)	氧化態色	還原態色	備　註
亞甲藍 methylene blue	0.53	藍	無色	1M 酸
二苯胺 diphenylamine	0.75	紫	無色	稀酸中
二苯胺磺酸 diphenylamine sulfonic acid	0.85	紅紫	無色	稀酸中
三聯吡啶鐵 tris (2, 2'-bipyridine) iron	1.12	淡藍	紅	
三（1, 10-啡啉）鐵 tris (1, 10-phenanthroline) iron	1.147	淡藍	紅	1 M H_2SO_4
三（5-硝基-1, 10-啡啉）鐵 tris (5-nitro-1, 10-phenanthroline) iron	1.25	淡藍	紅紫	1 MH_2SO_4

二、氧化還原滴定的應用

1. 過錳酸鉀的滴定

過錳酸鉀為自指示劑，因此使用過錳酸鉀標準溶液為氧化劑，滴定還原劑在分析化學很盛行。在酸性溶液中的過錳酸跟離子的反應為：

$$MnO_4^- + 8H^+ + 5e^- \rightleftharpoons Mn^{2+} + 4H_2O$$

表 6-5　表示過錳酸鉀滴定的應用例。

表 6-5　過錳酸鉀滴定

分析對象	氧化反應式
$FeSO_4$	$Fe^{2+} \rightleftharpoons Fe^{3+} + e^-$
Cl^-, Br^-, I^-	$2Cl^- \rightleftharpoons Cl_2 + 2e^-$
H_2O_2	$H_2O_2 \rightleftharpoons O_2 + 2H^+ + 2e^-$
$H_2C_2O_4$	$H_2C_2O_4 \rightleftharpoons 2CO_2 + 2H^+ + 2e^-$
HNO_2	$HNO_2 + H_2O \rightleftharpoons NO_3^- + 3H^+ + 2e^-$
H_3AsO_3	$H_3AsO_3 + H_2O \rightleftharpoons H_3AsO_4 + 2H^+ + 2e^-$

2. 碘滴定

碘遇到澱粉漿時澱粉漿呈藍色，碘為良好的氧化劑，其本身被還原成碘離子時遇澱粉漿，澱粉漿不變色，因此在氧化還原滴定時如表 6-6 所示應用範圍相當廣。

表 6-6　碘滴定

分析對象	氧化反應式
H_2S	$H_2S \rightleftharpoons S + 2H^+ + 2e^-$
H_3AsO_3	$H_3AsO_3 + H_2O \rightleftharpoons H_3AsO_4 + 2H^+ + 2e^-$
H_3SbO_3	$H_3SbO_3 + H_2O \rightleftharpoons H_3SbO_4 + 2H^+ + 2e^-$
Sn^{2+}	$SnCl_4^{2-} + 2Cl^- \rightleftharpoons SnCl_6^{2-} + 2e^-$
H_3PO_3	$H_3PO_3 + H_2O \rightleftharpoons H_3PO_4 + 2H^+ + 2e^-$
葡萄糖（及其他還原糖）	$RCHO + 3OH^- \rightleftharpoons RCO_2^- + 2H_2O + 2e^-$
維生素 C	$C_4H_6O_4(OH)C=C(OH) \rightleftharpoons C_4H_6O_4C(=0)C=0 + 2H^+ + 2e^-$

第四節 化學電池

利用氧化還原反應產生電流，將化學變化的能量轉變為電能的裝置稱為化學電池。

將離子傾向不同的金屬A，B插入於電解質溶液時而金屬電極間產生電位差，如圖6-6所示，離子化傾較大的金屬A被氧化為陽離子而溶解。$A \rightarrow A^{+} + e^{-}$。生成的電子經過導線流到離子化傾向較低的金屬B起還原反應。因為電流的方向為電子流動的相反方向，因此電流從離子化傾向的金屬B流到傾向高的金屬A。電流流出於導線的電極稱為正極（+），從導線流進電流的電極稱為負極（−）。

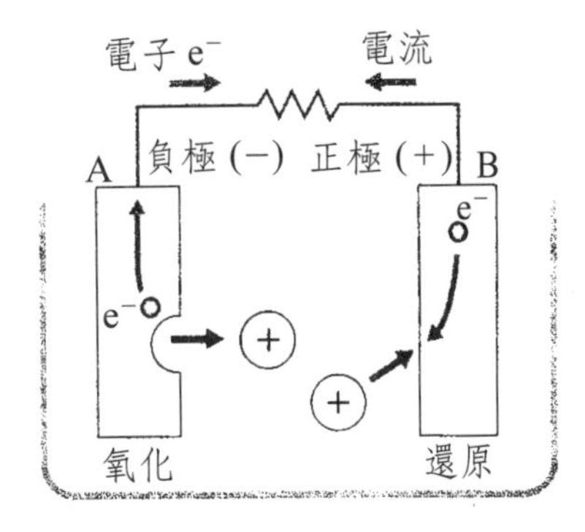

圖 6-6　化學電池的原理

一、丹尼耳電池

1863年英國丹尼耳（J. F. Daniell）製作如圖6-7所示，一燒杯中有鋅片插入於硫酸鋅溶液，另一燒杯中有銅片插入於硫酸銅溶液，兩燒杯間以倒立的裝氯化鉀等電解質溶液的U型管連結時成一化學電池。將兩金屬電極以導線連結時電流由銅極流到鋅極，此電池稱為丹尼耳電池（Daniell Cell）。

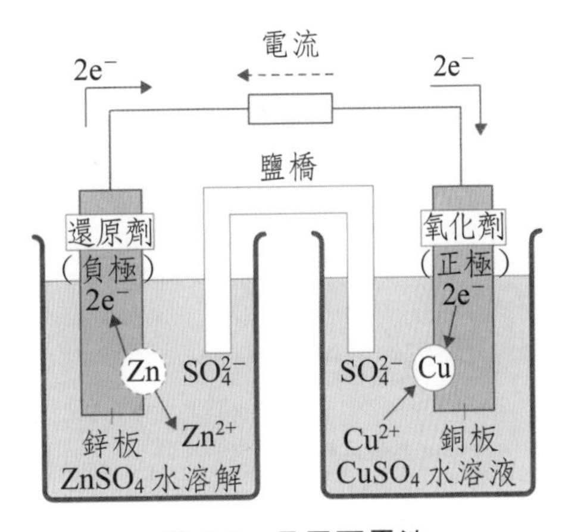

圖 6-7　丹尼耳電池

鋅極：$Zn^{0} \rightarrow Zn^{2+} + 2e^{-}$　　氧化故稱陽極

銅極：$Cu^{2+} + 2e^{-} \rightarrow Cu^{0}$　　還原故稱陰極

淨反應：$Zn^{0} + Cu^{2+} \rightarrow Zn^{2+} + Cu^{0}$

丹尼耳電池可用下列方式表示

陽極（氧化反應）　鹽橋　陰極（還原反應）

電極　｜　離子溶液　‖　離子溶液　｜　電極

Zn　｜　$ZnSO_4$　‖　$CuSO_4$　｜　Cu

如鋅極電子流出到導線的電極為負極，另一面如銅極電子由導線流進的極為正極。鋅氧化成鋅離子因此起氧化反應的極稱為陰性（anode），銅極為銅離子被還原為銅的還原反應的極，稱為陰極（cathode）。｜代表相界（phase boundary）。

鹽橋（salt bridge）的目的在使化學電池的電路流通外，維持各燒杯內的電荷平衡之用。在鋅極燒杯中，開始時硫酸鋅溶液的$[Zn^{2+}]$與$[SO_4^{2-}]$相等。可是電池反應進行而溶液中的$[Zn^{2+}]$增加，但$[SO_4^{2-}]$沒有增加，因此鹽橋中的 Cl^- 移動此燒杯內以增加陰離子的濃度以保持陽離子與陰離子的電中性。同樣在銅極溶液中因銅離子被還原，$[Cu^{2+}]$減少，必須由鹽橋供應K^+以增加陽離子的濃度以維持與溶液中陰離子的SO_4^{2-}的電中性。在常溫，1M溶液濃度時丹尼耳電池的電壓為 1.10 伏特。

在鹽橋與電解液相交處，因兩種不同組成的電解質溶液互相接觸，產生所謂的液界電位（liquid junction potential, Ej）。液界電位仍由於兩溶液間陽離子與陰離子移動速率不同而起。例如HCl與水接觸時，如圖 6-8 所示，氫離子移動速率較快，氯離子移動速率較慢而產生液界電位。鹽橋的電解質常使用KCl是因為K^+與Cl^-的離子大小相近，因此產生的液界電位可忽略之故。

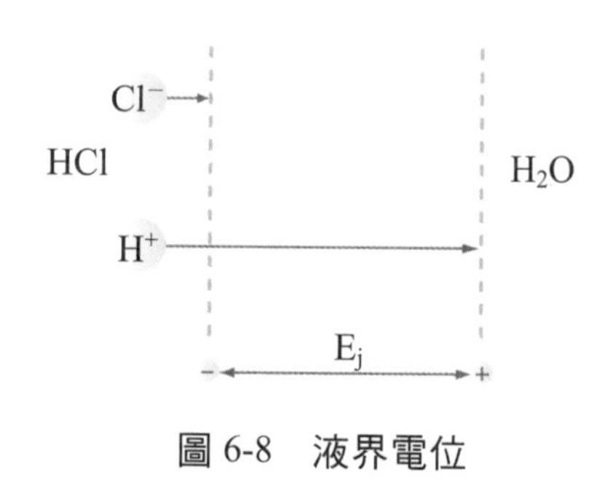

圖 6-8　液界電位

二、化學電池的電流

化學電流傳送電流的機構表示於圖 6-9。

1. 電極間及外導線有電子攜帶電流流動。

2. 電池中陽離子及陰離子攜帶電流，如圖中銅離子，銀離子及其他帶正電荷的離子，都離開銅極而流向銀極。如硫酸根離子，硫酸氫根離子等陰離子被銅極所吸引而向銅極移動。鹽橋中的氯離子，向銅極的硫酸銅溶液方向移動，鉀離子向相反方向的硝酸銀溶液方向移動。

3. 溶液中的離子傳導與陰極的還原反應及陽極的氧化反應所產生電極的電子傳導有密切的連帶關係。

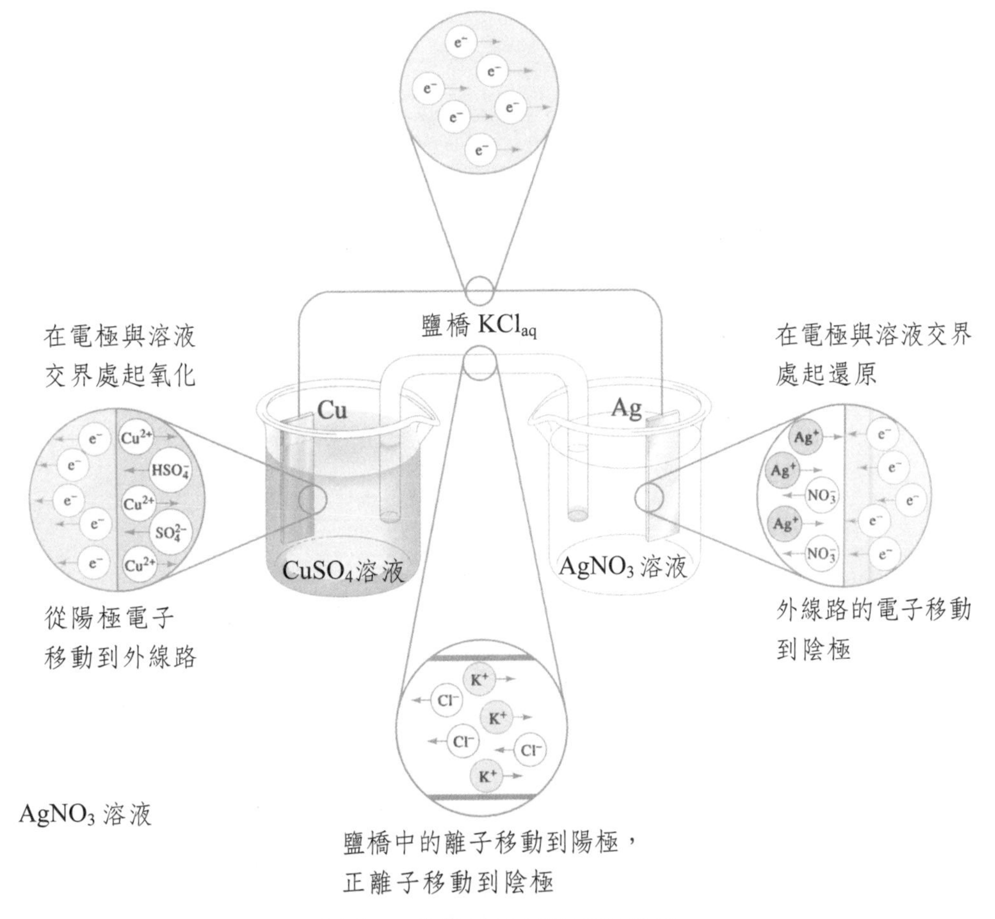

圖 6-9 化學電池電荷移動途徑

三、標準還原電位

化學電池都是由還原反應及氧化反應的兩個半反應組成的。在丹尼耳電池，銅極為陰極，鋅極為陽極，但換其他電極時那一極可做陰極呢？科學家以標準狀態的氫電極為電位的基準稱為標準氫電極（standard hydrogen electrode, SHE）。任何電極與標準氫電極組成電池，測定電池的電壓後可得該電極的標準還原電位（standard reduction potential）。

標準氫電極如圖 6-10 的左邊所示由一導線連結鍍鉑黑的鉑片插入於 $1MH^+$ 溶液並通入 1atm 的氫氣所成。此標準氫電極的電位訂為 0。

$$2H^+_{(aq)} + 2e^- \rightleftharpoons H_{2(g)}$$

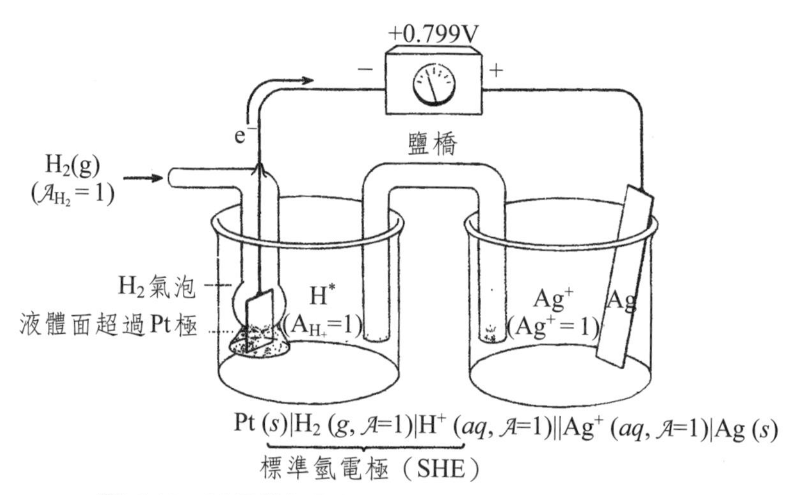

圖 6-10　以標準氫電極測量銀標準還原電位裝置

任何電極與標準氫電極組成化學電池，測定電池的電壓可得該電極的電位。如圖 6-10 所示銀電極的標準氫電極所成電池的電壓為+0.779V，銀離子還原為銀，因此其標準還原電位為+0.779V。

$$\text{pt} \mid H_2(1\text{atm}),\ H^+(1M) \parallel Ag^+(1M) \mid Ag$$

方便上可寫成　$\text{SHE} \parallel Ag^+(1M) \mid Ag$

在化學電池所發生的反應為：

還原	$2Ag^+ + 2e^- \rightarrow 2Ag$	$E^0 = +0.779V$
氧化	$H_2 \rightarrow 2H^+ + 2e^-$	$E^0 = 0.00V$
	$2Ag^+ + H_2 \rightarrow 2Ag + 2H^+$	$E^0 = 0.779 - 0.00 = 0.779V$

銀離子確實被還原，標準還原電位為+0.779V。

鎘電極與標準氫電極組成的電池，測得電壓為 0.402 伏特，但所起的反應為：

氧化：　$Cd \rightarrow Cd^{2+} + 2e^-$

還原：　$2H^+ + 2e^- \rightarrow H_2$

$$Cd + 2H^+ \rightarrow Cd^{2+} + H_2$$

因鎘氧化為鎘離子而不是被還原，因此其標準原電位為−0.402V。電池的電壓為 $E^0 = 0 - (-0.402) = 0.422V$。

表 6-7 為以標準還原電位減少的順序排列的表。表中左側上方為最強的氧化劑，右下方為最強的還原劑。

表 6-7 氧化還原電位的排列

	氧化劑		還原劑		E^0(v)
↑	$F_{2(g)}+2e^-$	⇌	$2F^-$		2.890
	$O_{3(g)}$, $2H^++2e^-$	⇌	$O_{2(g)}+H_2O$		2.075
	$MnO^-_{4(aq)}+8H^++5e^-$	⇌	$Mn^{2+}_{(aq)}+4H_2O$		1.507
氧	$Ag^+_{(aq)}+e^-$	⇌	$Ag_{(s)}$	還	0.799
化	$Cu^{2+}_{(aq)}+2e^-$	⇌	$Cu_{(s)}$	原	0.339
力	$2H^+_{(aq)}+2e^-$	⇌	$H_{2(g)}$	力	0.000
增	$Cd^{2+}_{(cq)}+2e^-$	⇌	$Cd_{(s)}$	增	−0.402
加	$K^+_{(aq)}+e^-$	⇌	$K_{(s)}$	加	−2.936
	$Li^+_{(aq)}+e^-$	⇌	$Li_{(s)}$	↓	−3.040

第五節 能士特式

1889 年德國能士特（W. H. Nernst）導出有關電子接受物質濃度與氧化還原電位相關的式，稱為能士特式（Nernst's equation）。

設一半反應為：

$$aA+ne^-\rightleftharpoons bB$$

能士特式的半電池電位為

$$E=E_0-\frac{RT}{nF}\ln\frac{[B]^b}{[A]^a}$$

此式中 E_0＝標準還原電位

R＝氣體常數（$8.314J\cdot K^{-1}\cdot mol^{-1}$）

T＝溫度（K）

n＝此半反應中的電子數

F＝法拉第常數（$9.6485\times10^4 coulomb\cdot mol^{-1}$）

ln＝自然對數（2.303log）

在常溫（298.15K）時的

$$E=E^0-\frac{RT}{nF}\ln\frac{[B]^b}{[A]^a}$$

$$= E^0 - \frac{2.303 \times 8.314 \times 298.15}{n \times 96485} \log \frac{[B]^b}{[A]^a}$$

$$= E^0 - \frac{0.05916}{n} \log \frac{[B]^b}{[A]^a}$$

設已知半反應轉移的電子數n及電池中的反應物及生成物的濃度時，可求得其電位。設式中的〔A〕=〔B〕時，log 項等於 0，因此 $E = E^0$。

例題 6-1 試寫出下式三項半電池反應的能士特式。

(1) $\mathbf{Zn^{2+} + 2e^- \rightleftharpoons Zn^0}$

(2) $\mathbf{Fe^{3+} + e^- \rightleftharpoons Fe^{2+}}$

(3) $\mathbf{\frac{1}{4}P_{4(s)} + 3H^+ + 3e \rightleftharpoons PH_{3(s)}}$

解：(1) $Zn^{2+} + 2e^- \rightleftharpoons Zn^0$

$$E = E^0 - \frac{0.05916}{2} \log \frac{1}{[Zn^{2+}]}$$

(2) $Fe^{3+} + e^- \rightleftharpoons Fe^{2+}$

$$E = E^0 - 0.05916 \log \frac{[Fe^{2+}]}{[Fe^{3+}]}$$

(3) $\frac{1}{4}P_4 + 3H^+ + 3e^- \rightleftharpoons PH_3$

$$E = E^0 - \frac{0.05916}{3} \log \frac{P_{PH_3}}{[H^+]^3}$$

一、全反應的能士特式

兩個半電池反應所組成的全反應電池之電位E為從還原極的電位減去氧化極的電位。

$$E_{cell} = E_{cathode} - E_{anode}$$

從全反應求其電位的程序為：

1. 寫出兩半電池的還原半反應式，並從附表查出各半反應電極的標準還原電位 E^0，必要時一半反應的係數乘適當的整數，使兩半反應電子數相等。惟不論乘多少，E^0 數值不變而不必乘其整數。

2. 寫出右半電池反應的能士特式，此電極連結於電壓計的正端，為 $E_{陰極}$（或寫成 E_+）。

3. 寫出左半電池反應的能士特式，此電極連結於電壓計的負極，為 $E_{陽極}$（或寫成 E_-）。

4. 使用 $E = E_{陰極} - E_{陽極}$ 求得全電池電位。

5. 從右半反應減去左反應寫出平衡的全電池反應式。設程序 4 所得全反應電位為正值時，全電池反應自發以指定的方向進行，惟全反應電位為負值時，全電池反應向相反方向進行。

例題 6-2 設如圖 **6-11** 所示鎘銀電池的右半電池含 **0.5M** $\mathbf{AgNO_3}$，左半電池含 **0.01M** $\mathbf{CdCl_2}$ 時，試寫出全電池反應並說明本反應向指定的方向或反方向進行。

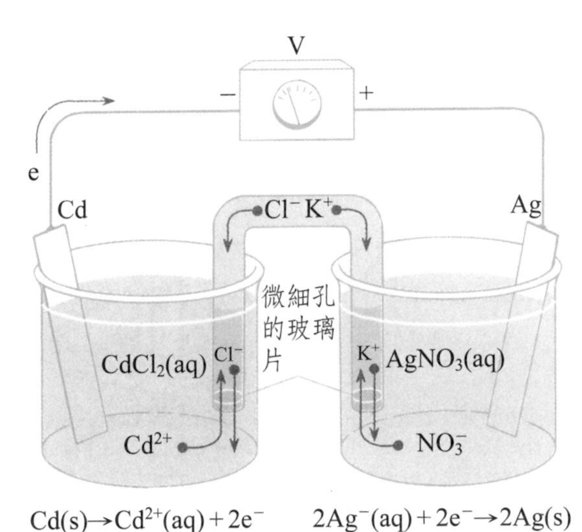

圖 6-11 鎘銀電池

解：*1.* 右電極：$2Ag^+ + 2e \rightleftharpoons 2Ag_{(s)}$ $\quad E^0_+ = 0.799V$

左電極：$Cd^{2+} + 2e \rightleftharpoons Cd_{(s)}$ $\quad E^0_- = -0.402V$

2. $E_+ = E^0_+ - \dfrac{0.05916}{2}\log\dfrac{1}{[Ag^+]^2}$

$= 0.799 - 0.02958\log\dfrac{1}{(0.50)^2}$

$= 0.781V$

3. $E_- = E^0_- - \dfrac{0.05916}{2}\log\dfrac{1}{[Cd^{2+}]} = -0.402 - 0.02958\log\dfrac{1}{0.01}$

$= -0.461V$

4. $E = E_{+} - E_{-} = 0.781 - (-0.461) = +1.242V$

5. 全電池反應

$$\begin{array}{rcl} 2Ag^{+} + 2e & \rightleftharpoons & 2Ag^{0} \\ Cd & \rightleftharpoons & Cd^{2+} + 2e \\ \hline Cd_{(s)} + 2Ag^{+} & \rightleftharpoons & Cd^{2+} + 2Ag^{0} \end{array}$$

因所得的電壓為正值，反應如上式自發進行，Cd 氧化為 Cd^{2+} 而 Ag^{+} 還原為 Ag，電子由左電極移動到右電極。

二、全電池反應的能士特式

設全電池反應為：

$$aA + bB \rightleftharpoons cC + dD$$

其能士特式為

$$E = E^{0} - \frac{0.05916}{n} \log \frac{[C]^{c}[D]^{d}}{[A]^{a}[B]^{b}}$$

例題 6-3 試計算 $\mathbf{Sn^{0} + 2Fe^{3+} \rightleftharpoons Sn^{2+} + 2Fe^{2+}}$ 反應的電位，設所有的離子濃度都是 **0.1M**。

解：兩半反應及其和為

$$\begin{array}{ll} Sn^{0} \rightleftharpoons Sn^{2+} + 2e & E^{0} = -0.136V \\ \hline 2 \times \{Fe^{3+} + e \rightleftharpoons Fe^{2+}\} & E^{0} = +0.771V \\ Sn^{0} + 2Fe^{3+} \rightleftharpoons Sn^{2+} + 2Fe^{2+} & \end{array}$$

兩個半電池間轉移的電子數為 2，根據能士特式

$$E = E^{0} - \frac{0.05916}{2} \log \frac{[Sn^{2+}][Fe^{2+}]^{2}}{[Fe^{3+}]^{2}}$$

$$E^{0} = E^{0}_{還原} - E^{0}_{氧化} = +0.771 - (-0.136) = +0.907V$$

將已知數值代入能士特式

$$E = 0.907 - 0.02958 \log \frac{(0.1)(0.1)^{2}}{(0.1)^{2}} = +0.936V$$

三、標準電位 E^0 與平衡常數 K

賈法尼電池因電池反應尚未達到平衡，因此可產生電流，設以導線連結兩極及電位計時，電池的反應一直在進行兩電池內溶液的濃度不斷的改變到達到化學平衡為止，此時不再有電流流動的電位為 0。

設右電極反應為　$aA + ne \rightleftharpoons cC \quad E^0_+$

左電極反應為　$dD + ne \rightleftharpoons bB \quad E^0_-$

全電池反應為　$aA + bB \rightleftharpoons cC + dD$

根據能士特式：

$$\begin{aligned} E = E_+ - E_- &= E^0_+ - \frac{0.05916}{n}\log\frac{[C]^c}{[A]^a} - \left\{E^0_- - \frac{0.05916}{n}\log\frac{[B]^b}{[D]^d}\right\} \\ &= (E^0_+ - E^0_-) - \frac{0.05916}{n}\log\frac{[C]^c[D]^d}{[A]^a[B]^b} \\ &= E^0 - \frac{0.05916}{n}\log\frac{[C]^c[D]^d}{[A]^a[B]^b} \end{aligned}$$

當電池反應達到平衡時 $E = 0$，同時 $\frac{[C]^c[D]^d}{[A]^a[B]^b}$ 為平衡常數 K

$$\therefore E^0 = \frac{0.05916}{n}\log K$$

$$\log K = \frac{nE^0}{0.05916}$$

可由 E^0 求平衡常數 K，$K = 10^{\frac{nE^0}{0.05916}}$

例題 6-4　試求 $Cu + 2Fe^{3+} \rightleftharpoons 2Fe^{2+} + Cu^{2+}$ 的平衡常數

解：查表得各半反應的標準還原電位 E^0

$2Fe^{3+} + 2e \rightleftharpoons 2Fe^{2+} \qquad E^0 = 0.771V$

$Cu^{2+} + 2e \rightleftharpoons Cu \qquad E^0 = 0.339V$

$Cu + 2Fe^{3+} \rightleftharpoons Cu^{2+} + 2Fe^{2+}$

$E^0 = E^0_{還原} - E^0_{氧化} = 0.771 - 0.339 = 0.432V$

平衡常數 $K = 10^{\frac{2 \times 0.432}{0.05916}} = 4 \times 10^{14}$

第六節　蓄電池及其他電池

一般的化學電池經放電以後不能再產生電流，如此不能再充電使用的電池稱為一次電池或原電池（primary cell）。另一方面常用於汽車或攝錄影器的電池，放電後能夠再充電來反覆使用，此種電池稱為二次電池或蓄電池（storage battery）。

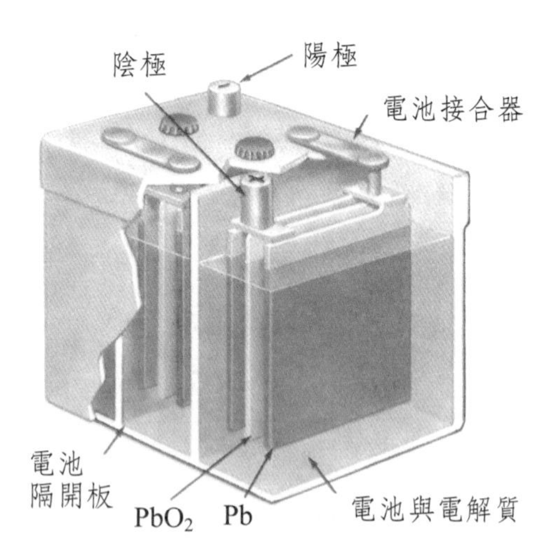

圖 6-12　鉛蓄電池結構

一、鉛蓄電池

最常用的二次電池為鉛蓄電池，廣用於汽車及夜市照明等。鉛蓄電池的結構如圖 6-12 所示，以鉛板、二氧化鉛板為電極，互相交叉插入於比重 1.25 的硫酸溶液（約 30%）槽中，鉛蓄電池在放電時兩極所起的反應各為：

陽極（−）極

$$Pb + SO_4^{2-} \rightarrow PbSO_4 + 2e^-$$

陰極（+）極

$$PbO_2 + 4H^+ + SO_4^{2-} + 2e^- \rightarrow PbSO_4 + 2H_2O$$

放電後的電極都生成不溶於水或稀硫酸的硫酸鉛，稀硫酸變的更稀（比重減小）。放電均淨反應為：

$$Pb + PbO_2 + 2H_2SO_4 \rightarrow 2PbSO_4 + 2H_2O$$

圖 6-13 為鉛蓄電池放電過程的圖解。蓄電池的電壓約 2.0 伏特，惟放電愈久電壓愈降而硫酸溶液的比重降到約 1.05。圖 6-14 表示充電過程的圖解，充電為放電的逆反應。

將放電過的鉛蓄電池連結於外部的直流電源，以鉛極（−極）為陰極，通電流後硫酸鉛還原為鉛。

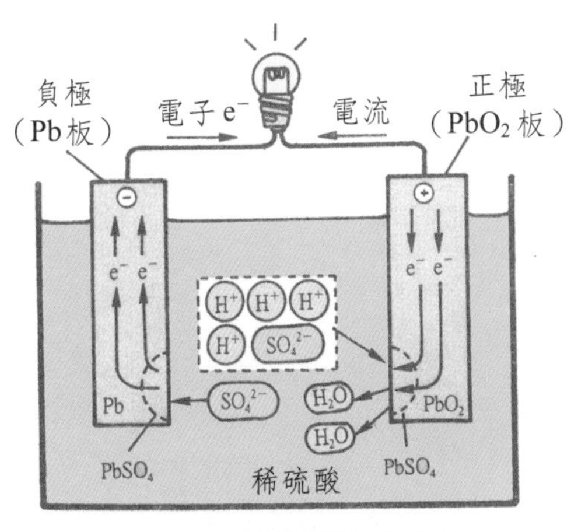

圖 6-13 鉛蓄電池的放電

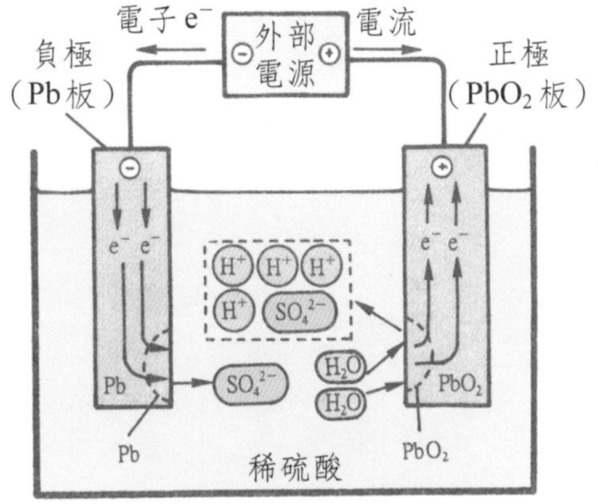

圖 6-14 鉛蓄電池的充電

$$PbSO_4 + 2e^- \rightarrow Pb + SO_4^{2-}$$

原來的二氧化鉛極（+極）為陽極，通電流後硫酸鉛氧化為二氧化鉛

$$PbSO_4 + 2H_2O \rightarrow PbO_2 + 4H^+ + SO_4^{2-} + 2e^-$$

淨反應為：

$$2PbSO_4 + 2H_2O \rightarrow Pb + PbO_2 + 2H_2SO_4$$

溶液中的硫酸濃度增加，放電後生成的硫酸鉛都恢復為原來的鉛和二氧化鉛。鉛蓄電池的放電及充電反應式可寫成為：

$$Pb + PbO_2 + 2H_2SO_4 \underset{\text{充電}}{\overset{\text{放電}}{\rightleftharpoons}} 2PbSO_4 + 2H_2O$$

二、乾電池

將化學電池的電解液製成糊狀，使其不易流出以方便攜帶及使用的稱為乾電池。

1. 酸性乾電池

一般使用的錳乾電池為 1868 年法國勒克朗舍（G. Leclanche）所發明的電池，故又稱勒克朗舍電池（Leclanche cell）。其電池結構為

$$Zn \mid ZnCl_2 \cdot NH_4Cl \mid MnO_2 \cdot C$$

錳乾電池如圖 6-15 所示，以鋅筒為陽極，筒內裝糊狀的氯化鋅和氯化銨的飽和溶液，在其中間插入一支碳棒和二氧化錳混合物為陰極。兩極以導線接連時的反應為：

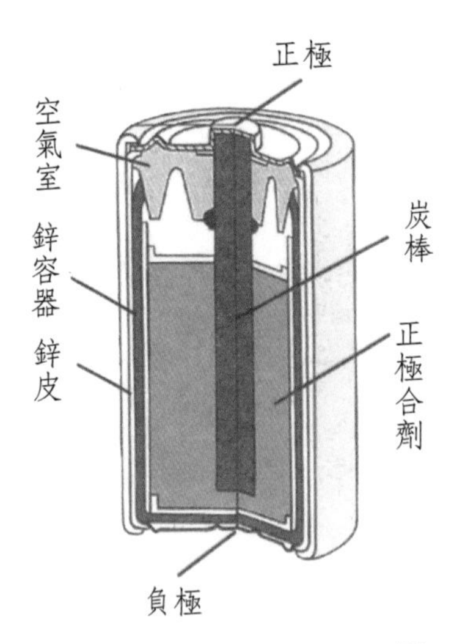

圖 6-15 錳乾電池

陽極（－極）：$Zn + 2NH_4Cl \rightarrow Zn(NH_3)_2Cl_2 + 2H^+ + 2e^-$

陰極（＋極）：$2MnO_2 + H_2O + 2e^- \rightarrow Mn_2O_3 + 2OH^-$

整個乾電池的全反應為：

$$Zn + 2MnO_2 + 2NH_4Cl \rightarrow Zn(NH_3)_2Cl_2 + Mn_2O_3 + H_2O$$

錳乾電池的電壓為 1.5 伏特，如需用較高電壓時可將數個乾電池串聯可得較高電壓，如需較強的電流強度時，可將數個乾電池並聯。

2. 鹼性乾電池

鹼性乾電池的錳乾電池的結構相似，但電解液改用氫氧化鉀或氫氧化鈉的鹼性溶液。圖 6-16 為鹼性錳乾電池的結構，電池 n 反應為：

陽極（－極）：

$$Zn + 2OH^- \rightarrow ZnO + H_2O + 2e^-$$

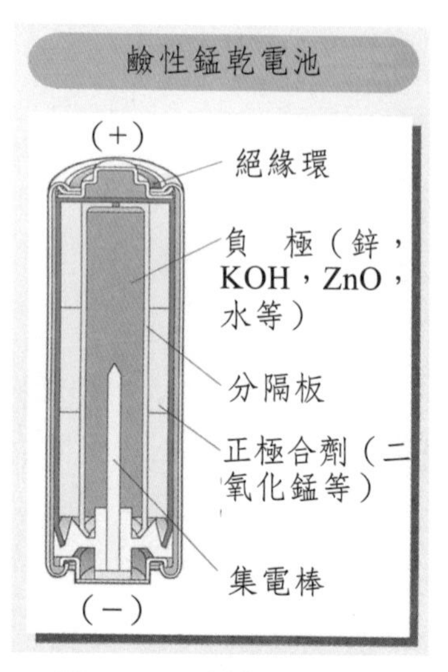

圖 6-16 酸性錳乾電池

陰極（+極）：

$$2MnO_2 + H_2O + 2e^- \rightarrow Mn_2O_3 + 2OH^-$$

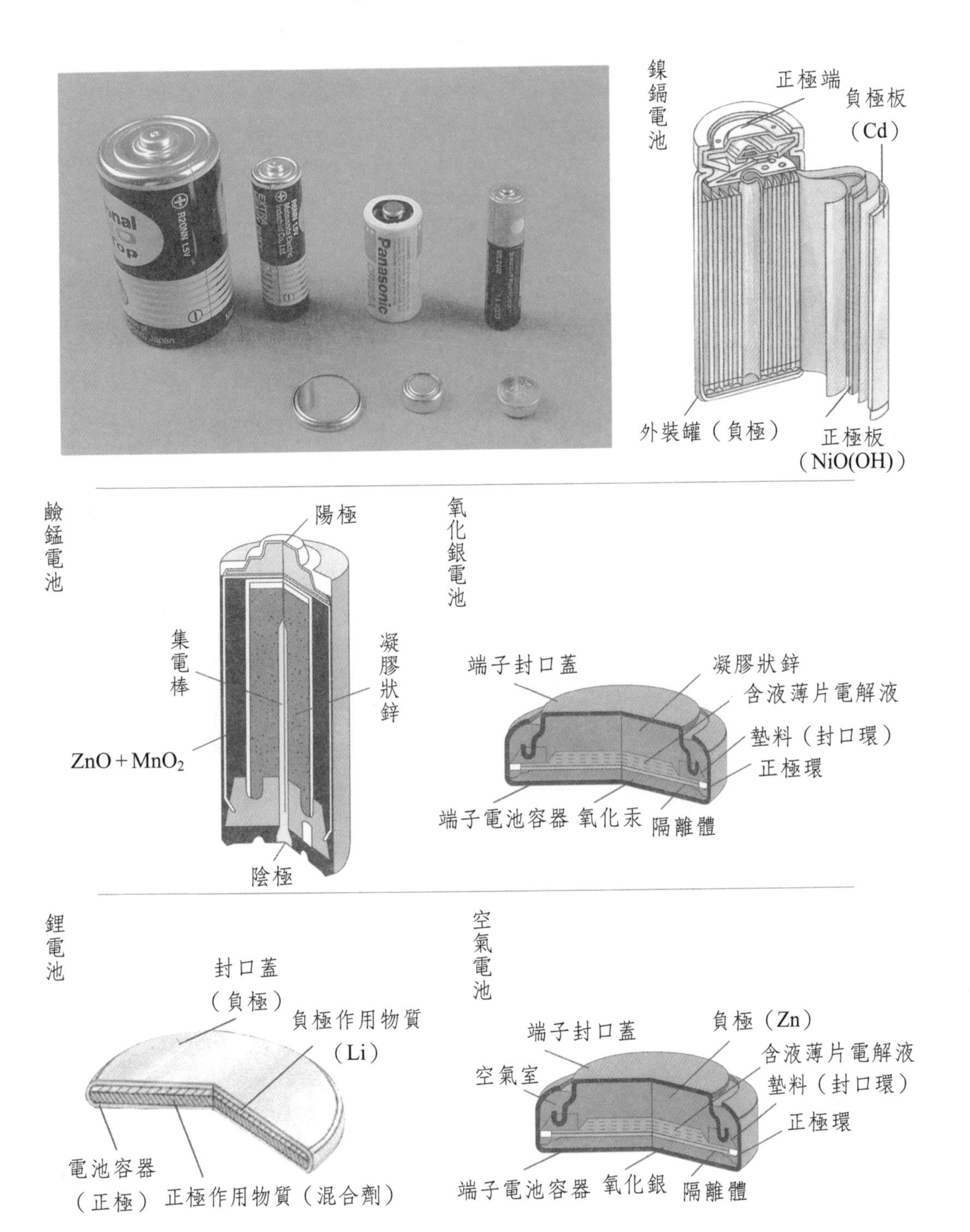

圖 6-17 各實用電池的形狀及結構

全反應：

$$Zn + 2MnO_2 \rightarrow ZnO + Mn_2O_3$$

鹼性乾電池的電壓亦為 1.5 伏特，但電壓較穩定，使用時間較長，在低溫時仍保持良好的性能等優點，惟使用後必須回收以免造成環境的污染。

表 6-8 表示其他實用電池的性質及用途，圖 6-17 表示這些實用電池的結構。

表 6-8　實用電池的性質及用途

名稱	陽極（－）	電解質	陰極（＋）	電壓	形狀	用途
氧化銀電池	Zn	KOH	Ag_2O	1.55V	鈕扣狀	手錶、照相機
鋰電池	Li	有機電解質	MnO_2	3.0V	鈕扣狀及圓柱狀	電算機、照相機
空氣電池	Zn	NH_4Cl	空氣（O_2）	1.3V	鈕扣狀	手機、助聽器
鎳鎘電池	Cd	KOH	NiOOH	1.2V	圓柱或長方形	小電視、錄影機、CD

3. 燃料電池

一般的實用電池，反應均都在密閉的容器內，但所謂的燃料電池（fuel cell）卻不同，由外界不斷的供應燃料和氧化劑，使其燃燒所產生的能量轉變為電能的裝置稱為燃料電池。美國太空總署已成功開發以氫為燃料，氧為氧化劑的氫氧燃料電池使用於阿波羅計畫的太空船，燃料電池為 21 世紀民生及工業使用有希望的能源之一。圖 6-18 為氫氧燃料電池的結構。正極通氧，負極通氫，以磷酸溶液為電解液，電極使用含鉑觸媒的碳電極。氫在負極變為 H^+ 後在電解液中移動到正極與氧反應生成水。燃料電池的電壓為 1.4 伏特。

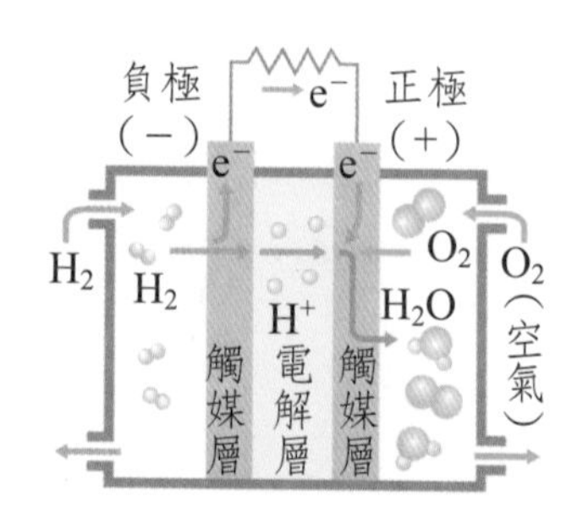

圖 6-18　燃料電池的結構

第七節　電解及其應用

在電解質的水溶液或熔化的液態電解液中插入兩支電極而通直流電，使電解質起氧化還原反應而分解的過程稱為電解（electrolysis）。化學電池是由化學能轉變為電能，但電解是相反的，由電能改變為化學能的。圖 6-19 表示電池與電解的關係。

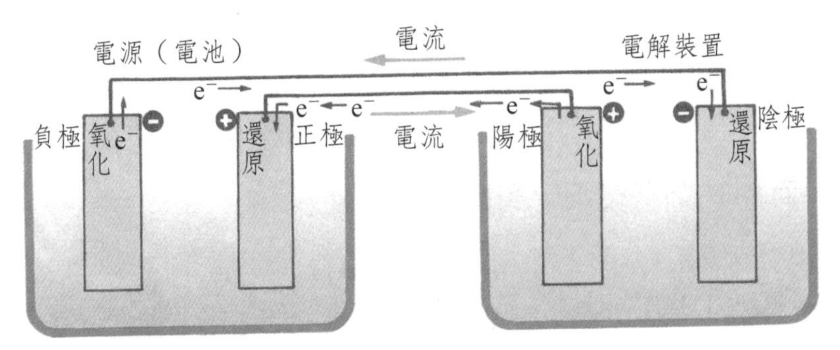

圖 6-19 化學電池與電解的關係

一、電解質水溶液的電解

以氯化銅水溶液的電解為例，氯化銅在水溶液游離成 Cu^{2+} 和 Cl^-。如圖 6-20 所示，在氯化銅水溶液中插入兩支碳棒為電極並通入直流電時，在陰極，溶液中的 Cu^{2+} 獲得電子還原為銅，在陽極，Cl^- 失去電子而氧化成 Cl_2 氣體逸出。

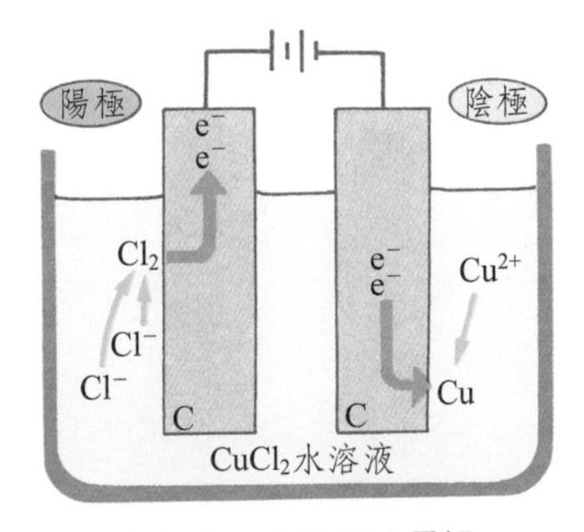

圖 6-20 氯化銅之電解

陰極：

$$Cu^{2+} + 2e^- \rightarrow Cu^0$$

陽極：

$$2Cl^- \rightarrow Cl_2 + 2e^-$$

全反應：

$$Cu^{2+} + 2Cl^- \rightarrow Cu + Cl_2$$

如此反應即通電流使氯化銅分解為銅與氯的過程為電解，一般電解質水溶液的電解，在陰極，陽離子被還原成金屬而析出，在陽極，陰離子被氧化成元素狀態。

在電解時溶質、溶劑及電極本身，最容易被還原的物質在陰極接受電子，最容易被氧化的物質在陽極失去電子。因此電解物質水溶液時應以溶劑的水之氧化、還原為基準來處理較適當。如表 6-9 所示水溶液中有較 H_2O 易接受電子的物質存在時，其反應為主體的反應。如果無較溶劑的 H_2O 易氧化的物質存在時，在陽極的反應為 H_2O 氧化反應，設無較 H_2O 易還原的物質存在時，在陰極的反應為 H_2O 的還原反應。

表 6-9　水溶液的電解所起反應之例

氧化反應（陽極）	還原反應（陰極）
較 H_2O 易被氧化的物質與其反應	較 H_2O 易被還原的物質與其反應
$Cu \rightarrow Cu^{2+} + 2e^-$（電極溶出）	$Cu^{2+} + 2e^- \rightarrow Cu$（析出於電極）
$Ag \rightarrow Ag^+ + e^-$（電極溶出）	$Ag^+ + e^- \rightarrow Ag$（析出於電極）
$Fe^{2+} \rightarrow Fe^{3+} + e^-$	$Fe^{3+} + e^- \rightarrow Fe^{2+}$
$2X^- \rightarrow X_2 + 2e^-$（X＝Cl，Br，I）	
$4OH^- \rightarrow O_2 + 2H_2O + 4e^-$（強鹼性的水溶液中）	$2H^+ + 2e^- \rightarrow H_2$（強酸性的水溶液中）
H_2O　氧化（發生氧）$2H_2O \rightarrow O_2 + 4H^+ + 4e^-$	H_2O 的還原（發生氫）$2H_2O + 2e^- \rightarrow H_2 + 2OH^-$
較水不易被氧化或還原的物質	
C（石墨）、Pt、SO_4^{2-}、NO_3^-、K^+、Ca^{2+}、Na^+、Mg^{2+}、Al^{3+} 等。	

表 6-10 表示一些電解質水溶液電解所起的反應，表中的（+）代表陽極，（−）代表陰極。

表 6-10　電解反應

電解液（水溶液）	電極	反應式
NaOH	（+）Pt	$4OH^- \rightarrow 2H_2O + O_2 + 4e^-$
	（−）Pt	$2H_2O + 2e^- \rightarrow H_2 + 2OH^-$
H_2SO_4	（+）Pt	$2H_2O \rightarrow O_2 + 4H^+ + 4e^-$
	（−）Pt	$2H^+ + 2e^- \rightarrow H_2$
NaCl	（+）C	$2Cl^- \rightarrow Cl_2 + 2e^-$
	（−）Fe	$2H_2O + 2e^- \rightarrow H_2 + 2OH^-$

$CuSO_4$	(+) Pt	$2H_2O \rightarrow O_2 + 4H^+ + 4e^-$
	(−) Pt	$Cu^{2+} + 2e^- \rightarrow Cu$
$CuSO_4$	(+) Cu	$Cu \rightarrow Cu^{2+} + 2e^-$
	(−) Cu	$Cu^{2+} + 2e^- \rightarrow Cu$
KI	(+) Pt	$2I^- \rightarrow I_2 + 2e^-$
	(−) Pt	$2H_2O + 2e^- \rightarrow H_2 + 2OH^-$

二、法拉第定律

1833 年英國法拉第（Michael Faraday）發表電解時化學變化的量與所通電量的關係

1. 電解時在陽極或陰極所變化的物質之量與通過的電量成正比。

2. 通一定電量時在電極變化的離子的量，無論離子的種類，與其離子價數成反比。

以上兩種電解時化學變化的量與電量的關係稱為法拉第定律（Faraday's law）。

1 個電子的電量為 1.602×10^{-19}C（庫侖），一莫耳電子的電量為 $1.602 \times 10^{-19} \times 6.02 \times 10^{23} = 96500$C，此數稱為法拉第常數（Faraday constant）。1C（庫侖）為 1A（安培）電流在 1 秒間所通過的電量。

$$\text{電量（C）} = \text{電流（安培）} \times \text{時間（秒）}$$

例題 6-6　使用鉑電極通 5.00A 電流 16 分 5 秒於硫酸銅溶液。試計算電解後在陰極所析出的銅及陽極所發生的氧的質量。

解：所流通的電量為：

$$5.00\text{A} \times (60 \times 16 + 5)(\text{s}) = 4825\text{C}$$

因 1mol 電子為 96500C

$$\therefore \frac{4825\text{C}}{96500\text{C/mol}} = 5.00 \times 10^{-2}\text{mol}$$

陰極反應：

$$Cu^{2+} + 2e \rightarrow Cu$$

流進 2mol 電子可得 1mol 銅

因此在陰極析出的銅為（銅的原子量 63.5）

$$63.5 \times \frac{5.00 \times 10^{-2}mol}{2mol} = 1.59g$$

陽極反應：

$$2H_2O \rightarrow O_2 + 4H^+ + 4e^-$$

流進 4mol 電子可得 1mol O_2

因此在陽極發生的氧為：（氧的分子量 32.0）

$$32.0 \times \frac{5.00 \times 10^{-2}mol}{4mol} = 0.400g$$

第六章　習題

1. 求下列化學式畫下線部分的原子之氧化數。

(1) $\underline{Na_2}O$

(2) $K_2\underline{Cr_2}O_7$

(3) $K\underline{Mn}O_4$

(4) $H_2\underline{S}O_4$

(5) $H_2\underline{O_2}$

(6) $H\underline{N}O_3$

(7) $K_4[\underline{Fe}(CN)_6]$

2. 下列反應 1 到 5 中畫下線部分為氧化劑作用時為 0，還原劑作用時為 R，不俱氧化劑或還原劑時為 N。

(1) $\underline{H_2O_2}+SO_2 \rightarrow H_2SO_4$

(2) $\underline{Zn}+2HCl \rightarrow ZnCl_2$

(3) $2H_2S+\underline{SO_2} \rightarrow 2H_2O+3S$

(4) $Cu+\underline{4HNO_3} \rightarrow Cu(NO_3)_2+2H_2O+2NO_2$

(5) $\underline{H_2C_2O_4}+2KOH \rightarrow K_2C_2O_4+2H_2O$

3. 金屬元素 A、B、C 與其硫酸鹽的水溶液，以下列(1)和(2)來判斷將這些金屬元素以離子化傾向大小順序排列。

(1) A、B、C 各加入稀鹽酸時，A 和 C 無變化，B 緩慢產生氣體而溶解。

(2) A 的硫酸鹽水溶液中放入 C 時，C 的一部分溶解，其表面析出 A。

4. 使用鉑為電極電解硫酸銅溶液，在陰極得銅 63.5g，陽極有氣體產生，試回答下列問題。

(1)陽極和陰極所起的變化以離子反應式表示。

(2)通過的電流為多少庫侖？

(3)陽極所產生的氣體的化學式與 STP 時的體積（L）。

5. 為求市售雙氧水的過氧化氫濃度，從事下列操作。

操作一、草酸二水和物（$H_2C_2O_4 \cdot 2H_2O$）的晶體 6.30g 在小燒杯中，以少量水溶解後移到一升量瓶中使成為一升溶液。

操作二、將此草酸水溶液 10 毫升放入錐形瓶後加純水均 20 毫升及 3mol/L 硫酸 5 毫升。將此溶液加熱到 70℃ 使用未知濃度的過錳酸鉀溶液慢慢滴下到藍紫色不褪的 9.80ml 為滴定終點。

操作三、市售雙氧水 1.00 毫升於錐形瓶中，如操作二一般加純水與硫酸，以操作二所用的過錳酸鉀溶液慢慢滴下，結果 17.30ml 達到終點。

問 *1.* 在操作二草酸與過錳酸鉀的反應為：

$$5H_2C_2O_4 + 2KMnO_4 + 3H_2SO_4 \rightarrow 2MnSO_4 + K_2SO_4 + 8H_2O + 10CO_2$$

試求過錳酸鉀水溶液的莫耳濃度（mol/L）。

問 *2.* 寫出過氧化氫與過錳酸鉀的化學反應式。

問 *3.* 設雙氧水的密度為 $1.01 g/cm^3$ 時，試計算雙氧水中的過氧化氫質量百分濃度。

6. 有下列電池，回答下列問題。

$$Pt_{(s)} \mid H_{2(g,\ 0.100atm)} \mid H^{+}_{(aq,\ pH=2.54)} \parallel Cl^{-}_{(aq,\ 0.200M)} \mid Hg_2Cl_{2(s)} \mid Hg_{(l)} \mid Pt_{(s)}$$

⑴寫出還原反應式及每一半反應的能士特式。對於 Hg_2Cl_2 半反應，$E^0 = 0.268V$。

⑵求淨反應的 E，敘述還原反應發生於左側或右側的電極？

7. 下列電池的電壓為 1.018V，試求甲酸 HCOOH 的游離常數 Ka。

$$Pt_{(s)} \mid UO^{2+}_{2(0.05M)},\ U^{4+}_{(0.05M)},\ HCOOH_{(0.10M)},\ HCOONa_{(0.30M)} \parallel Fe^{3+}_{(0.050M)},\ Fe^{2+}_{(0.025M)} \mid Pt_{(s)}$$

8. 以鉑為電極而電解硝酸銀水溶液時，在 A 鉑極表面生成氣體，B 鉑極析出 0.540 克的銀。

⑴以離子反應式 A 極和 B 極的反應。

⑵求電解所流通的電量 Q。

⑶ A 極所發生的氣體在 25℃，1atm 的體積（mL）。

第 7 章

非金屬元素與其化合物

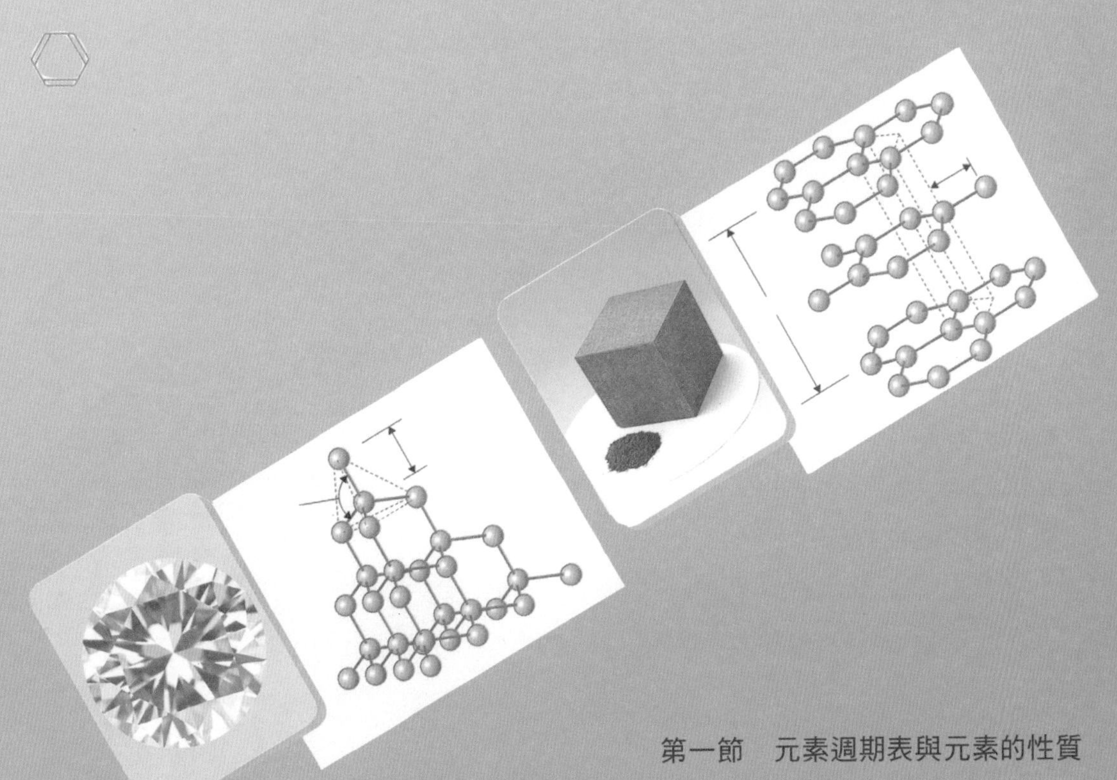

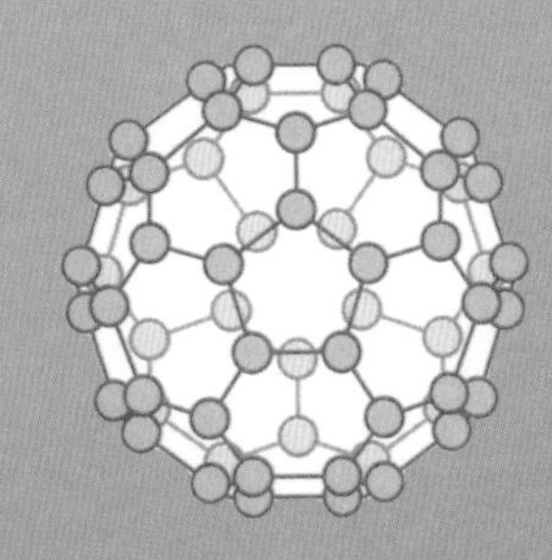

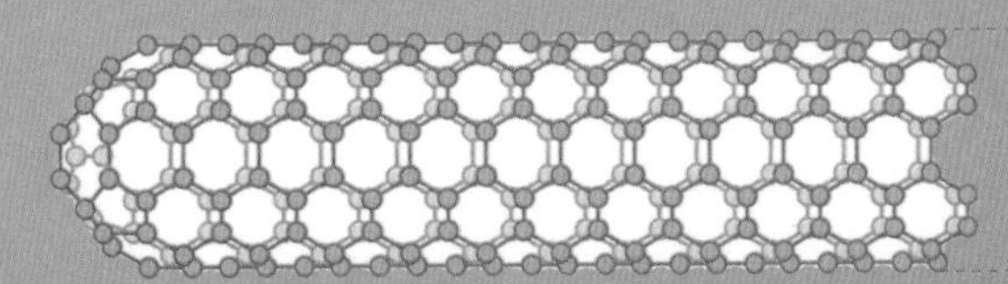

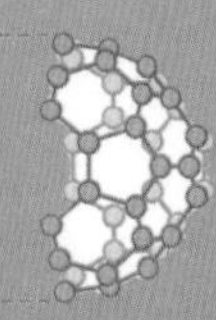

早期的化學家認為宇宙萬物可分為兩大類：來自生命體的如蛋白質、脂肪等物質為有機物質，如水、食鹽等來自無生命體的物質為無機物質。當時廣認為有機物質具有生物體的生活力，無法由無機物質製得。此種說法維持相當久，直到 1828 年德國烏勒（Friedrich Wohler）以人工合成動物排泄物所含尿素後，打破有機物質與無機物質的界限。今日化學家以含碳化合物為有機化合物，其他化合物為無機化合物，惟較簡單的一氧化碳、二氧化碳或碳酸鈉等含碳化合物仍歸於無機化合物。

第一節　元素週期表與元素的性質

無機化合物能夠再分為非金屬元素所成的化合物及金屬元素所成的化合物兩大類，這一節就元素週期表討論元素的性質。

一、元素週期表與元素的分類

典型元素在元素週期表的縱行元素為同族元素均具有相似的性質。同時在週期表的同族或同週期中的性質都有規律性的改變，因此元素的性質可從此元素在週期表的位置來推定。

元素可從週期表的右上部分的非金屬元素及其外的金屬元素方式分兩大類，在此兩者境界附近的元素為兩性元素而具非金屬元素與金屬元素的性質。

非金屬元素都是典型元素，但金屬元素由位於週期表中央部分的過渡元素及其左右的典型元素所成。

到第三週期為止的元素有下列關係。同族的典型元素週期數愈多，陽性愈強。例如第 13 族第 2 週期的硼（B）為非金屬元素，第 3 週期為陽性較強金屬元素之鋁（Al）。如圖 7-1 表示，同一週期典型元素除惰性氣體，族數愈多，元素陰性愈強。

例如，13 族的鋁（Al）為金屬元素，14 族的矽（Si）為陰性較強的非金屬元素。週期表向左下方陽性即金屬性增強，向右上方陰性即非金屬性增強。

非金屬元素的單體多數為共價鏈結所形成的分子。在常溫（25℃）時，氫、氮、氧、氟、氯等為氣體，溴為液體，碘，磷，硫等為固體存在。

碳及矽的單體為共價鍵結的晶體，具極高的熔點。惰性氣體在常溫為氣態的單原子分子存在。

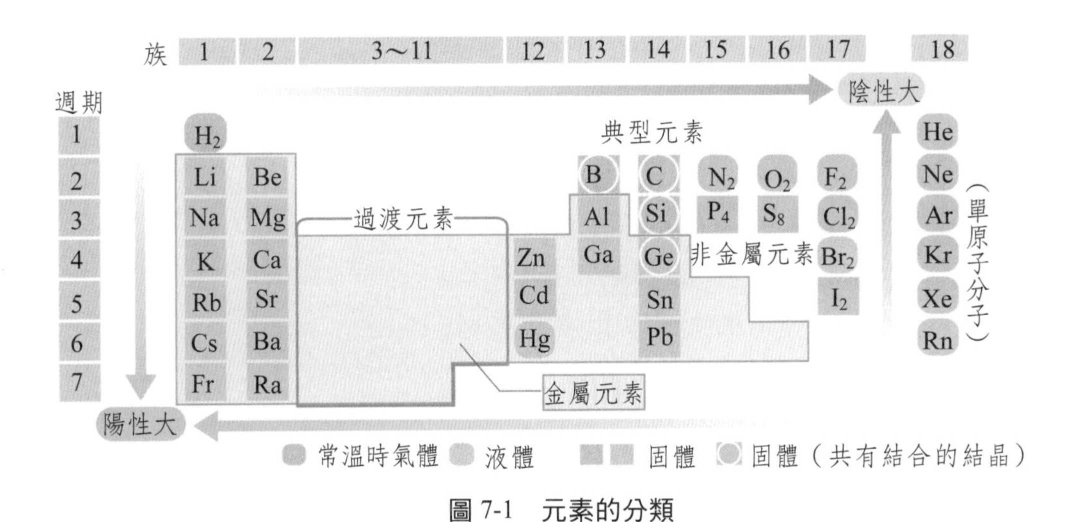

圖 7-1 元素的分類

金屬元素的單體以金屬鍵結的金屬晶體存在。汞（Hg）在常溫為液體（熔點−39℃），其他金屬元素的單體在常溫都是固體。

二、典型元素的氫化合物

氫與其他元素所組成的化合物為氫化合物。15～17 族非金屬元素的氫化合物都是分子化合物，在元素週期表靠右邊的元素的氫化合物酸性愈強，愈靠左的鹼性愈強，表 7-1 表示其關係。

表 7-1 第 2 週期與第 3 週期元素之氫化合物

族	15	16	17
第 2 週期元素的氫化合物	NH_3	H_2O	HF
	弱鹼性	中性	弱酸性
第 3 週期元素的氫化合物	PH_3	H_2S	HCl
	弱鹼性	弱酸性	強酸性

三、典型元素的氧化物

非金屬元素氧化物的二氧化碳（CO_2），五氧化二磷（P_4O_{10}），三氧化硫（SO_3）等能夠與水反應生成酸或與鹼反應生成鹽，因此稱為酸性氧化物。

$$SO_3 + H_2O \rightarrow H_2SO_4$$

$$P_4O_{10} + 6H_2O \rightarrow 4H_3PO_4$$

$$CO_2 + H_2O \rightarrow H_2CO_3$$

所生成的硫酸（H_2SO_4）、磷酸（H_3PO_4），碳酸（H_2CO_3）都是含氧酸。另一方面金屬元素氧化物的氧化鈉（Na_2O）或氧化鎂（MgO）等能夠與水反應生成氫氧化物或與酸反應生成鹽，因此稱為鹼性氧化物。

$$Na_2O + H_2O \rightarrow 2NaOH$$

$$MgO + H_2O \rightarrow Mg(OH)_2$$

在元素週期表中的氧化物愈在右邊酸性愈強，愈在左邊鹼性愈強。氧化鋁（Al_2O_3）雖然不溶於水，但能夠與酸或鹼反應而溶解，因此為兩性氧化物。表 7-2 表示第 3 週期元素氧化物的性質。

表 7-2　第 3 週期元素之氧化物

族	1	2	13	14	15	16	17
氧化物	Na_2O	MgO	Al_2O_3	SiO_2	P_4O_{10}	SO_3	Cl_2O_7
熔點℃		2826	2054	1726	580	62	−92
沸點℃	昇華 1275	3600	2980	2230	昇華 350	昇華 50	分解 83
酸鹼性	強鹼性	弱鹼性	兩性	弱酸性	中程度酸性	強酸性	強酸性

第二節　鹵　素

鹵素（halogen）的氟、氯、溴、碘都是極活潑的非金屬元素，在自然界幾乎不單獨存在而且都具有毒性。可是其原子獲得一個電子所成的氟離子、氯離子、溴離子及碘離子卻廣泛分佈於自然界中，不但無毒性而且成為人類生活常用的物質。

一、鹵素通論

元素週期表 17 族元素總稱為鹵素，含氟、氯、溴、碘等四元素。1940 年所發現的砈（At）雖屬於鹵素，但為放射性元素，在自然界存在量極微小，通常不一起討論。

1. 鹵素的存在

鹵素原子都有 7 個價電子，易獲得 1 個電子形成安定的八隅體的電子組態的陰離子，因此在自然界幾乎無單獨存在的鹵素而以鹽類存在。氟以氟石（fluorspar 又稱螢石）即氟化鈣（CaF_2）方式廣佈於地殼中，氯化鈉（NaCl）存在於海水及岩鹽中，每一公斤海水的溶有 30 克的氯化鈉，海水中尚溶有溴化物及碘化物。一些海藻或海菜中含碘，但碘的主要來源為與智利硝石（$NaNO_3$）共同存在的碘酸鈉（$NaIO_3$）。

2. 鹵素的物理性質

鹵素元素是由兩個原子組成的非極性分子，分子間的吸引力隨分子量的增加而增加。在常溫時，氟為淡黃色氣體，氯為黃綠色氣體，溴為紅棕色液體，碘為紫黑色晶體。鹵素的熔點、沸點均隨分子量增加而增加。鹵素不易溶於水等極性溶劑，易溶於苯、四氯化碳等非極性溶劑。

3. 鹵素的化學性質

鹵素的化學性質很活潑，尤其氟是最活潑的非金屬元素，鹵素的化學性質隨分子量的增加而減弱。

⑴鹵素與水的反應

鹵素雖不易溶於水，但能夠與水起反應。氟與水起劇烈反應生成氧：

$$2F_2+2H_2O\rightarrow 2H_2F_2+O_2$$

氯通入水中起反應生成氫氯酸和次氯酸：

$$Cl_2+H_2O\rightarrow HCl+HClO$$

所生成的溶液之酸性很強，並具有漂白作用。溴亦有相同反應，但生成的 HBrO 漂白力較弱。碘與水反應所生成溶液之酸性及漂白力都很弱。

⑵鹵素與鐵的反應

如圖 7-2 所示在大試管中加熱鋼棉後移走本生燈並通入氯於大試管內時，

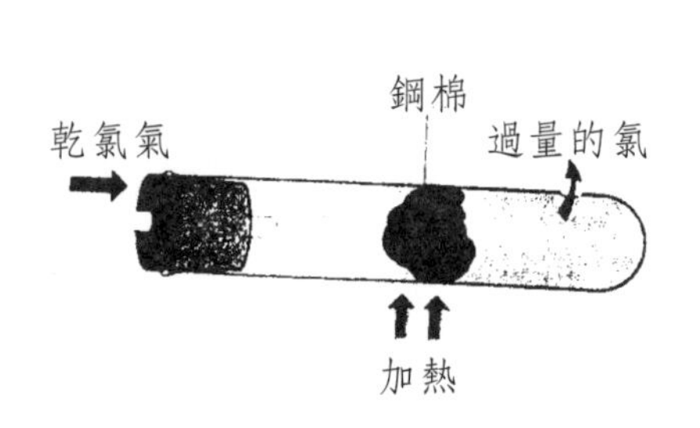

圖 7-2　氯與鋼棉反應

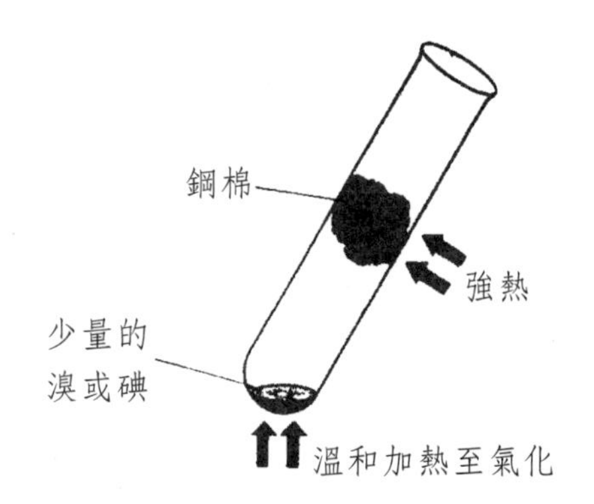

圖 7-3　溴或碘與鋼棉的反應

鋼棉與氯反應而發光，同時有生成的氯化鐵昇華到試管管壁。

$$2Fe + 3Cl_2 \rightarrow 2FeCl_3$$

將大試管較直立像圖 7-3 所示試驗溴或碘與鋼棉的反應時，要不時加熱鋼棉在會發光，碘更慢。表 7-3 歸納鹵素的性質。

表 7-3　鹵素的性質

分子式	爆點℃	沸點℃	常溫狀態	顏色	與水反應	與氫反應	氧化力
氟 F_2	−220	−188	氣體	淡黃	劇烈產生 O_2	冷暗度爆炸性反應	強
氯 Cl_2	−101	−35	氣體	黃綠	反應少生成 HCl、HClO	有光時爆炸性反應	↓
溴 Br_2	−7	59	液體	紅棕	較氯反應弱	高溫時反應	
碘 I_2	114	184	固體	紫黑	不易反應	高溫時少量反應	弱

二、氟及氟化合物

氟是已知元素中活性最大的非金屬元素，在自然界無游離而單獨存在的氟，如前述以氟化鈣方式產於氟石外，冰晶石（cryolite, Na_3AlF_6）及氟磷灰石〔fluorapatite, CaF_2、$3Ca_3(PO_4)_2$〕存在。土壤中含少量的氟化鈣而被植物吸收，一般植物灰含的 0.1%的氟。骨骼及牙齒亦含氟化合物，牙齒琺瑯中有約 0.1～0.2%的氟。

1. 氟的製造

氟化合物都很安定，多數化學家嘗試電解氫氟酸製氟，但電解結果只產生臭氧與氫而無法得氟。1886 年法國木瓦山（Moissan）發現氫氟化鉀（KHF_2）溶解於無水氟化氫時能導電，以銅製得電解槽電解而製氟。其裝置如圖 7-4 所示電解槽以氟處理銅的表面成氟化銅以保護銅不再受氟的作用，使用鉑鉉合金為電極，在陽極所產生的氟經鎳與銅所製耐腐蝕性的莫刀耳合金（Monel alloy）移出，陰極所生成的氫由向上的側管導出。

陽極：$2F^- \rightarrow F_2 + 2e^-$

陰極：$2H^+ + 2e^- \rightarrow H_2$

2. 氟的性質

氟為具有刺激性氣味的淡黃色氣體。密度較空氣稍大。氟劇毒及強腐蝕性性的氣體，較難液化或固化。

氟的化學性質極活潑，惰性氣體以外的所有元素，在室溫幾乎都能與氟化合、鉑、金等能夠在 500℃以下與氟反應。銅、鎳、鋁等元素與氟接觸時只在其表面形成一層緻密的氟化物薄膜，保護內部的金屬不再與氟反應。

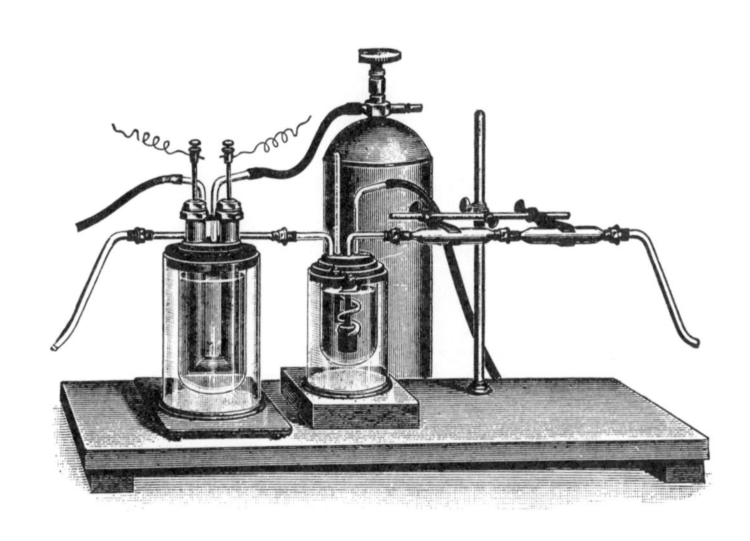

圖 7-4　木瓦山製氟裝置

3. 氟的用途

氟因化性太強，不易貯存，因此除少量在實驗或研究外用途不廣。在核能方面氟用於鈾同位素的分離。天然產出的鈾有兩種同位素，一為具核分裂性的鈾－235（只 0.7%）及無核分裂性的鈾－238（含 99.3%）。製造原子爐核燃料或鈾原子彈需要提高具核分裂性的鈾－235 的含量。因同位素的化學性質相同，因此無法用化學分離法來分離 ^{235}U 與 ^{238}U。使天然鈾與氟反應生成六氟化鈾氣體。根據 $^{235}UF_6$ 與 $^{238}UF_6$ 擴散速率的不同，可提高 ^{235}U 的含量。

根據格銳目定律（Graham's law），氣體的擴散速率與分子量平方根成反比：

$$\frac{^{235}UF_6\text{的擴散速率}}{^{238}UF_6\text{擴散速率}} = \sqrt{\frac{^{238}UF_6}{^{235}UF_6}} = \sqrt{\frac{238+19\times 6}{235+19\times 6}}$$

$$= \sqrt{\frac{352}{349}} = \sqrt{1.0086} = 1.0043$$

雖然 $^{235}UF_6$ 的擴散速率只有 $^{238}UF_6$ 的 1.0043 倍，但經過無數次的擴散可使 $^{235}UF_6$ 量增加到 90%以上，再經過還原過程得鈾-235 做核燃料或原子彈。

4. 氟化合物

⑴氟化氫

氟化鈣（CaF_2）與濃硫酸混合加熱時可得氟化氫氣體，使其在 19℃以下冷凝成液體製得：

$$CaF_2 + H_2SO_4 \rightarrow CaSO_4 + 2HF$$

氟化氫是無色具刺激性氣味的氣體，液態氟化氫的沸點為 19℃，故通常以液態存在但不能貯藏於玻璃容器而保存於鋼或銀製容器中。

氟化氫水溶液的氫氟酸雖然是弱酸，但雖是稀溶液都可溶解石英（SiO_2）或玻璃。氫氟酸與二氧化矽或矽酸鹽反應生成四氟化矽氣體，因此可在玻璃上雕刻文字或圖案，圖 7-5 為氫氟酸在玻璃腐蝕的文字，其反應為：

$$SiO_2 + 4HF \rightarrow SiF_4 + 2H_2O$$

$$CaSiO_3 + 6HF \rightarrow SiF_4 + CaF_2 + 3H_2O$$

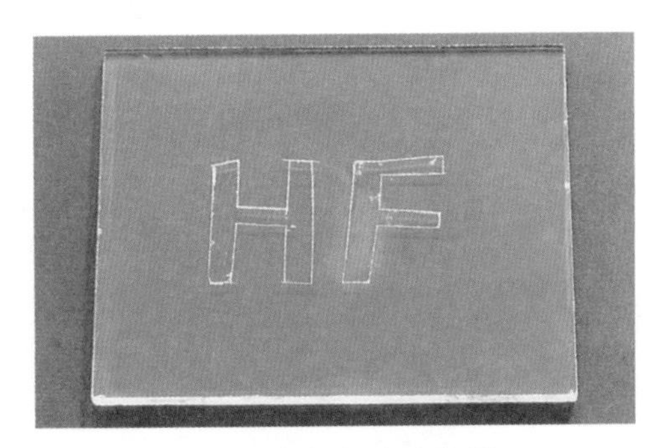

圖 7-5 氫氟酸的玻璃腐蝕

⑵氟氯烷

氟、氯的碳氫化合物總稱為氟氯烷（freons），在常溫時為易揮發的液體或氣體，性安定而無毒性，具很大的汽化熱廣用做冰箱，冷氣機的冷媒外，用於噴香水、髮油及刮鬍膏的噴霧劑。表 7-4 表示各種氟氯烷的成分及性質。

表 7-4 氟氯烷的成分及性質

編號	化學式	熔點℃	沸點℃	用途
F-11	CCl_3F	−111.1	23.77	
F-12	CCl_2F_2	−155	−29.8	冰箱、冷氣機
F-22	$CHClF_2$	−160	−40.8	
F-113	$C_2Cl_3F_3$	−35	47.6	溶劑
F-115	C_2ClF_5	−106	−38	

地球由地面 13 公里到約 50 公里高度的大氣層稱為平流層（stratosphere），平流層的空氣很稀薄但有臭氧層在其中，臭氧能夠吸收宇宙線中的紫外線以保護地球上的生物不受紫外線的侵害。惟 20 世紀中葉開始科學家觀測到南極上空出現臭氧洞而逐年擴大的現象。臭氧洞的成因仍是廢棄的冰箱或冷氣機的冷媒之氟氯烷逸出大氣中進入平流層後受紫外線分解放出氯原子，氯原子破壞臭氧而產生的。

$$CCl_3F \xrightarrow{\text{紫外線}} Cl + CCl_2F$$

$$Cl + O_3 \longrightarrow ClO + O_2$$

$$ClO + O \longrightarrow Cl + O_2$$

臭氧洞破壞結果進到地球表面的紫外線增加，影響地球生物的正常生活機能。圖 7-6 為南極上空臭氧層的破壞情況圖。

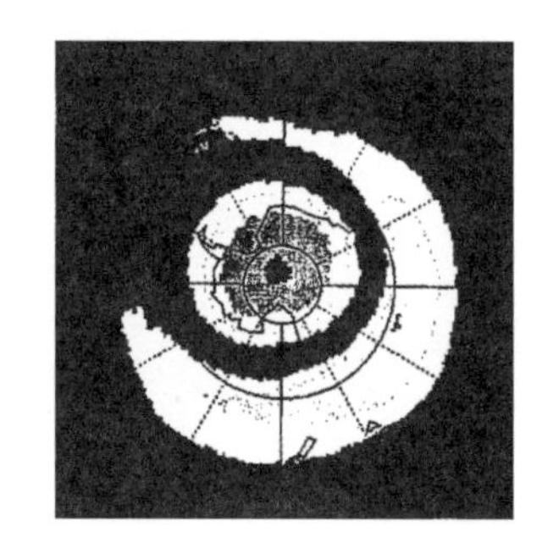

圖 7-6　臭氧層的破壞

⑶氟化物與牙齒

氟為牙齒琺瑯質成分之一。琺瑯質受腐蝕時產生齲齒。牙齒的琺瑯含羥磷酸鈣〔hydroxyapatite，$Ca_5(PO_4)_3OH$〕，在牙齒表面靠唾液的作用不斷的微溶解並再組此羥磷酸鈣以維持牙齒的健康。可是食物中的碳水化合物消化時，因細菌的作用產生弱酸的去礦質（demineralization）作用丙溶解琺瑯質。開始時使部分的牙齒表面變成微孔性的海綿狀腐蝕，如不處理將會發展成乳酪狀細孔，最後變成齲牙。研究報告指出如將受影響的牙齒浸入於含有適量的Ca^{2+}，PO_4^{3-} 及 F^- 的溶液，能夠使牙齒再礦質化（reminerize），F^- 可取代 $Ca_5(PO_4)_3OH$ 的羥基變成 $Ca_5(PO_4)_3F$，氟化物較羥化物為弱的鹼，因此經再礦質化的部位對未來的腐蝕作用較有抵抗力。自來水中添加的 1ppm的氟離子（如NaF）或使用含氟的牙膏刷牙，可降低齲牙的發生率。

三、氯及氯化合物

自然界中很少有氯單體存在，只在一些火山的噴氣中有極少量的氯，但氯的化合物如氯化鈉，氯化鉀及氯化鎂等卻在自然界廣泛存在，尤其氯化鈉，大量存在於海水外井鹽或岩中亦大量存在。

1. 氯的製造

在實驗室，通常以二氧化錳氧化氫氯酸方式製造氯並以向上排空氣法收集。圖 7-7 表示實驗室製氯的裝置，生成的氯氣通過水以除去氯化氫，再經過濃硫酸除去水分後可得乾淨的氯。

$$MnO_2+4HCl \rightarrow MnCl_2+2H_2O+2Cl_2$$

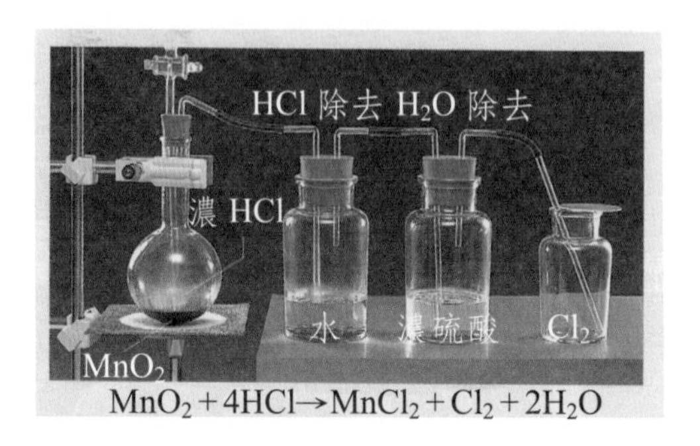

圖 7-7　實驗室製氯的裝置

有時改用食鹽、二氧化錳與濃硫酸共同加熱方式製氯，其反應為：

$$4NaCl+MnO_2+3H_2SO_4\rightarrow Cl_2+2NaHSO_4+Na_2SO_4+MnCl_2+2H_2O$$

工業上以電解飽和食鹽溶液製造氯。圖 7-8 為隔膜法電解食鹽水的電解槽圖解。電解槽以石棉隔膜分為陽極室與陰極室。飽和食鹽水導入於陽極室，陽極以碳棒為電極，陰極使用鐵製的網。陰極所析出的鈉立刻與水反應生成氫氧化鈉與氫，要設法使氫與氯隔離不接觸以免兩者起反應。

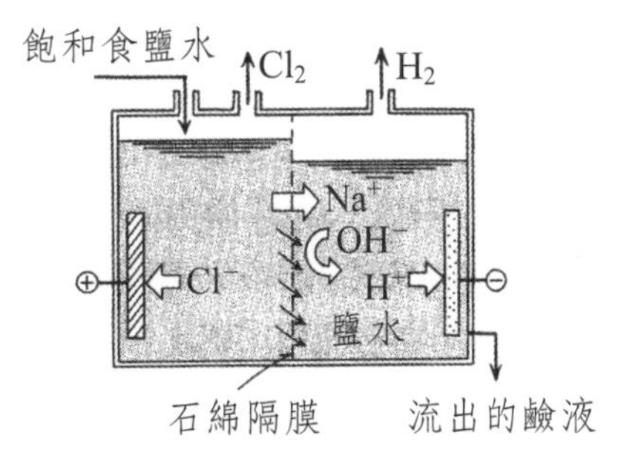

圖 7-8　隔膜法的電解槽

陽極：$2Cl^-\rightarrow Cl_2+2e^-$

陰極：$2Na^++2e^-+2H_2O\rightarrow 2NaOH+H_2$

淨反應：$2NaCl+2H_2O\rightarrow 2NaOH+H_2+Cl_2$

2. 氯的性質

氯是黃綠色具窒息性腐蝕黏膜的有毒氣體。密度較空氣大約 2.5 倍，較易液化成液態氯，因此商用氯通常用裝於鋼瓶的液態氯。

氯較易溶於水，15℃時 1 體積水可溶約 2.6 體積的氯。氯與水反應可生成次氯酸和鹽酸，次氯酸不安定，易分解為鹽酸和氧，故氯水為一種氧化劑。

$$2Cl_2+2H_2O\rightarrow 2HClO+2HCl$$

$$2HClO\rightarrow 2HCl+O_2$$

氯能夠與多數金屬直接反應，例如將銻粉撒入裝滿氯的集氣瓶時發出閃光成三氯化銻。

$$2Sb+3Cl_2\rightarrow 2SbCl_3$$

熱的鈉能夠在氯中燃燒性反應成氯化鈉，同樣，加熱的銅、鐵、鋅、砷等都能與氯直接反應成氯化物。

在暗處氫與氯混在一起不會起反應，可是將此混合氣體加熱或曝露於陽光下時，會起爆炸性的反應生成氯化氫。此一反應以氯分子受陽光照射解離為氯自由基，氯自由基很活潑引發自由基與分子的鏈反應（chain reaction）生成氯化氫來解釋。

$$Cl_2 \xrightarrow{陽光} 2Cl\cdot$$

$$Cl\cdot + H_2 \longrightarrow HCl + H\cdot$$

$$H\cdot + Cl_2 \longrightarrow HCl + Cl\cdot$$

3. 氯的用途

氯具有很強的氧化性質，做氧化劑使用。漂白粉是氯通入氫氧化鈣溶液所成的白色粉末。因漂白粉分子中含次氯酸根離子（OCl^-），具強的氧化力可做氧化劑、漂白劑或滅菌劑使用。

$$Cl_2 + Ca(OH)_2 \rightarrow \underset{漂白粉}{CaCl(OCl)\cdot H_2O}$$

氯在自來水廠及游泳池用為滅菌劑。氯能夠與多種物資直接反應成有用的氯化合物。

4. 氯化合物

(1)鹽酸

氯化氫的水溶液因從食鹽製得俗稱鹽酸。食鹽與濃硫酸共熱可得氯化氫氣時，如圖 7-9 通過濃硫酸除去水分後可用向上排空氣法收集。

$$NaCl + H_2SO_4 \rightarrow NaHSO_4 + HCl$$

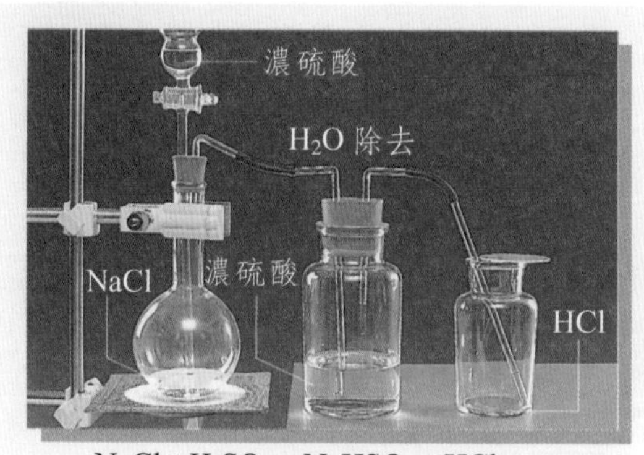

圖 7-9 實驗室製 HCl 裝置

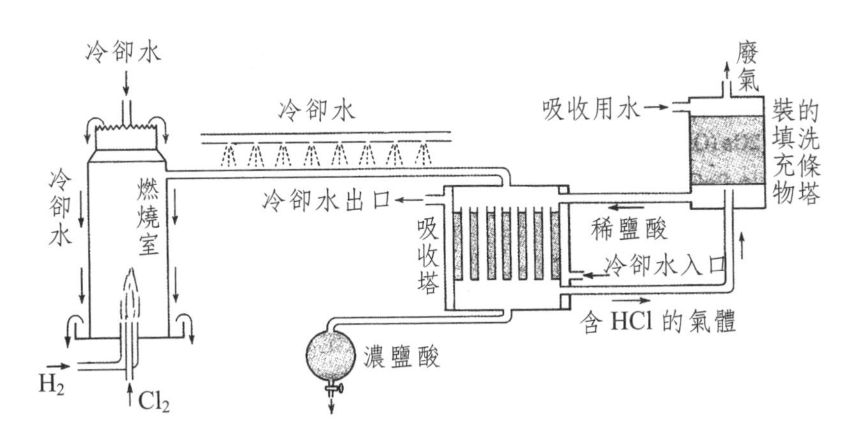

圖 7-10　工業製鹽酸裝置

工業上由電解食鹽水所得的氫與氯，使氫在氯中燃燒方式製造氯化氫，如圖 7-10 所示裝置使氯氫溶於稀鹽酸成濃鹽酸。純鹽酸為含 35%的氯化氫的無色液體，工業用鹽酸因溶有少量氯化鐵，略帶黃色。鹽酸是強酸，在常溫時能與多數金屬反應生成氫。

$$Zn + 2HCl \rightarrow ZnCl_2 + H_2$$
$$Fe + 2HCl \rightarrow FeCl_2 + H_2$$

鹽酸能溶解鐵銹及油污，可用為金屬、浴盆及馬桶等的清潔劑，在食品工業為製味精、醬油等的原料。

⑵氯酸與氯酸鉀

氯酸（$HClO_3$）是一種強酸，其稀溶液幾乎完全游離，是一種強氧化劑。氯酸鉀（$KClO_3$）為常用的試劑，為一種強氧化劑。氯酸鉀加熱可分解為氯化鉀與氧，在實驗室使用二氧化錳為催化劑來製氧。

$$2KClO_3 \rightarrow 2KCl + 3O_2$$

氯酸鉀工業上做火柴，煙火及炸藥的原料外，製漂白劑或醫藥亦使用。

四、溴及溴化合物

元素中常溫以液態存在的非金屬元素只有溴。溴在自然的存在率較氯少很多，海水中平均含約 0.065%的溴，中東的死海含溴約 4.8%。溴是紅棕色具不快臭的液體，其蒸氣能刺激眼睛、呼吸器官及皮膚，因此使用時需特別小心。

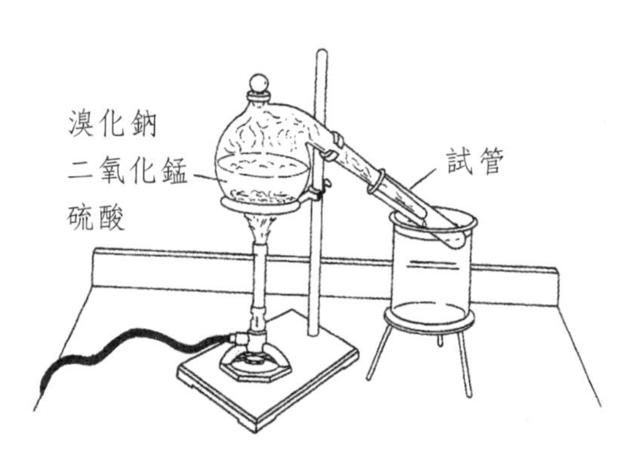

圖 7-11　實驗室製溴

1. 溴的製造

實驗室以溴化鉀或溴化鈉、二氧化錳和濃硫酸在如圖 7-11 所示曲頸瓶中加熱，將生成的溴蒸氣以冷水冷卻使其凝結成液態溴來收集於大試管底部。

$$2KBr + 3H_2SO_4 + MnO_2 \rightarrow Br_2 + 2KHSO_4 + MnSO_4 + 2H_2O$$

工業上從海水製造溴的方法為：加酸於一定體積的海水，使其 pH 值提高到 3.5 後通入氯，氯取代溴而生成的溴與空氣噴流到碳酸鈉溶液中，溴與碳酸鈉溶液反應生成溴化物及溴酸鹽，加鹽酸酸化後溴與水汽共同導出。

$$Cl_2 + 2NaBr \rightarrow Br_2 + 2NaCl$$

$$3Br_2 + 3Na_2CO_3 \rightarrow NaBrO_2 + 5NaBr + 3CO_2$$

$$NaBrO_3 + 5NaBr + 6HCl \rightarrow 6NaCl + 3Br_2 + 3H_2O$$

2. 溴的性質

溴是暗紅色的重液體，在 20℃時的密度為 3.119g/mL，沸點 58.7℃，熔點 −7.2℃。溴蒸氣劇烈作用於黏膜，故性甚毒。溴能腐蝕橡皮塞或軟木塞。液態溴通常保存於密閉的玻璃容器。設皮膚接觸到溴時必用石油（或汽油）洗淨，否則皮膚會受腐蝕。液態溴與磷或許多金屬起劇烈反應甚至爆炸。

3. 溴及溴化合物的用途

溴可製造有機染料、農藥、消毒劑、殺蟲劑等。過去溴大量用於製造二溴化乙烯（CH_2Br-CH_2Br）。二溴化二烯可使汽油抗震劑的四乙鉛〔$(C_2H_5)_4Pb$〕的鉛成為揮發性的溴化鉛，從汽車廢氣中排出以防止氧化鉛沉積於汽車引擎並阻塞火星栓。惟所排放的廢氣含溴化鉛，造成空氣污染原因之一，因此近年來改用無鉛汽油的趨勢。

溴化銀在照相術有重要用途。照相軟片是透明塑膠帶上塗一層乳化的溴化銀所成的。溴化銀遇到陽光能使一個電子轉移到Ag^+成原子狀態的銀原子，因此軟片曝光後，受光照射最多的部分生成最多的銀原子，經在暗室中的顯像（developing）處理，即用氫醌〔hydroquinone, $C_6H_4(OH)_2$〕還原被曝光的溴化銀還原為黑色的銀原子，再用硫代硫酸鈉使未感光的溴化銀被溶解使其不再被感光的定像（fixing）工作。

顯像：$2AgBr+C_6H_4(OH)_2 \rightarrow 2Ag+C_6H_4O_2+2HBr$

定像：$AgBr+2Na_2S_2O_3 \rightarrow Na_3Ag(S_2O_3)_2+NaBr$

五、碘及碘化合物

碘是人類較熟悉的非金屬元素。家庭及醫務室常備碘的酒精溶液的俗稱碘酒為皮膚受傷時使用。雖然有些溫泉含少量碘元素，但碘通常以碘化物存在。海水中含微量的碘（約 0.001%），如昆布等海藻能吸收海水中的碘，因此攝食海藻類可補充人體的碘分。人體甲狀腺中的甲狀腺素（thyroxine, $C_{15}H_{11}O_4NI_4$）含碘，缺乏碘時引起甲狀腺腫症。

1. 碘的製造

實驗室制碘是以碘化鈉或碘化鉀與二氧化錳，稀硫酸在燒杯中共同加熱，如圖 7-12 所示，以圖底燒瓶裝半滿水，底部乾淨面恰蓋上燒杯口的裝置慢慢加熱。反應生成的碘蒸氣在圓底燒瓶底部凝華成紫黑色光澤的碘晶體。

$$2NaI+2H_2SO_4+2MnO_2 \rightarrow Na_2SO_4+MnSO_4+2H_2O+I_2$$

工業上在智利硝石製造硝酸鈉的母液中含有碘酸鈉，使用亞硫酸氫鈉處理此母液時可得碘。

圖 7-12　實驗室製碘

$$2NaIO_3 + 5NaHSO_3 \rightarrow 2NaHSO_4 + 2Na_2SO_4 + H_2O + I_2$$

2. 碘的性質

碘是紫黑色具有金屬光澤的晶體。在 18℃時的密度為 4.94g/cm^3。碘微溶於水，18℃時 1 公升水可溶 0.2765 克的碘，碘的水溶液呈黃棕色，起水解的機會很少。碘易溶於碘離子溶液成三碘離子（triiodide ion）。

$$I_2 + I^- \rightarrow I_3^-$$

碘遇到澱粉漿時使其成深藍色，這呈色反應應用於檢驗澱粉或碘之用，圖 7-13 為碘與澱粉分子反應成深藍色的圖解。澱粉分子以氫鏈合成中空螺旋狀的結構，碘分子卻成鏈狀的-I-I-I-I-I-方式進入中空的澱粉分子螺旋內成複合體結構而呈深藍色。I^- 只單獨存在並在澱粉螺旋體中自由進出，因此不能使澱粉呈藍色。

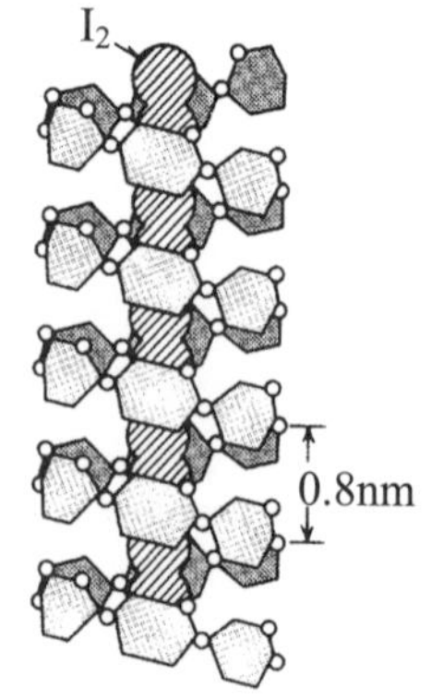

圖 7-13　碘與澱粉的複合體

3. 碘及碘化合物的用途

碘和碘化鉀的酒精溶液俗稱為碘酒，在醫藥上廣泛用為殺菌劑及消腫劑。三碘甲烷（CHI_3）俗稱碘仿（iodoform），醫藥上用為止血滅菌劑。放射性同位素的碘-131（^{131}I）在醫學診斷及治療方面發揮良好的功效。^{131}I 的半生期 8 天，可放出β^- 線及 r 射線可做診斷腫瘤的位置及轉移並治療甲狀腺腫症。

第三節　氧族元素

元素週期表的第 16 族元素總稱氧族元素。氧為典型的非金屬元素，惟此一族元素隨原子序的增加，陽電性亦增加。氧族元素都具 ns^2np^4 的價電子組態，易形成帶兩個負電的陰離子之外，能夠以 4 及 6 氧化數形成共價化合物。氧族元素具有同素異形體（allotrope）。氧有氧及臭氧，硫有斜方晶硫、單斜晶硫及彈性硫，硒有灰狀硒，金屬狀硒，六方晶硒等同素異形體存在。

一、氧及氧化合物

氧是地球上存量最多與人生最密切關係的元素。氧在大氣中以單體的氧及臭氧存在，在土壤及岩石中以氧化物，碳酸鹽及矽酸鹽存在，在海水、自然水及生物體中以氧化氫的水分子存在。氧與生物體的呼吸作用，體內含碳分子的氧化放出熱能維持體溫，新陳代謝等息息相關。

1. 氧的製造

實驗室過去以加熱氧化汞或氯酸鉀製氧，最近則以過氧化氫受二氧化錳的催化分解方式製氧。

$$2HgO \rightarrow 2Hg + O_2$$

$$2KClO_3 \rightarrow 2KCl + 3O_2$$

圖 7-14 表示過氧化氫在雙股試管的一股中，與另一股的二氧化錳接觸時受其催化而分解為水與氧，以排水集氣的過程。

$$2H_2O_2 \xrightarrow{MnO_2} 2H_2O + O_2$$

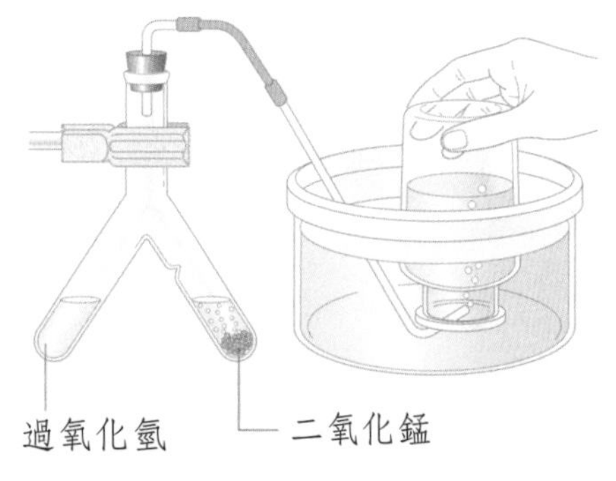

圖 7-14 過氧化氫分解製氧

工業上雖可由電解水方式製氧，惟成本太貴，因此均由液態空氣的分餾方式製氧。液態空氣中氮的沸點較低（−196℃）而氧的沸點較高（−183℃），因此液態空氣的溫度升高時氮先氣化，再升高溫度到−183℃時可得氧氣並裝於鋼瓶中出售。

2. 氧的性質

氧是無色、無臭、無味的氣體。標準狀況時每升重 1.429 克。在 20℃時，100 體積水能溶解 3 體積的氧，此溶解度不多，但水中生物依賴此溶解於水的氧來生存。氧不會燃燒，但具有助燒性，多數物質在氧中燃燒較在空氣中燃燒更劇烈。

氧能夠與多數金屬或非金屬元素直接反應，例如

$$4Na + O_2 \rightarrow 2Na_2O$$
$$(Mg, Zn, Al, Fe\cdots)$$
$$C + O_2 \rightarrow CO_2$$
$$(S, H_2, P_4)$$

有機化合物燃燒生成二氧化碳和水。

$$C_2H_5OH + 3O_2 \rightarrow 2CO_2 + 3H_2O$$
$$(CH_4, C_6H_{12}O_6, C_8H_{18}\cdots)$$

物質與氧化合的反應通常稱為氧化（oxidation）。劇烈的氧化，能產生光和熱的稱為燃燒（combustion）。可燃物質開始燃燒的溫度稱為該物質的燃點（kindling temperature）。要使物質燃燒，必須保持溫度在燃點以上，並充分供應燃燒所需的氧氣。相反地，除去此兩種因素可滅火。

3. 氧的用途

製鋼工業需大量的氧外，焊接工業，醫療用呼吸器，火箭引擎助燃劑，製硝酸工業等需氧。氧為人體呼吸所必要的氣體。人體血液中含有碳酸氫根離子（HCO_3^-）及血紅素（hemoglobin 簡寫為 HHb）所組成的緩衝溶液（buffer solution）。吸入氧進入肺時，氧與血紅素反應生成氧血紅素 $HHbO_2$，氧血紅素與碳酸氫根離子反應生成氧血紅素離子 HbO_2^- 並放出二氧化碳。

$$O_2 + HHb \rightarrow HHbO_2 \text{（氧血紅素）}$$
$$HHbO_2 + HCO_3^- \rightarrow HbO_2^- + H_2O + CO_2$$

CO_2 → 排出體外

HbO_2^- → 到各組織 → $Hb^- + O_2$

生成的氧血紅素離子 HbO_2^- 經血液送到身體各部分的組織後分解供應氧給各組織使用，二氧化碳呼出於體外。在血液中將身體各組織由運動或新陳代謝所產生的二氧化碳，Hb^- 及水反應，恢復為 HHb 及 HCO_3^- 經靜脈送回肺部再循環使用。

$$H_2O + CO_2 + Hb^- \longrightarrow HHb + HCO_3^-$$

CO_2, Hb^- ← 運動，新陳代謝

HHb, HCO_3^- → 回到肺部

4.臭氧

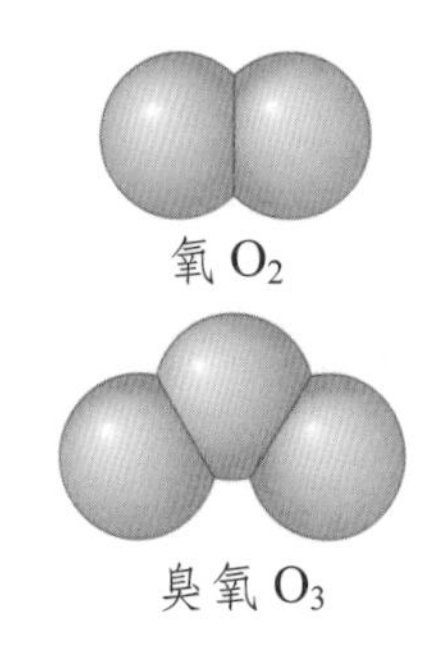

圖 7-15 氧與臭氧分子

臭氧（ozone, O_3）為氧的同素異形體。圖 7-15 表示氧與臭氧分子的圖。純氧經無聲放電或較短波的紫外線照射生成臭氧。

$$O_2 + h\nu \rightarrow 2O$$

$$O + O_2 \rightarrow O_3$$

臭氧為淡藍色具刺激臭的氣體。臭氧的氧化力較氧強，具有滅菌作用，可取代氯做自來水的滅菌劑，因使用氯時將有些氯的氣味，使用臭氧不會留氣味於自來水。臭氧具有漂白作用，可做澱粉、油脂、蠟及絲等的漂白劑。此外臭氧用於冷凍食品或保存鮮魚等食品領域及處理患部的臭氧治療法等醫學領域。

5.氧的化合物

⑴金屬氧化物

金屬元素與氧反應生成的氧化物為離子化合物。第 1 族鹼金族元素及第 2 族鹼土金族元素與氧反應所生成的氧化物溶於水都呈鹼性反應，故稱為鹼性氧化物。

$$4Na + O_2 \rightarrow 2Na_2O$$

$$2Na_2O + H_2O \rightarrow 4NaOH$$

$$2Ca + O_2 \rightarrow 2CaO$$

$$CaO + H_2O \rightarrow Ca(OH)_2$$

⑵非金屬氧化物

非金屬元素與氧反應生成的氧化物為共價化合物。非金屬元素的氧化物溶於水呈酸性反應，因此又稱為酸性氧化物。

$$S + O_2 \rightarrow SO_2$$

$$SO_2 + H_2O \rightarrow H_2SO_3$$

$$C + O_2 \rightarrow CO_2$$

$$CO_2 + H_2O \rightarrow H_2CO_3$$

(3)兩性氧化物

在元素週期表中間的金屬元素為兩性元素。例如鋁、鋅、錫等元素與氧反應所生成的氧化物具有能夠與酸反應，亦與鹼反應的兩性性質。

$$2Zn + O_2 \rightarrow 2ZnO$$

$$ZnO + 2HCl \rightarrow ZnCl_2 + H_2O$$

$$ZnO + 2NaOH + H_2O \rightarrow Na_2[Zn(OH)_4]$$

$$4Al + 3O_2 \rightarrow 2Al_2O_3$$

$$Al_2O_3 + 6HCl \rightarrow 2AlCl_3 + 3H_2O$$

$$Al_2O_3 + 2NaOH + 3H_2O \rightarrow 2Na[Al(OH)_4]$$

表 7-5 為第 3 週期元素氧化物性質的比較（惰性氣體外）。

表 7-5　第 3 週期元素的氧化物

族	1	2	13	14	15	16	17
元素名	鈉	鎂	鋁	矽	磷	硫	氯
氧化物	Na_2O	MgO	Al_2O_3	SiO_2	P_4O_{10}	SO_3	Cl_2O_7
與水反應	鹼性反應		不易反應	不反應	反應成酸性溶液		
與酸鹼反應	與酸反應		高溫時與酸，強鹼反應	高溫時與鹼反應	與鹼反應		
分類	鹼性氧化物		兩性氧化物	酸性氧化物			

二、硫及硫化合物

硫在火山地帶以天然硫產出外，以黃鐵礦（iron pyrite, FeS_2），黃銅礦（copper pyrite, $CuFeS_2$），方鉛礦（galena, PbS）及閃鋅礦（blende, ZnS）等礦廣泛分佈於世界各地。石膏為硫酸鈣的水合物（$CaSO_4 \cdot 2H_2O$），一些有機化合物亦含硫，例如洋蔥、蒜頭、芥菜、頭髮及羊毛等，煤及石油亦含硫，通常經脫硫後才能使用。

1. 硫的開採

硫礦通常沒在地底下，以法拉西法（Frasch process）開採。由地面鑽井到硫礦部位後，插入如圖 7-16 所示的鋼製三層套管到硫礦。以唧筒從外管打入

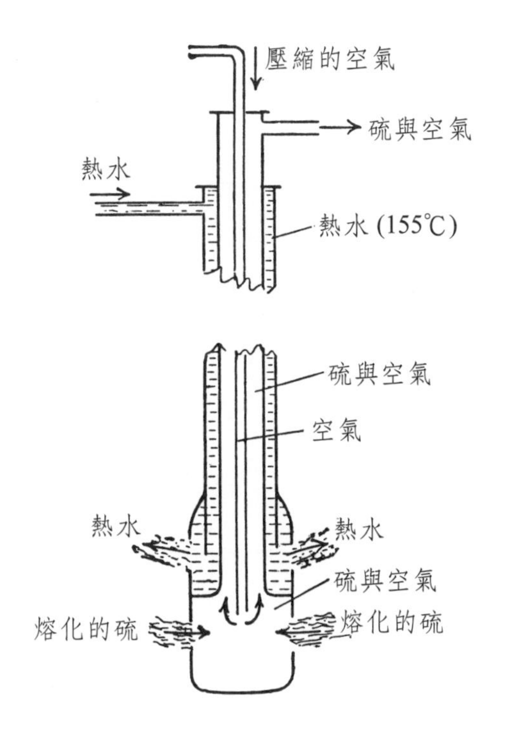

圖 7-16 法拉西法採硫的套管結構

加壓的過熱水（約 170℃）使其周圍的硫熔化，從內管送進壓縮空氣時，液態的硫與空氣氣泡混合，從中間的管上流到地面上的槽，硫將凝固。此法所得的硫，純度為 99.5%不必處理可供各種用途使用。

2. 硫的同素異形體

硫有三種同素異形體。斜方晶硫（rhombic sulfur, S_α），單斜晶硫（monoclinic sulfur, S_β），及彈性硫（plastic sulfur, S_γ）。表為硫的三種同素異形體的比較。

表 7-6　硫的同素異形體

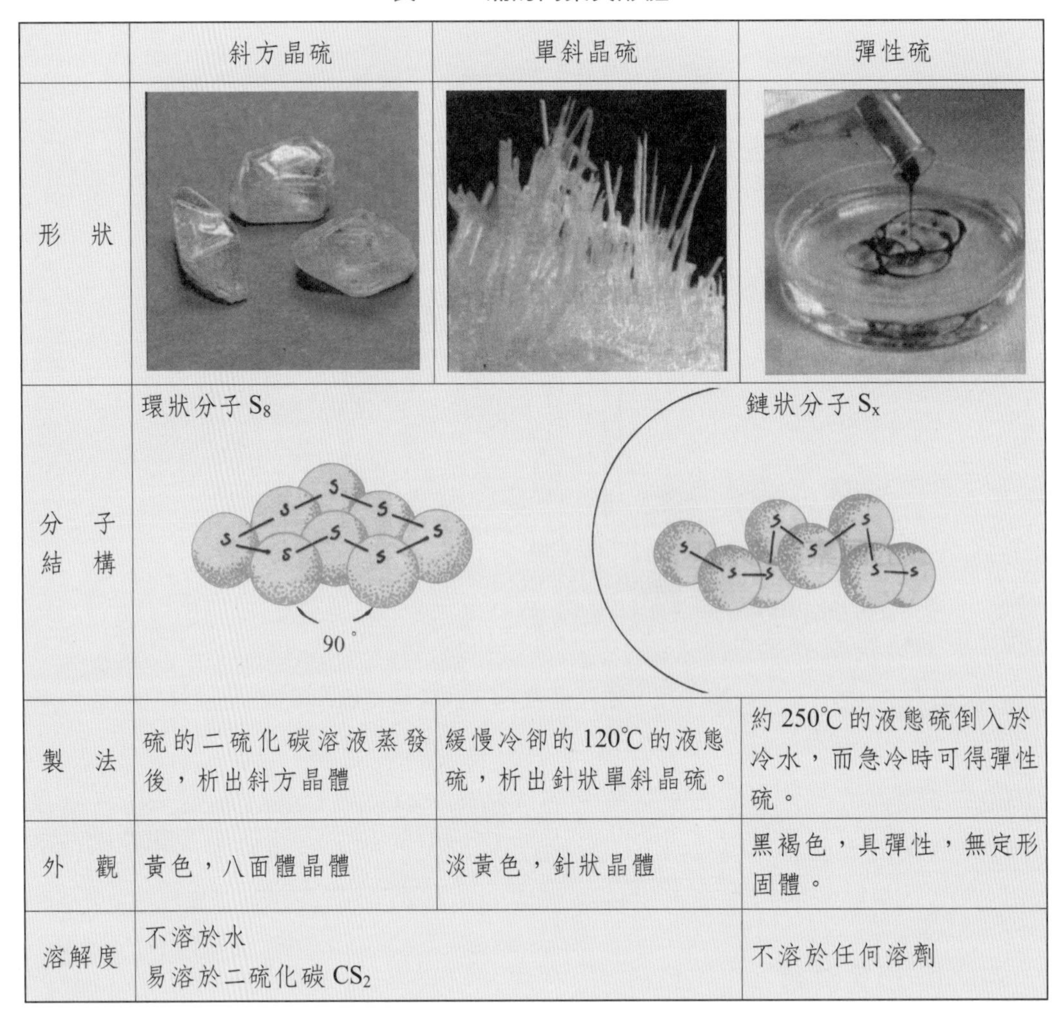

	斜方晶硫	單斜晶硫	彈性硫
形　狀			
分子結構	環狀分子 S_8		鏈狀分子 S_x
製　法	硫的二硫化碳溶液蒸發後，析出斜方晶體	緩慢冷卻的 120℃ 的液態硫，析出針狀單斜晶硫。	約 250℃ 的液態硫倒入於冷水，而急冷時可得彈性硫。
外　觀	黃色，八面體晶體	淡黃色，針狀晶體	黑褐色，具彈性，無定形固體。
溶解度	不溶於水 易溶於二硫化碳 CS_2		不溶於任何溶劑

3. 硫的用途

硫用於黑色火藥，鞭炮及煙火等的原料外，橡膠加硫可增強其強度，在工業上大量的硫用於製造硫酸。圖 7-17 為硫的各種用途。

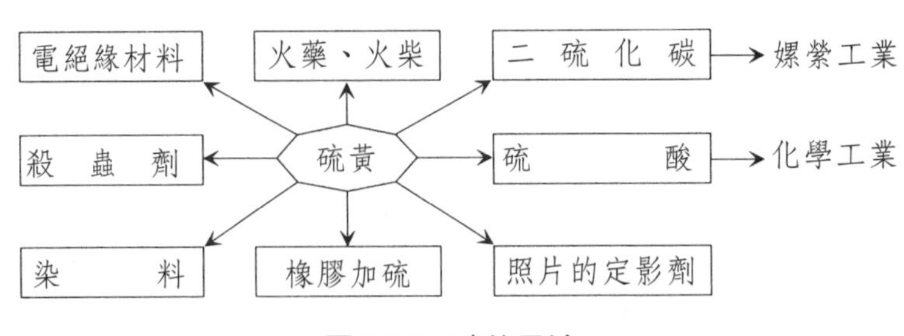

圖 7-17　硫的用途

4.硫化合物

⑴硫酸

硫化合物中最重要的是硫酸（sulfuric acid, H_2SO_4）。硫酸不僅是實驗室常用的試劑，化學工業中用途最廣的化合物，製造很多化學產品需用硫酸外，用為溶劑、脫水劑、吸水劑等並在有機合成中做磺酸化（sulfonation）的試劑。二氧化硫在空氣中氧化為三氧化硫：

$$2SO_2 + O_2 \rightarrow 2SO_3 + 45Kcal$$

此反應在降低溫度、加大壓力及增加氧的濃度時，對三氧化硫的生成有利，但有下列問題存在：

降低溫度→反應速率減少
增加壓力→裝置複雜化
增加氧濃度→增大裝置體積

因此使反應對三氧化硫的生成有利，使用五氧化二釩（V_2O_5）為催化劑，在圖 7-18 所示的裝置使生成的三氧化硫被濃硫酸吸收成發煙硫酸（fuming sulfuric acid, $H_2S_2O_7$）後，用稀硫酸稀釋發煙硫酸成濃硫酸，如此工業製硫酸的方法稱為接觸法（contact method）。

$$S \xrightarrow{O_2} SO_2 \xrightarrow[V_2O_5]{O_2} SO_3 \xrightarrow{\text{濃硫酸}} H_2S_2O_7 \xrightarrow{\text{稀硫酸}} H_2SO_4$$

硫　二氧化硫　三氧化硫　發煙硫酸　硫酸

$$SO_3 + H_2SO_4 \rightarrow H_2S_2O_7，H_2S_2O_7 + H_2O \rightarrow 2H_2SO_4$$

純而濃的硫酸為無色透明的油狀液體，比重約 1.85，沸點甚高到 338℃，具強的腐蝕性及脫水性。

硫酸的化學性質隨濃度而不同。濃硫酸的氧化作用很強，可溶解銅、汞及銀等金屬。

$$2Ag + 2H_2SO_4 \rightarrow Ag_2SO_4 + 2H_2O + SO_2$$

硫酸沸點高不易揮發，故可用於製揮發性的酸，例如硫酸與氯化鈉共熱，可得氯化氫，硝酸鈉與硫酸共熱可得硝酸。

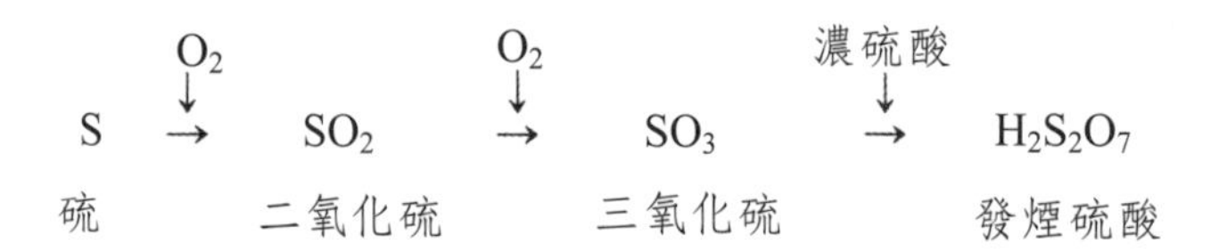

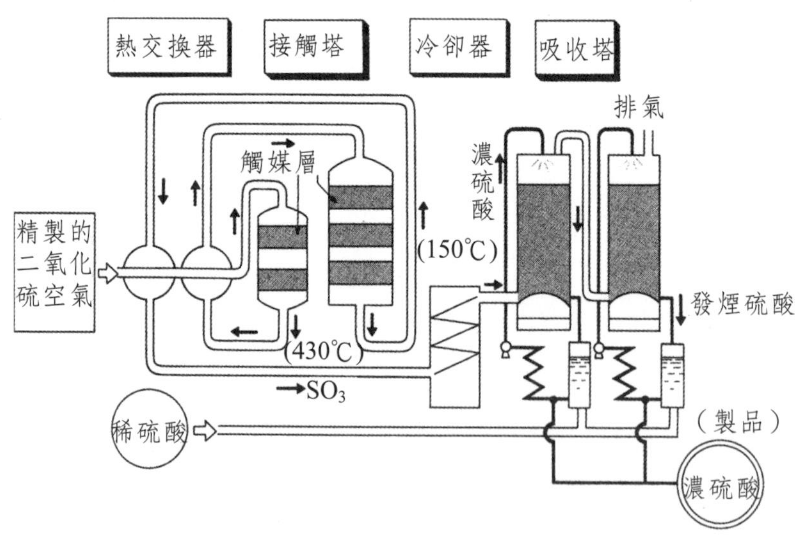

圖 7-18 接觸法製造硫酸

$$NaCl + H_2SO_4 \rightarrow NaHSO_4 + HCl$$

$$NaNO_3 + H_2SO_4 \rightarrow NaHSO_4 + HNO_3$$

稀硫酸不具有氧化作用，可溶解離子化傾向較氫大的鎂、鋁、鋅、鐵等金屬反應生成氫。

$$Zn + H_2SO_4 \rightarrow ZnSO_4 + H_2$$

濃硫酸能以任何比例與水混合，惟此時將放出大量的熱。稀釋濃硫酸時應將濃硫酸緩慢倒進燒杯的水中，並不時輕輕攪拌使其混合。千萬不能把水倒入於濃硫酸，否則會起暴沸溶液潑出杯外。

⑵硫化氫

硫化氫（H_2S）為無色具腐蛋氣味的毒性氣體。硫化氫存在於火山的噴氣及一些溫泉水中。實驗室以硫化鐵（Ⅱ）與稀硫酸反應來製得：

$$FeS + H_2SO_4 \rightarrow FeSO_4 + H_2S$$

近年來的實驗室大多使用硫代乙醯胺（thioacetamide）與水反應方式得硫化氫。

$$CH_3\text{-}C(=S)NH_2 + H_2O \rightarrow CH_3\text{-}C(=O)NH_2 + H_2S$$

硫代乙醯胺　　　　　乙醯胺

硫化氫略溶於水，其水溶液為氫硫酸，是一種弱酸。硫化氫在分析化學上是很好的試劑，根據溶液的酸鹼性與多數金屬離子有不同顏色的沉澱反應，故可做金屬離子的分離或辨認工作。表 7-7 為金屬硫化物的沉澱條件及顏色

表 7-7　金屬硫化物

沉澱條件	硫化物沉澱及沉澱顏色
酸、中、鹼性溶液都能沉澱	Ag_2S（黑）、Hg_2S（黑）、PbS（黑） CuS（黑）、CdS（黃），SnS（黑） HgS（黑）、Bi_2S_3（黑）、As_2S_3（黑）
只在中、鹼性溶液沉澱	MnS（黑）、NiS（黑）、ZnS（白） FeS（黑）、CoS（黑）

三、硒和碲

硒（Se）和（Te）在自然界雖有單體存在，但其存量稀少，硒在地殼中只有 9×10^{-6}%而碲只有 2×10^{-7}%而已，通常與硫化物礦石混合產出。銅礦的電解精煉時，在陽極淤渣中硒和碲與金、鉑、銀一起析出。將陽極淤渣與碳酸鈉共同加熱到高溫時生成可溶於水的 Na_2SeO_3 和 Na_2TeO_3。以硫酸處理時碲成 TeO_2 的沉澱而硒溶解為亞硒酸（H_2SeO_3），因此可分離兩者。以二氧化硫還原亞硒酸可得硒。

$$2SO_2 + H_2SeO_3 \rightarrow Se + 2H_2SO_4$$

另一面以氫氧化鈉溶解 TeO_2 成 Na_2TeO_3 後，電解還原成碲的單體。

$$Na_2TeO_3 + H_2O \rightarrow Te + 2NaOH + O_2$$

硒為動物必須元素，但攝食過量時起中毒症狀。硒有多數同素異形體。其中的金屬硒與紅色硒較重要。金屬硒具螺旋狀結構並為半導體，經光線照射其電導度增加約 1000 倍多，因此用於全錄式的影印機或光度計，光電池等。硒酸鈉（Na_2SeO_4）和亞硒酸鈉（Na_2SeO_3）添加於玻璃為消色劑。紅色硒為 Se_8

分子所成的固體，用於製造硒化鎘（CdSe），硒化鎘為鮮紅顏料用做塗料或琺瑯等。

銅或不銹鋼中加碲所成的合金用於提高其機械工作性，碲少量加於鉛時可增加其硬度及耐酸性，用於鉛蓄電池的電極板。

碲粉溶解於王水後加少量的氯酸，在真空中蒸發後與碳酸反應生成沉澱，從水溶液中再結晶得白色晶體的碲酸（H_6TeO_6）。碲酸在原子爐中受中子照射後生成放射性同位素的碲-131（^{131}Te）。^{131}Te 經β^- 衰變後變成放射性同位素的碘-131（^{131}I）。^{131}I 為各醫院所用診斷及治療甲狀腺腫症的放射性同位素，我國清華原子爐亦使用碲酸為原料來製造放射性同位素的碘-131。

第四節　氮族元素

元素週期表的第 15 族元素為氮族元素，有氮（N）、磷（P）、砷（As）、銻（Sb）及鉍（Bi）等五種元素。這些元素的價電子都是 ns^2np^3 組態，可是只有氮、磷能夠得 3 個電子成N^{3-}，P^{3-}的離子化合物之外，其他的砷、銻、鉍等元素因金屬性增加，反而形成陽離子的機會增加。

一、氮及氮化合物

氮是空氣中含量最多（約 78%）的元素，因其性較不活潑，在地殼的存量只有 0.03%而已，化合物存在的氮於智利硝石（$NaNO_3$）、硝石（KNO_3）、氨（NH_3）等生物體內的蛋白質含有約 15～19%的氮。

1. 氮的製造

實驗室以亞硝酸銨的熱分解求製氮：

$$NH_4NO_2 \xrightarrow[\triangle]{} N_2 + 2H_2O$$

此一反應相當劇烈不易控制，因此先以亞硝酸鈉與氯化銨飽和溶液反應生成的亞硝酸銨後，溶液中的亞硝酸銨受熱分解方式製氮。

$$NaNO_2 + NH_4Cl \rightarrow NH_4NO_2 + NaCl$$
$$\qquad\qquad\qquad\qquad \hookrightarrow N_2 + 2H_2O$$

工業上以液態空氣的分餾來製氮。

2. 氮的性質及用途

氮為無色、無臭、無味的氣體。氮不能燃燒亦不助燃，在室溫為很安定的氣體。在密閉容器或塑膠袋中放食物或精密器具並填充氮氣時可保持食物新鮮不酸敗，並可防止貴重器具的氧化。液氮可做冷劑之用，在化學工業，氮為製造氨，硝酸及氮肥的原料。

3. 氨

氨（NH_3）是最重要及最有經濟價值的氮化合物。氨是無色具刺激臭的氣體，大氣中只含微量的氨。動植物的蛋白質、動物所排泄的尿等經酶的腐化作用分解可產生氨。

⑴氨的製法

1914 年德國的哈柏（Fritz Haber）以氮與氫在高壓及不太高溫度下，在氧化鐵（Fe_2O_3）催化劑存在時化合為氨：

$$N_2 + 3H_2 \rightleftharpoons 2NH_3 + 22Kcal$$

此反應為可逆反應，增加壓力對生成氨有利。因為反應是放熱反應，因此降低溫度對氨的生成有利，惟溫度低反應速率愈慢。在工業上哈柏法使用 200～300atm 的高壓，500～600℃的不太高的溫度，並使用三氧化二鐵為催化劑來製造氨。圖 7-19 為哈柏法製氨裝置圖解。

實驗室以加熱氯化銨與熟石灰反應製氨，使用向下排空氣法收集於集氣瓶：

$$2NH_4Cl + Ca(OH)_2 \rightarrow CaCl_2 + 2NH_3 + 2H_2O$$

⑵氨的性質

標準狀態時 1 體積水可溶 1000 體積以上的氨，氨水具有濃度愈大密度愈小愈輕的特性。此特性表示於表 7-8。氨易被凝結在 0℃，4.2atm 或－33℃，1atm 凝結為液氨，液氨的蒸發熱大（23.33kJ/mol）因此用於製冰。液氨與水相似的極性分子因此亦可做溶劑使用。市售的氨水為約 28%的氨水溶液（密度 0.90 g/cm^3，14.76mol/L）。氨在空氣中的燃點為 651℃，在氧中發黃色光焰燃燒產生氮與水蒸氣。

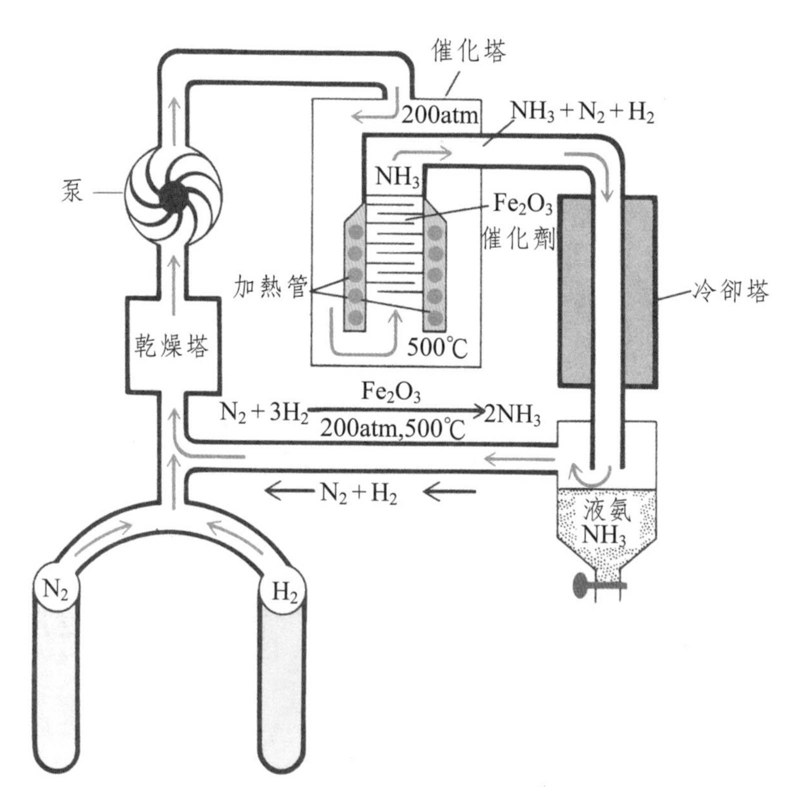

圖 7-19 哈柏法製氨裝置圖解

$$4NH_3 + O_2 \rightarrow 2N_2 + 6H_2O$$

表 7-8 氨水濃度（wt%）與密度（g/cm³）25℃

濃度	0	1	2	4	6	8	10	12	14	16
密度	0.997	0.993	0.988	0.980	0.972	0.964	0.956	0.948	0.941	0.934

活潑的金屬與氨反應，例如鈉與氨反應生成胺化鈉（sodium amide），在高溫與鎂反應生成氮化鎂。

$$2NH_3 + 2Na \rightarrow 2NaNH_2 + H_2$$
$$2NH_3 + 3Mg \rightarrow Mg_3N_2 + 3H_2$$

氨與鹵素反應可分離出氮：

$$8NH_3 + 3Cl_2 \rightarrow 6NH_4Cl + N_2$$

⑶氨的用途

氨為現代化學工業的基礎原料之一。大量的氨用於製造硫酸銨〔$(NH_4)_2SO_4$〕、硝酸銨〔NH_4NO_3〕、磷酸銨〔$(NH_4)_3PO_4$〕及尿素〔$(NH_2)_2CO$〕等含氮肥料。氨也是製造硝化甘油、三硝基甲苯等炸藥的原料。鹹業、硝酸、耐綸、塑膠、油漆、染料及人造橡膠等化學工業，氨都有直接或間接的關連。

4. 硝酸

硝酸（HNO_3）為實驗室常用的酸，因其活性甚強故有硝強水（aqua fortis）之俗稱。早期的硝酸由智利硝石和濃硫酸的共熱來製得：

$$NaNO_3 + H_2SO_4 \rightarrow NaHSO_4 + HNO_3$$

今日工業上都用氨的氧化之奧士華法（Ostward process）來製硝酸。圖 7-20 為奧士華法製硝酸過程的圖解。將加熱氨到 800℃與熱空氣通入反應塔，在鉑催化劑存在時燃燒生成一氧化氮，一氧化氮立即與空氣中氧反應成二氧化氮，二氧化氮在洗滌塔與水反應成硝酸。

$$4NH_3 + 5O_2 \rightarrow 4NO + 6H_2O$$
$$2NO + O_2 \rightarrow 2NO_2$$
$$3NO_2 + H_2O \rightarrow 2HNO_3 + NO$$

硝酸為無色，具有刺激臭的揮發性液體。放置於空氣中，受熱或光線照射分解紅棕色的二氧化氮溶解於硝酸而呈黃色的溶液。硝酸沸點 78.2℃，比重 1.52 易吸濕。硝酸具有很強的腐蝕性及強氧化力，無論稀或濃硝酸都能溶解多數金屬。例如

$$3Cu + 8HNO_3\text{（稀）} \rightarrow 3Cu(NO_3)_2 + 2NO + 4H_2O$$
$$Cu + 4HNO_3\text{（濃）} \rightarrow Cu(NO_3)_2 + 2NO_2 + 2H_2O$$

濃硝酸不能溶解鋁或鐵，只在其表面生成緻密的氧化鋁或氧化鐵的膜，保護內部不再被氧化。硝酸亦能夠氧化碳、硫、磷等非金屬元素。例如：

$$C + HNO_3 \rightarrow CO_2 + 4NO_2 + 2H_2O$$

金、鉑等貴金屬不溶於硝酸，但可溶於王水（aqua regia）。王水為一份濃硝酸與三份濃鹽酸混合所成的溶液，王水所生成的氯化亞硝醯（nitrosyl chloride,

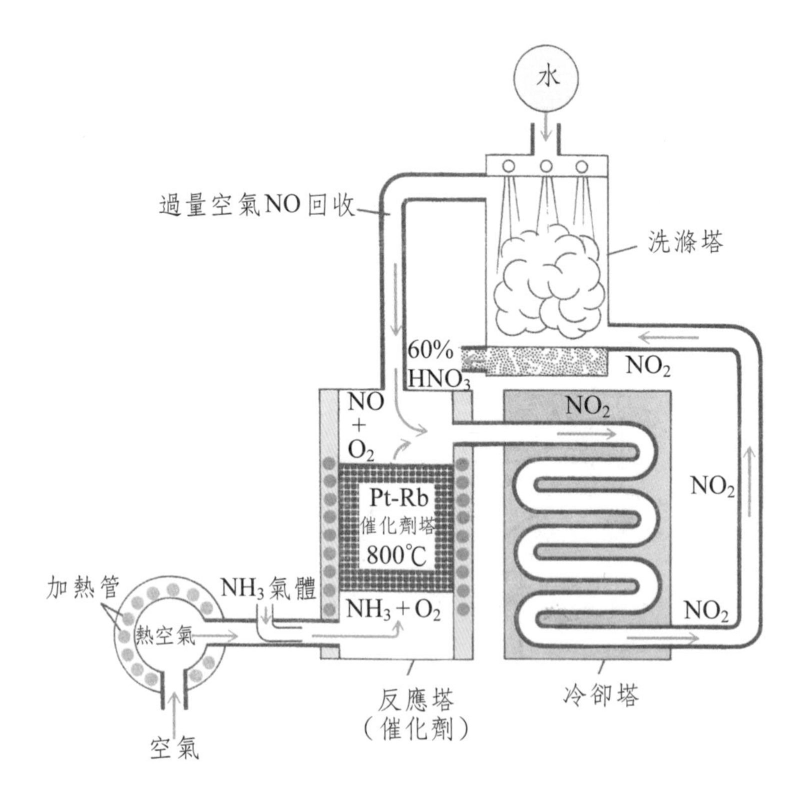

圖 7-20　奧士華法製硝酸過程

NOCl）可溶解金或鉑。

$$HNO_3+3HCl \rightarrow NOCl+Cl_2+2H_2O$$
$$Au+4H^++4Cl^-+NO_3^- \rightarrow AuCl_4^-+NO+H_2O$$
$$3Pt+4HNO_3+18HCl \rightarrow 3H_2PtO_6+4NO+8H_2O$$

二、磷及磷化合物

1. 磷

磷為動物骨骼及牙齒的重要成分，通常以磷酸鈣方式存在，但其組成較複雜，基本上為羥磷灰石〔hydroxyapatite, $Ca_{10}(OH)_2(PO_4)_6$〕，有的 Ca^{2+} 被 Na^+ 取代，有的 PO_4^{3-} 被 CO_3^{2-} 取代等，隨年齡而改變組成的一部分，此外存在於DNA、RNA、ATP 及 AOP 成分中，磷在人體乾燥重量中佔約 1.58%的量。

礦物的磷存在於磷酸鈣為主成分的磷灰石。如圖 7-21 所示磷灰石、煤焦、細砂磨碎混合導入電爐中，通電加熱到 1400～2500℃時，磷酸鈣與細砂反應生

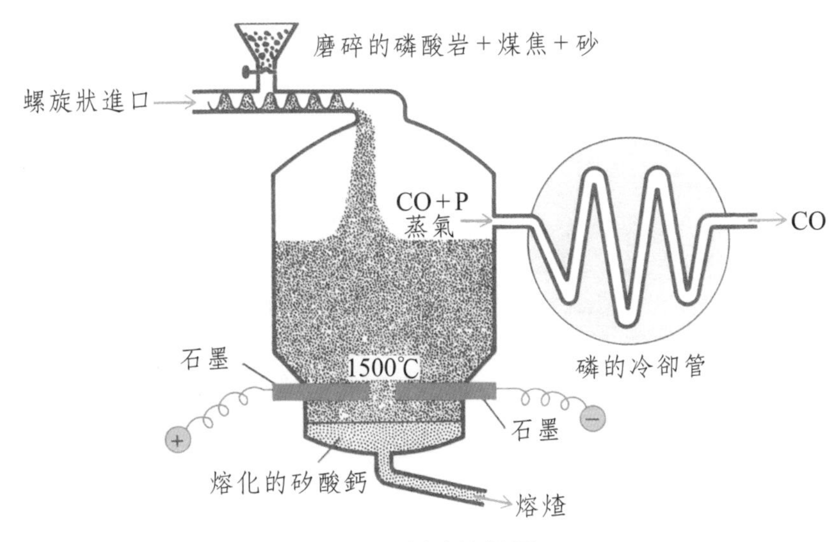

圖 7-21　工業制磷的裝置

成五氧化二磷，五氧化二磷被煤焦還原成磷。

$$2Ca_3(PO_4)_2 + 6SiO_2 \rightarrow P_4O_{10} + 6CaSiO_3$$

$$P_4O_{10} + 10C \rightarrow 4P + 10CO$$

磷有多種同素異形體，重要的是白磷（white phosphorus）及紅磷（red phosphorus）。白磷又稱黃磷，將磷蒸氣急冷時可得一種白色到黃色蠟狀的固態為白磷。白磷具有高度揮發性，熔點只 44.1℃，在潮濕空氣中加熱到約 30℃就起燃燒。白磷不溶於水，放在空氣中會自行起火燃燒，因此必須如圖 7-22 所示貯存於水中。白磷具毒性，可溶於乙醚、二硫化碳等溶劑，在室溫時能發出磷光。

圖 7-22　白磷的貯存

紅磷又稱赤磷。將白磷隔絕空氣加熱到約 250℃時，可得紫紅色無定形的紅磷粉末。紅磷不具毒性，常溫時在空氣中安定，紅磷不溶於水及一般溶劑，在空氣中加熱到 260℃即燃燒。表 7-9 為白磷與紅磷的性質的比較

表 7-9 磷的同素異形體

	白磷	紅磷
外觀	淡黃色蠟狀固體	紫紅色無定形粉末
著火點	30℃	260℃
溶解性	溶於 CS_2	不溶於 CS_2
毒性	極毒（致死量 0.1g）	無毒
用途	燃燒彈	煙火、火柴
貯存	水中	空氣中

此外尚有一種最安定同素異形體的黑磷，但其結構隨溫度，壓力而改變。黑磷是一種半導體。

2. 磷化合物

(1)磷酸

五氧化二磷溶於水中生成磷酸（H_3PO_4）。

$$P_4O_{10} + 6H_2O \rightarrow 4H_3PO_4$$

工業上，由磷酸鈣與硫酸的反應製造磷酸。

$$Ca_3(PO_4)_2 + 3H_2SO_4 \rightarrow 2H_3PO_4 + CaSO_4$$

磷酸為無色透明的晶體，熔點為 42.4℃，易潮解並易溶於水。一般使用的磷酸為純度 82%的黏稠性液體。磷酸的主要用途為製造磷肥，此外可做金屬的防銹劑 ，乾燥劑及製造無機構磷酸鹽的原料。

磷酸為三質子酸，其游離分三個步驟進行：

$$H_3PO_4 \rightleftharpoons H^+ + H_2PO_4^{1-} \quad K_1 = 7.5 \times 10^{-3}$$
$$H_2PO_4^{1-} \rightleftharpoons H^+ + HPO_4^{2-} \quad K_2 = 6.2 \times 10^{-8}$$
$$HPO_4^{2-} \rightleftharpoons H^+ + PO_4^{3-} \quad K_3 = 1.1 \times 10^{-13}$$

使用氫氧化鈉標準溶液滴定磷酸溶液時，在生成磷酸二氫鈉（sodium dihydrogen phosphate, NaH_2PO_4）階段甲基燈指示劑變色，在生成磷酸氫二鈉（disodium hydrogen phosphate, $NaHPO_4$）階段酚酞指示劑變色，生成磷酸鈉（sodium phosphate, Na_3PO_4）階段因當量點的pH值太高，在水溶液中沒有適當的指示劑可用，故只能在非水溶液（non-aqueous solution）中滴定。

磷酸的主要用途為製造過磷酸鈣（calcium superphosphate, $Ca(H_2PO_4)_2 + 2CaSO_4$）磷肥。過磷酸鈣為灰白到淡棕色的粉末，可溶於水。磷肥又稱果肥，可促進種苗的發育、提早成熟並使果實豐碩。

亞磷酸（H_3PO_3）三氧化二磷溶於水，生成亞磷酸：

$$P_4O_6 + 6H_2O \rightarrow 4H_3PO_3$$

在常溫時亞磷酸為潮解性固體。熔點 73.6℃，易溶於水。磷酸為三質子酸，但亞磷酸只能游離兩個質子的二元弱酸。

$$H_3PO_3 \rightleftharpoons H^+ + H_2PO_3^{1-} \quad K_1 = 5 \times 10^{-2}$$
$$H_2PO_3^{1-} \rightleftharpoons H^+ + HPO_3^{2-} \quad K_2 = 2.4 \times 10^{-5}$$

從兩者的結構式可知只連結於氧的氫能夠游離而直接連於磷原子的氫不能游離。

```
         O                        O
         ‖                        ‖
H－O－ P －O－H          H－O－ P －O－H
         |                        |
         O                        H
         |
         H
       磷酸                     亞磷酸
```

亞磷酸是強還原劑，能夠從金、銀及汞等的溶液中還原為金屬單體。

$$2AgNO_3 + H_3PO_3 + H_2O \rightarrow 2Ag + 2HNO_3 + H_3PO_4$$
$$2HgCl_2 + H_3PO_3 + H_2O \rightarrow Hg_2Cl_2 + 2HCl + H_3PO_4$$
$$Hg_2Cl_2 + H_3PO_3 + H_2O \rightarrow 2Hg + 2HCl + H_3PO_4$$

三、砷及砷化合物

1. 砷

砷在自然界很少單體產出，通常以硫化物存在於雌黃（realgar, As_2S_2），雄黃（orpiment, As_2S_3）及硫砷鐵礦（FeAsS）等外，硫化物礦的黃鐵礦（FeS_2）、閃鋅礦（ZnS）中亦含少量的砷。

雌黃或雄黃在空氣中煆燒成氧化物後以煤焦或氫還原可得砷。

$$2As_2S_3 + 9O_2 \rightarrow 2As_2O_3 + 6SO_2$$

$$2As_2O_3 + 3C \rightarrow 3CO_2 + As_4$$

砷有三種同素異形體。黃砷比重在 180℃時為 2.026 的黃色立體晶體，由砷蒸氣急冷而得，可溶於二硫化碳。黑砷為非晶形粉末，不溶於二硫化碳。灰砷又稱為金屬狀砷，灰砷為斜方晶系晶體，具金屬光澤並為電與熱的良導體。

砷在空氣中強熱時發出淡藍色火焰燃燒成白煙狀的三氧化二砷。

$$4As + 3O_2 \rightarrow As_4O_6$$

砷與硫或鹵素反應生成硫化物或鹵化物。

$$2As + 3S \rightarrow As_2S_3$$

$$2As + 3X_2 \rightarrow 2AsX_3$$

砷及砷化合物都具毒性使用時特別留意，砷具有金屬性質可用於製合金。鉛中加 0.5%的砷可增加鉛的硬度，用於製造子彈。

2. 砷化合物

⑴三氧化二砷

三氧化二砷（As_2O_3）又稱為砒霜，為白色的晶體。三氧化二砷劇毒，一般人吸食 0.06～0.18 克即足於致命，中毒時立刻服用配製的氫氧化鐵〔$Fe(OH)_3$〕急救後就醫。微量的三氧化二砷存在於一些礦水中做為神經性補品，治療皮膚症狀或改進血液等用途。

⑵二硫化二砷及三硫化二砷

二硫化二砷為紅色的雌黃，三硫化二砷為黃色的雄黃的主要成分。硫與三氧化二砷共同加熱可得三硫化二砷。

$$2As_2O_3 + 9S \rightarrow 2As_2S_3 + 2SO_2$$

黃鐵礦與硫砷鐵礦共熱可得二硫化二砷：

$$2FeS_2 + 2FeAsS \rightarrow As_2S_2 + 4FeS$$

二硫化二砷可做脫毛劑、滅鼠劑、油漆顏料、染料及煙火等的材料。三硫化二砷可做還原劑、顏料、煙火材料、獸皮脫毛劑的材料。

⑶砷化氫

砷化氫（AsH_3）為一種無色具蒜氣味的氣體。性極毒。在實驗室通風櫥內以三氧化二砷與鋅和鹽酸反應所生成的氫化合而成。

$$As_4O_6+12Zn+24HCl \rightarrow 4AsH_3+12ZnCl_2+6H_2O$$

如圖 7-23 所示，以此法所生成的砷化氫經氯化鈣乾燥管除去水分後，點火使一起出來的氫燃燒。取一乾淨的蒸發皿，使其底部壓進氫燃燒的火焰內時，被還原生成的砷附著於蒸發皿底面上形成黑色光澤的砷鏡。應用此方法可檢驗微量的砷或砷化合物的存在，稱為馬西試砷法（Marsh test）。銻在同一裝置也會產生銻鏡，惟砷鏡可溶於次氯酸鈉溶液而銻鏡不會被溶解，因此可辨別。

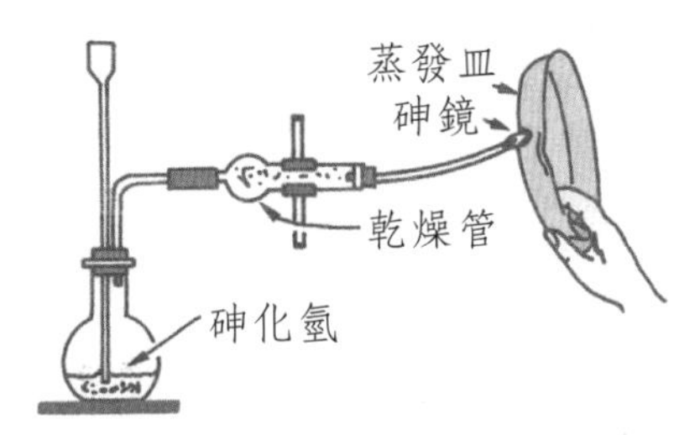

圖 7-23　馬西試砷法

四、銻及鉍

銻為中國大陸產量世界第一的金屬，以輝銻礦（Sb_2S_3）盛產於湖南，廣東、廣西、雲南和貴州等地。

輝銻礦磨碎後在空氣中燃燒成三氧化二銻，用木炭還原得銻：

$$2Sb_2S_3+9O_2 \rightarrow 2Sb_2O_3+6SO_2$$

$$Sb_2O_3+3C \rightarrow 3Sb+3CO$$

另一法是輝銻礦磨碎後與鐵及少量的鹽在石墨坩堝中加熱還原得銻。

$$Sb_2S_3+3Fe \rightarrow 2Sb+3FeS$$

銻是銀白色光澤的金屬，比重 6.71，性脆而易粉碎成粉末，熔化的銻凝固時體積略為膨脹，因此可與鋁、錫成 Pb-Sn-Sb 合金做印刷用活字金（type metal）。鉛加約 10～15%的錫所成的合金為硬鉛（hard lead）做鉛蓄電池極板的補強柵極及裝濃硫酸的活塞。

鉍在地殼中只存 10^{-5}%的元素，主要來源為輝鉍礦（Bi_2S_3）、蒼鉛華（Bi_2O_3）。蒼鉛為鉍的老名稱。如銻一般，輝鉍礦搗碎後與鐵粉共熱，鉍被還原而出。

$$Bi_2S_3+3Fe \rightarrow 2Bi+3FeS$$

鉍為紅白色金屬，比重 9.80，性脆而易被粉末化。鉍為反磁性金屬並為熱及電的不良導體。鉍在凝固時體積略為膨脹，故用於活字金。鉍的熔點只 271.3℃，因此利用其低熔點製特殊用途的合金。鉍、鉛、錫和鎘所成的合金稱伍德合金（Wood's metal），熔點只有 71℃常用於防火噴水裝置的保險塞。發生火警時，保險塞熔化而自動噴水滅火。若茲合金（Rose's metal）為鉍、鉛、錫所成的合金，熔點 91℃，可做電開關的保險絲或防火警鈴等。

第五節　碳族元素

元素週期表的第 14 族元素為碳族元素，共有碳（C）、矽（Si）、鍺（Ge）、錫（Sn）及鉛（Pb）等五種元素。碳族元素隨原子序的增加，非金屬性減少而金屬性增加。碳為典型的非金屬元素。矽及鍺則歸於類金屬（metalloid）的範圍，錫及鉛為金屬元素，但其氧化物及氫氧化物都具有兩性性質。碳族元素的價電子都是 ns^2np^2 組態，能形成 sp，sp^2，sp^3 等混成軌域的各種化學鍵。

一、碳及碳化合物

碳在地殼中只佔 0.03%的存量，但在一切的有機化合物都是碳化合物因此充滿於地球各角落外，空氣中的二氧化碳不斷與氧形成循環而使動物與植物的生存。有關碳的同素異形體已在第三章第三節一之 4 項討論其結構。

1. 煤碳

煤是古代的植物，因地殼的運動被埋沒於地底下，長期受地壓、地熱及微生物等的作用逐漸碳化而成的。煤依照碳化的程度分為四類：

⑴泥煤

泥煤（peat）是最近年代所形成的最年輕的煤，其外觀呈海綿狀或塊狀，富吸水性通常含水多達 60～70%，經日曬乾燥後水分減到 14～20%。泥煤做燃料機會不多，多用於製造活性炭的原料及做土壤改良劑。

⑵褐煤

褐煤（lignite）為碳化程度高於泥煤具褐黑色但無光澤的塊狀煤。含碳量約 60～75%而含水分 30～40%，適用於家庭燃料並做為低溫乾餾及煤的液化的原料。

⑶煙煤

煙煤（bituminite）又稱瀝青煤。一般所稱的煤就是煙煤。煙煤是深黑色具有脂肪光澤，質緻密的塊狀固體。煙煤燃燒時發黃黑色濃煙，發熱量約 5,500～7,000kcal/kg，過去常用於工廠、火車及輪船的燃料，今日一部分的火力發電廠使用煙煤作燃料外，多數用於製造煤焦（coke）及煤氣。

⑷無煙煤

無煙煤（anthracite）為地質年代最久，碳化程度高，含碳量約 95%具黑色光澤質堅而脆的固體。其截面呈貝殼狀，不易著火，惟一旦著火將發生大量的熱，但不產生煙，發熱量約 7000～8000kcal/kg，可做輪船及火力發電廠的燃料外，製造碳化鈣（CaC_2）及碳電極之用。

2. 碳的性質

碳在常溫時極安定，不溶於水及其他溶劑。碳不受空氣中的氧及其他氣體的反應，碳與稀酸或稀鹼的無反應，但在高溫時能夠與濃硫酸或濃硝酸反應：

$$C + 2H_2SO_4 \rightarrow CO_2 + 2SO_2 + 2H_2O$$

在高溫時碳的活性較大，能夠與氧、硫、矽等非金屬元素或鈣、鋁、鐵等金屬元素直接化合。碳與氧的反應如有限空氣即生成一氧化碳，過量的氧存在時生成二氧化碳。

$$2C + O_2 \rightarrow 2CO \text{（有限空氣）}$$

$$C + O_2 \rightarrow CO_2 \text{（過量空氣）}$$

$$2C + Ca \rightarrow CaC_2$$

$$3C + 4Al \rightarrow Al_4C_3$$

在高溫時碳為良好的還原劑，冶金時常用煤焦與金屬氧化物的礦石共同加熱，鐵、鈷、鎳、鉛、鋅及錫等的氧化物都能夠被碳還原成金屬單體。

$$ZnO + C \rightarrow Zn + CO$$

$$Fe_2O_3 + 3C \rightarrow 2Fe + 3CO$$

3. 煤的乾餾

物質經過隔絕空氣加熱分解的過程稱為乾餾（dry distillation）。煤經乾餾後的產物為煤氣（coal gas）、煤溚（coal tar）及煤焦。煤氣為家庭、實驗室及工廠的燃料。煤溚為煤化學工業的主要原料。煤溚經過分餾可得重要的產品表示於表 7-10。

表 7-10　分餾煤溚的產物

成份	分餾溫度℃	收率%	主要化合物
輕油	<160	0.5～3	苯、甲苯、二甲苯、砒啶
中油	160～230	5～19	酚、甲酚、萘
重油	230～270	8～12	酚、二甲苯、甲酚
蒽油	270～350	18～20	蒽、菲
瀝青	殘留物	50～85	

輕油的主要成分為苯、甲苯及二甲苯，尚有其他成分。這些液體大量用於橡膠及塗料工業的溶劑。

中油的主要成分為酚類及萘。酚可用於消毒、滅菌及防腐劑外做酚樹脂、染料、炸藥等原料。萘用於製造染料的中間體，防蟲劑外為合成樹脂，可塑劑及蒽醌衍生物的原料。

⑴重油

除酚、甲酚外尚有聯苯等，因高沸點成分較多，分離較困難。

⑵蒽油

蒽油中約 25%為結晶成分，分餾後冷卻析出的晶體以壓榨或離心過程分離蒽晶體。蒽為製造染料之原料。

⑶瀝青

瀝青用於鋪馬路外做電絕緣體或塗於產項之用。

4. 碳化合物

到目前為止已知有約 500 萬以上的碳化合物，但大多數都屬於有機化合物的範圍，無機碳化合物的數目並不多。

⑴一氧化碳

碳或含碳化合物在不充分的空氣中不完全燃燒時產生一氧化碳。此外二氧化碳通過紅熱的碳時亦產生一氧化碳。

$$2C + O_2 \rightarrow 2CO$$

$$CO_2 + C \rightarrow 2CO$$

一氧化碳為無色無臭及無味的氣體。一氧化碳化空氣輕，不易溶於水的劇毒性氣體。空氣中只要有 0.001%（10ppm）的一氧化碳就會引起一氧化碳中毒，因為一氧化碳與血紅素結合使血液中的血紅素失去輸送氧到身體各部分的功能以致昏迷及致命。急救一氧化碳中毒者，須立即移至空氣流通處，解開衣服，頭部墊高，供飲咖啡或溫開水，使患者聞氨氣並施行人工呼吸。如能供應含 95%氧及 5%二氧化碳的混合氣體使其呼吸，則有較多的回生機會。

一氧化碳在空氣中燃燒產生二氧化碳，在鼓風爐冶煉鐵時一氧化碳為還原劑。

$$2CO + O_2 \rightarrow 2CO_2$$

$$Fe_2O_3 + 3CO \rightarrow 2Fe + 3CO_2$$

⑵二氧化碳

二氧化碳亦為無色無臭及無味的氣體。二氧化碳的比重為空氣的 1.5 倍，不自燃及不助燃，因此可做滅火之用。碳及碳化合物在空氣中完全燃燒可生成二氧化碳之外，動植物的呼吸及腐敗，食物的酸敗，糖類的發酵等都會產生二氧化碳。圖 7-24 表示二氧化碳的循環。

二氧化碳的碳由於綠色植物或植物性浮游生物的光合作用進入其體中後經攝食進入動物體。動物的呼吸作用所排出的二氧化碳進入空氣或海水中。海水中的二氧化碳能夠溶解碳酸鈣生成碳酸氫離子（HCO_3^-），起此反應的逆反應時再放出二氧化碳於大氣中。

固態的二氧化碳稱為乾冰（dry ice）為白色的固體，乾冰不熔化為液體而直接昇華為氣體的二氧化碳，用於舞台上產生白色煙霧的道具外，做冷劑及保鮮劑。

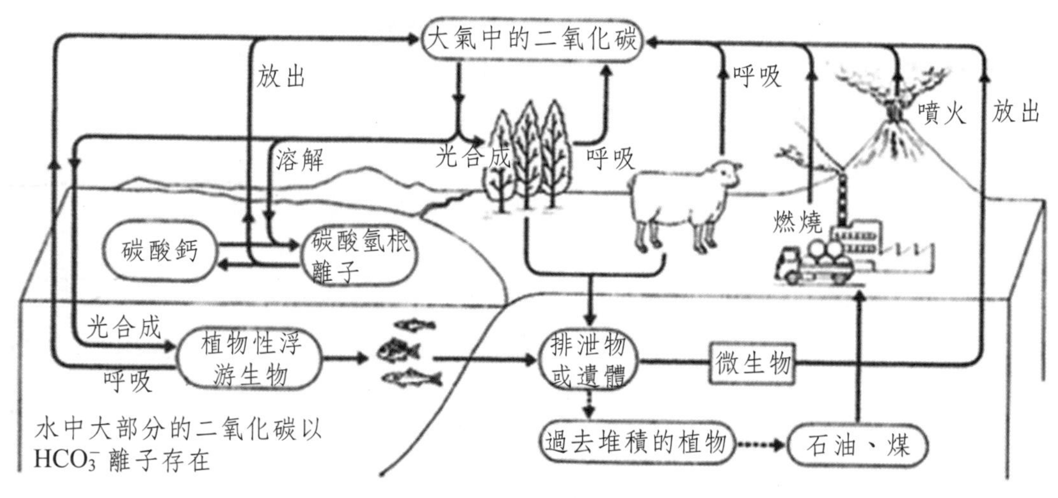

圖 7-24　二氧化碳的循環

二、矽及矽化合物

地殼中氧之外，矽為存量最豐富的元素之一。雖然不像碳在自然界不單體存在，以矽石（silica, SiO_2）方式於石英、燧石及砂等大量存在外，以各種矽酸鹽方式存在於岩石、花崗岩及礦物中。

1. 矽

在電爐加熱石英粉末與煤焦，碳能夠還原二氧化矽為矽，這時為避免副產物 SiC 的生成，需要用過剩的 SiO_2。

$$SiO_2 + 2C \rightarrow Si + 2CO$$

電子工業半導體所用的矽需要極高純度的矽，使矽成四氯化矽（$SiCl_4$）以蒸餾精製後以鎂或鋅來還原，再進一步以單結晶化、帶熔化法等成高純度（99.9999999%）的矽。

$$Si + 2Cl_2 \rightarrow SiCl_4$$
$$SiCl_4 + 2Mg \rightarrow Si + 2MgCl_2$$

矽單體的晶體結構與金剛石的結構相同，具銀白色的金屬光澤，但不是金屬而是半導體。矽晶體中加入微量的 13 族或 15 族元素的原子時可變更其電的傳導性質，因此在積體電路中的半導體大量使用。此外非晶系的矽使用於陽光發電方面。

矽與氧的結合力很強，因此用於製鐵時除去結合於鐵的氧。這時不必使用矽導體，通常使用鐵與矽的合金FeSi。洗滌的鐵、煤焦來還原二氧化矽可得矽鐵合金。

$$SiO_2 + Fe + 2C \rightarrow FeSi + 2CO$$

2.矽的化合物

(1)二氧化矽

二氧化矽（SiO_2）在自然界最常見的矽化合物。較純的二氧化矽以水晶（rock crystal）及石英（quartz）存在，砂為含雜質的二氧化矽。二氧化矽如圖7-26所示，SiO_4的正四面體互相共用氧原子的結構，因此其晶體很硬，熔點亦很高（1550℃）。將二氧化矽在高溫熔化後急冷時變為石英玻璃，在石英玻璃SiO_4的正四面體互相間的配列，如圖7-25(b)所示沒有規則性而具玻璃結構。

石英玻璃在加熱時的膨脹小，故使用為實驗室用的耐熱玻璃。高純度的石英玻璃經加工成長線條做為電信用的光纖維（圖7-26）。

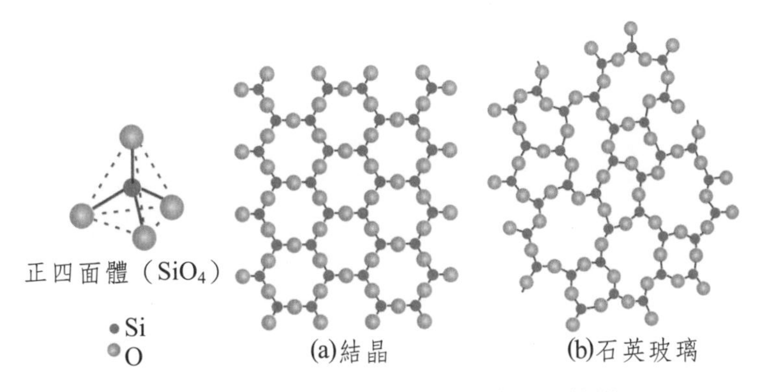

圖7-25 二氧化矽 SiO_2 的平面結構

光纖維

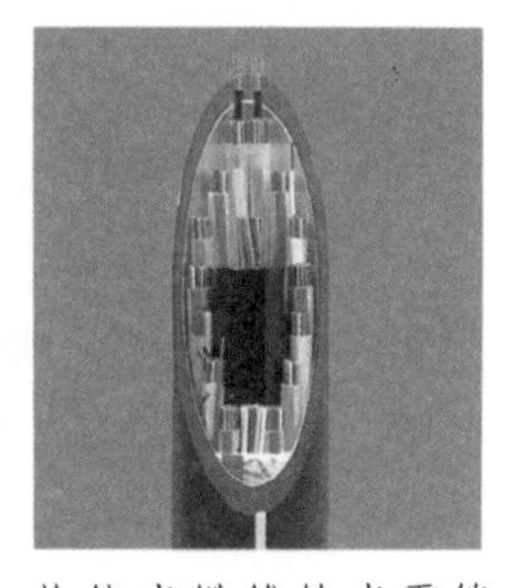

收納光纖維的光電線

圖7-26 光纖維

⑵矽酸及矽酸鹽

二氧化矽與碳酸鈉混合加熱熔化成矽酸鈉（Na_3SiO_3）。

$$SiO_2 + Na_2CO_3 \rightarrow Na_2SiO_3 + CO_2$$

矽酸鈉為玻璃狀固體，加水並加熱即變為黏性很大的液體，稱為水玻璃（water glass）。加鹽酸於水玻璃時生成膠凍狀的半透明矽酸（H_2SiO_3）。

$$Na_2SiO_3 + 2HCl \rightarrow H_2SiO_3 + 2NaCl$$

乾燥矽酸成粒狀的矽凝膠（silica gel）的成分為 $SiO_2 \cdot nH_2O$ 為粒中持多數的微細孔而吸濕性很強故用於乾燥劑（如圖 7-27）。水玻璃可做人造石、玻璃及陶磁器的接著劑及耐火塗料等。

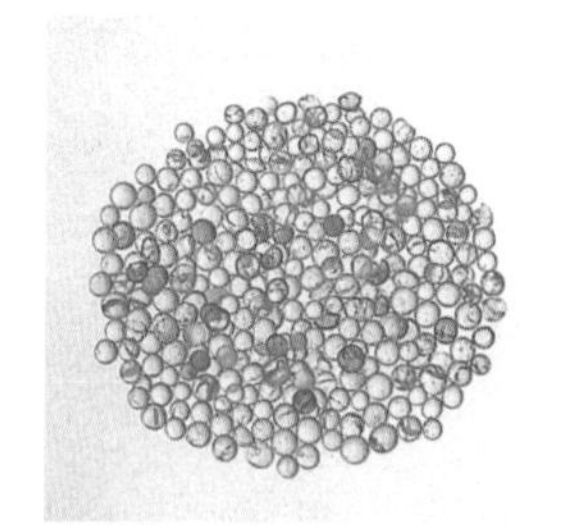

圖 7-27　矽

三、鍺及鍺化合物

鍺以鍺礦石（germanite）即硫化銅、鐵及鍺的混合物存在外，精煉煙道的塵埃中或煤灰中回收而得。從鍺礦石得鍺的方法為先用鹽酸與鍺反應成揮發性的氯化鍺，使氯化鍺加水分解氧化為氧化鍺，最後在 500℃用氫還原得鍺。

$$3GeCl_4 + 2H_2O \rightarrow 2H_2GeCl_6 + GeO_2$$
$$GeO_2 + 2H_2 \rightarrow Ge + 2H_2O$$

鍺是灰白色八面晶體金屬，鍺在空氣中不被氧化，但加熱後可在氧中燃燒。鍺是半導體，廣用於電晶體收音器等。

氧化鍺（GeO_2）為白色固體。氧化鍺難溶於水，可溶於鹽酸成氯化鍺，在鹼溶液中生成鍺酸鹽。

四、錫及錫化合物

1. 錫

錫在地殼中存約 $4 \times 10^{-3}\%$，最主要的錫礦為錫石（tin stone）盛產於馬來西亞半島、緬甸、中國雲南、剛果及澳洲等地。因錫較易與其他雜質分離而被還原為錫單體，故早期的人類就使用錫器。

錫石主要成分為二氧化錫。將錫石擊碎後用水衝去大量雜質後，與煤焦混合於爐中強烈還原錫流出。

$$SnO_2 + C \rightarrow Sn + CO_2$$

如此所得的錫仍有雜質，因此置於傾斜爐中以低溫加熱，因錫的熔點較低（232℃），故熔化為液體，由傾斜爐低部流出，其他雜質較難熔化故仍留在爐中，流出的錫在模中凝固為塊狀錫。

錫有三種同素異形體，灰錫、白錫及脆錫。普通所見的錫為白錫（white tin），白錫具有銀白色光澤，展性大但延性小，可壓成薄的錫箔但不能抽成錫線。加熱白錫到 161℃以上時變脆錫（brittle tin），脆錫容易受錘擊而破碎。白錫降低溫度到 13℃以下時逐漸變為灰色粉末狀的灰錫（gray tin），溫度降低到 −48℃時轉變為灰錫的速度加快，因此嚴寒地區的錫器易破裂成粉狀。

$$\text{灰錫} \xrightleftharpoons{13℃} \text{白錫} \xrightleftharpoons{161℃} \text{脆錫} \xrightleftharpoons{232℃} \text{液態錫}$$

錫緩慢受稀鹽酸或硝酸的作用，但易溶於熱濃硫酸。

$$Sn + 2HCl \rightarrow SnCl_2 + H_2$$
$$Sn + 2H_2SO_4 \rightarrow SnSO_4 + SO_2 + 2H_2O$$

錫富展性，過去大量用於製造錫箔，用於包裹香煙、糖果或藥劑。鍍錫鐵及稱馬口鐵，大量用於罐頭容器以保存食品及飲料並製造玩具。錫因熔點低，易與其他金屬製造特殊用途的合金。表 7-11 為較常見的錫合金。

表 7-11 錫合金

名稱	成分	性質	用途
青銅（bronze）	銅 90%，錫 10%	耐腐蝕、硬度大，可鑄造	雕像、貨幣、裝飾品
銲鑞（solder）	鉛 60%，錫 40%	熔點低	焊接金屬
活字金（type metal）	鉛 75%，銻 20%，錫 5%	凝固時微脹	印刷字體
伍德合金（wood's metal）	鉛 25%，錫 12.5%，鎘 12.5%	熔點低	保險絲
白鑞（pewter）	錫 80%，鉛 20%，少量銻	美觀	裝飾器皿

2. 錫化合物

⑴氯化亞錫

錫箔或錫粒溶於熱濃鹽酸，生成氯化亞錫溶液，加熱蒸發氯化亞錫溶液可得透明的氯化亞錫水合物晶體（$SnCl_2 \cdot 2H_2O$）。

$$Sn + 2HCl \rightarrow SnCl_2 + H_2$$

氯化亞錫溶液易氧化為氯化錫溶液，因此為良好的還原劑，能夠還原氯化汞為汞。

$$2HgCl_2 + SnCl_2 \rightarrow Hg_2Cl_2 + SnCl_4$$
$$Hg_2Cl_2 + SnCl_2 \rightarrow 2Hg + SnCl_4$$

⑵氯化錫

氯化錫（$SnCl_4$）為無色流動性，能發煙的液體。氯化錫與氯化銨所成的錯鹽$(NH_4)_2SnCl_6$，俗稱粉紅鹽（pink salt）為紡織工業使用的媒染劑。棉紗浸於氯化錫中後取出乾燥，紡織所成的布料具有不易燃的特性，做防火布之用。

五、鉛及鉛化合物

1. 鉛

鉛與錫一樣，熔點低而易冶煉，因此早期人類較熟悉而常用的金屬。主要的鉛礦為方鉛礦（galena, PbS），通常與閃鋅礦共同產出。磨碎的方鉛礦經浮選法與閃鋅礦分離，在如圖 7-28 所示的反焰爐中煆燒氧化為氧化鉛，於爐中的煤焦共熱得鉛。

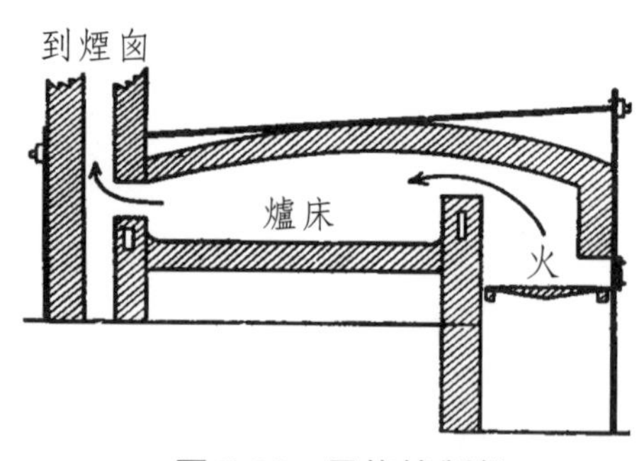

圖 7-28　反焰爐製鉛

$$2PbS + 3O_2 \rightarrow 2PbO + 2SO_2$$
$$PbO + C \rightarrow Pb + CO$$
$$PbO + CO \rightarrow Pb + CO_2$$

鉛是銀白色，質軟的重金屬，鉛在空氣中，表面會生成鹼式碳酸鉛薄膜，可防止鉛內部不再受氧化。鉛與稀鹽酸或稀硫酸反應，其表面所生成的氯化鉛（$PbCl_2$）及硫酸鉛（$PbSO_4$）都難溶於水，因此阻礙反應的繼續進行。

鉛能溶解於硝酸或醋酸，惟鉛與醋酸的反應速率相當的慢。鉛因質軟並易彎曲，廣用於煤氣管或自來水管。鉛的耐酸性用於製造硫酸工廠的內襯材料及蓄電池槽，鉛的比重大（11.34）及較便宜用於製造鉛塊及鉛衣以防護 X 射線及其他輻射線的侵害人體。

2. 鉛化合物

⑴一氧化鉛

一氧化鉛又稱密陀僧（litharge）。鉛在空氣中加熱可得一氧化鉛。

$$2Pb + O_2 \rightarrow 2PbO$$

一氧化鉛為黃色粉末，廣用於製造鉛玻璃、瓷器的釉料及油漆等。

⑵四氧化三鉛

四氧化三鉛為紅色粉末俗稱鉛丹（minium），可視為 $PbO_2 \cdot 2PbO$ 所成的 Pb_3O_4。一氧化鉛在空氣中加熱到 450～470℃時生成四氧化三鉛。

$$6PbO + O_2 \rightarrow 2Pb_3O_4$$

鉛丹用於紅色塗料、油漆及製造鉛玻璃原料。

⑶二氧化鉛

二氧化鉛（PbO_2）為四氧化三鉛與稀硝酸反應所生成的。

$$Pb_3O_4 + 4HNO_3 \rightarrow PbO_2 + 2Pb(NO_3)_2 + 2H_2O$$

以熱水洗出所生成的硝酸鉛後，在 100℃乾燥二氧化鉛沉澱。二氧化鉛為一種強氧化劑，應用於蓄電池的正極板。

第六節　氫和惰性元素

氫是一種很獨特的元素。氫原子的電子組態為 $1s^1$，與鹼金族價電子的 ns^1 組態相似，因此放在元素週期表的第 1 族，可是鹼金族易失去 ns^1 電子成陽離子，但氫不易失去 $1s^1$ 電子而與其他元素原子共用電子組成共價化合物。週期表第 18 族元素為惰性氣體（inert gas），在地球上存在量很稀少故又稱稀有氣體（rare gas）。惰性氣體的氦的價電子為 $1s^2$ 外其他的氖、氬、氪、氙、氡都是 ns^2，np^6 的安定八隅體組態。這一節將討論氫和惰性氣體。

一、氫

1. 氫的存在與製法

在地球大氣中氫不到 0.03%，但科學家從光譜得知太陽外圍的大氣幾乎都是氫，科學家相信太陽系由 75.4%的氫及 23.2%的氦所組成，兩者合起來約佔 99%之多。圖 7-29 為構成自然界的元素之存在比。

實驗室通常由活潑金屬（如鈉）與水的反應或一般金屬（如鋅）與酸的反應來製氫。

$$2Na + 2H_2O \rightarrow 2NaOH + H_2$$
$$Zn + 2HCl \rightarrow ZnCl_2 + H_2$$

工業上使水汽通在紅熱的煤焦，生成一氧化碳和氫的混合氣體，稱為水煤氣（water gas）。將水煤氣與過量的水汽通過鐵催化劑，一氧化碳氧化成二氧化碳，能夠與氫分離。

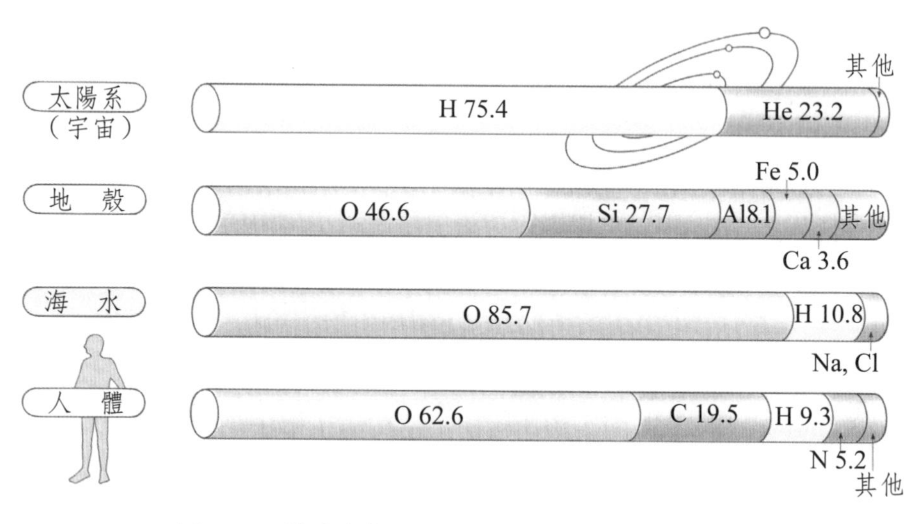

圖 7-29 構成自然界的元素之存在比（質量%）

$$C_{(s)} + H_2O_{(g)} \rightarrow CO_{(g)} + H_{2(g)}$$

$$CO_{(g)} + H_2O_{(g)} + H_{2(g)} \rightarrow 2H_{2(g)} + CO_{2(g)}$$

2. 氫的性質和用途

氫是無色、無臭、無味的氣體。氫的密度在STP時為0.08987g/L在一切氣體中最小的。氫不助燃，但可燃燒。氫與氧混合點火時會起爆炸性反應而生成水。

$$2H_2 + O_2 \rightarrow 2H_2O$$

在暗處混合氫與氯不起任何反應，但見光時起爆炸性反應而生成氯化氫。

$$H_2 + Cl_2 \rightarrow 2HCl$$

氫在過去用於填充汽球、汽艇以增加浮力，惟因具燃燒性質，現改用氦。工業上氫為製造氨、甲醇及氯化氫等的原料外，用於植物油的硬化以製造人造奶油，此外可做冶金時的還原劑。太空業上氫為火箭的良好燃料，因氫燃燒不污染空氣，故為人類未來最有希望的能源。

3. 氫的同位素

氫有兩個安定的同位素氫和氘（deuterium，D或 ^2_1H），一個放射性同位素的氚（tritium，T 或 ^3_1H）。

1931年尤列（urey）等從光譜研究中發現氘的存在，1933年路以士（Lewis）使用鎳電極從事長時間的0.5N NaOH之電解獲得近於純的 D_2O 留存。電解時在陰極較易產生 H_2 而 D_2 較慢產生的原因有：

(1) H_2O 較 D_2O 易被還原。$H_2O + H \rightarrow OH^- + H_2$

(2) $H + H \rightarrow H_2$ 的活化能較 $D + D \rightarrow D_2$ 活化能低。

(3) HD與水交換並放出 H_2，$HD + H_2O \rightarrow HDO + H_2$

1934年拉塞福（Rutherford）等以加速的氘核衝擊含氘化合物得氚。

$$^2_1D + ^2_1D \rightarrow ^3_1H + ^1_1H$$

宇宙線的中子與大氣中的氮及應亦生成氚，但此反應的機率很少。

$$^1_0n + ^{14}_7N \rightarrow ^3_1H + ^{12}_6C$$

圖 7-30 為三個氫同位素的結構，核外電子及核內質子數都各一個，但中子數不同。

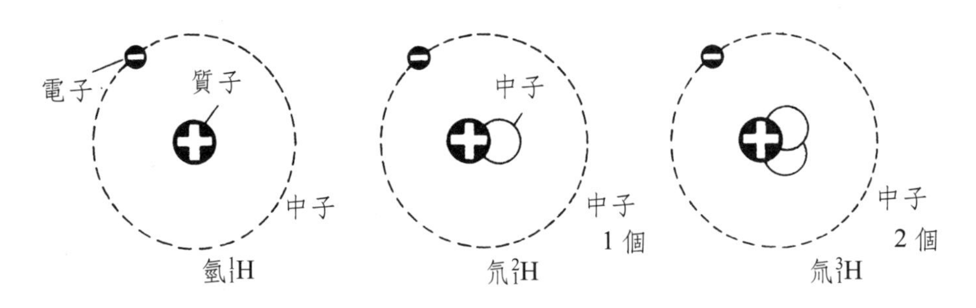

圖 7-30　氫的同位素

表 7-12 為氫、氘、水及重水的性質的比較，氧化氘（D_2O）又稱為重水，氘又稱為重氫。

表 7-12　氫、氘、水及重水的性質

	H_2（氫）	D_2（重氫）	H_2O（水）	D_2O（重水）
密度（g/mL）	——	——	1.00000	1.10764
最大密度時之溫度	——	——	4.0℃	11.23℃
熔點	13.95K	18.65K	0℃	3.802℃
沸點	20.38K	23.50K	100℃	101.42℃
三相點	13.92K	18.58K	0.0077℃	3.809℃
比熱（20℃）	——	——	1.000	1.018
臨界溫度	——	——	374.2℃	371.5℃
蒸發潛熱（g · cal/mole）	219.7	303.2	9700	9960
熔化潛熱（g · cal/mole）	28	47	1436	1510
固體莫耳體積（mL）	23.31	20.48	19.66	19.08
黏度（20℃，毫泊）	——	——	10.09	12.60

重水（D_2O）在核能方面有特殊用途。一般原子爐使用水為冷卻劑及中子的緩和劑（moderator）。使用重水做冷卻劑及緩和劑的重水爐（heavy water reactor）除了上述兩種效用外，重氫與爐中的α射線反應，可產生中子以提升原子爐的效率。

$$ {}^{0}_{0}\alpha + {}^{2}_{1}H \rightarrow {}^{1}_{0}n + {}^{1}_{1}H $$

氚放出 0.018MeV 的β^-射線，半生期 12.6 年，為較安全使用的放射性同位素，可做示蹤劑（tracer）來追蹤含氫化合物在物理、化學、生物或工程方面的行蹤及舉動。

4. 氫化合物

⑴鹽狀氫化物

在氫氣中加熱金屬可得晶體狀的氫化物

$$ Ca + H_2 \rightarrow CaH_2 $$

已知鹽狀氫化物有 LiH，NaH，KH，RbH，CsH 及 CaH_2，SrH_2，BaH_2 等。

⑵共價氫化物

例如硼與氫能夠製成二硼烷（diborane, B_2H_6），四硼烷（tetraborane, B_4H_{10}）等共價結合的硼氫化物。二硼烷為具有特異臭味的氣體，易與冷水反應生成硼酸及氫。

二、惰性氣體

惰性氣體位於元素週期表的最右邊一行，為第 18 族元素，在常溫都以單原子分子存在的無色、無臭、無味的氣體。表 7-13 為惰性氣體的各種性質的比較。惰性氣體的熔點及沸點都甚低。惰性氣體的原子都具安定的電子組態，因此其第一游離能都較其他族元素的第一游離能高很多。

表 7-13　惰性氣體的性質

元素	氦	氖	氬	氪	氙	氡
元素符號	He	Ne	Ar	Kr	Xe	Rn
價電子電子組態	s^2	$2s^22p^6$	$3s^23p^6$	$4s^24p^6$	$5s^25p^6$	$6s^26p^6$
臨界溫度（℃）	−267.9	−228.7	−122.44	−62.5	16.6	104.5
臨界壓力（atm）	2.26	26.86	47.996	54.3	58.2	62.4
沸點（℃）	−268.87	−245.92	−185.85	−152.9	−107.1	−62
熔點（℃）	−272	−248.52	−189.25	−157	−111.5	−71
第一游離能（eV）	24.587	21.564	15.759	13.999	12.130	10.748
空氣中所含體積（%）	5.2×10^{-4}	1.82×10^{-3}	0.934	1.14×10^{-3}	8.7×10^{-6}	1×10^{-10}

在太陽系的宇宙中氦佔約 23%，但地球大氣中氦的存在量不多，除了美國西南部的天然氣的主要成分之一為氦而成為供應世界所使用的氦的來源，天然氣液化後經分餾可得氦。此外地球上所得的氦是地球內部的鈾等放射性元素，經阿伐（alpha, α）衰變的阿伐粒子的氦原子。液態氦為一切物質中沸點最低的，用於超導體的冷劑。氦密度低，無燃燒性，因此用於氣球及飛艇的充填氣體。在潛水作業時使用氧與氦的混合氣體來呼吸，這是因為使用壓縮空氣呼吸的潛水夫浮上時，因在海水中變高壓而溶解於血液中的氮，浮上時減壓而急速氣化，在血管中產生氣泡而阻止血液的流通。使用氦時不會起如此現象。氖、氬、氪、氙等氣體都由液態空氣的分餾來得。氬在空氣中約有 1%的量，大部分都是由鉀化合物中的 ^{40}K 經放射性衰變所成的 ^{40}Ar 而累積於地球的。氖封入在放電管中成霓虹燈之外，用做雷射光源。氬封入於白熱燈泡或螢光燈中，在白熱燈泡的目的是防止鎢絲的氧化以延長燈泡的壽命，在螢光燈的氬能使容易放電的開始，兩者都是利用氬是惰性氣體而不與其他物質反應的特性。惰性氣體亦用於熔接或精煉金屬時防止金屬在高溫的劣化。此外亦用為雷射光源。霓虹燈裝入氪時會發出綠色或淡紫紅色的光。放電管中封入氙時能夠放出藍色到紫外部的光，因此用於日曬美容室、誘蛾燈、滅菌燈等。照相機用的閃光燈為氙氣燈泡受高電壓所產生瞬

圖 7-31　飛行船

間性白色光的。

氙雖然是惰性氣體，但自廿世紀中葉開始，科學家已製成多種氙化合物。表 7-14 為氙化合物及其特性。

表 7-14 氙化合物

氧化態	化合物	熔點（℃）	結構	特性
2	XeF_2 $XeF^+XeF_6^-$	129	直線型	安定的固體，水解為 $Xe+O_2$，強氧化劑
4	XeF_4 $XeOF_2$	117 31	平面四面體	安定，強氧化劑 不安定
6	XeF_6 $CsXeF_7$ $XeOF_4$ XeO_2F_2 XeO_3	49.6	扭歪八面體 正方形金字塔型 金字塔型	安定 >50℃起分解 安定 不安定 爆炸性
8	XeO_4 XeO_6^{4-}		四面體型 八面體型	爆炸性 弱酸性陰離子

第七章　習題

1. 下列元素週期表中第 3 週期元素的氧化物分類為酸性氧化物、鹼性氧化物及兩性氧化物並寫出其化學式。
   ⑴氧化納
   ⑵氧化鋁
   ⑶十氧化四磷
   ⑷三氧化硫
2. 下列各敘述中的 A～H 為元素週期表中各為不同的元素而各具有⑴到⑽的特性。以元素符號回答 A～H 是什麼元素。
   ⑴ A 元素在常温帶黃綠色的刺激臭的氣體。
   ⑵ B 為岩石或土壤的成分而廣分佈於地球上，在地殼中存在率僅次於氧。
   ⑶在空氣中強烈 C 元素時放出強光而燃燒。
   ⑷ O 的單體在常温為無色、無臭的氣體而其分子量與原子量相等。
   ⑸ E 形成刺激臭氣體氧化物而此氧化物為酸雨的成份。
   ⑹ F 含於動物的牙齒或骨骼裡。
   ⑺含 G 的化合物表現黃色的炎色反應。
   ⑻ H 的單體、氧化物及氫氧化物呈兩性性質，能夠溶解於濃酸或強鹼。
   ⑼ C、G、H 為金屬元素，G 單體在常温與水激烈反應。
   ⑽ E、F 的元素單體，各有同素異構體。
3. 補集下列反應發生的八種類氣體A~H後調查其性質，該氣體為十分乾燥的不含不純物。試回答下列問題。
   氣體 A：加濃鹽酸於二氧化錳並加熱。
   氣體 B：加濃硫酸於氯化鈉並加熱。
   氣體 C：氯酸鉀與二氧化錳混合而加熱。
   氣體 D：硫化鐵（II）加稀硫酸。
   氣體 E：濃硫酸加於銅並加熱。
   氣體 F：混合氫氧化鈣與氯化銨並加熱。
   氣體 G：加濃硝酸於銅。
   氣體 H：加稀鹽酸於碳酸鈣。
   ⑴向下排空氣法所補集的氣體為什麼氣體？
   ⑵使用觸媒的反應為什麼氣體，以發生氣體的分子式回答。

⑶選出氣體分子具極性的 3 例並以氣體分子式回答。

⑷由氧化還原反應所生成的氣體為那些？選出所有的並以化學式回答。

⑸對入於玻璃容器內的氣體 G 以冰冷卻後，顏色變淡，加温時恢復原來的濃褐色。以可逆反應式表示此一變化。

⑹通氣體B於硝酸銀溶液時生成白色沉澱。在此懸濁液中進一步通氣體F時沉澱被溶解，寫出此時生成的陽離子的化學式與名稱。

⑺通氣體E於氣體D的水溶液時生成白色混濁，以化學反應式表示此變化。

4. 試比較碘在下列各項時所呈的顏色。

⑴固態碘

⑵碘溶於酒精溶液

⑶碘溶於四氯化碳溶液

⑷碘的蒸氣

5. 將 3.171g 的草酸二水合物 $H_2C_2O_4 \cdot 2H_2O$ 溶於水調配草酸溶液。中和此草酸溶液 10.0mL 所需要氫氧化鈉溶液為 9.20mL。使用此氫氧化鈉溶液滴定 10.0mL 的醋酸溶液。需用氫氧化鈉溶液 9.17mL。

⑴氫氧化鈉水溶液為多少莫耳／升？

⑵醋酸水溶液為多少莫耳／升？

6. 下列有關⑴～⑸的氣體中，試選出適合於其性質及製備所需的藥品（同樣的藥品只能選一次）和收集氣體的方法。以化學反應式表示製備該氣體的方法。

⑴硫化氫

⑵氯化氫

⑶氨

⑷二氧化氮

⑸氧

（性質）

a.紅綠色氣體，溶於水呈酸性，水溶液具氧化力。

b.具腐蛋氣味，溶於水呈弱酸性，水溶液具有還原性。

c.刺激性氣味，溶於水呈強酸性，使硝酸銀水溶液呈白色混濁。

d.刺激性氣味，易溶於水，在此水溶液滴入酚酞指示劑時變紅色。

e.無色、無臭氣體，略溶於水，水溶液呈中性。

（藥品）

a.NH_4Cl　b.FeS　c.NaCl　d.$Ca(OH)_2$

e.H_2O_2　f.MnO_2　g.銅片　h.濃硫酸

i.濃硝酸　j.鹽酸

（收氣法）

a.排水集氣法

b.向上排空氣法

c.向下排空氣法

7. 下列那項反應不會產生氯？

⑴漂白粉加酸

⑵食鹽水的電解

⑶加熱食鹽與濃硫酸混合物

⑷加熱食鹽、硫酸、二氧化錳混合物

8. 寫出自氨製造硝酸的化學反應式，試計算自1kg的氨能夠製造70%的硝酸多少kg？

第 8 章

金屬元素與其化合物

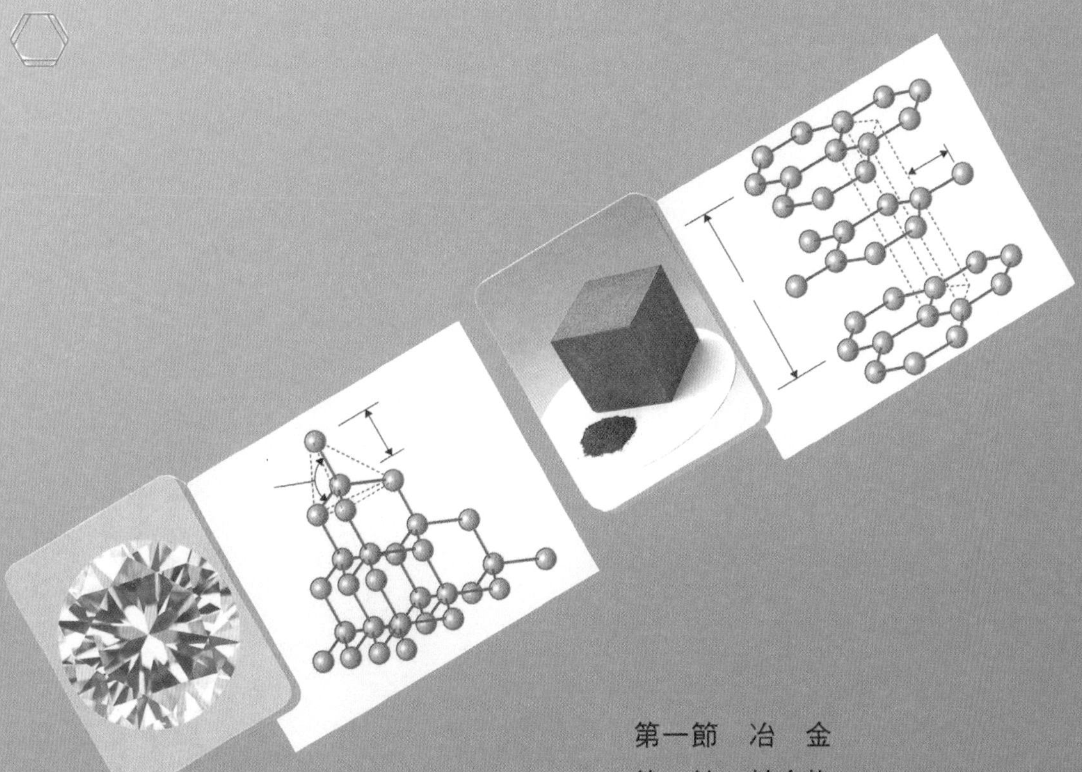

第一節　冶　金
第二節　鹼金族
第三節　鹼土金族
第四節　兩性元素
第五節　過渡元素

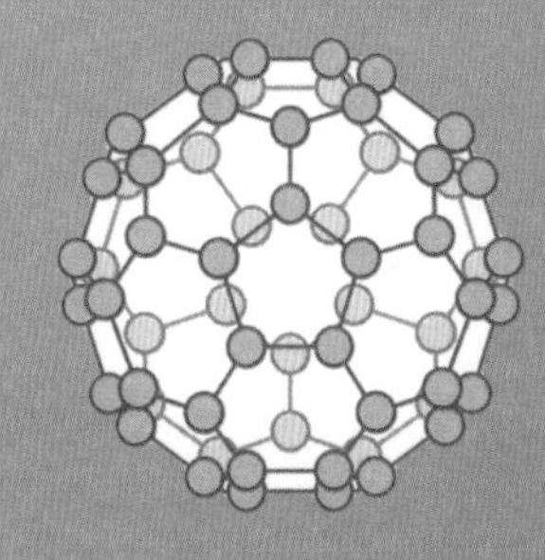

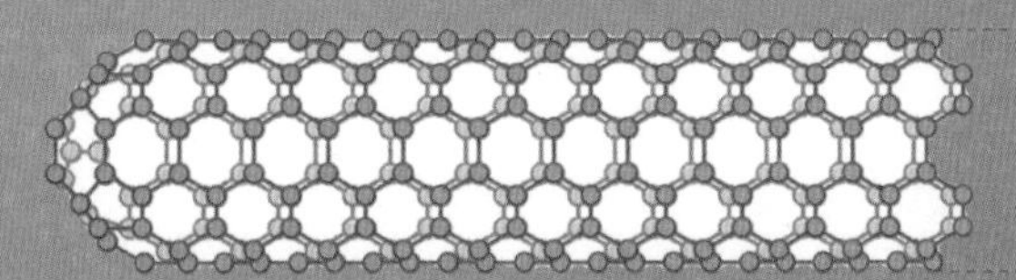

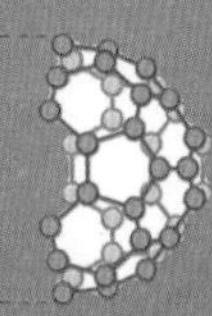

圖 8-1

金、銀、銅、鐵等金屬元素自紀元前數千年已被人類發現及使用。各種元素的發現與其存在率及冶煉方法有關。氧化汞只以加熱就可分離得汞，其他金屬礦石通常煅燒後以煤焦、一氧化碳或氫等還原劑來還原而得金屬單體。鹼金族元素即需等待電化學技術之開發後才能製得。

元素週期表中金屬元素的佔四分之三以上，自古與人類生活有密切關係。本章將探討金屬元素和其化合物，與金屬的人類現代生活的關係。

第一節　冶　金

從礦石萃取金屬並製為各種用途的材料之過程稱為冶金（metallurgy）。在自然界除了金、鉑、銀等貴金屬能以元素單體存在外，多數金屬都以鹵化物、氧化物、硫化物、碳酸鹽、硫酸鹽或矽酸鹽方式存在於礦石中。圖 8-2 為鐵礦及銅礦。表 8-1 表示主要的礦石。

磁鐵礦 $FeO \cdot Fe_2O_3$

孔雀石 $CuCO_3 \cdot Cu(OH)_2$

赤鐵礦 Fe_2O_3

黃銅礦 $CuFeS_2$

圖 8-2　鐵礦石及銅礦石

表 8-1 主要的礦石

型式	例	摘要
元素單體	Au, Pt, Ag, Hg	
鹵化物	Na, K, Mg, 鹵化物	溶於水
	AgCl, AgBr	不溶於水
氧化物	Fe, Mn, Cr, Al, Cu, Sn	重要礦石
硫化物	Hg, Cu, Zn, Pb, Ni, Co, Bi, Sb, Ag	重要礦石
硫酸鹽	Ca, Sr, Ba, Pb	
矽酸鹽	Ni, Zn	不適合冶金
碳酸鹽	Ca, Mg, Fe	

1. 預備處理

從礦石除去雜質成為環縮成分的過程稱為預備處理（preliminary treatment）。通常將開採的礦石粉碎。篩選通過傾斜的槽，以水沖走較輕的岩石不純物，留較重的金屬礦石沉積於底部，此一分離的方法稱為比重選礦法。對於鋅、銅、鋁礦即使用如圖 8-3 所示的淨選法。礦石細碎末、起泡劑或油、水等放於大槽內，從中央的管通入壓縮的空氣攪拌混合物，金屬礦粒子被油濕潤附著於油泡沫面漂浮，岩石碎及不純物與水從槽底流出而分離。對於磁鐵礦的四氧化三鐵則使用磁力分離法選礦。粉碎過的礦石粉末經過磁場時，Fe_3O_4被磁場吸引而與岩石粉末分離。

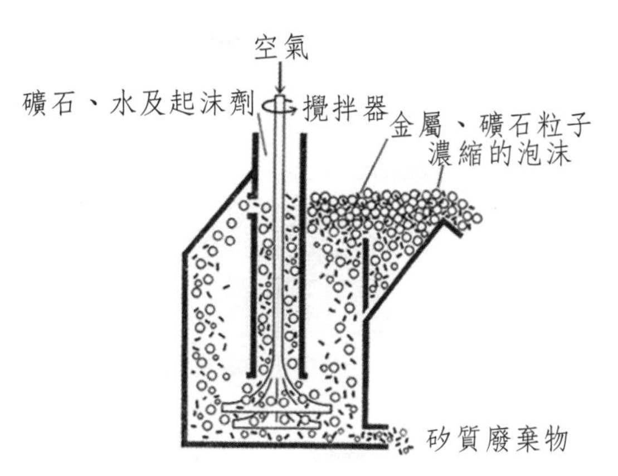

圖 8-3 淨選法圖解

2. 還原

冶金的第二步驟為還原，即使用還原方法使金屬化合物還原為金屬單體。表 8-2 表示用於金屬礦物還原為金屬的各種方法及範例。

表 8-2　金屬礦的還原方法

方法	金屬	反應例
空氣中加熱元素礦	鉑、金、銀	
空氣中加熱硫化礦	汞	$HgS+O_2 \rightarrow Hg+SO_2$
氧化物礦與碳共熱	鐵、鈷、鎳、鉛、錫、鋅	$ZnO+C \rightarrow Zn+CO$ $ZnO+CO \rightarrow Zn+CO_2$
鹵化物礦與活潑金屬共熱	鈦、鈾、鉻	$TiCl_4+2Mg \rightarrow 2MgCl_2+Ti$ $UF_4+2Ca \rightarrow 2CaF_2+U$
氧化物礦與氫共熱	鎢、鎳	$WO_3+3H_2 \rightarrow 3H_2O+W$
熔化氯化物或鹽的電解	鹼金族、鹼土金族、鋁、鑭系金屬	$2NaCl \xrightarrow{電解} 2Na+Cl_2$

3. 精煉

冶金的第三步驟為精煉（refining）。精煉就是使金屬純化。精煉的過程隨不同金屬而異。汞、鋅等沸點與較低的金屬使用蒸餾法精煉。錫、鋁、鉍等金屬即以液化法精煉。其他金屬即在各節討論該金屬時介紹。

第二節　鹼金族

元素週期表第一族除氫以外的鋰、鈉、鉀、鉚、銫和鍅六元素，因其水溶液都呈鹼性，因此稱為鹼金族元素（alkali metal element）。

一、鹼金族的通性

鹼金族元素都是銀白色金屬。在空氣中易被氧化，因此如圖 8-4 所示貯存於石油中。鹼金族具有熱與電的良導體，富於展性及延性等金屬元素的典型性質外，具有下列與一般金屬不太相同的特性：

圖 8-4 鋰、鈉、鉀的貯存

1. 鹼金族元素的熔點及沸點都不平常的低。
2. 鹼金族元素的密度低，可浮於水面。（惟不能放入水中，因為會起化學反應）
3. 鹼金族元素質軟，可用刀切割。表 8-3 為鹼金族元素性質的比較。

表 8-3 鹼金族元素

元素	式	熔點（℃）	沸點（℃）	密度（g/cm^3）	游離態（kJ/mol）	焰色
鋰	Li	181	1350	0.53	520.2	紅
鈉	Na	98	883	0.97	495.8	黃
鉀	K	64	774	0.86	418.8	紫
銣	Rb	39	688	1.53	403.0	淡紅
銫	Cs	28	678	1.87	375.7	青紫

鍅為痕跡量存在的放射性元素

鹼金族元素的原子的價電子只有一個而游離態較低，因此易放出價電子而成正一價的陽離子。游離能隨原子序的增加而減少，因此鹼金族元素的化學性質隨原子序的增加而增強。鹼金族元素的化學性質有：

1. 鹼金族元素與水反應

鹼金族與水反應，生成氫氧化物和氫。

$$2M + 2H_2O \rightarrow 2MOH + H_2$$

例如：

$$2Li + 2H_2O \rightarrow 2LiOH + H_2$$
$$2Na + 2H_2O \rightarrow 2NaOH + H_2$$

鋰與水的反應較溫和，鈉或鉀與水反應所放出的熱能可熔化鈉或鉀外，著火燃燒。

2.鹼金族元素的氧化

鹼金族元素除鋰外在乾燥空氣中被氧化成氧化物。加熱鹼金族時，起火燃燒成氧化鋰（Li_2O）或過氧化物（Na_2O_2, K_2O_2, Rb_2O_2）。

3.鹼金族氧化物與水反應

鹼金族氧化物溶於水時，與水反應生成氫氧化物而呈鹼性。

$$M_2O + H_2O \rightarrow 2MOH$$

例如：

$$Na_2O + H_2O \rightarrow 2NaOH$$
$$K_2O + H_2O \rightarrow 2KOH$$

4.鹼金族元素與鹵素的反應

鹼金族元素與鹵素反應，生成鹵化物等鹽類。

$$2M + X_2 \rightarrow 2MX$$

例如：

$$2Na + Cl_2 \rightarrow 2NaCl$$

表 8-4 為常見的鹼金族元素鋰、鈉、鉀化學性質的比較。

表 8-4 鋰、鈉、鉀的化學性質

元素	與水反應	與氯反應	氧化物	氧化物與水	鹽類
鋰	反應溫和生成 H_2 與 LiOH	加熱後反應成白色 LiCl	Li_2O	LiOH	均能生成白色離子晶體的氯化物，硝酸鹽、碳酸鹽均能溶於水
鈉	反應活潑，生成 H_2 與 NaOH	加熱時活潑反應生成白色 NaCl	Na_2O	NaOH	
鉀	反應劇烈，生成 H_2 與 KOH（有爆炸可能）	加熱時劇烈反應生成白色 KCl	K_2O	KOH	

二、鈉及鈉化合物

自然界中無單體存在的鈉。海水中含約 3%的氯化鈉。俗稱智利硝石的硝酸鈉（$NaNO_3$）盛產於智利。其他較著名的鈉礦石有鈉長石（$NaAlSi_3O_8$）、冰晶石（Na_3AlF_6）、硼砂（$Na_2B_4O_7 \cdot 10H_2O$）等。

1. 鈉的製造

鈉因活性大，在實驗室通常不自製而使用市售之鈉。工業上以電解熔化的氯化鈉製造鈉。圖 8-5 為能夠分離鈉與氯的當士電解槽（Downs cell）的結構。槽中放入氯化鈉和氯化鈣，加氯化鈣的目的在於使氯化鈉的熔點由 801℃降到 580℃。以鐵製的陰極環繞於石墨製的陽極。

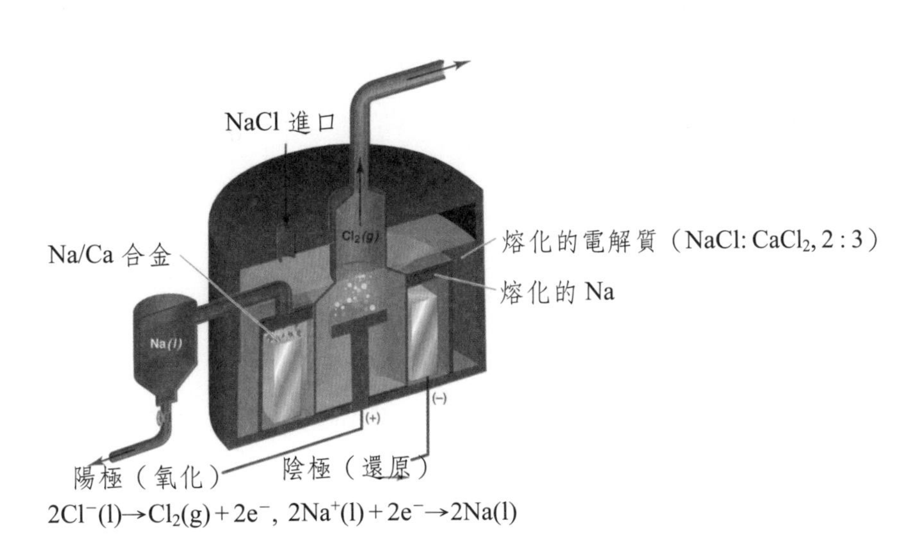

圖 8-5 當士電解槽

陰極反應：$2Na^+ + 2e^- \rightarrow 2Na$

陽極反應：$2Cl^- \rightarrow Cl_2 + 2e^-$

氯離子到陽極放出電子後生成的氯氣由陽極的套管移出。陰極生成的熔化鈉浮在熔點較高的鈉鈣合金上面，以虹吸作用移出液態鈉貯存於石油中。

2. 鈉的性質

鈉是銀白色金屬光澤的固體在空氣中易氧化。鈉與水劇烈反應，故貯存於石油中。圖 8-6 表示鈉為軟金屬，用刀切割的面有金屬光澤。鈉的化學性質很活潑，主要的反應為：

圖 8-6　鈉的截面

⑴鈉與水的反應

鈉與水反應生成氫氧化鈉與氫。反應所生成的熱足夠使鈉熔化並使氫燃燒。

$$2Na + 2H_2O \rightarrow 2NaOH + H_2$$

⑵鈉與氧反應

鈉在空氣中或燃燒鈉，都生成過氧化鈉。過氧化鈉與冷的硫酸反應，可生成過氧化氫。

$$2Na + O_2 \rightarrow Na_2O_2$$

$$Na_2O_2 + H_2SO_4 \rightarrow Na_2SO_4 + H_2O_2$$

⑶鈉的還原性

鈉本身易氧化成鈉離子，因此為良好的還原劑，用於製造其他金屬元素。

$$CaCl_2 + 2Na \rightarrow 2NaCl + Ca$$

$$TiCl_4 + 4Na \rightarrow 4NaCl + Ti$$

⑷鈉與鹵素的反應

鈉與鹵素反應可得鹵化鈉。

$$2Na + X_2 \rightarrow 2NaX$$

$$2Na + Cl_2 \rightarrow 2NaCl$$

⑸鈉與氫的反應

鈉與氫氣反應生成氫化鈉。

$$2Na + H_2 \rightarrow 2NaH$$

⑹鈉與氨的反應

鈉與氨在 200℃～300℃的溫度時能起反應，生成胺化鈉和氫。

$$2Na + 2NH_3 \rightarrow 2NaNH_2 + H_2$$

3. 鈉的用途

鈉蒸氣裝入於燈泡中所成的鈉光燈為高速公路或機場常用的照明燈。鈉與汞所成的鈉汞齊（sodium amalgam），為良好的還原劑。鈉鉀合金熔點低，在室溫可保存於液態存在而且為熱的良導體，因此用於原子能潛艇或航空母艦的原子爐之冷卻劑及熱傳導劑。

4. 鈉化合物

⑴氫氧化鈉

氫氧化鈉俗稱燒鹼，為重要的化學工業材料。純粹的氫氧化鈉為白色固體，具很滑的潮解性，在空氣中易吸收水分而潮解，又易吸收二氧化碳生成碳酸鈉。碳酸鈉加石灰水共熱生成氫氧化鈉及碳酸鈣沉澱。

$$Na_2CO_3 + Ca(OH)_2 \rightarrow 2NaOH + CaCO_3$$

二氧化碳被氫氧化鈉吸收的反應為：

$$CO_2 + 2NaOH \rightarrow Na_2CO_3 + H_2O$$

氫氧化鈉具很強的腐蝕性，能腐蝕皮膚及衣類外，濃氫氧化鈉溶液甚至能侵蝕玻璃。氫氧化鈉溶液為強鹼，能夠與酸起中和反應。

$$NaOH + HCl \rightarrow NaCl + H_2O$$
$$2NaOH + H_2SO_4 \rightarrow Na_2SO_4 + 2H_2O$$

氫氧化鈉與油脂反應，生成肥皂與甘油稱為皂化反應，關於皂化反應將於第九章有機化學討論。

近代工業的人造絲、紙漿、肥皂等之製造工業需用大量氫氧化鈉外，在石油工業、染料工業及食品工業亦需用氫氧化鈉。

⑵碳酸鈉

碳酸鈉俗稱鈉鹼灰，為重要工業原料之一。碳酸鈉可由礦山直接開採外，全世界總消耗量的九成以上均由索耳未法（Solvay process）製得。索耳未法又稱氨鹼法（ammonia soda process），是由比利時的索耳未（Ernest Solvay）於1865年開發成功以灰石、食鹽和氨製造碳酸鈉的經濟法。圖8-7為索耳未法製造碳酸鈉的流程圖。實線表示反應過程、虛線表示回收過程。

A：$CaCO_3 \rightarrow CaO + CO_2$

B：$NaCl + NH_3 + CO_2 + H_2O \rightarrow NaHCO_3 + NH_4Cl$

C：$2NaHCO_3 \rightarrow Na_2CO_3 + H_2O + CO_2$

D：$CaO + H_2O \rightarrow Ca(OH)_2$

E：$2NH_4Cl + Ca(OH)_2 \rightarrow CaCl_2 + 2NH_3 + 2H_2O$

氨通入氯化鈉飽和溶液後再通入二氧化碳，生成碳酸氫鈉沉澱：

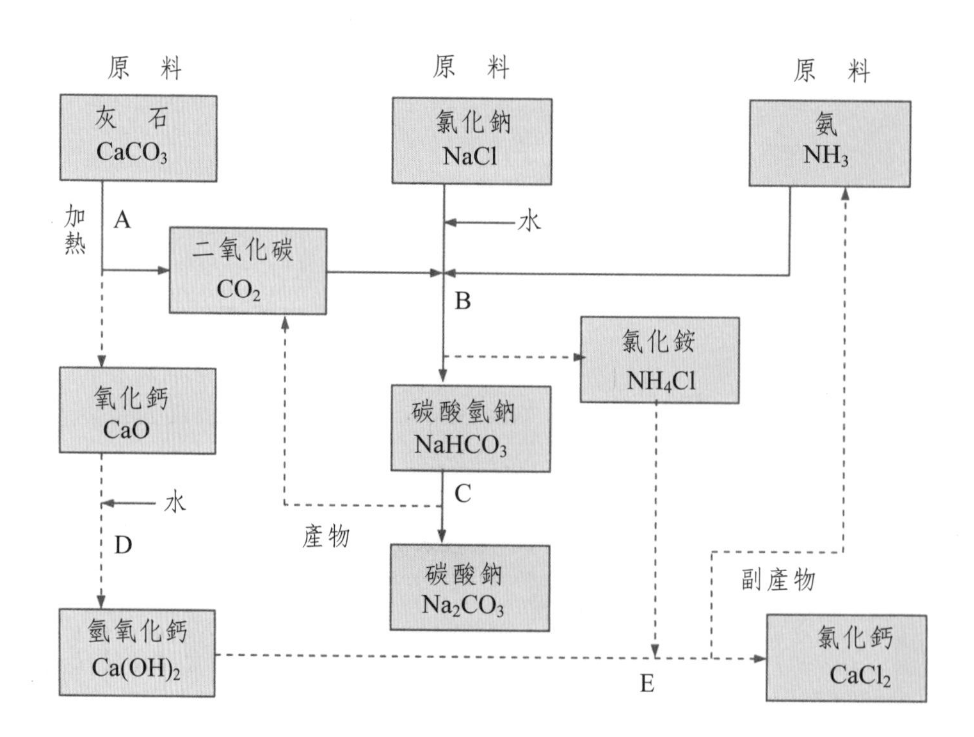

圖8-7 索耳未法製造碳酸鈉的流程

$$NH_3 + NaCl + CO_2 + H_2O \rightarrow NaHCO_3 + NH_4Cl$$

過濾得碳酸氫鈉沉澱後，乾燥並加熱得碳酸鈉：

$$2NaHCO_3 \rightarrow Na_2CO_3 + H_2O + CO_2$$

副產物的氯化銨與氫氧化鈣反應，生成氨與氯化鈣，因此可回收氨再使用，上一反應所生成二氧化碳亦回收使用。整個過程中只消耗灰石及氯化鈉而已。

$$2NH_4Cl + Ca(OH)_2 \rightarrow CaCl_2 + 2NH_3 + 2H_2O$$

無水碳酸鈉為白色粉末，易溶於水呈鹼性溶液。製造玻璃需用大量的碳酸鈉外，紙漿、造紙工業、肥皂工業及硬水的軟化等均需用碳酸鈉。

三、鉀及鉀化合物

鉀較鈉活潑，不能用電解法製造鉀，通常使熔化的氯化鉀與鈉加熱至850℃還原鉀之方式製得。

$$KCl + Na \rightarrow NaCl + K$$

鉀的還原力較鈉強，一見此一反應不能進行，但因反應溫度成立下列平衡

$$K^+_{(l)} + Na_{(g)} \rightleftharpoons K_{(g)} + Na^+_{(l)}$$

鈉較鉀易氣化可從反應系以分餾除去，因此平衡向右移動而分離高純度的鉀。

鉀是銀白色的軟金屬元素。遇到空氣時表面產生藍色膜並慢慢熔化著火燃燒。鉀遇水起劇烈反應所生成的氫能自發火焰燃燒。

鉀價較貴，通常以鈉代替。氫氧化鉀可從硫酸鉀粉末與氫氧化鋇飽和溶液共熱製得。

$$K_2SO_4 + Ba(OH)_2 \rightarrow 2KOH + BaSO_4$$

氫氧化鉀為白色潮解性固體。氫氧化鉀用於製造軟肥皂外，做其他鉀化合物的材料。

氯酸鉀（$KClO_3$）為實驗室常用於製造氧的無色透明晶體，氯通入於氯化鉀及消石灰溶液中製得氯酸鉀。

$$6Cl_2 + 6Ca(OH)_2 \rightarrow Ca(ClO_3)_2 + 5CaCl_2 + 6H_2O$$

$$Ca(ClO_3)_2 + 2KCl \rightarrow 2KClO_3 + CaCl_2$$

氯酸鉀為氧化劑，氯酸鉀與硫粉、蔗糖或其他可燃物質混在一起時易起爆炸。氯酸鉀用為氧化劑、消毒劑、漂白劑外做火藥、煙火、火柴等之材料。

四、鋰、銣、銫

1. 鋰（Li）

鋰（Li）為最輕的金屬，比重只有 0.534。鋰是銀白色金屬元素，較鈉硬，與水反應生成氫，在空氣中燃燒生成氧化鋰（Li_2O）。$4Li + O_2 \rightarrow 2Li_2O$ 這一點與鈉、鉀不一樣，鈉或鉀在空氣中燃燒生成過氧化鈉或過氧化鉀。現在照相機、電話、錄影機使用可再充電的鋰電池。氫的熔合為未來很有希望的能源，鋰與中子的反應可得使用於核能的氚。

$$^{1}_{0}n + ^{6}_{3}Li \rightarrow ^{3}_{1}H + ^{4}_{2}He$$

2. 銣、銫

銣（Rb）及銫（Cs）都是極稀有的金屬元素，在地殼中銣只存 90ppm 而銫只存 3ppm 而已。兩者的化性極強而元素本身無特殊用途，與其他鹼金族元素的合金可做電池材料。

第三節　鹼土金族

早期的煉金術家認為土是一種元素，當時的化學家將氧化鎂、氧化鈣等金屬氧化物，因其性質不易溶於水，加熱亦不起變化、水溶液都呈鹼性反應，故稱這些金屬氧化物為鹼土（alkaline earth），而構成鹼土的金屬稱為鹼土金族（alkaline earth metals）。今日元素週期表的第二族元素的鈹、鎂、鈣、鍶、鋇及鐳等六元素為鹼土金族元素。鹼土金族在自然界無單獨存在，通常以碳酸鹽、硫酸鹽、磷酸鹽及矽酸鹽存在於地殼中。表 8-5 為鹼土金族元素的性質之比較。

表 8-5　鹼土金族元素

元素	式	熔點（℃）	沸點（℃）	密度（g/cm^3）	游離能（kJ/mol）	焰色
鈹	Be	1280	2970	1.85	900	無色
鎂	Mg	649	1100	1.74	736	無色
鈣	Ca	839	1480	1.55	590	橙黃
鍶	Sr	769	1380	2.54	548	深紅
鋇	Ba	725	1640	3.5	502	綠色
鐳	Ra	700	1140	5.0	510	紅色

一、鈹及鈹化合物

1797 年包奎林（Vauquelin）從綠寶石（beryl, $3BeO \cdot Al_2O_3 \cdot 6SiO_2$）分離得類似鋁元素的鈹。綠寶石和碳酸鉀共熔後，加入濃硫酸，加熱蒸發氣體生成物。加入硫酸銨使鋁生成不易溶的銨礬來分離。加熱蒸發水份以濃縮濾液後冷卻得硫酸鈹晶體。過濾後以氨水處理成不易溶的氫氧化鈹。灼燒氫氧化鈹得白色粉末狀的氧化鈹。圖 8-8 為從綠寶石製氧化鈹的過程。

氫氧化鈹為製造鈹及鈹化合物的主要原料。氫氧化鈹與煤焦共熱到 800℃，通氯可得氯化鈹（$BeCl_2$）。氯化鈹與氯化鈉混合熔化後電解，在陰極可得鈹。圖 8-9 表示由氫氧化鈹出發，製鈹及鈹化合物的過程。

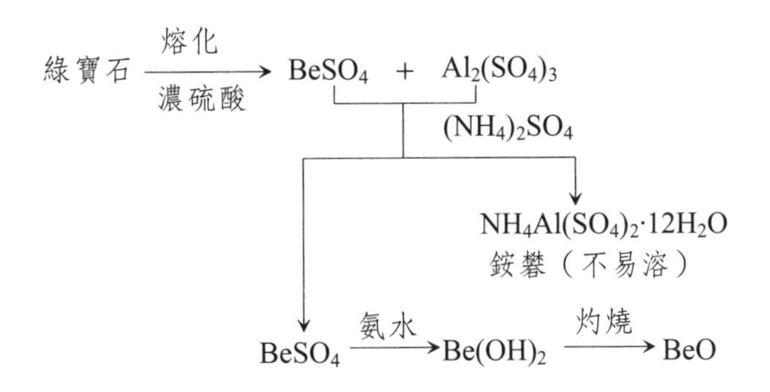

圖 8-8　從綠寶石製氧化鈹

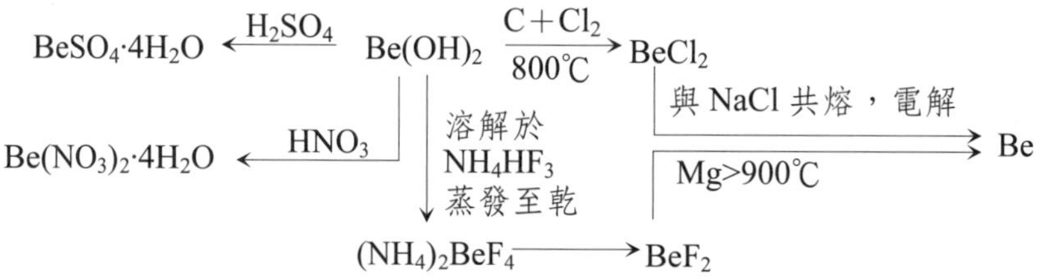

$BeSO_4 \cdot 4H_2O \xleftarrow{H_2SO_4} Be(OH)_2 \xrightarrow[800℃]{C+Cl_2} BeCl_2$

$Be(OH)_2 \xrightarrow{HNO_3} Be(NO_3)_2 \cdot 4H_2O$

$Be(OH)_2 \xrightarrow{\text{溶解於 } NH_4HF_3 \text{ 蒸發至乾}} (NH_4)_2BeF_4 \longrightarrow BeF_2$

$BeCl_2 \xrightarrow{\text{與 NaCl 共熔，電解}} Be$

$BeF_2 \xrightarrow{Mg > 900℃} Be$

圖 8-9　從氫氧化鈹製鈹及鈹化合物

鈹為白色硬而脆的金屬。鈹在空氣中加熱變為灰白色粉末，再加熱即發出亮光而燃燒。鈹因比重小，在特殊用途上不可缺的金屬，例如做X射線管的窗使用鈹，因為在安定的金屬中鈹最不易吸收X射線。銅中加2%銀所成的合金，強度增加約5～6倍之多，鈹與鎳所成的合金用於製造彈簧或電接點等。

二、鎂及鎂化合物

鎂為地殼上存在量約1.9%的金屬元素，海水中含鎂有0.13%大部分以氯化鎂存在。鎂的礦石有菱鎂礦（magnesite, $MgCO_3$）及白雲石（dolomite, $MgCO_3 \cdot CaCO_3$）。植物的光合作用所必須需用的葉綠素（chlorophyll）為鎂的有機錯化合物。

1. 鎂的製法

白雲石磨碎煅燒成氧化鈣鎂（$CaMgO_2$），在減壓下加熱到 1150℃後使用鐵矽合金還原為鎂。

$$MgCO_3 \cdot CaCO_3 \xrightarrow[\triangle]{} CaMgO_2 \xrightarrow{Fe-Si} Mg + Ca_2SiO_4 + Fe$$

另使用熔融的氯化鎂以電解法製鎂。蚵殼加熱使所含$CaCO_3$成氧化鈣，與水反應成氫氧化鈣與海水中的氯化鎂作用成氫氧化鎂沉澱。過濾後加鹽酸成電解所用的氯化鎂。

$$CaCO_3\text{（蚵殼）} \rightarrow CaO + CO_2$$

$$CaO + H_2O \rightarrow Ca(OH)_2$$

$$MgCl_2\text{（海水）} + Ca(OH)_2 \rightarrow CaCl_2 + Mg(OH)_2$$

$$Mg(OH)_2 + 2HCl \rightarrow MgCl_2 + 2H_2O$$

電解裝置如圖 8-10 所示，加入氯化鈉於氯化鎂，使其熔點降低。鐵製電解槽中央插入碳棒為陽極，陽極與陰極間放素燒瓷筒隔離。

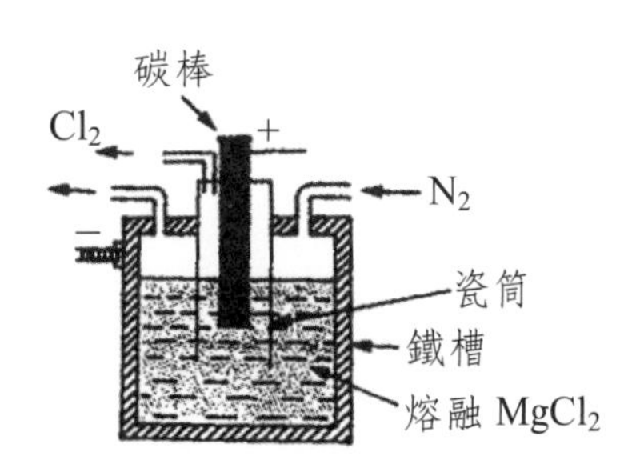

圖 8-10 電解製鎂裝置

陰極反應 $Mg^{2+}+2e^{-}\rightarrow Mg$

陽極反應 $2Cl^{-}\rightarrow Cl_2+2e^{-}$

生成的氯由瓷筒頂導出，為使高溫熔化的氯化鎂不與空氣反應，通氮於電解槽。

2. 鎂的性質及用途

鎂為銀白色的輕金屬。在常溫時與空氣中的氧慢慢起反應在表面生成一保護膜防止內部不再氧化。鎂點火燃燒時發強光生成氧化鎂或氮化鎂。

$$2Mg+O_2\rightarrow 2MgO$$

$$3Mg+N_2\rightarrow Mg_3N_2$$

鎂帶鎂粉燃燒時發出強光，用於製造照明彈、信號彈及煙火等的材料。鎂的密度低，與鋁所成的合金成輕而硬的合金用於飛機、交通工具及建築材料。冶鍊鈦或鈾時，鎂用做還原劑。鎂與有機鹵化物反應所成的格任亞試劑（Grignard reagent）在有機合成擔任重要的角色。

3. 鎂化合物

⑴氧化鎂

氧化鎂（MgO）俗稱苦土，鎂在空氣中燃燒，或菱鎂礦的鍛燒製得。

$$2Mg+O_2\rightarrow 2MgO$$

$$MgCO_3\rightarrow MgO+CO_2$$

氧化鎂熔點 2800℃，故用於製造耐火物，如耐火磚或熔礦爐襯表等。氧化鎂不易溶於水，微溶的溶液呈鹼性反應。

$$MgO+H_2O\rightarrow Mg(OH)_2$$

⑵硫酸鎂

硫酸鎂（$MgSO_4$）為重要的鎂鹽之一。氧化鎂或碳酸鎂與稀硫酸反應後，蒸發溶液可得帶七個結晶水的硫酸鎂晶體（$MgSO_4 \cdot 7H_2O$），俗稱為瀉鹽。在醫療上可做瀉藥。加熱硫酸鎂晶體得白色粉末狀的無水硫酸鎂。

$$MgO + H_2SO \rightarrow MgSO_4 + H_2O$$

$$MgCO_3 + H_2SO \rightarrow MgSO_4 + H_2O + CO_2$$

工業上硫酸鎂用於鞣皮、染色及耐火紡織物等。

⑶碳酸鎂

碳酸鎂（$MgCO_3$）為菱鎂礦的主要成分。碳酸鎂為白色粉末，不易溶於水，強熱時分解為氧化鎂和二氧化碳。

$$MgCO_3 \rightarrow MgO + CO_2$$

碳酸鎂與強酸反應，生成二氧化碳。

$$MgCO_3 + 2H^+ \rightarrow Mg^{2+} + H_2O + CO_2$$

碳酸鎂可溶於過剩的二氧化碳水溶液。

$$MgCO_3 + CO_2 + H_2O \rightarrow Mg^{2+} + 2HCO_3^-$$

碳酸鎂可做牙粉、牙膏和磨光粉的材料。

三、鈣及鈣化合物

鈣是構成地殼的主要元素，在地殼的存在率有3.4%而以碳酸鹽、硫酸鹽、矽酸鹽、磷酸鹽及氟化物等方式廣泛分布於地殼中。自然水中含鈣的碳酸氫鹽、硫酸鹽等，植物葉中含磷酸鈣，動物的骨骼、貝殼及蛋殼亦有碳酸鈣的成分。

1. 鈣

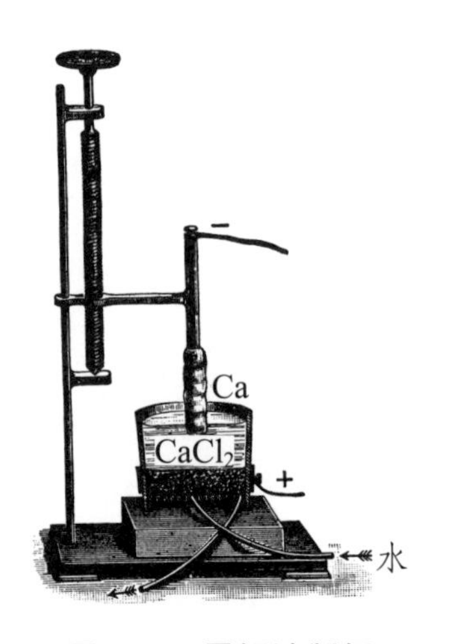

圖 8-11　電解法製鈣

鈣以電解法製造。如圖 8-11 所示電解爐中加熱氯化鈣到 800℃熔化後通電流電解。電爐本身為陽極，插入一鐵棒為陰極。鈣離子獲得電子成鈣原子並套在鐵棒的表面，經過一段時間緩慢提升鐵棒，可得 20～30 公分直徑的圓筒狀鈣金屬。

$$Ca^{2+} + 2e^- \rightarrow Ca$$

氯離子在陽極的碳磚放出電子成氯，由爐底部導出以避免與鈣接觸再起反應。

$$2Cl^- \rightarrow Cl_2 + 2e^-$$

鈣是銀白色具展性的輕金屬。鈣的硬度較鋁大，熔點 851℃，但在真空中加熱不到 800℃就會昇華。鈣與水反應生成氫，遇熱水時反應較劇烈。

$$Ca + 2H_2O \rightarrow Ca(OH)_2 + H_2$$

鈣的化學性質較活潑，在空氣中加熱時發出橙紅色火焰而燃燒，生成氧化鈣和氮化鈣。

$$2Ca + O_2 \rightarrow 2CaO$$

$$3Ca + N_2 \rightarrow Ca_3N_2$$

鈣在二氧化碳中急速加熱時生成氧化鈣和碳化鈣。

$$5Ca + 2CO_2 \rightarrow 4CaO + CaC_2$$

鈣為良好的還原劑，冶金時銀、釷、鉻、鎢和鈾等的氧化物礦石使用鈣還原為金屬。

2. 鈣化合物

⑴碳酸鈣

天然產生的碳酸鈣（$CaCO_3$）有方解石、大理石及灰石等廣泛分佈於自然界。最純的碳酸鈣為方解石（calcite），如圖 8-12 所示為無色立方型晶體，具有複折射光的特性，用於光學儀器。太魯閣盛產大理石，花蓮、宜蘭及高雄山地出產的灰石，主要成分為碳酸鈣用於製造水泥的材料。

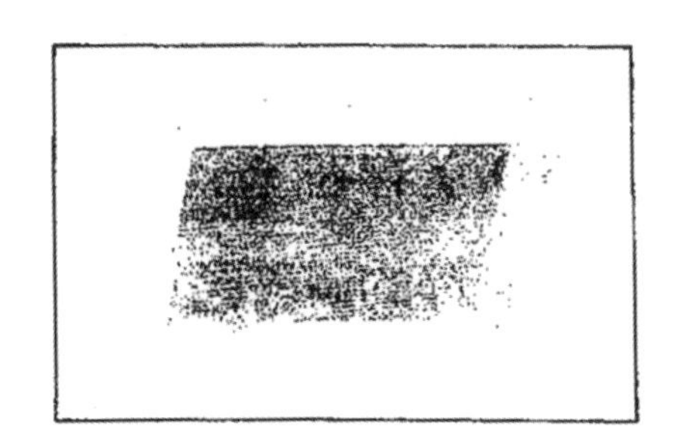

圖 8-12　方解石

碳酸鈣不易溶於水，可溶於含二氧化碳的水而生成碳酸氫根離子。

$$CaCO_3 + CO_2 + H_2O \rightarrow Ca^{2+} + 2HCO_3^-$$

碳酸鈣遇酸分解產生二氧化碳，大理石所製的雕像、建築物或藝術品受酸雨起腐蝕仍此理由所起。

$$CaCO_3 + H_2SO_4 \rightarrow CaSO_4 + CO_2 + H_2O$$

⑵氧化鈣

氧化鈣（CaO）俗稱生石灰（quicklime）。灰石在石灰窯（如圖 8-13 所示）強熱時可得生石灰。

$$CaCO_3 \rightarrow CaO + CO_2$$

氧化鈣為白色無定形的固體。熔點 2572℃，沸點 2850℃的鹼性氧化物，與酸反應生成鹽和水。

$$CaO + 2HCl \rightarrow CaCl_2 + H_2O$$

氧化鈣溶於水時發出大量的熱生成粉末狀的氫氧化鈣〔$Ca(OH)_2$〕，氫氧化鈣俗稱熟石灰或消石灰。

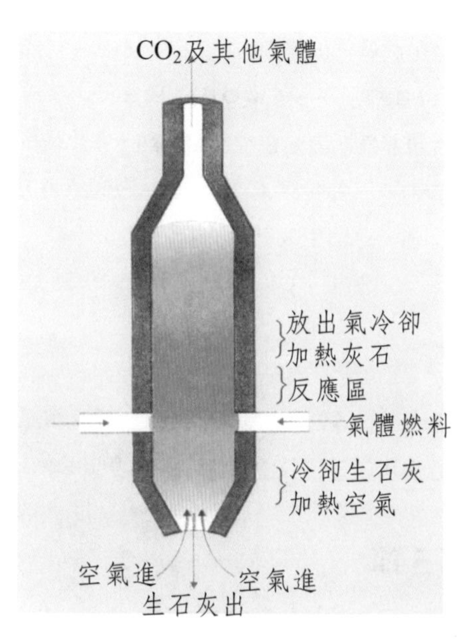

圖 8-13　製氧化鈣的石灰窯

$$CaO + H_2O \rightarrow Ca(OH)_2 + 65.2kJ$$

氫氧化鈣在水中的溶解度很小，其澄清的飽和溶液遇到二氧化碳時產生乳白色的碳酸鈣的混濁狀態，因此用於檢驗二氧化碳的存在。惟有過量的二氧化碳時，乳白色混濁會再澄清。

$$CO_2 + Ca(OH)_2 \rightarrow CaCO_3 + H_2O$$
$$CaCO_3 + CO_2 + H_2O \rightarrow Ca(HCO_3)_2$$

氫氧化鈣用於建築材料，運動場的劃白線外，製脫水劑、乾燥劑及消毒劑並為漂白粉、碳酸鈣的原料。

⑶硫酸鈣

硫酸鈣（$CaSO_4$）在自然界以斜方晶系無水硬石膏（rhombic anhydrite）及單斜晶系的二水合硫酸鈣〔俗稱石膏（gypsum），$CaSO_4 \cdot 2H_2O$〕存在。

石膏為白色半透明的纖維狀晶體，製豆腐時加石膏使豆漿膠體凝固為豆腐。石膏加熱到 125℃時成為熟石膏（plaster of paris）。熟石膏加水放出熱量迅速硬化成石膏，凝固時體積稍為膨脹。因此可做如圖 8-14 所示的石膏像或外科骨折綳紮骨骼支架。

圖 8-14　石膏像

$$2(CaSO_4 \cdot 2H_2O) \rightleftharpoons (CaSO_4)_2 \cdot H_2O + 3H_2O$$

石膏　　　　　熟石膏

加熱熟石膏到 200℃以上時失去所有的結晶水成過燒石膏，過燒石膏不會溶於水而硬化，因此不能做石膏像，但可做良好的乾燥劑。

水泥凝固的速度與其所含石膏的量有關，故在水泥廠製造水泥時需加適量的石膏。

四、鍶、鋇及鐳

1. 鍶

鍶（Sr）在地殼中只有 0.02%，以碳酸鍶礦（strontianite, $SrCO_3$）及天青石（celestite, $SrSO_4$）存在於自然界中。鍶為具銀白色金屬光澤的元素，焰色為深紅色，因此用於製造煙光。碳酸鍶溶於硝酸或鹽酸時生成硝酸鍶或氯化鍶。

$$SrCO_3 + 2HNO_3 \rightarrow Sr(NO_3)_2 + CO_2 + H_2O$$

$$SrCO_3 + 2HCl \rightarrow SrCl_2 + CO_2 + H_2O$$

硝酸鍶與可燃性物質及氧化劑共燒時發出深紅色火焰，因此可做煙光或照明彈之用。

2. 鋇

鋇（Ba）在地殼中存在率約 0.04%，以重晶石（baryte, $BaSO_4$）及碳酸鋇礦（witherite, $BaCO_3$）存在於自然界中。從這些礦石製造鋇及鋇化合物的過程表

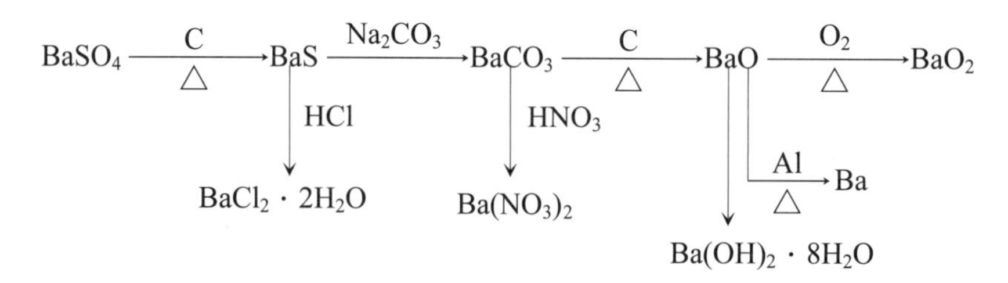

圖 8-15　鋇與鋇化合物的化學關係

示於圖 8-15。碳酸鋇與碳共熱得氧化鋇，加壓力下強熱氧化鋇時可得過氧化鋇（BaO_2）。

$$2BaO + O_2 \rightarrow BaO_2$$

過氧化鋇與稀硫酸反應生成硫酸鋇沉澱和過氧化氫（H_2O_2）。

$$BaO_2 + H_2SO_4 \rightarrow BaSO_4 + H_2O_2$$

氯化鋇為白色晶體，易溶於水，在實驗用於檢驗硫酸根離子存在的試劑。

$$BaCl_2 + SO_4^{2-} \rightarrow BaSO_4 + 2Cl^-$$

硫酸鋇不易溶於水或稀酸，用為白色塗料、橡膠及造紙的填充劑。醫學上，硫酸鋇懸濁溶液服用後以 x 射線照射患者腹部可診斷腸胃的潰瘍或長瘤部位。

3. 鐳

鐳是 1898 年居里夫人（mdm. Curie）從瀝青鈾礦（pitchblende）分離成功的放射性元素。鐳是白色金屬光澤而在鹼土金族中最活潑的元素。鐳-226 的半生期為 1620 年，1 克的鐳-226 在一秒鐘能放出 3.7×10^{10} 個α射線，因此紀念居里夫人，科學家以任何放射性同位素每秒有 3.7×10^{10} 個衰變的都稱為一居里（curie, Ci）做為放射強度的實用單位。

第四節　兩性元素

元素週期表中介於金屬元素與非金屬元素境界的鋁、鋅、錫、鉛等元素具有與酸、與鹼都能反應的特性，稱為兩性元素。本節將討論這些兩性元素及其化合物。

一、鋁及鋁化合物

1. 鋁

鋁在地殼中僅次於氧、矽的第三位存在率的元素。鋁的主要礦石為水礬土（bauxite, $Al_2O_3 \cdot 2H_2O$）、冰晶石（cryolite, $AlF_3 \cdot 3NaF$）、明礬石〔alunite, $KAl_3(SO_4)_2(OH)_6$〕等，此外長石、雲母、瓷土、黏土等亦含多量的鋁。

鋁與氧的結合力很強，不能使用還原劑還原方式製鋁。一百多年前發現鋁時，因其輕而具有銀色光澤並不易生銹，因此稱為輕銀，價格較銀貴。直到 1886 年郝耳（Charles Hall）以電解法製鋁成功後才有大量價廉的鋁用於製造家用器具。圖 8-16 表示電解製鋁的裝置。氧化鋁和冰晶石共熱到約 1000℃ 熔化後電解。

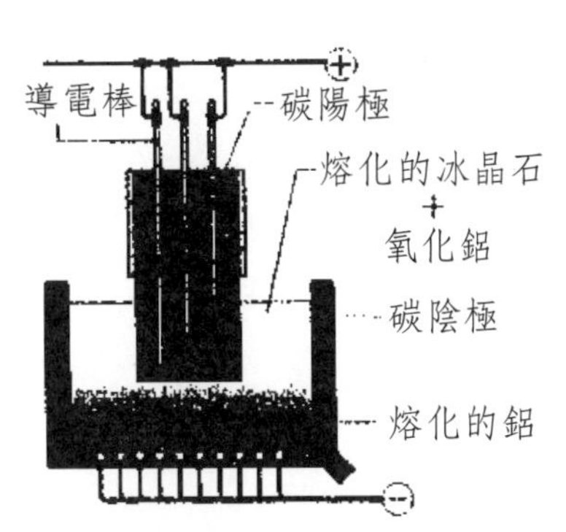

圖 8-16　鋁的電解製法

陰極：$4Al^{3+} + 12e^- \rightarrow 4Al$

陽極：$6O^{2-} + 3C \rightarrow 3CO_2 + 12e^-$

淨反應：$2Al_2O_3 + 3C \rightarrow 4Al + 3CO_2$

鋁為銀白色金屬光澤的輕金屬，比重 2.70，質較軟而堅、富展延性，為熱及電的良導體。鋁在空氣中其表面只生成一層薄的緻密氧化鋁保護內部的鋁再氧化。鋁能夠與酸反應亦能夠與鹼起反應，因此為兩性元素。

$$2Al + 6HCl \rightarrow 2AlCl_3 + 3H_2$$

$$2Al + 2NaOH + 6H_2O \rightarrow 2Na[Al(OH)_4]^{註} + 3H_2$$

註：有時寫成減兩結晶水的 $NaAlO_2$

圖 8-17 表示鋁及鋁化合物的反應途徑。

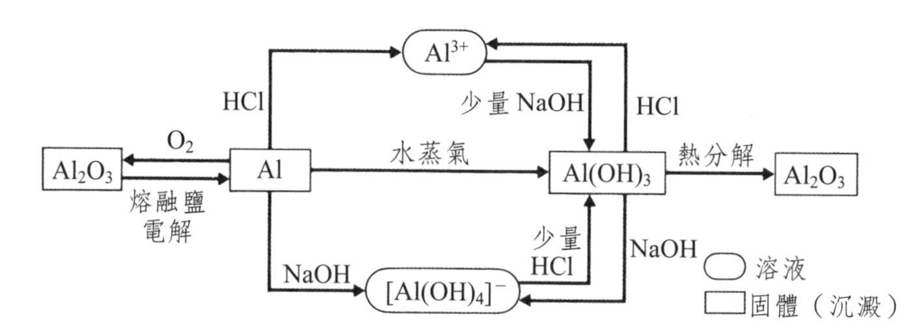

圖 8-17　鋁及鋁化合物的反應途徑

鋁粉和氧化鐵粉末的混合物稱為鋁熱劑（thermite）。如圖 8-18 所示，在坩堝內放鋁熱劑，在中央部分放一些過氧化鈉為引火劑並插入一鎂帶，點燃鎂帶後產生劇烈反應使氧化鐵還原為熔化的鐵，由坩堝底部流入鐵軌或鐵器的裂縫間熔接鐵器。

$$2Al + Fe_2O_3 \rightarrow 2Fe + Al_2O_3 + 849kJ$$

圖 8-18　鋁熱劑及其反應

鋁雖然質軟，但常用做鋁箔包糖果，藥品等。鋁為熱及電的良導體，用於烹飪器具及電線、電纜等。鋁、銅、鎂和錳的合金稱堅鋁（duralumin）輕而堅硬並耐熱，用於汽車及飛機材料。

2. 鋁化合物

⑴氫氧化鋁

在 Al^{3+} 的水溶液中加入氫氧化鈉溶液時，生成白色的氫氧化鋁沉澱。

$$Al^{3+} + 3OH^- \rightarrow Al(OH)_3$$

此氫氧化鋁沉澱可溶於過量的氫氧化鈉溶液。

$$Al(OH)_3 + OH^- \rightarrow Al(OH)_4^-$$

氫氧化鋁為兩性氫氧化物，可溶於酸亦可溶於鹼。

$$Al(OH)_3 + 3HCl \rightarrow AlCl_3 + 3H_2O$$
$$Al(OH)_3 + NaOH \rightarrow Na[Al(OH)_4]$$

氫氧化鋁能夠吸附有色物質成沉澱，故在染色工業做媒染劑。氫氧化鋁塗在紙上可增加紙的吸水性。氫氧化鋁能夠吸附水中的污染粒子及細菌，可用做水的清澄劑。

⑵氧化鋁

氫氧化鋁強熱時失去水分成白色粉末的氧化鋁。

$$2Al(OH)_3 \rightarrow Al_2O_3 + 3H_2O$$

氧化鋁為兩性氧化物，可溶於酸或鹼。但加熱到 1200℃以上的氧化鋁雖冷卻但不易溶於酸或鹼。

由白色粉末燒結的氧化鋁，如圖 8-19 所示用於半導體積體電路的散熱基板。自然界亦有多數氧化鋁產生。較純的氧化鋁為剛玉（corundum），為無色透明硬度近金剛石的晶體。藍色的藍寶石（sapphire）為含微量 TiO_2 的氧化鋁，紅色的紅寶石（ruby）為含微量 Cr_2O_7 的氧化鋁（圖 8-20）。

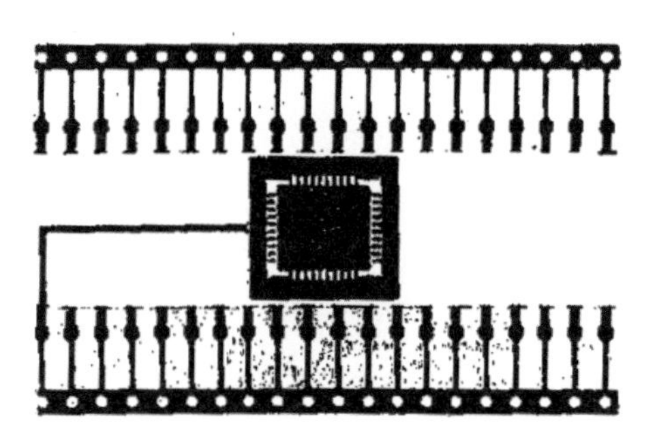
圖 8-19　積體電路的散熱基板

圖 8-20　藍寶石與紅寶石

(3)明礬

明礬（Alum）為兩種不同的金屬離子與一個酸根離子組成的複鹽。

硫酸鋁溶液與硫酸鉀溶液混合後，加熱濃縮溶液後冷卻可得八面體的無色明礬晶體析出。

$$K_2SO_4 + Al_2(SO_4)_3 + 24H_2O \rightarrow K_2SO_4 \cdot Al_2(SO_4)_3 \cdot 24H_2O$$

明礬化學式可寫成 $KAl(SO_4)_2 \cdot 12H_2O$，溶於水時生成兩種陽離子及一種陰離子。

$$KAl(SO_4)_2 \rightarrow K^+ + Al^{3+} + 2SO_4^{2-}$$

明礬亦有其他離子組成的，其通式為：

$$R_2^{1+}SO_4 \cdot R_2^{3+}(SO_4)_3 \cdot 24H_2O \text{ 或 } R^{1+}R^{3+}(SO_4)_2 \cdot 12H_2O$$

R^{1+}：K^+，Na^+，NH_4^+ 等

R^{3+}：Al^{3+}，Fe^{3+}，Co^{3+} 等

例如：

$(NH_4)_2SO_4 \cdot Al_2(SO_4)_3 \cdot 24H_2O$　稱銨明礬

$K_2SO_4 \cdot Fe_2(SO_4)_3 \cdot 24H_2O$　稱鐵明礬

二、鋅及鋅化合物

1. 鋅

鋅（Zn）在自然界以閃鋅礦（zinc blende, ZnS）及菱鋅礦（smithsonite,

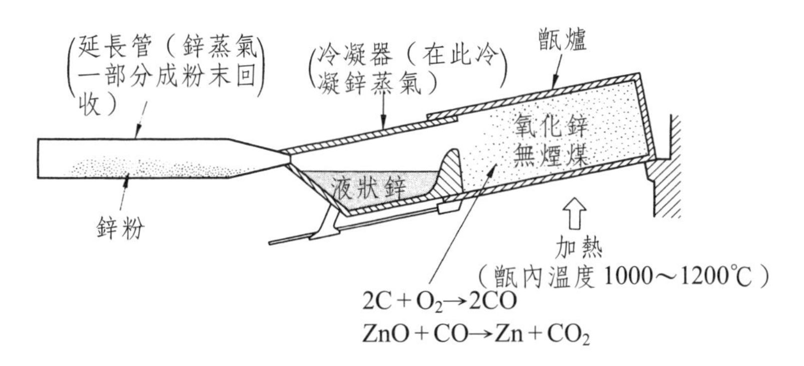

圖 8-21　冶煉鋅的甑爐

$ZnCO_3$）產出。選礦後在空氣中煅燒成氧化鋅。在圖 8-21 所示的甑爐中與無煙煤共熱成還原的鋅蒸氣冷卻後成液態鋅，一部分在延長管凝固為鋅粉。

$$2ZnS + 3O_2 \rightarrow 2ZnO + 2SO_2$$
$$ZnCO_3 \rightarrow ZnO + CO_2$$
$$ZnO + C \rightarrow Zn + CO$$

鋅為青白色金屬元素。化學性質活潑可溶於稀酸或鹼而產生氫。

$$Zn + 2HCl \rightarrow ZnCl_2 + H_2$$
$$Zn + 2NaOH \rightarrow Na_2ZnO_2 + H_2$$

純鋅不易被酸腐蝕，在乾燥空氣中不起變化。惟在潮濕空氣中其表面生成鹼式碳酸鋅〔$Zn(OH)_2ZnCO_3$〕的薄膜，防止內部的鋅的進一步作用。因此鋅鍍於鐵皮表面成俗稱白鐵的鍍鋅鐵，用於房頂保護鐵不生銹。鋅大量用於製造乾電池的外殼、合金的材料及做還原劑。

2. 鋅化合物

⑴氧化鋅

氧化鋅（ZnO）為白色不易溶於水的粉末，俗稱鋅白。鋅粉或閃鋅礦在空氣中加熱，可得氧化鋅。

$$2Zn + O_2 \rightarrow 2ZnO$$
$$ZnS + 3O_2 \rightarrow 2ZnO + 2SO_2$$

氧化鋅遇硫化氫不變色，沒有毒性，用於白色顏料或塗料，亦做橡膠工業製品的填充料。

⑵氫氧化鋅

氫氧化鋅〔$Zn(OH)_2$〕為由鋅鹽溶液與鹼溶液反應所得的白色膠狀沉澱。

$$Zn + 2OH^- \rightarrow Zn(OH)_2$$

氫氧化鋅為兩性氫氧化物，可溶於酸或鹼：

$$Zn(OH)_2 + 2HCl \rightarrow ZnCl_2 + H_2O$$

$$Zn(OH)_2 + 2NaOH \rightarrow 2Na^+ + Zn(OH)_4^{2-}$$

⑶硫化鋅

硫化鋅（ZnS）為不易溶於水的白色粉末，由鋅鹽及硫化物之中性或鹼性溶液製得。

$$Zn^{2+} + S^{2-} \rightarrow ZnS$$

陽光、x 射線及放射線照射於硫化鋅時產生螢光，因此用於製造螢光幕。硫化鋅與硫酸鋇的混合物俗稱鋅鋇白（lithopone），其遮蓋力強，無毒性，遇硫化氫不變色的白色塗料。

三、錫及錫化合物

1. 錫

錫（Sn）因熔點較低，較易由錫礦石冶煉，因此自古人類較熟悉的金屬。主要錫礦為錫石（cassiterite, SnO_2），盛產於雲南、馬南西亞及印尼等地。

錫石搗碎選礦後，與煤焦共熱，錫被還原成液態錫而流出到模中凝固為錫。

$$SnO_2 + C \rightarrow Sn + CO_2$$

錫為銀白色具有金屬光澤，熔點低（232℃）但沸點高（2260℃）的金屬。在常溫錫與空氣及水蒸氣都不起作用而保持其光澤。錫與稀硫酸或鹽酸反應生成氫。

$$Sn + 2HCl \rightarrow SnCl_2 + H_2$$

錫與濃硫酸反應，生成二氧化硫。

$$Sn + 2H_2SO_4 \rightarrow SnSO_4 + SO_2 + 2H_2O$$

錫與濃鹼性溶液反應亦放出氫，因此具兩性性質。

$$Sn + 2NaOH \rightarrow Na_2SnO_2 + H_2$$

錫因其金屬光澤不受空氣和水的影響，易熔而且展性大，因此製造錫箔包裝糖果、香煙或藥品。鐵皮上鍍錫所成的馬口鐵，用於製罐頭保存食品及玩具的材料。焊接金屬所用的焊鐵（solder）為錫 40%和鉛 60%所成的合金。保險絲使用的伍德合金（Wood's metal）為錫 12.5%，鉛 25%，鎘 12.5%，鉍 50%所成的合金。

2.錫化合物

⑴氯化亞錫

氯化亞錫（$SnCl_2$）是由錫與熱濃鹽酸的反應來製得。

$$Sn + 2HCl \rightarrow SnCl_2 + H_2$$

氯化亞錫溶液易氧化為氯化錫，故為良好的還原劑。氯化亞錫能使氯化汞還原為汞，此一反應用於辨認汞離子存在之用。

$$SnCl_2 + 2HgCl_2 \rightarrow SnCl_4 + Hg_2Cl_2$$
$$SnCl_2 + Hg_2Cl_2 \rightarrow SnCl_4 + 2Hg$$

⑵氯化錫

氯化錫（$SnCl_4$）為無色富流動性具發煙性的液體。錫與氯化汞反應得氯化錫。

$$Sn + HgCl_2 \rightarrow SnCl_4 + Hg$$

氯化錫為非電解質溶液。氯化錫與氯化銨所成的錯鹽〔$(NH_4)_2SnCl_6$〕，俗稱粉紅鹽（pink salt），為紡織工業用的媒染劑。棉紗浸於氯化錫中後取出乾燥，具有不易燃的特性，可製防火布料。

四、鉛及鉛化合物

1. 鉛

鉛與錫一樣較易從礦石還原製得，因此 5000 多年前的巴比倫時代已有鉛製鑄像出現。主要的鉛礦為方鉛礦（galena, PbS），出產於英、美、加拿大等地。方鉛礦通常與閃鋅礦及一些脈石（石英、方解石、螢石等）共同產出。

磨碎的方鉛礦以浮選法與閃鋅礦及脈石分離，在如圖 8-22 所示的反焰爐中燃燒成氧化鉛，再加煤焦加熱還原氧化鉛為鉛。

$$2PbS + 3O_2 \rightarrow 2PbO + 2SO_2$$
$$PbO + C \rightarrow Pb + CO$$

鉛是銀白色金屬光澤的金屬，在空氣中表面生成鹼式碳酸鉛薄膜防止內部不被氧化，因此呈藍灰色。鉛的密度大（比重 11.34），較易熔化（熔點 327.4℃）質較軟，富展性、延性的金屬。可製煤氣管或水管使用。鉛不溶於鹽酸或硫酸，製造硫酸的鉛室法在鉛室內進行，鉛板為舊電池的電極。鉛具有累積性毒性，空氣中鉛的最高容許濃度為 $0.15 mg/m^3$ 而已，人體攝取過多的鉛時將會傷害腦部。

2. 鉛化合物

(1)一氧化鉛

一氧化鉛（PbO）又稱密陀僧（litharge）為黃色的粉末，用於製造鉛玻璃、瓷器釉料及油漆等的材料。鉛在空氣中加熱製得一氧化鉛。

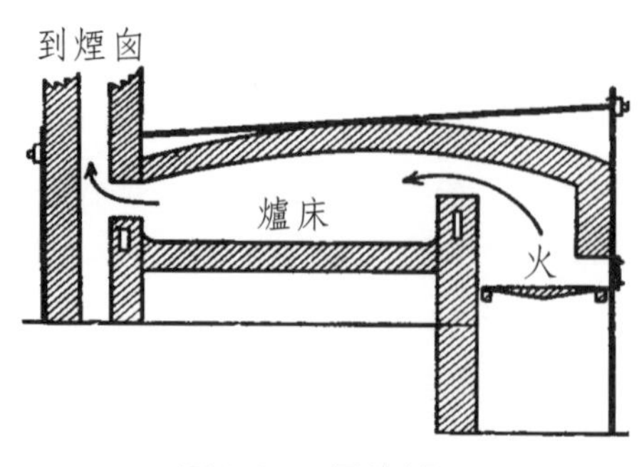

圖 8-22　反焰爐

$$2Pb + O_2 \rightarrow 2PbO$$

⑵四氧化三鉛

四氧化三鉛（Pb_3O_4）俗稱鉛丹（red lead）為紅色的粉末。一氧化鉛在空氣中加熱到430℃時即生成四氧化三鉛。

$$6Pb + O_2 \rightarrow 2Pb_3O_4$$

鉛丹用作紅色塗料及製玻璃用。鐵門或鐵架油漆前先塗紅色鉛丹一層，可防止鐵生銹。

第五節 過渡元素

元素週期表從第三族到十一族為一大群的特別元素，其位置介於典型的金屬元素（1～2 族）及典型的非金屬元素（12～18 族）之間，特稱為過渡元素（transition element）。過渡元素都具金屬性質因此有時稱為過渡金屬。典型元素的化合物多數為無色，但過渡元素的化合物卻有多種顏色，這時因為過渡金屬的離子的d軌域有 9 個以下的電子未能完全填滿d軌域有關。有的書以 12 族的鋅、鎘、汞放在過渡元素中，但其離子的 d 軌域完全填滿 10 個電子而且無色的，因此放在典型元素較妥當。鑭系元素及錒系元素為填充 f 軌域的過渡元素。圖 8-23 表示過渡元素在週期表的位置。

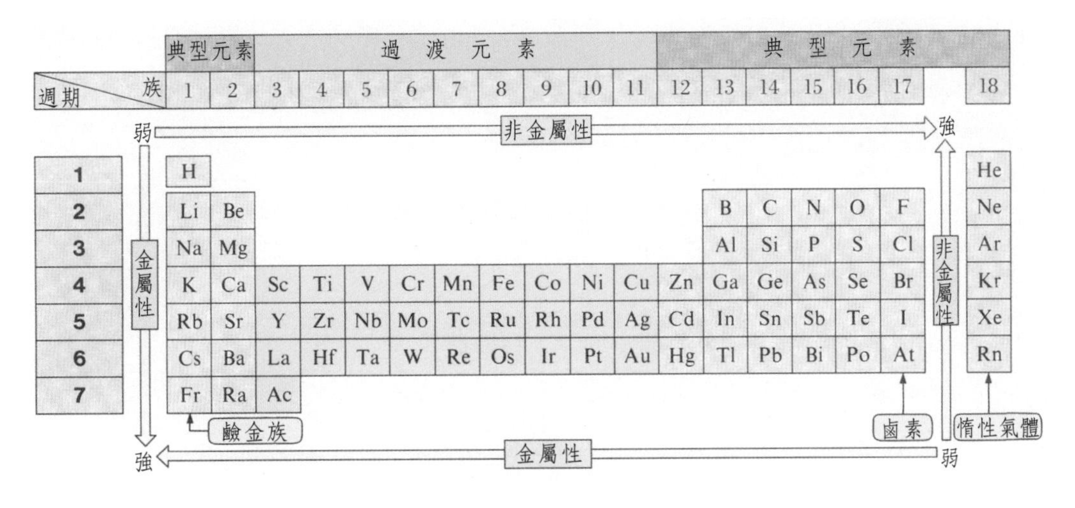

圖 8-23 元素週期表中過渡元素的位置

一、過渡元素的通性

過渡元素都是金屬元素，具金屬光澤、富展性及延性，都是電和熱的良導體，密度和熔點都較典型元素的鹼金族、鹼土金族元素高。此外過渡元素通性有：

1. 具可變的氧化數

過渡元素的電子組態通常最外殼為 2 個電子外，次外殼的 d 軌域尚可填入電子，因此價電子較多，具有可變的氧化數。例如原子序 22 的鈦，其價電子組態為 $3d^2 4s^2$，因此 Ti 的氧化數由 0 到 4 的 5 種：

Ti^0	$3d^2 4s^2$
Ti^{1+}	$3d^2 4s^1$
Ti^{2+}	$3d^2 4s^0$
Ti^{3+}	$3d^1$
Ti^{4+}	$3d^0$

此外，鐵有 Fe^{2+}、Fe^{3+}，錳有 Mn^{2+}、Mn^{3+}、$\overset{(+4)}{Mn}O_2$、$\overset{(+6)}{Mn}O_4^{2-}$、$\overset{(+7)}{Mn}O_4^-$ 等可變的氧化數。

2. 形成有色的化合物

過渡元素的另一特性為形成特殊顏色的離子或化合物。太陽光照射到一物質時，物質會吸收一定波長的色光，人眼可看到被吸收色光的互補色。陽光被吸收的能量成為 d 軌域的電子提升到較高的能階所需的能量，而由較高能階恢復到基態所放出的恰好是人眼所看到的色光。表 8-6 為過渡元素的離子在稀水溶液所呈現的顏色。

表 8-6 過渡金屬離子的顏色

離子	顏色
Mn^{3+}, Cr^{3+}, V^{2+}	紫色
Ti^{3+}, MnO_4^{1-}	深紫色
Cu^{2+}, Cr^{2+}	藍色
Fe^{2+}, V^{3+}, Ni^{2+}	綠色
Fe^{3+}, Au^{3+}, Au^{1+}, CrO_4^{2-}	黃色
Co^{2+}, Mn^{2+}	粉紅色
Sc^{3+}, Ti^{4+}, Zn^{2+}, Cu^{1+}	無色

3. 易成錯離子化合物

過渡元素離子易與 NH_3、CN^-、$S_2O_3^{2-}$、SCN^- 等配基形成錯離子。表 8-7 為過渡金屬離子與配基結合形成錯離子的例。

表 8-7 過渡金屬的錯離子

過渡金屬離子	配基	錯離子	顏色
Ag^+	NH_3	$Ag(NH_3)_2^{1+}$	無色
Ni^{2+}		$Ni(NH_3)_4^{2+}$	藍色
Co^{3+}		$Co(NH_3)_6^{3+}$	藍色
Fe^{2+}	CN^-	$Fe(CN)_6^{4-}$	黃色
Fe^{3+}		$Fe(CN)_6^{3-}$	紅色
Ag^+	$S_2O_3^{2-}$	$Ag(S_2O_3)_2^{3-}$	無色
Fe^{3+}	SCN^-	$FeSCN^{2+}$	深紅色

二、鐵族元素

元素週期表中央部分有一群特別的金屬元素的鐵、鈷、鎳。這三種元素在舊的週期表屬於ⅧB族元素，新週期表卻各分到八、九、十族，但因各種性質都很相似，因此稱為鐵族元素。表 8-8 為鐵族元素性質的比較。

表 8-8 鐵族元素的性質

	鐵	鈷	鎳
族數	8	9	10
原子序	26	27	28
原子量	55.85	58.93	58.69
價電子組態	$3d^6 4s^2$	$3d^7 4s^2$	$3d^8 4s^2$
密度（g/cm^3）	7.86	8.8	8.85
熔點（℃）	1530	1490	1455
沸點（℃）	2450	3185	3075

1. 鐵

鐵在自然界存量很多，約佔地殼之5%。主要的鐵礦為赤鐵礦（hematite, Fe_2O_3）、磁鐵礦（magnetite, Fe_3O_4）、菱鐵礦（siderite, $FeCO_3$）及黃鐵礦等。從礦石冶煉鐵在鼓風爐（blast furnace）進行。鼓風爐又稱高爐，其結構如圖 8-24 所示，鐵礦石在空氣中煅燒成氧化鐵後，與灰石及煤焦從爐頂導入爐中，從爐底部送進約 500℃的熱空氣於爐使煤焦燃燒成一氧化碳，一氧化碳還原氧化鐵為鐵。鼓風爐內的化學反應表示於圖 8-25。

在鼓風爐內灰石受熱分解為氧化鈣和二氧化碳。氧化鈣與鐵礦石中的雜質二氧化矽反應生成矽酸鈣，浮在熔化的鐵上面，隔絕熱空氣與鐵的接觸。液態鐵導出冷卻為所謂的生鐵（pig iron）或鑄鐵（cast iron）。生鐵含碳約 2～5%外

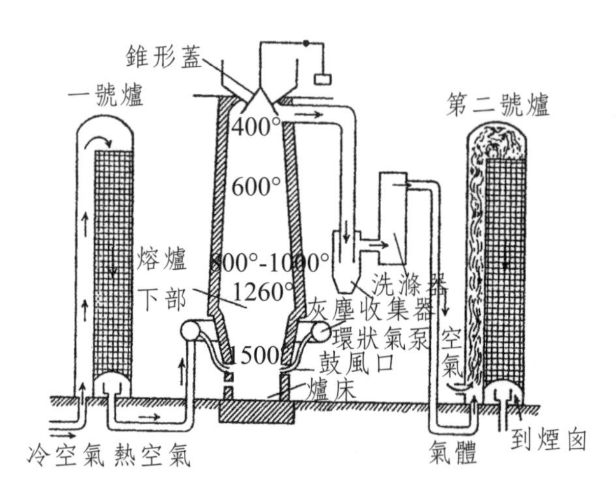

圖 8-24　鼓風爐冶煉鐵

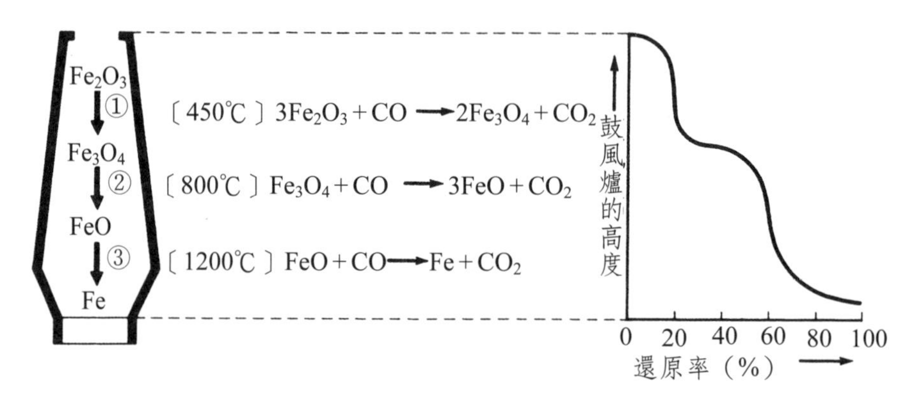

圖 8-25　鼓風爐內的化學反應

含微量的矽、磷、硫等雜質，質硬而脆、熔點較低（約 1100℃），凝固時體積稍為膨脹，故用於鑄造家庭用器具。

鐵中的含碳量影響鐵的性質很大。從生鐵除去磷與硫等雜質，調整含碳量在 0.1～1.5%的稱為鋼（steel）。轉爐煉鋼如圖 8-26 所示，將鑄鐵、鐵屑及螢石、灰石等送進梨形轉爐中，加熱使混合物熔化後直立轉爐，從頂部送進氧使熔鐵中的不純物燃燒並放出大量的熱。氧化完成時火焰呈特異的顏色，此時停止送氧加入預先算好的碳量後，傾轉爐，使鋼流入模中。轉爐內的反應可歸納為：

$$Fe_2O_3 + 3C \rightarrow 2Fe + 3CO$$

$$10Fe_2O_3 + 12P \rightarrow 20Fe + 3P_4O_{10}$$

$$2Fe_2O_3 + 3Si \rightarrow 4Fe + 3SiO_2$$

$$Fe_2O_3 + 3S \rightarrow 4Fe + 3SO_2$$

$$3CaCO_3 + P_2O_5 \rightarrow Ca_3(PO_4)_2 + 3CO_2$$

鋼為現代建築重要的材料，用於製造鐵軌、橋樑、造船的結構外，特殊鋼如表 8-9 所示，在多處發揮其重要的功能。

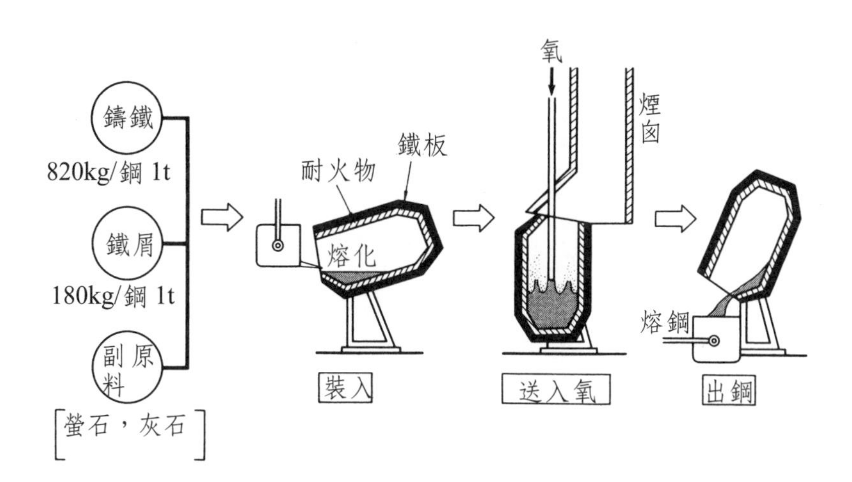

圖 8-26 轉爐煉鋼

表 8-9　特殊鋼

名稱	鋼以外成分	性質	用途
不變鋼（invar）	Ni36%	膨脹係數極小	錶零件，測尺器
高矽鋼（duriron）	Si 15%, C 0.85%	耐酸	化工水管，水槽，容器及管等
鉻釩鋼（chrome vanadium steel）	Cr2～10%, V0.2%	抗拉強度高	工具，彈簧
錳鋼（manganese steel）	Mn10～18%, C1.0～1.4%	堅硬，抗磨耗	鐵軌，鏟鍬器
鎳鋼（nickel steel）	Ni3～5%, C0.3%	堅硬，強韌	槍砲，電纜
鉻鋼（chrome steel）	Cr0.6～1.1%, C0.2～0.5%	堅硬，不生銹	加熱器具
不銹鋼（strainless steel）	Cr18%, Ni8%	美觀，耐腐蝕	烹飪器具，建材，汽車材料
高速鋼（high speed steel）	W18%, Cr4%, Mn0.3%	高溫保持堅硬	高速工具，切割工具

2. 鐵化合物

圖 8-27 表示鐵及鐵離子的反應與所生成的鐵化合物。

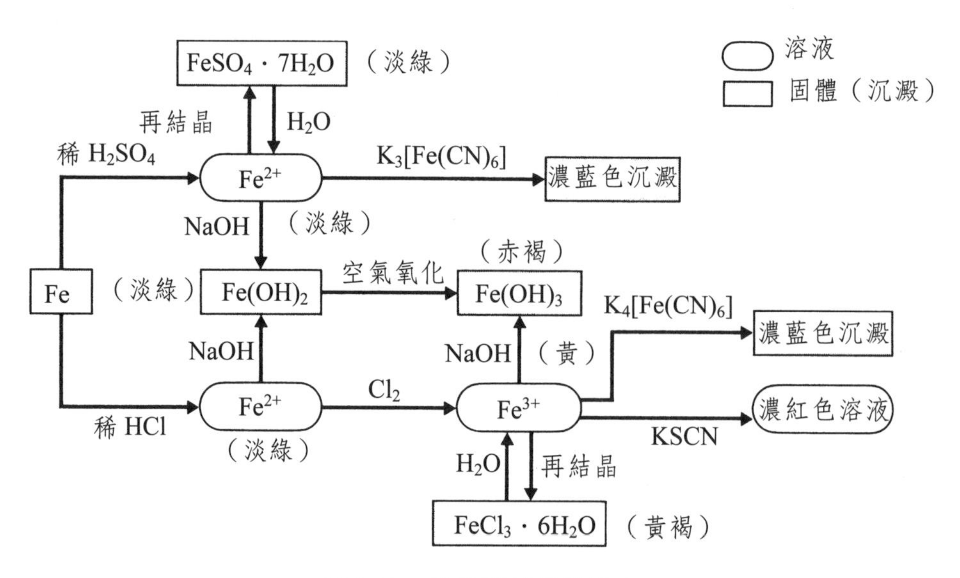

圖 8-27　鐵及鐵離子的反應

⑴硫酸亞鐵

硫酸亞鐵（$FeSO_4 \cdot 7H_2O$）為含 7 個結晶水的綠色晶體，為實驗室常備的試劑。工業上用做媒染劑、木材防腐劑、除草劑及製造藍黑墨水的材料。

⑵亞鐵氰化鉀

亞鐵氰化鉀〔$K_4Fe(CN)_6$〕，俗稱黃血鹽。在亞鐵鹽溶液中加入過量的氰化鉀溶液來製得。

$$Fe^{2+} + 6CN^- \rightarrow Fe(CN)_6^{4-}$$

蒸發溶液可得黃色的 $K_4Fe(CN)_6 \cdot 3H_2O$ 晶體。黃血鹽溶液與鐵鹽溶液反應生成深藍色沉澱的亞鐵氰化鐵｛$Fe_4[Fe(CN)_6]_3$｝，俗稱普魯士藍（Prussian blue），可用於檢驗鐵離子。

⑶鐵氰化鉀

鐵氰化鉀〔$K_3Fe(CN)_6$〕俗稱赤血鹽。在鐵鹽溶液中加入過量的氰化鉀溶液亞製得。

$$Fe^{3+} + 6CN^- \rightarrow Fe(CN)_6^{3-}$$

蒸發溶液可得紅色的 $K_3Fe(CN)_6$ 晶體。赤血鹽溶液與亞鐵鹽溶液反應生成深鑑色的鐵氰化亞鐵｛$Fe_3[Fe(CN)_6]_2$｝沉澱，俗稱滕氏藍（Turnbull's blue），可用於檢驗亞鐵離子。

3. 鈷及鈷化合物

⑴鈷

鈷在自然界中常與硫、砷等共同產出，主要的鈷礦有輝砷鈷礦（cobaltite, CoAsS）、砷鈷礦（smaltite, CoAsS）等。將礦石煅燒成氧化亞鈷後，以鋁還原為鈷。

$$3CoO + 2Al \rightarrow 3Co + Al_2O_3$$

鈷為銀白色金屬，質堅韌但富展延性，在空氣中不生銹，在 1100℃以下具磁性。鈷在原子爐中能夠吸收中子成放射性同位素的鈷 60（^{60}Co）。鈷 60 放出β^-射線和γ射線，半生期有 5.27 年之長。在醫院做放射線治療癌症之用外，在農工業上用於防止發芽，改良品種、滅菌及放射線聚合等用途。鋼鐵中含微量的鈷，原子爐的中子照射鋼鐵時，鐵本身不易活化變成放射性的鐵，但其中的鈷會吸收中子，活化成放射性鈷六十。這些鐵筋或鐵架所蓋的房屋成為輻射屋，經常受鈷 60 所放出的γ射線，健康有受損的可能。

⑵氯化亞鈷

將氧化鈷、鈷鹽或碳酸亞鈷溶液中加入鹽酸後，蒸發水分可得六水合氯化亞鈷（$CoCl_2 \cdot 6H_2O$）的粉紅色晶體。加熱此晶體，因結晶水的不同而呈現不同顏色。

$$\underset{\text{粉紅色}}{CoCl_2 \cdot 6H_2O} \xrightarrow{52.3^\circ C} \underset{\text{紫紅色}}{CoCl_2 \cdot 2H_2O} \xrightarrow{90^\circ C} \underset{\text{藍紫色}}{CoCl_2 \cdot H_2O} \xrightarrow{140^\circ C} \underset{\text{藍色}}{CoCl_2}$$

氯化亞鈷溶液可做隱形墨水（sympathetic ink）之用。使用氯化亞鈷溶液在白紙上所寫的字或畫的圖乾後幾乎看不見，但在電爐或炭火上小心烤時，因失去結晶水而呈出藍色的文字或圖。

4.鎳及鎳化合物

⑴鎳

鎳（Ni）與鐵、鈷一樣為早期人類使用的金屬，我國古代所用的白銅（paktong）為銅、鋅和鎳所成的合金。主要的鎳礦為硫鐵鎳礦（pentlandite, $NiS \cdot 2FeS$）、砷鈷礦（smaltite, $(Ni \cdot Co \cdot Fe)As_2$）等。冶煉的程序為礦石粉碎後加砂煅燒成氧化鎳並於水煤氣氣流中加熱還原為鎳，再與水煤氣中一氧化碳反應成易揮發的四羰基鎳〔$Ni(CO)_4$〕，其沸點只 43℃，因此以蒸餾法與雜質分離後加熱到 200℃可得鎳。

$$\begin{matrix} NiS \\ FeS \end{matrix} \xrightarrow[\triangle]{+SiO_2} \begin{matrix} NiO \\ NiS \end{matrix} \xrightarrow{CO+H_2} Ni \xrightarrow[60^\circ C]{CO} Ni(CO)_4 \xrightarrow{200^\circ C} Ni \quad (CO \text{ 回收})$$

鎳是在空氣中能長時保持銀白色光澤的金屬。質堅硬但富展性和延性。鎳的主要用途為製造合金。各國通常使用的鎳幣為鎳（25%）和銅（75%）的合金所製的。鎳鉻（nichrome）合金的電阻大而熔點高，用於電爐絲或電熱線的是 Ni60%、Fe25%、Cr15%所成的合金。

⑵丁二酮二肟鎳（nickel dimethylglyoxime）

鎳化合物溶液中加氨水使溶液呈鹼性後，加入丁二酮二肟溶液即生成丁二酮二肟鎳的紅色沉澱。此反應為辨認鎳存在之用。

$$Ni^{2+} + 2NH_3 + 2(CH_3)_2C_2(NOH)_2 \rightarrow Ni(C_4H_7N_2O_2)_2 + 2NH_4^+$$

丁二酮二肟(無色)，丁二酮二肟鎳(紅色)

三、銅族元素

元素週期表第十一族的銅、銀、金為銅族元素而自古以來應用於製造貨幣而有鑄幣金屬（coinage metal）的俗稱。這 3 元素的價電子組態為$(n-1)d^{10}ns^1$，s^1 電子外 d 軌域的電子亦參與化學鏈結，生成 M^{1+}，M^{2+} 離子外亦有 M^{3+} 離子的存在。表 8-10 為銅族元素的性質之比較。

表 8-10　銅族元素的性質

	銅	銀	金
族數	11	11	11
原子序	29	47	79
原子量	63.55	107.9	190.7
價電子組態	$3d^{10}4s^1$	$4d^{10}5s^1$	$5d^{10}6s^1$
密度（g/cm^3）	8.92	10.50	19.3
熔點（℃）	1083	980.5	1063
沸點（℃）	2595	2212	2966

1. 銅

銅在自然界中大都以輝銅礦（chalcocite, Cu_2S）、黃銅礦（copper pyrite, $CuFeS_2$）及赤銅礦（cuprite, Cu_2O）。輝銅礦在空氣中煅燒成氧化亞銅後，以煤焦還原氧化亞銅為銅。

$$3Cu_2S + 3O_2 \rightarrow 2Cu_2O + 2SO_2$$

$$Cu_2O + C \rightarrow 2Cu + CO$$

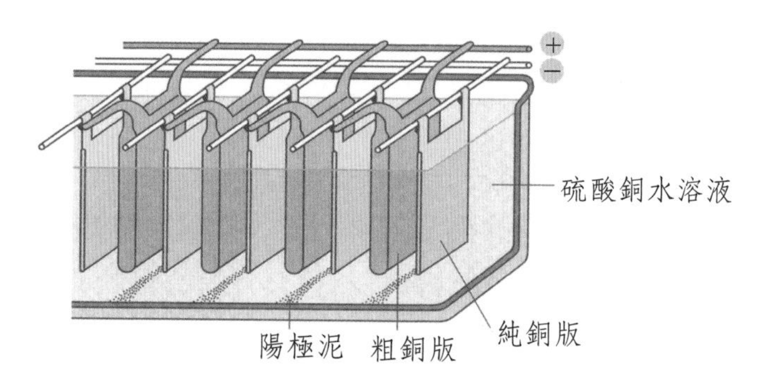

圖 8-28 精煉銅的電解槽

從礦石冶煉出的銅純度不高，需用電解法精製。如圖 8-28 所示的電解槽中以粗銅板為陽極，薄純銅板為陰極，分別插入於硫酸銅水溶液。通電流後陽極的銅氧化為銅離子溶解到溶液中，移以陰極獲得電子或銅原子析出於純銅板上面。粗銅中所含的鋅或鐵等雜質亦氧化為 Zn^{2+} 或 Fe^{3+}，但較 Cu^{2+} 不易被還原，因此不會析在陰極而留在溶液中。較銅不易氧化的銀或金，在陽極不氧化成離子，因此沉積於電解槽底部成所謂的陽極泥而回收。如此精煉的銅，純度可達 99.95%之高。

陽極反應：$Cu \rightarrow Cu^{2+} + 2e^-$

陰極反應：$Cu^{2+} + 2e^- \rightarrow Cu$

銅為紅色具金屬光澤的元素，為電及熱的良導體並富展性及延性，因此應用於製造電纜及電線。銅在乾燥空氣中安定可保持金屬光澤，但在潮濕空氣中表面會產生一層綠色的鹼式碳酸銅，俗稱銅綠。銅綠可保護內層的銅不再受潮濕空氣的影響。銅與鹽酸或稀硫酸不起反應，但可溶於濃硫酸或硝酸。

$$Cu + 2H_2SO_{4\,(濃)} \rightarrow CuSO_4 + SO_2 + 2H_2O$$

$$3Cu + 8HNO_{3\,(稀)} \rightarrow 3Cu(NO_3)_2 + 2NO + 4H_2O$$

$$Cu + 4HNO_{3\,(濃)} \rightarrow Cu(NO_3)_2 + 2NO_2 + 2H_2O$$

2. 銅化合物

圖 8-29 表示銅的反應及生成物間的關係。

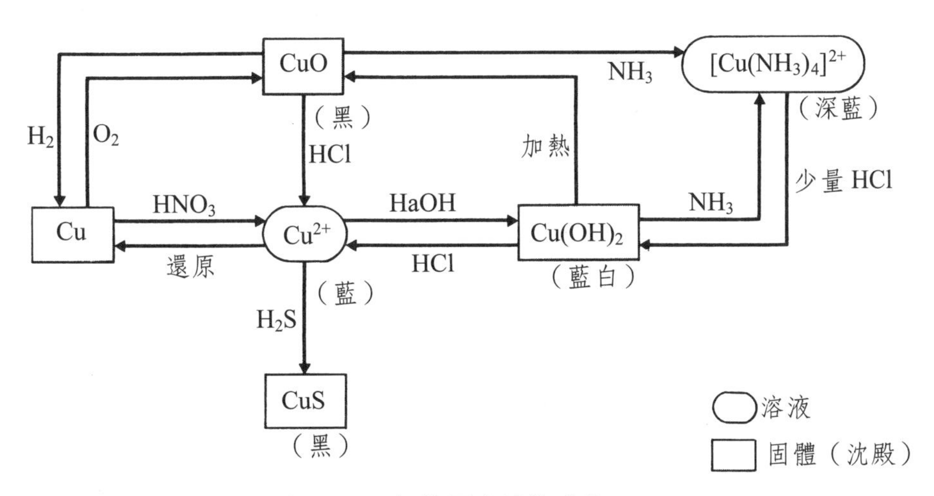

圖 8-29 銅的反應及生成物

⑴氧化銅

銅、氫氧化銅、硝酸銅及碳酸銅等在空氣中強熱時均可生成氧化銅（CuO）。

$$2Cu + O_2 \rightarrow 2CuO$$

$$Cu(OH)_2 \rightarrow CuO + H_2O$$

$$2Cu(NO_3)_2 \rightarrow 2CuO + 4NO_2 + O_2$$

$$CuCO_3 \rightarrow CuO + CO_2$$

氧化銅為不溶於水，但可溶於酸的黑色粉末

$$CuO + 2HCl \rightarrow CuCl_2 + H_2O$$

氧化銅可做氧化劑或陶瓷的著色劑。

⑵硫酸銅

純粹的硫酸銅，但由水溶液結晶而得的是五水合硫酸銅（$CuSO_4 \cdot 5H_2O$）的藍色晶體，俗稱膽礬。無水硫酸銅易吸收水分變藍色，因此用於檢驗水分之用，例如無水酒精有沒有含水等。硫酸銅在工業上做精製銅的電解液、製電池、電鍍、電鑄時亦使用硫酸銅。硫酸銅溶液與石灰乳的混合物稱為波爾多混劑（Bordeaux mixture），在農業上用為殺菌劑。

3. 銀

銀（Ag）為自古以來人類喜歡用於裝飾品、銀幣及銀器的貴金屬。自然界中銀以輝銀礦（argentite, Ag_2S）存在外，通常混在銅礦或鉛礦中產生。

輝銀礦搗碎後加入氰化鈉溶液成銀氰化鈉溶液，加鋅於其中取代銀析出。

$$Ag_2S + 4NaCN \rightarrow 2NaAg(CN)_2 + Na_2S$$
$$Zn + 2NaAg(CN)_2 \rightarrow 2Ag + Na_2Zn(CN)_4$$

銀是具有銀白色金屬光澤的元素。在一切金屬中銀的熱及電的傳導性最佳，展延性僅次於金，在空氣中不受氧的氧化，不與一般酸和鹼起反應等優點。惟銀遇到硫蒸氣或硫化氫，其表面生成黑色的硫化銀（Ag_2S），因此銀器不便帶到火山口附近或溫泉地帶。

$$4Ag + 2H_2S + O_2 \rightarrow 2Ag_2S + 2H_2O$$

銀能夠溶於濃硝酸生成硝酸銀，

$$Ag + 2HNO_3 \rightarrow AgNO_3 + NO_2 + H_2O$$

4. 銀化合物

圖 8-30 表示銀的反應及生成物間的關係。

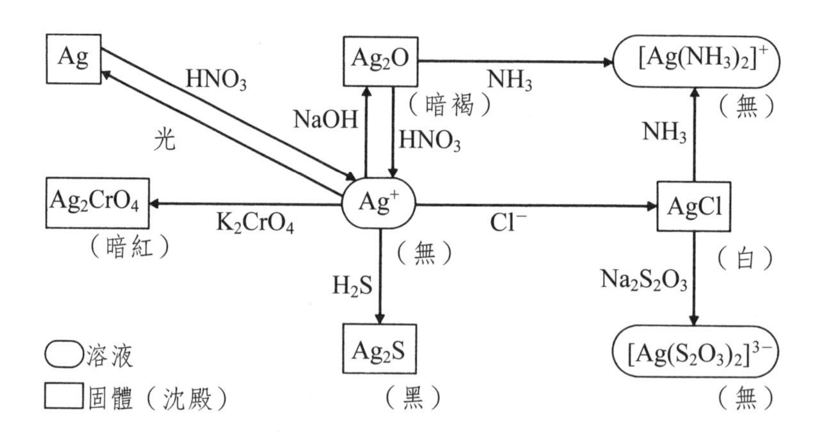

圖 8-30 銀的反應及生成物

⑴鹵化銀

銀離子溶液中加入氟以外的鹵素離子時，生成鹵化銀沉澱。

$$Ag^+ + Cl^- \rightarrow AgCl$$（白色）

$$Ag^+ + Br^- \rightarrow AgBr$$（淡黃色）

$$Ag^+ + I^- \rightarrow AgI$$（黃色）

鹵化銀都不溶於水的沉澱，見光會變成暗紫色，因此用於照相工業製照相軟片或印像紙的材料。鹵化銀可溶於硫代硫酸鈉溶液，照相術的定像是利用此反應溶解感光性的鹵化銀。

$$AgX + 2Na_2S_2O_3 \rightarrow Na_3[Ag(S_2O_3)_2] + NaX$$

⑵硝酸銀

硝酸銀（$AgNO_3$）為銀溶於硝酸後加熱蒸發水分所得的無色晶體。硝酸銀易溶於水，易被有機物還原為銀，皮膚遇硝酸銀溶液處呈黑色而不易清除原因在此。硝酸銀用於製造感光材料。

5. 金

金因為性質安定，在自然界多以山金或砂金存在。過去的金瓜石產山金，立霧溪產砂金。山金礦石粉粹後加入氰化鈉溶液成金氰化鈉溶液，加入鋅粉使鋅取代金而析出。

$$4Au + 8NaCN + O_2 + 2H_2O \rightarrow 4NaAu(CN)_2 + 4NaOH$$

$$Zn + 2NaAu(CN)_2 \rightarrow 2Au + Na_2Zn(CN)_4$$

金是一切金屬中展性及延性最佳的金屬。金能夠展成只有 10^{-6} 公分薄的金箔，一克金能夠抽成 2 公里長的金絲。金在空氣中不受氧、水蒸氣和二氧化碳的作用，能夠保持金黃色光澤，質柔軟易加工，自古以來成為人類喜愛的裝飾品及保值貨幣。近年來電子工業使用金絲（如圖 8-31 所示），做接線及接點。

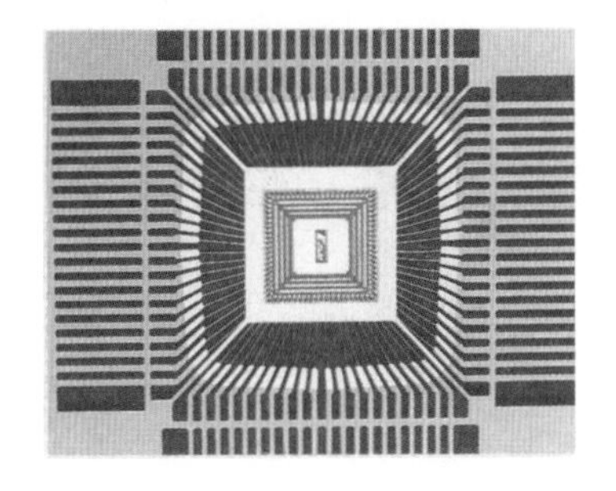

圖 8-31　用於 IC 接續線的金

四、鉻族元素

元素週期表的第六族元素為鉻族元素，有鉻、鉬、鎢三元素而最高氧化數為+6。鉻族元素本身及化合物在工業上有重要用途，為現代人較熟悉的元素。表 8-11 為鉻族元素的性質。

表 8-11　鉻族元素的性質

	鉻	鉬	鎢
族數	6	6	6
原子序	24	42	74
原子量	52.0	95.94	183.9
價電子組態	$3d^5 4s^1$	$4d^5 5s^1$	$5d^4 6s^2$
密度（g/cm^3）	7.2	10.2	19.24
熔點（℃）	1800	2620	3400
沸點（℃）	2660	3600	4800

1. 鉻

鉻（Cr）在自然界中以鉻鐵礦（chromite, $FeCr_2O_4$）。從鉻鐵礦冶煉鉻有兩種方式，一種方式是冶煉成含碳的鐵鉻合金做為製造不銹鋼原料的，另一為冶煉成純粹鉻的。前者為鉻鐵礦與煤焦在電氣爐中混合共熱所得。

$$FeCr_2O_4 + 4C \rightarrow \underbrace{Fe + 2Cr}_{\text{鐵鉻合金}} + 4CO$$

要得純粹的鉻需與鐵分離，先使鉻鐵礦在空氣中加熱與氫氧化鈉共熔，即氧化成鉻酸鈉。

$$4FeCr_2O_4 + 16NaOH + 7O_2 \rightarrow 8Na_2CrO_4 + 2Fe_2O_3 + 8H_2O$$

加酸使溶液呈酸性使鉻酸鈉轉變為溶解度較低的二鉻酸鈉。

$$2Na_2CrO_4 + 2H^+ \rightarrow Na_2Cr_2O_7 + 2Na^+ + H_2O$$

二鉻酸鈉被碳還原為氧化鉻後，以鋁還原成鉻。

$$Na_2Cr_2O_7+2C \rightarrow Cr_2O_3+Na_2CO_3+CO$$
$$Cr_2O_3+2Al \rightarrow 2Cr+Al_2O_3$$

鉻是銀白色金屬，質堅硬而富展延性。鉻在空氣中，表面生成氧化物的保護膜，使內層不再氧化。鉻溶於鹽酸或硫酸，但不溶於硝酸，遇到硝酸時表面會鈍化，使內層不再起反應。鉻本身較無特殊用途，主要用途於製造特殊鋼等合金。鉻化合物中最常見的是鉻酸鉀（K_2CrO_4）及二鉻酸鉀（$K_2Cr_2O_7$）前者為黃色晶體，後者為橙紅色晶體，兩者的鉻氧化數都是 +6。兩者的溶液隨酸鹼性而改變。

$$2CrO_4^{2-}+2H^+ \rightarrow Cr_2O_7^{2-}+H_2O$$
$$Cr_2O_7^{2-}+2OH^- \rightarrow 2CrO_4^{2-}+H_2O$$

2. 鉬

鉬（Mo）在自然界只有約 10^{-4}%存在的較稀有金屬，主要的鉬礦為輝鉬礦（molybdenite, MoS_2）。輝鉬礦在空氣中煅燒成三氧化鉬後在高溫下以氫或鋁還原為鉬。

鉬為銀白色富展延性的金屬。鉬用於增加鋼鐵的韌性並能提高燈泡鎢絲的強度。

三氧化鉬與氨水反應得鉬酸銨。鉬酸銨在硝酸存在時與磷酸或磷酸鹽共熱，產生黃色的磷鉬酸銨沉澱。此反應用於檢驗磷酸根離子的存在。

$$MoO_3+2NH_3+H_2O \rightarrow (NH_4)_2MoO_4$$
$$H_3PO_4+12(NH_4)_2MoO_4+21HNO_3$$
$$\rightarrow \underset{\text{磷鉬酸銨（黃色）}}{(NH_4)_3PO_4 \cdot 12MoO_3}+21NH_4NO_3+12H_2O$$

3. 鎢

鎢（W）為所有金屬元素中熔點最高（3400℃）。在自然界中以白鎢礦（scheelite, $CaWO_4$）及黑鎢礦（wolframite, $FeWO_4 \cdot MnWO_4$）存在，中國大陸

的鎢礦儲存量佔世界第一，盛產於江西、湖南及廣東等地。以鋁還原鎢礦得鎢。

$$3FeWO_4 + 8Al \rightarrow 3Fe + 3W + 4Al_2O_3$$

鎢為灰色極堅硬的重金屬，富延性，可抽成毛髮狀的鎢絲。電阻大，雖加熱至白熱仍不會熔化，因此廣用於電燈泡的燈絲。大量的鎢用於製造合金。鎢碳所成的碳化鎢硬度與金剛石相近，做車床或切割工具。

五、錳族元素

元素週期表第七族的錳、鎝、錸為錳族元素，但不像鉻族元素，錳族元素只有錳及錳化合物較常見，鎝為人造放射性元素而錸為稀有元素。表 8-12 為錳族元素的性質。

表 8-12　錳族元素的性質

	錳	鎝	錸
符號	Mn	Tc	Re
原子序	25	43	75
原子量	54.94	99	186.2
價電子組態	$3d^5 4s^2$	$4d^6 5s^1$	$5d^5 6s^2$
密度（g/cm^3）	7.44	11.5	20.5
熔點（℃）	1245	−	3180
沸點（℃）	2047	−	5627

1. 錳

錳在地殼中的存在率約 0.08%，主要的錳礦為軟錳礦（pyrolusite, MnO_2）、褐錳礦（braunite, Mn_2O_3）及菱錳礦（rhodochrosite, $MnCO_3$）等。將礦石粉碎後以煤焦、一氧化碳或鋁還原可得錳。

$$MnO_2 + 2CO \rightarrow Mn + 2CO_2$$

$$Mn_2O_3 + 2Al \rightarrow 2Mn + Al_2O_3$$

錳為銀白色，質硬而脆而化學活性較大的金屬。錳能夠與冷水緩慢反應生成氫。錳主要用途製造合金。錳鋼（manganese steel）為含 10～18%錳的鋼，堅硬並抗磨耗，用於鐵軌、鐵鍬器。高速鋼（high speed steel）含鎢 18%，鉻 4% 及錳 0.3%的鋼，在高溫時仍保持堅硬，用於高速工具。

2. 錳化合物

⑴二氧化錳

二氧化錳（MnO_2）為實驗室常用做氧化劑或催化劑的黑色粉末。硝酸錳強熱可得二氧化錳。

$$Mn(NO_3)_2 \rightarrow MnO_2 + 2NO_2$$

氧化劑：$2MnO_2 + 2H_2SO_4 — 2MnSO_4 + O_2 + 2H_2O$

$$MnO_2 + 4HCl — MnCl_2 + Cl_2 + 2H_2O$$

催化劑：$2H_2O_2 \xrightarrow{MnO_2} 2H_2O + O_2$

$$2KClO_3 \xrightarrow{MnO_2} 2KCl + 3O_2$$

⑵過錳酸鉀

過錳酸鉀（$KMnO_4$）為紫黑色晶體，是實驗室常用的氧化劑。過錳酸鉀的氧化作用隨溶液的性質而異。

酸性：$MnO_4^- + 8H^+ + 5e^- \rightarrow Mn^{2+} + 4H_2O$

中性：$MnO_4^- + 4H^+ + 3e^- \rightarrow MnO_2 + 2H_2O$

鹼性：$MnO_4^- + e^- \rightarrow MnO_4^{2-}$

過錳酸鉀的標準溶液常用於定量草酸、草酸鹽、亞鐵鹽及其他還原劑。醫學上使用其稀溶液為消毒劑或滅菌劑。

六、內過渡元素

元素週期表中有兩組很特別的元素，如圖 8-32 所示，第一組為第六週期第三族的鑭（La）開始，位於週期表下方第一列的 14 種元素，稱為鑭系元素（lanthanide）。這些元素的電子組態的 $6s^2$ 軌域完成後，1 個電子進入 $5d^1$，再繼續填入 4f 軌域的。另一組為第七週期第三族的錒（Ac）開始，位於週期表下方第二列的 14 種元素，稱為錒系元素（actinide）。這些元素的電子組態的

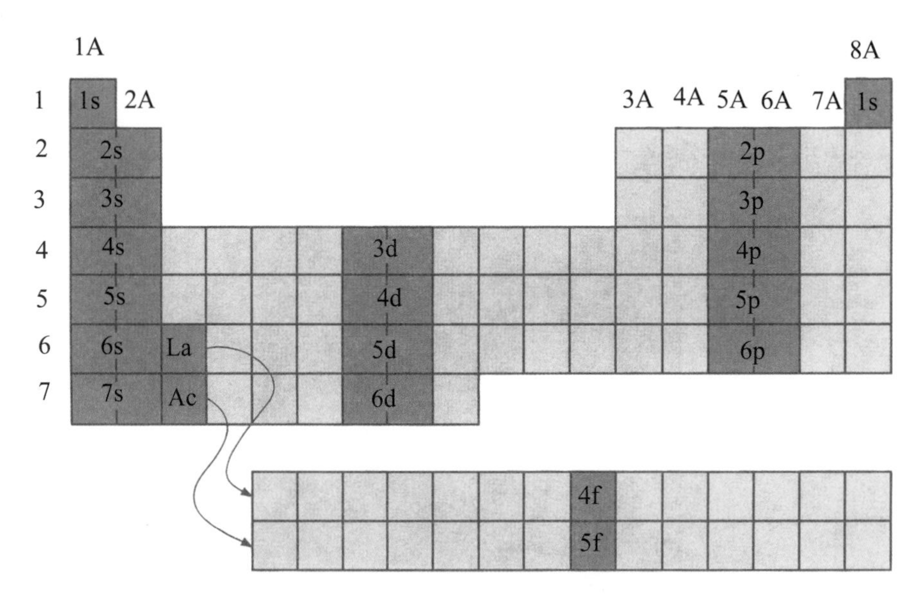

圖 8-32　鑭系元素及錒系元素於週期表的位置

$7s^2$ 完成後，1 個電子進入 $6d^1$，再繼續填入 5f 軌域的，因此這兩組元素都是內過渡元素（inner transition element）。

1. 鑭系元素

鑭系元素在地殼中的存在量很少，因此又稱為稀土元素（rare earth elements）。表 8-13 為鑭系元素的性質。鑭系元素隨原子序的增加，電子總是填進從最外殼算第三內殼的 f 軌域的。因此失去 $6s^2$，$5d^1$ 電子所成的鑭系元素的離子（M^{3+}），離子半徑隨原子序的增加而減少的所謂鑭系收縮（lanthanide contraction）現象產生。因為原子序增加，原子核內的質子數增加，但增加的電子只加入內層的 4f 軌域而沒有增加電子軌域數，因此原子核與電子的吸引力增加引起離子半徑的減少。

表 8-13 鑭系元素的性質

名稱	符號	原子序	價電子組態	氧化數	原子半徑（Å）	離子半徑（Å）	M^{3+} 顏色
鑭	La	57	$5d^16s^2$	3	1.69	1.06	無色
鈰	Ce	58	$4f^15d^16s^2$	3, 4	1.65	1.03	無色
鐠	Pr	59	$4f^36s^2$	3, 4	1.65	1.01	無色
釹	Nd	60	$4f^46s^2$	2, 3, 4	1.64	1.00	無色
鉅	Pm	61	$4f^56s^2$	3	–	0.98	綠
釤	Sm	62	$4f^66s^2$	2, 3	1.66	0.96	淡紫
銪	Eu	63	$4f^76s^2$	2, 3	1.85	0.95	粉紅
釓	Gd	64	$4f^75d^16s^2$	3	1.61	0.94	無色
鋱	Tb	65	$4f^96s^2$	3, 4	1.59	0.92	淡粉紅
鏑	Dy	66	$4f^{10}6s^2$	3, 4	1.59	0.91	黃色
鈥	Ho	67	$4f^{11}6s^2$	3	1.58	0.89	黃色
鉺	Er	68	$4f^{12}6s^2$	3	1.57	0.88	淡紫
銩	Tm	69	$4f^{13}6s^2$	2, 3	1.56	0.87	綠
鐿	Yb	70	$4f^{14}6s^2$	2, 3	1.70	0.86	無色
鎦	Lu	71	$4f^{14}5d^16s^2$	3	1.56	0.85	無色

⑴鑭系元素的通性

鑭系元素都是稀土金屬元素。質硬、熔點高、沸點高並為電與熱的良導體。鑭系元素能夠互熔或與其他金屬成合金。多數能溶於酸成 M^{3+} 離子，但不易分離。

⑵鑭系元素的分離

鑭系元素的離子 M^{3+} 的化學性質相似，很難以普通物理或化學使用的分離方法分離，惟離子交換樹脂製成後，能夠應用鑭系收縮現象與離子交換技術能夠成功分離鑭系元素的離子。圖 8-33 為鑭系元素離子溶液的溶析曲線。

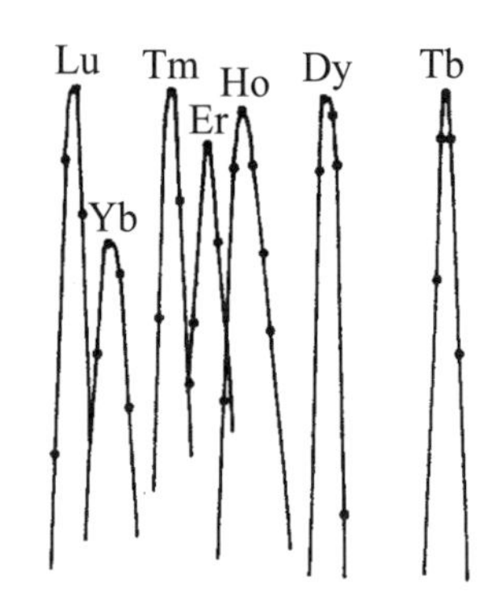

圖 8-33　鑭系元素離子的溶析曲線

離子交換時，原子序較大而離子半徑較小的鎦（Lu）先溶離而出，原子序較小而離子半徑較大的銪（Eu）最後溶離。

⑶鑭系元素的用途

鑭系元素化合物在汽車工業用為催化劑，使一氧化碳氧化為二氧化碳以減少汽車廢氣污染環境。在石油工業上用於柴油、重油等高分子量的碳氫化合物，經媒裂方式為低分子量的汽油等使用。鑭鎳合金吸收氫氣，可製成儲氫容器，釤鈷合金磁性特強用於高磁性材料。

2. 錒系元素

原子序 89 到 103 的錒系元素都是放射性元素。前四元素的錒、釷、鏷、鈾為天然產生的鈾及釷元素的衰變所成的以外，原子序 93 的錼以後均為人造放射性元素。錒系元素如同鑭系元素一般，有錒系收縮（actinide contraction）現象，因此如圖 8-34 所示，由其離子交換的溶析曲線，確認 102 及 103 號元素的發現。

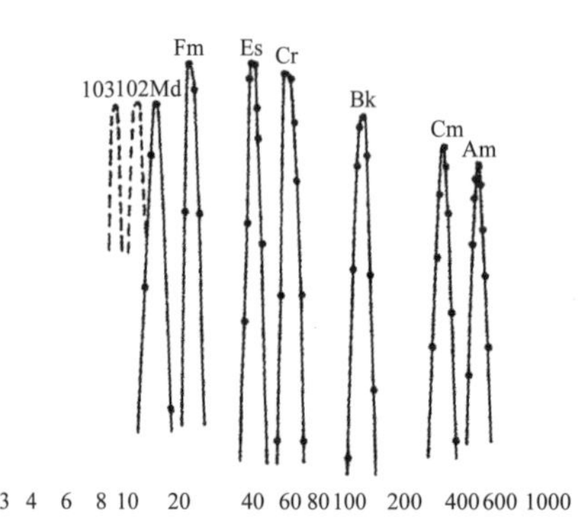

圖 8-34　錒系元素離子的溶析曲線

錒系元素與鑭系元素不同的是有一部分元素的氧化數因其價電子在 7s6d5f 軌域有相當大的變化如下。

原子序	89	90	91	92	93	94	95	96	97	98	99	100	101	102	103
元 素	Ac	Th	Pa	U	Np	Pu	Am	Cm	Bk	Cf	Es	Fm	Md	No	Lr
	$\underline{3}$	3	(3)	3	3	3	3	$\underline{3}$	$\underline{3}$	$\underline{3}$	$\underline{3}$	$\underline{3}$	$\underline{3}$	3	3
		$\underline{4}$	4	4	4	$\underline{4}$	4	4	4	4	4				
			$\underline{5}$	5	$\underline{5}$	5	5								
				$\underline{6}$	6	6	6								
					7	7	7								
						(8)									

—表示在水溶液中最安定的氧化數

( ) 表示推測存在溶液中的氧化數

錒系元素都是放射性元素。鈾 235 及鈽 239 受中子照射有核分裂性，用於製造核燃燒及製造原子彈。鈽-238，鋦-244 為小型而電力大的電池能源，鉲-252 做為中子源（neutron source）於科學及醫學使用。其他原子序較大的錒系元素產量只痕址量供做學術研究外尚無實用性。

第八章　習題

1. 試寫出索耳未法製造碳酸鈉的
   (1)原料
   (2)生成物及副產物
   (3)寫出回收氨的三個化學反應式
2. 現有 A，B，C，D 4 種類的金屬元素，從(1)到(6)號取決定 A，B，C，D 各為下列的那一元素。
   Cu，Ag，Na，Pt，Fe，Al，Ca，K
   (1)金屬 B 具有磁性
   (2)密度大到小排列為 $A<B<C<D$
   (3)電導度大到小排列為 $B<A<C<D$
   (4)金屬 A 和金屬 B 在常温不與水反應，但燒成紅熱狀態時與水蒸氣反應其本身被氧化。
   (5)金屬 A 的金屬 B 能溶於鹽酸產生氫氣。
   (6)金屬 C 和金屬 D 能溶於熱濃硫酸或濃硝酸，但不溶於一般的酸。
3. 下列所敘述的化學性質(1)到(5)中，選出不共通於鹼金族元素與鹼土金族元素的
   (1)氧化物為鹼性氧化物。
   (2)氧化物與水反應生成氫氧化物。
   (3)氫氧化物的晶體或水溶液易吸收二氧化碳。
   (4)金屬單體在常温與水反應生成氫。
   (5)碳酸鹽易溶於水。
4. 氧化鐵與鋁粉的混合物為鋁熱劑，曾經廣做焊接鐵軌之用。此兩者進行劇烈反應生成氧化鋁和熔化的鐵。
   (1)當 135g 的鋁參與反應時有多少 g 的鐵產生？
   (2)要生成 1.00g 氧化鋁時消耗多少原子的鋁？
5. 大理石與鹽酸反應生成氯化鈣溶液，水及二氧化碳。當 10.0g 大理石與鹽酸反應而生成的二氧化碳氣體為 3.65g 時，其產率為多少%？
6. 人體血液需要鈣用於凝血或許多其他細胞的運作。血液出現鈣的不正常濃度為有疾病。測定鈣濃度通常將 1.00 毫升的人體血液以 $Na_2C_2O_4$ 處理，生成的 CaC_2O_4 沉澱過濾後溶解於稀硫酸。此一溶液需要 4.88×10^{-4} M $KMnO_4$ 2.05 毫升達到滴定終點。未平衡的反應式為：

$$KMnO_4 + CaC_2O_4 + H_2SO_4 \rightarrow MnSO_4 + K_2SO_4 + CaSO_4 + CO_2 + H_2O$$

⑴試計算 Ca^{2+} 的量（mol）。

⑵試計算 Ca^{2+} 離子濃度，以 mg Ca^{2+}/100 mL 血球表示

第 9 章

有機化合物

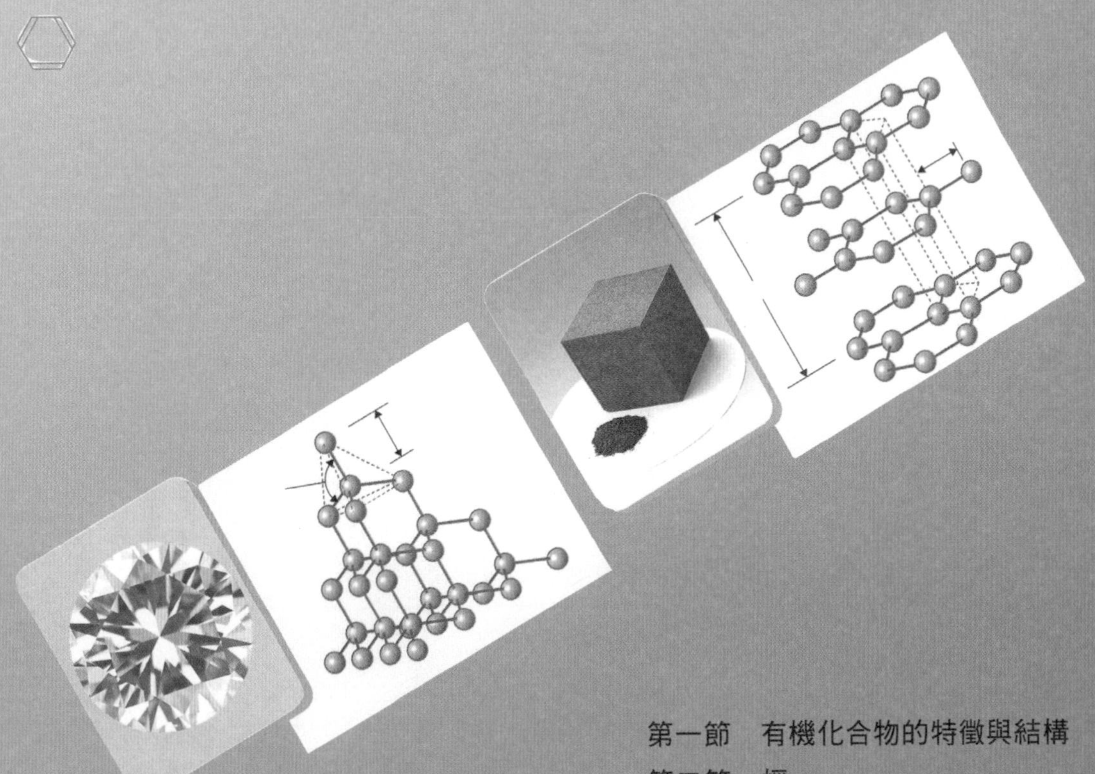

第一節　有機化合物的特徵與結構
第二節　烴
第三節　烴的衍生物
第四節　生物化學

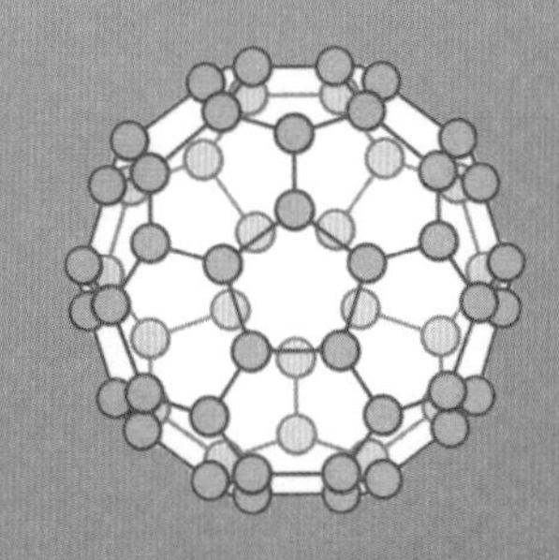
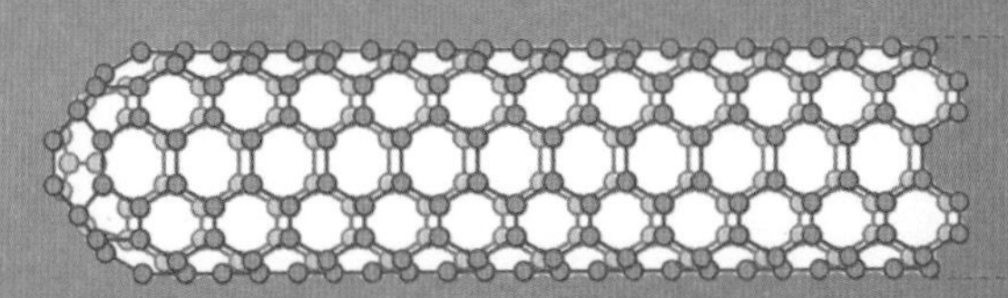
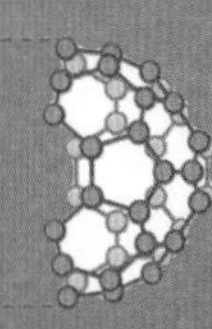

1807年瑞典的柏濟力思（Berzelius）提出來自生命體的蛋白質、脂肪、澱粉等物質為有機化合物，無生物界的產物如水、食鹽等物質為無機化合物。當時的人類都認為生命體具有生命力，其作為不會受無生命體的定律之支配，因此相信有機化合物無法由無機物質來製造。1828年德國的烏勒從無機化合物的氰酸銨製造尿素成功。他寫信給其師的柏濟力思說：「沒有用人或狗的腎臟，從氰酸銨製尿素，如此人工製的尿素是不是可認為從無機物質製造有機物質的一例？」。烏勒以後對於有機化合物的本質逐漸被理解為含碳的化合物。

第一節　有機化合物的特徵與結構

一、有機化合物與無機化合物

有機化合物最大的特徵是，種類非常多，今日已知結構有機化合物已超過1000萬以上，但構成有機化合物的元素只有碳、氫、氮、硫及其他少數的元素而已，這一點與相當多數元素組成的無機物化合物不同。表9-1為有機碳化合物與無機化合物的比較。

表9-1　有機化合物與無機化合物

	有機化合物	無機化合物
存　　在	生物體或代謝產物石油、煤落等主要於地球表面部分	礦石、鹽、硫化物、氧化物等廣泛分佈於地球各部分
成分元素	C、H、O、N、S、P等不到10種	幾乎所有的元素
種　　類	超過1000萬種	約數萬種
化學鏈結	幾乎都是共價化合物	少數化合物外幾乎都是離子化合物
熔點、沸點	一般都較低	多數都較高
燃燒性	多數燃燒、高溫會分解	多數不會燃燒、高溫時不易分解
溶解性	多數不溶於水，可溶於有機溶劑	多數易溶於水，不溶於有機溶劑
游離性	多數與非電解性	多數為電解質
反應速度	共價化合物反應速度較慢並不完全進行	通常較快而完全進行
異構體	有同系物及異構體	只少數有異構體

二、有機化合物的結構

有機化合物的成分元素很少，但能夠組成極大多數化合物的原因在於碳原子的化學鍵結之特性。碳原子具有6個電子。在K殼有2個電子，L殼有4個電子。K殼只有s軌域（1s），但L殼有s軌域（2s）和p軌域（2p），因此碳原子的電子組織與$1s^22s^22ρ^2$而參與化學鍵結的是L殼的$2s^22ρ^2$的4個電子。如圖9-1所示s軌域電子雲形皆為球形的軌域而p軌即在x、y、z軸方向所成軸對稱的啞鈴形軌域。碳原子與4個其他原子（如氫）起共價鍵結時已知碳原子在正四面體的中心，向4個頂點有同樣的共價鍵結存在。此化學鍵結方式無法同性格不同的s軌域和p軌域各2個電子的鍵結來解釋，因此科學家認為由1個2s軌域生成新的4個同等的$3p^3$混成軌域（hybrid orbital）。圖9-2表示碳原子形成sp^3混成軌域過程。

sp^3的4個混成軌域各配置1個電子而與其他原子共價結合，碳子使用混成軌域1個電子的結合稱為σ鍵結。

乙烯（C_2H_4）等碳與碳間有二重結合時，碳原子的最外殼4個電子中的3個電子之1個2s軌域與2個2p軌域生成如圖9-3所示的平面狀的新3個軌域，即sp^2軌域，剩下的1個電子留於與平面垂直的p軌域，因此碳原子間以σ鍵結外，更有相鄰p軌域電子間所成的π軌域的結合，即π性格不相同的σ鍵結和π鍵結所成，這一點與以後討論烯類的加成反應有密切的關係。

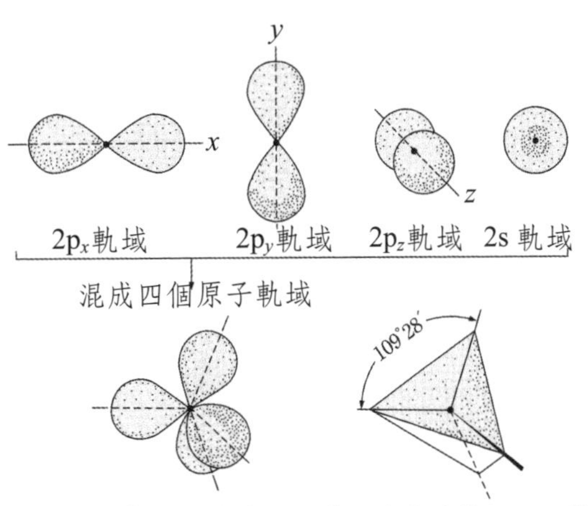

(a)正四面體型的 sp^3 混成軌域

圖 9-1　正四面體型 sp^3 混成軌域的生成

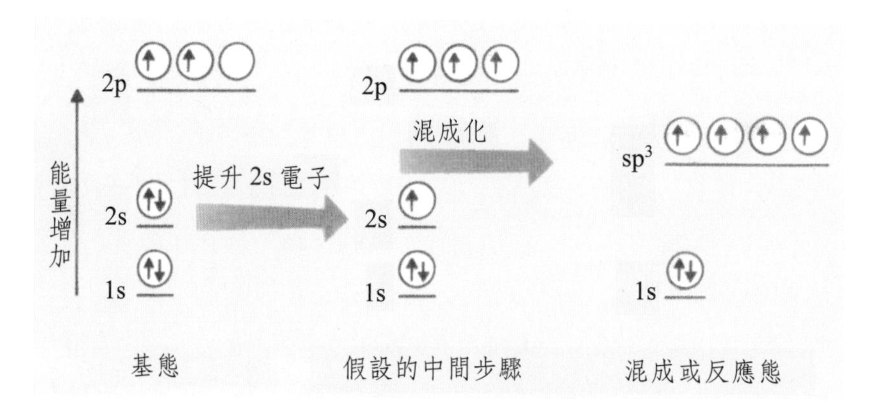

圖 9-2　碳原子形成 sp^3 混成軌域過程

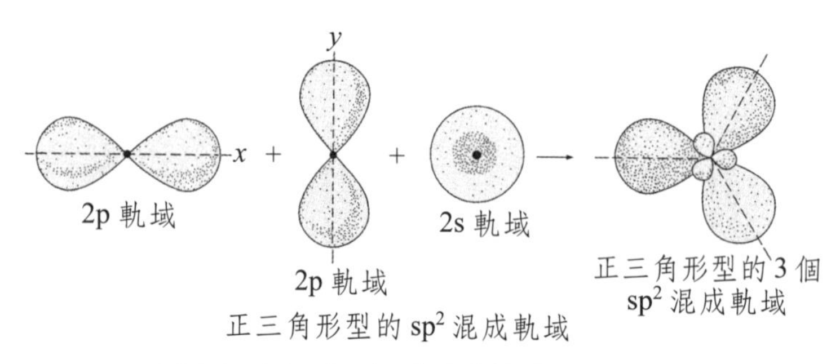

圖 9-3　正三角形 sp^2 混成軌域的生成

乙炔（C_2H_2）等碳與碳間有三重結合時，碳原子的最外殼 4 個電子中的 2 個電子之 1 個 2s 軌域與 1 個 2s 軌域生成如圖 9-4 所示直線的新 2 個軌域即 sp 軌域，剩下的 2 個電子留在直線直交的 p 軌域。碳原子間以 σ 鍵結結合外，由相鄰 p 平行的 p 軌域的電子組成兩個 π 鍵結所成。

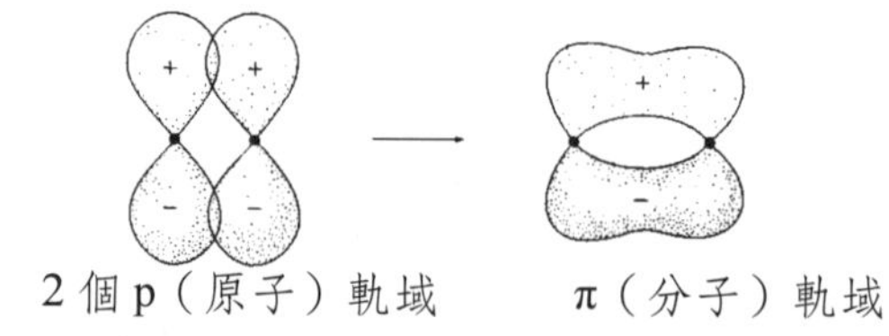

(b)sp^2 混成軌域的生成與 2 個 p 軌域生成π軌域

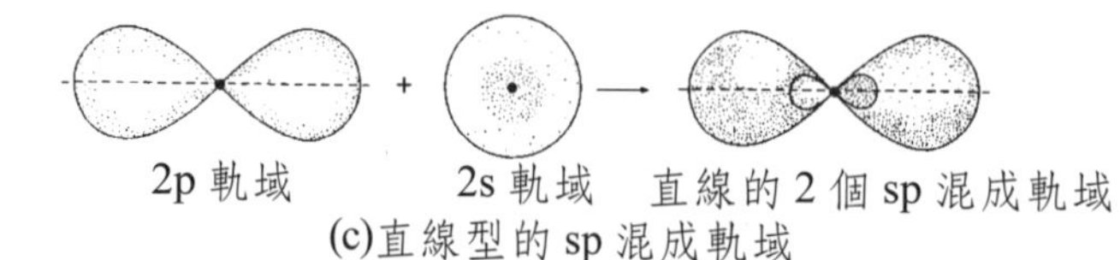

(c)直線型的 sp 混成軌域

圖 9-4　直線型 sp 混成軌域與 π 軌域的生成

表 9-2 碳原子間的結合

碳原子間鍵結名稱	飽和鍵結	不飽和鍵結	
	單鍵鍵結	雙鍵鍵結	參鍵鍵結
共價鍵結數	C—C 一個σ鍵 sp^3 混成軌域	C═C 一個σ鍵 一個π鍵 sp^2 混成軌域	C≡C 一個σ鍵 兩個π鍵 sp 混成軌域
原子間距離(nm)	約 0.15	約 0.13	約 0.12

因此三重結合是完全相同的兩個鍵結所成，而由性格不同的一個σ鍵結和 2 個 π 鍵結所成的結合。表 9-2 表示碳原子間的結合方式。

碳原子能夠以 sp，sp^2，sp^3 混成軌域與其他原子鍵結之外，碳原子間能以如圖 9-5 所示的鏈狀或環狀互相鍵結成無數的含碳化合物。

三、有機化合物的分類

有機化合物相當多種，但注目於其結構上的共通性時可做系統的分類。分類的方法大別為二，第一是如圖 9-6 所示根據碳原子鏈結方式所做碳氫化合物的分類。另一如表 9-3 所示為注目於分子內的特定原子或原子團所做的分類。這時的特定原子或原子團稱為官能基（functional group）。具同一官能基的有機化合物有共通的物理性質或化學反應性，因此雖然是第一次見的有機化合物，注目於其官能基時，可大約推測此一化合物的性質。化學家為方便起見，將碳氫化合物稱為烴。表 9-4 為各種烴的分類。

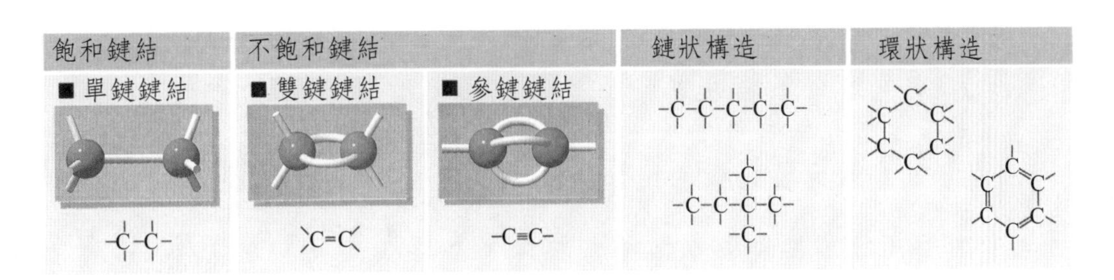

圖 9-5 碳原子間的鍵結方式

表 9-3　主要官能基

名　稱	結　構	種類及通式	化合物之例
羥基	$-OH$	醇類 $R-OH$ 酚類  C_6H_5-OH	甲醇　CH_3OH 酚　C_6H_5OH
醚結合	$-O-$	醚類 $R-O-R'$	乙醚　$C_2H_5-O-C_2H_5$
羰基	$>C=O$	酮類 $R-CO-R'$	丙酮　$CH_3-CO-CH_3$
醛基	$-CHO$	醛類 $R-CHO$	乙醛　CH_3-CHO
羧基	$-COOH$	羧酸類 $R-COOH$	乙酸　CH_3COOH
酯結合	$-C(=O)-O-$	酯類 $R-COO-R'$	乙酸乙酯　$CH_3COO-C_2H_5$
硝基	$-NO_2$	硝基化合物 $R-NO_2$	硝基苯　$C_6H_5-NO_2$
胺基	$-NH_2$	胺類 $R-NH_2$	苯胺　$C_6H_5-NH_2$

表 9-4　烴的分類

				通　式	例
烴	鏈狀烴	脂肪烴	飽和烴	烷 C_nH_{2n+2}	乙烷 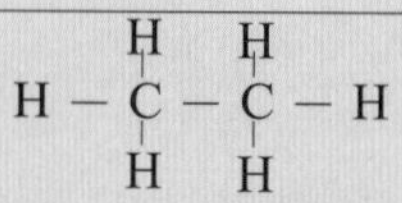
			不飽和烴	烯 C_nH_{2n}	乙烯 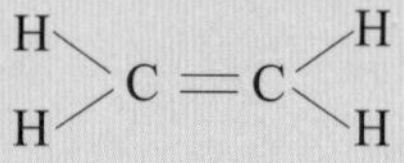
				炔 C_nH_{2n-2}	乙炔　$H-C\equiv C-H$
	環狀烴	脂環烴	飽和烴	環烷 C_nH_{2n}	環己烷 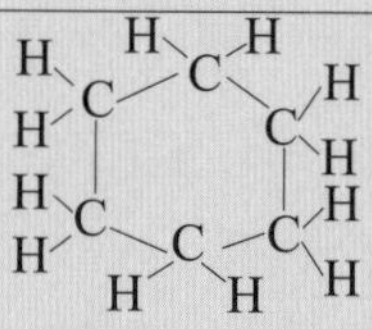
			不飽和烴	環烯 C_nH_{2n-2}	環丙烯 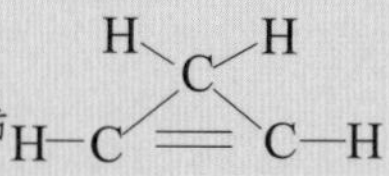
		芳香烴	芳香烴	苯系烴 C_nH_{2n-6}	苯 C_6H_6 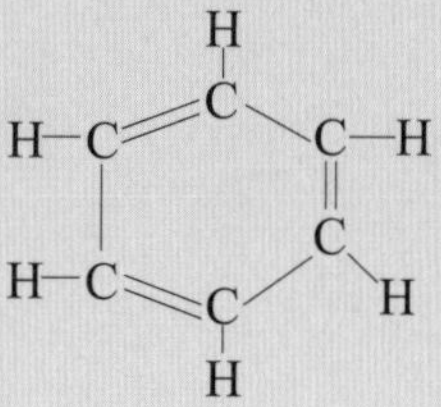
				萘系烴 C_nH_{2n-12}	萘 $C_{10}H_8$
				蒽系烴 C_nH_{2n+2}	蒽 $C_{14}H_{10}$

1. 異構體

分子式相同，結構式不同而性質不同的稱為異構體（isomer）。表 9-5 表示異構體的成因及其例。

表 9-5　異構體

成　因	碳原子鏈形態		官能基位置	
分子式	C_4H_{10}		C_3H_8O	
結構式	H　H　H　H H−C−C−C−C−H H　H　H　H	H　H　H H−C−C−C−H H　│　H H−C−H H	H　H　H H−C−C−C−O−H H　H　H	H　H　H H−C−C−C−H H　O　H H
名　稱	丁烷	2-甲基丙烷	1-丙醇	2-丙醇

四、有機化合物結構的決定

有機化合物的結構式通常以如圖 9-6 所表示的過程來決定。

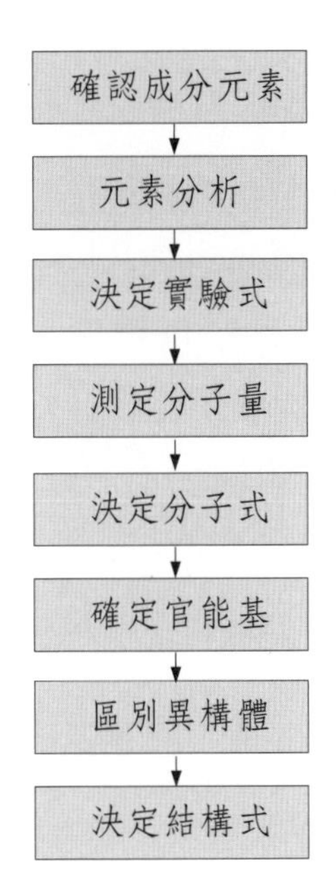

圖 9-6　決定有機化合物結構式的過程

1. 檢查並確認成分元素

要決定有機化合的結構式的第一步是利用到目前為止所學過各元素的性質，來調查純粹試樣所含成分元素的種類。表 9-6 為確認成分元素方法之例。

表 9-6　確認成分元素的方法

元　素	操　　作	生成物	確　認　方　法
碳 C	使其完全燃燒	二氧化碳	使澄清石灰水的白濁
氫 H	使其完全燃燒	水	紅氯化亞鈷變藍色
氮 N	加鹼石灰共熱	氨	過濃鹽酸產生白煙
氯 Cl	附加熱銅線上燃燒	氯化銅	青綠色焰產生
硫 S	與鈉小片共熱	硫化鈉	溶於水加醋酸鉛呈黑色沉澱

2. 元素分析

確認成分元素後，定量分析各元素的含量求化合物中元素的質量組成，此一過程稱為元素分析。

例如由碳、氫、氧組成的有機化合物的元素分析由下列方式進行。

(1)正確測量試樣的質量 W。

(2)在氧中完全燃燒試樣，以氯化鈣吸收所成的水，以鹼石灰吸收產生的二氧化碳。測量各吸收管所增加的質量得水的質量為 x，二氧化碳質量為 y。

(3)設試樣中碳的含量為 W_C，氫的含量為 W_H，氧的含量為 W_O 時：

$$W_C = y \times \frac{\text{C 原子量}(12.0)}{CO_2\ \text{分子量}(44.0)}$$

$$W_H = x \times \frac{\text{H 原子量}(1.0) \times 2}{H_2O\ \text{分子量}(18.0)}$$

$$W_O = W - (W_C + W_H)$$

(4)以原子量除各元素質量得元素原子數比而得實驗式：

$$C : H : O = \frac{W_C}{12.0} : \frac{W_H}{1.0} : \frac{W_O}{16.0} = \alpha : \beta : \gamma$$

此試樣組成的實驗式為：$C_\alpha H_\beta O_\gamma$

圖 9-7 表示有機化合物碳和氫的元素分析裝置之例。

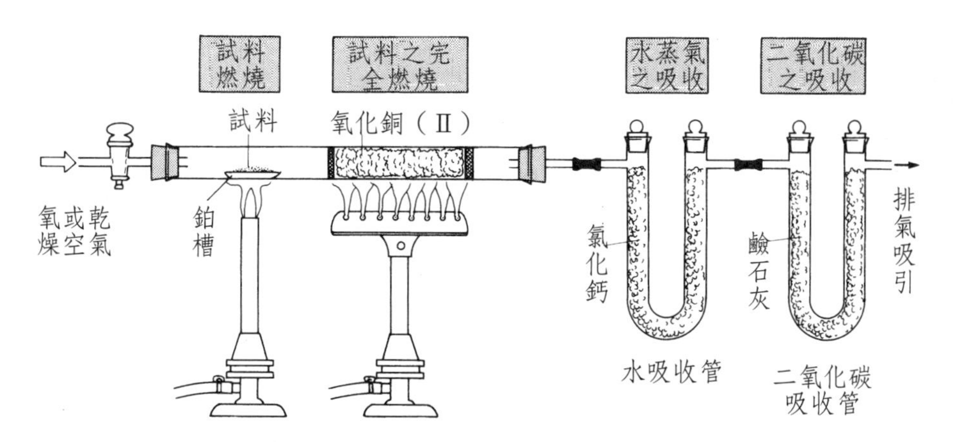

圖 9-7 有機化合物碳和氫的元素分析

3. 決定分子式

有機化合物的分子式為實驗式的整數倍，因此因氣體密度的測量等方法求得分子量時，由實驗式可得分子式。

$$\frac{\text{分子量}}{\text{實驗式的式量}}=n(\text{整數})\quad \text{分子式}=n(\text{實驗式})$$

例題 9-1 由碳、氫、氧所成的有機化合物 **22.0** 毫克完全燃燒後得二氧化碳 **48.4** 毫克和水 **26.3** 毫克。測量此化合物的分子量為 **60.0**，求此化合物的分子量。

解：試樣所含碳的質量

$$=CO_2\text{ 質量}\times\frac{\text{C 原子量}}{CO_2\text{ 分子量}}=48.8\times\frac{12.0}{44.0}=13.2\ (\text{mg})$$

試樣所含氫的質量

$$=H_2O\text{ 質量}\times\frac{2\times\text{原子量}}{CO_2\text{ 分子量}}=26.8\times\frac{2\times 1.0}{18.0}=2.92\ (\text{mg})$$

試樣所含氧的質量 $=22.0-(13.2+2.92)=5.88\ (\text{mg})$

$$C:H:O=\frac{13.2}{12.0}=\frac{2.92}{1.0}=\frac{5.88}{16.0}=3:8:1$$

實驗式為 C_3H_8O

求分子式時先從實驗式量與分子量求 n。

分子量＝n（實驗式量）

$60.0 = n(3 \times 12.0 + 8 \times 1.0 + 1 \times 16.0) = n(60)$

$n = 1$

∴分子式為 C_3H_8O

4.決定結構式

分子式決定以後，調查此分子可能持的官能基的種類及其數目。官能基的種類通常從此化合物的化學性質來瞭解。例如表示酸性的有機化合物有羧酸、磺酸或酚類而可由酸鹼中和滴定求得。如果是中性有機化合物時，加一小片的鈉，有氫氣產生即可推測可能是醇類。

C_3H_8O 測定結果為醇類，因此可能的結構式為：

```
   H  H  H                    H  H  H
   |  |  |                    |  |  |
H—C—C—C—OH                H—C—C—C—H
   |  |  |                    |  |  |
   H  H  H                    H  OH H
```

1-丙醇（沸點 97℃）　　　　2-丙醇（沸點 82℃）

兩者的沸點不同，因此根據沸點的測定可辨別為 1-丙醇或 2-丙醇。

第二節　烴

天然氣或石油中含有多種碳氫化合物，和人類生活有密切關係的甲烷或丙烷都是碳氫化合物。上一節表已介紹烴的分類，本節較詳細，探究這些烴的化學。

一、烷　類

分子內的碳原子都以單鏈互相鏈結的碳氫化合物稱為烷類。烷類的碳原子的鏈結都已飽和不能接受其他原子的進入，因此又稱為飽和烴。烷類的通式 C_nH_{2n+2}，n 代表碳的原子數由天干數字順序加於烷之前面。圖 9-8 為甲烷、乙烷的分子結構及結構式。表 9-7 表示烷類的名稱與性質。

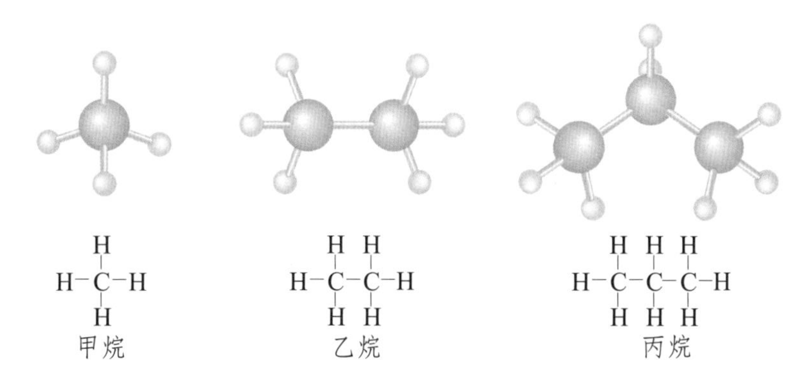

圖 9-8 甲烷、乙烷、丙烷的結構及結構式

表 9-7 烷類的名稱與性質

n	名稱	分子式	分子量	熔點（℃）	沸點（℃）	異構體	常溫狀態
1	甲烷	CH_4	16	− 182	− 162	1	
2	乙烷	C_2H_6	30	− 183	− 89	1	↓
3	丙烷	C_3H_8	44	− 187	− 42	1	氣體
4	丁烷	C_4H_{10}	58	− 138	0	2	↑
5	戊烷	C_5H_{12}	72	− 130	36	3	
6	己烷	C_6H_{14}	86	− 95	68	6	↓
7	庚烷	C_7H_{16}	100	− 91	98	9	液體
8	辛烷	C_8H_{18}	114	− 57	126	18	↑
9	壬烷	C_9H_{20}	128	− 54	151	35	
10	癸烷	$C_{10}H_{22}$	142	− 30	174	75	
18	十八烷	$C_{18}H_{38}$	254	28	317		固體

1. 同系物

如烷類的甲烷（CH_4）、乙烷（C_2H_6）、丙烷（C_3H_8）等分子式以 $-CH_2$ 相差的化合物稱為同系物（homolog）。

2. 烷類的通性

烷類為天然氣和石油的主要成分，在常溫時 n 由 1～4 的烷為無色氣體，5～17 的為液體，18 以上為固體存在。碳原子數為 18 以上的為石蠟，因此烷類又稱為石蠟烴（parsffinic hydrocarbon）。烷類都不溶於水，易溶於乙醚、氯仿等有機熔劑。烷類燃燒時產生大量的熱，為人類最常用的燃料。圖 9-9 表示烷類碳原子數與熔點、沸點的相關曲線。

3. 烷類的結構

1870 年的有機化學家詳細調查甲烷異構體的結果，決定甲烷分子為正四面體的結構。設甲烷的一個氫以其他原子取代的化合物為 CH_3X，再被另一個原子取代的化合物為 CH_2XY 時，其異構體各只有一個而已。為說明此現象CH_4的結構只有如圖 9-10 所示的正四面體而已。如果是平面四角形結構時 CH_2XY 應有下列兩種存在。

乙烷（C_2H_6）的分子結構為兩個正四面體結連的立體結構，但其位置的關係隨碳一碳鍵的旋轉而有無數存在的可能。科學家已知如圖 9-11 所示，碳與碳

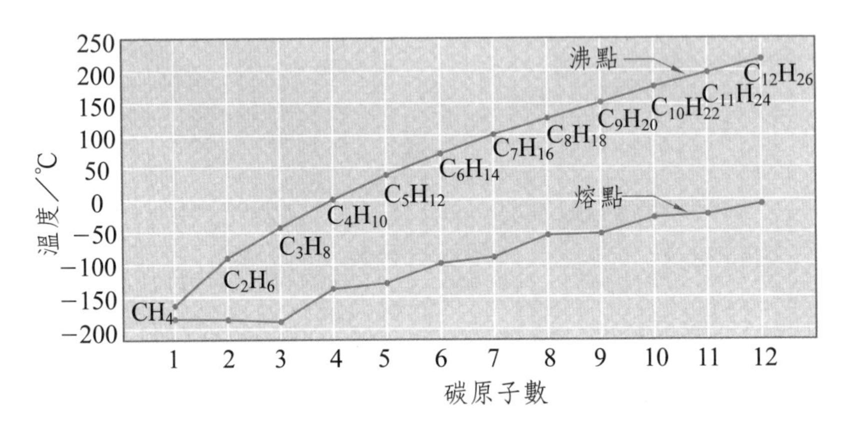

圖 9-9　烷類碳原子數與熔點關係

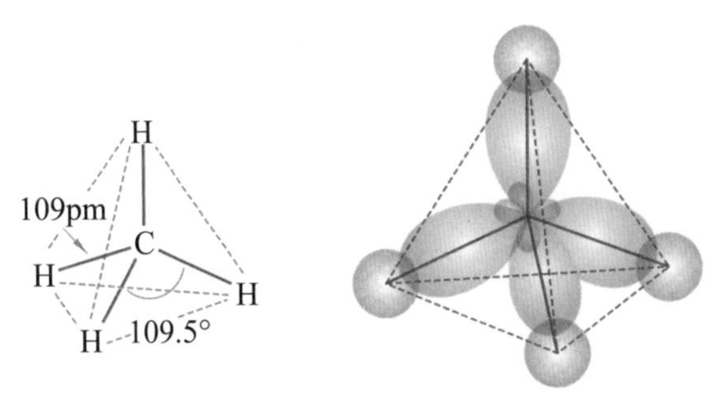

圖 9-10　甲烷分子結構及 sp^3 混成軌域

的鍵結線來看，後方的氫原子位於前方的兩個氫中間的扭形結構最安定。扭形結構後方的碳原子能轉120°時，亦出現同樣的扭形結構，此變化所需的能量很小，因此在室溫時可認乙烷分子的碳與碳間的鍵結因自由被轉在扭形結構間迅速變換。

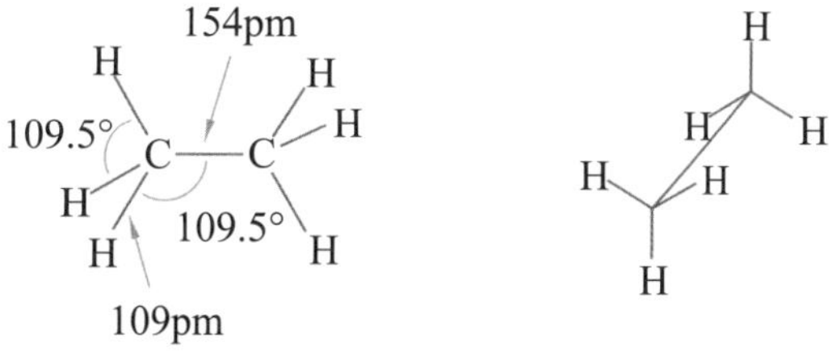

圖 9-11 乙烷的扭形結構

4.烷類的反應

烷類燃燒時產生大量的熱，因此常用做燃料。

$$CH_4+2O_2 \rightarrow CO_2+2H_2O+891 \quad kJmol^{-1}$$

$$C_4H_{10}+\frac{13}{2}O_2 \rightarrow 4CO_2+5H_2O+2878 \quad kJmol^{-1}$$

烷類與氯混合後，以光照射或加熱到250～400℃時，起分子中的氫原子被取代的鹵化反應，過剩的氯存在時進一步的氯化反應進行，最後生成四氯化碳。

$$CH_4 \xrightarrow{Cl_2} CH_3Cl \xrightarrow{Cl_2} CH_2Cl_2 \xrightarrow{Cl_2} CHCl_3 \xrightarrow{Cl_2} CCl_4$$

甲烷　氯甲烷　二氯甲烷　三氯甲烷　四氯化碳

B.P.－24℃　B.P.40℃　B.P.61℃　B.P.77℃

5.環烷

存在於自然界的有機化合物多類具環烷的結構。從薄荷所得的薄荷腦（menthol, $C_{10}H_{20}O$）為環烷誘導體，做清涼劑應用於食品工業。四個環烷縮合所成結構的膽固醇（cholesterol, $C_{27}H_{40}O$）分布於幾乎所有動物的身體組織中，在維持細胞機能方面擔任重要的角色。除蟲菊酯（pyretbrin, $C_{21}H_{28}O_3$）為從除蟲菊所得的天然殺蟲劑，其結構含環烷部分。圖 9-12 為上述三環烷的結構。

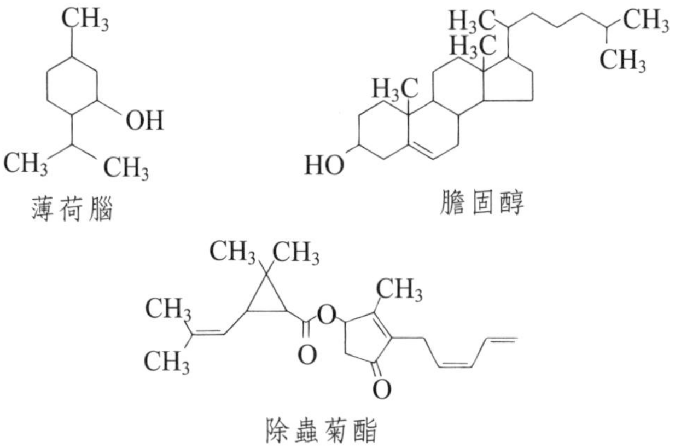

薄荷腦

膽固醇

除蟲菊酯

圖 9-12　薄荷腦、膽固醇、除蟲菊酯的結構

6. **烷基**

從烷類的分子減一個氫的一價烴基稱為烷基，通式為 $C_nH_{2n+1}-$。例如 CH_3-為甲基，C_2H_5- 為乙基，C_3H_7- 為丙基等。

二、烯類

烴的每一分子至少有一對碳原子以雙鍵結合的稱為烯類。最簡單的烯類為乙烯（C_2H_4），其分子結構如圖 9-13 所示碳的雙鍵結由 sp^2 混成軌域的 σ 鍵和 p 軌域間的 π 鍵所形成。

烯類碳原子間因有雙鍵存在，不像烷類的可旋轉的扭形結構，而有幾何配置相異的兩個立體異構體存在。如此立體異構體稱為幾何異構物（geometrical isomer）。例如 2-丁烯（$CH_3CH=CHCH_3$）有 2 個甲基在雙鍵的同側的順（cis）

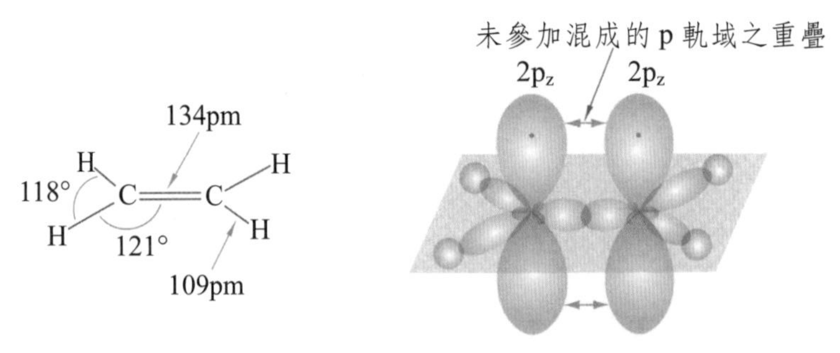

圖 9-13　乙烯的結構式與 sp^2 混成軌道

與在不同側的反（trans）幾何異構物存在。

順-2-丁烯　　　　反-2-丁烯

表 9-8 表示一些烯類的化學式、名稱及物理常數

表 9-8　烯類的名稱及性質

分子式	名　稱	示性式	熔點（℃）	沸點（℃）
C_2H_4	乙烯	$CH_2=CH_2$	－169	－104
C_3H_6	丙烯	$CH_3CH=CH_2$	－185	－47
C_4H_8	丁烯	$CH_3CH_2CH=CH_2$	－185	－6
	順-2-丁烯	$CH_3CH=CHCH_3$	－139	4
	反-2-丁烯	$CH_3CH=CHCH_3$	－106	1
	2-甲基丙烯	$CH_3C(CH_3)=CH_2$	－140	－7
C_5H_{10}	1-戊烯	$CH_3CH_2CH_2CH=CH_2$	－165	30
	順-2-戊烯	$CH_3CH_2CH=CHCH_3$	－151	37
	反-2-戊烯	$CH_3CH_2CH=CHCH_3$	－140	36
	2-甲基-1-丁烯	$CH_3CH_2(CH_3)=CH_2$	－138	31
	3-甲基-1-丁烯	$CH_3CH(CH_3)\ CH=CH_2$	－169	20
	2-甲基-2-丁烯	$CH_3CH=C(CH_3)\ CH_3$	－134	39

1. 烯類的加成反應

烯類分子中含雙鍵而未飽和，故其化學性質較烷類活潑，較易進行化學反應，其中較重要的是加成反應和聚合反應。

加成反應　烯遇 H_2，Cl_2，HCl，H_2O 時，雙鍵打開，各碳原子與一新的原子結合，生成單純的加成化合物。

$$CH_2=CH_2+H_2 \rightarrow CH_3-CH_3 \quad \text{乙烷}$$

$$CH_2=CH_3+Br_2 \rightarrow CH_2Br-CH_2Br \quad \text{二溴乙烷}$$

$$CH_2=CH_2+HCl \rightarrow CH_3-CH_2Cl \quad \text{氯乙烷}$$

$$CH_2 = CH_2 + H_2O \rightarrow CH_3 - CH_2OH \quad \text{乙醇}$$

2. 聚合反應

以 ^{60}Co 的γ-射線照射乙烯時，乙烯的雙鍵被打開，互相連結成巨大分子的聚乙烯。市售塑膠袋、膠膜及塑膠器皿等多數是由聚乙烯製成的。

$$n \quad CH_2 = CH_2 \xrightarrow{\gamma\text{射線}} -\!\!\left(CH_2 - CH_2\right)\!\!-_n$$

乙烯　　　　　　聚乙烯

三、炔類

烴的每一分子至少有一對碳原子以參鍵結合的稱為炔類。最簡單的炔類為乙炔（C_2H_2）。其分子結構如圖 9-14 所示，碳與碳的參鍵鍵結由 sp 混成軌域的σ鍵及沒有參加混成軌域而直交的 2 個 p 軌域間所成的 2 個 π 鍵所形成的。

炔類如烯類活潑，較易與氫、鹵素、鹵化氫等起加成反應，適當選擇反應條件時可加成為順或反式的異構物。

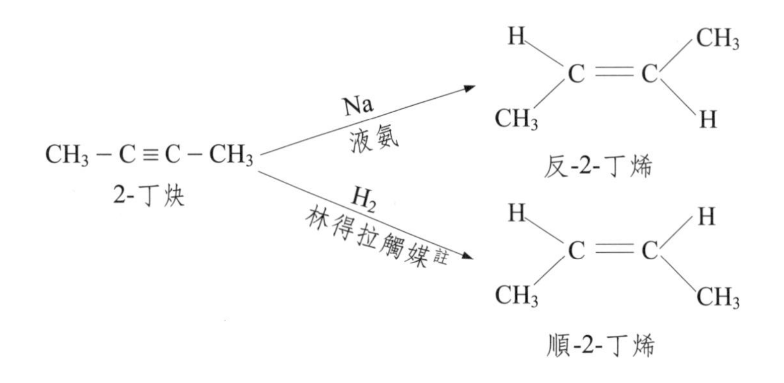

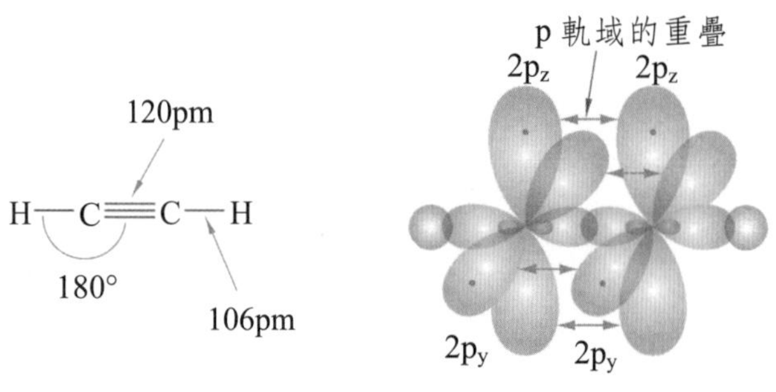

圖 9-14　乙炔的結構式與 sp 混成軌域

註林得拉觸媒（Lindla catalyst）$Pd\text{-}CaCO_3\text{-}Pb(CH_3COO)_2$
為 $C\equiv C$ 鍵的部分氫化所用的鈀觸媒

1. 聚乙炔的導電性

使用含鈦（Ti）與鋁（Al）的觸媒可使乙炔聚合為聚乙炔。1977 年日本白川英樹等人發現以碘氧化聚乙炔時顯示高導電性質。

$$HC\equiv CH \xrightarrow[Al(CH_2CH_3)_3]{Ti[O(CH_2)_3CH_3]_4} \cdots$$ （聚乙炔鏈，H H H H / H H H H）$\cdots \xrightarrow{I_2}$ 導電性聚合物

乙炔　　聚乙炔

這是因產生於聚乙炔鏈的正電荷，通過廣布於分子全體的 π 軌域旋回運動。此一發現起源於有關導電性聚合物的研究，現已廣泛實用化成為手提電話的電池等。

四、芳香烴

碳原子互相結合成環狀結構的碳氫化合物稱為環狀烴。從煤溚提煉的苯、萘及蒽等環狀烴具有芳香氣味，因此又稱為芳香烴（aromatic hydrocarbon）。

1. 苯

1825 年英國科學家法拉第從瓦斯燈油分離成功沸點 80℃的無色液體，決定其分子式為 C_6H_6 並命名為苯（benzene）。當時科學家推測苯分子數較碳原子數差不多，因此認為分子中應有雙鍵或參鍵結合。可是苯不像烯或炔類受過錳酸鉀的氧化作用，亦不能使溴溶液褪色，如此苯的結構與其安定性，超出當時的科學家理解的範圍。1865 年德國有機化學家克古列（F.A. Kekule）提出單鍵與雙鍵交立互排列的六角形結構，在鏈狀烴觀測不到的特性仍由於單鍵結合與雙鍵結合燃連交換所致。圖 9-15 為克古列結構式。

現在根據各種測定結果證明苯是平面分子而六個碳原子各屬於正角形的各頂點的結構。考慮構成苯的碳原子與烯類的碳原子一樣具 sp^2 混成軌域中的兩個與鄰近的碳原子的 sp^2 混成軌域鍵結形成碳與碳的 σ 鍵成為六角形的碳骨架，剩下的一個 sp^2 混成軌域與氫原子的 1s 域重疊，形成碳氫鍵結。剩下一個沒有參加混成軌域的 p 軌域則位於苯分子平面的垂直方向，六個碳原子各具一個 p 軌域的電子而互相鄰接的重疊而形成 π 鍵。其結果如圖 9-16 所示，在分子平

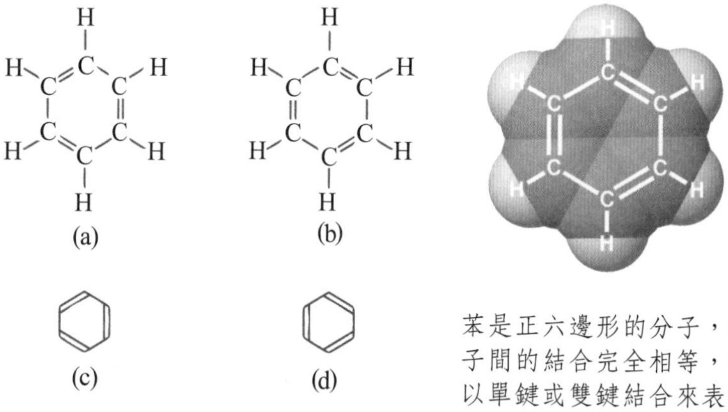

(a)
(b)
(c)
(d)

苯是正六邊形的分子，碳原子間的結合完全相等，不能以單鍵或雙鍵結合來表示。
（沸點 80℃，熔點 5℃）

圖 9-15　克古列苯的結構式

p軌域的重疊
120°
120°
110pm
139pm

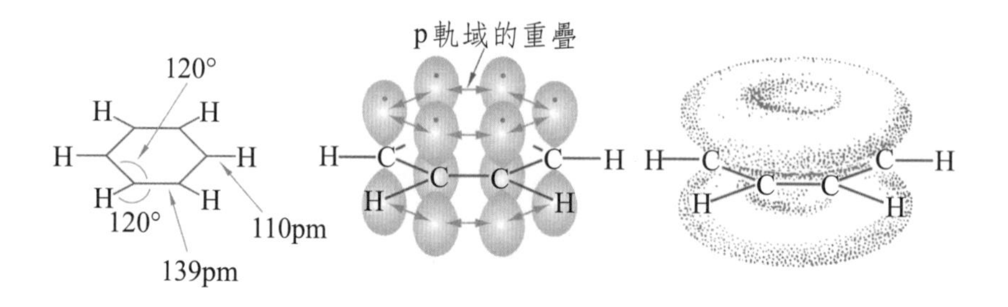

圖 9-16　苯的結構，p 軌域的重疊與π電子雲

面的上下方各呈圓圈餅狀面，其中收容 6 個電子的存在。

苯的 π 電子不像乙烯的存在於一個雙鍵結合而於 6 個碳原子上非內部化存在，因此 π 電子可受多數碳原子核的束縛力，所以苯的 π 電子較安定化。

苯無色，具芳香氣味的液體。苯比水較不溶於水，能夠溶解油脂、樹脂、橡膠等有機化合物，應做有機溶劑使用。惟今日醫學發現吸收多量苯蒸氣時會引起骨髓病變的可能，因此使用苯時需特別留意，盡量不直接呼吸苯蒸氣。

苯在空氣中燃燒會發出大量的煙，苯與氯或溴反應，生成氯苯或溴苯。這些鹵苯做樹脂、塑膠、塑料及木材防腐劑的原料。

+ Br2
Fe Br2
Br
+ HBr

溴苯

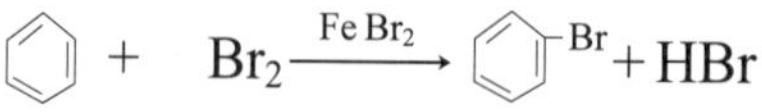

苯在濃硫酸存在時與濃硝酸反應，生成硝基苯。濃硫酸用做脫水劑。硝基苯為淡黃色具杏仁氣味的油狀液體。可做香料及染料的材料。

$$C_6H_6 + HNO_3 \xrightarrow{H_2SO_4} C_6H_5\text{-}NO_2 + H_2O$$

苯在紫外線照射下與氯反應，生成六氯化苯（benzene hexachloride，簡寫為BHC）為一種殺蟲劑，過去使用於農作物及家庭，惟經散佈後不易分解而經（如圖 9-17 所示）食物鏈濃縮，以這些動植物為食物的人類健康將受害。

$$C_6H_6 + 3Cl_2 \xrightarrow{紫外線} C_6H_6Cl_6$$

苯　　六氯化苯

2. 萘

兩個苯環相駢合而成的芳香烴稱為萘（naphthalene, $C_{10}H_8$）。其結構式為：

（萘結構式）或（萘結構式）

煤溚的分餾於高溫與餾分可得萘。萘為白色具樟腦味的片狀固體。萘的熔點 81℃，在常溫昇華為氣體。萘與硝酸反應時在 1-碳位置起硝化反應成 1-硝基萘，但幾乎不生成 2-硝基萘。

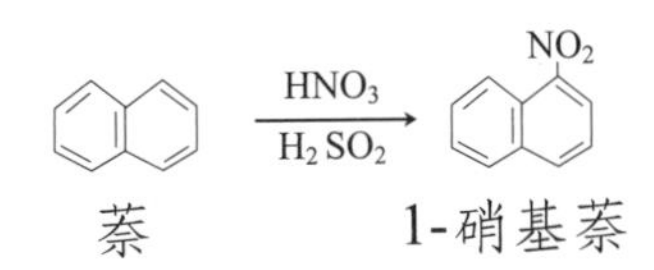

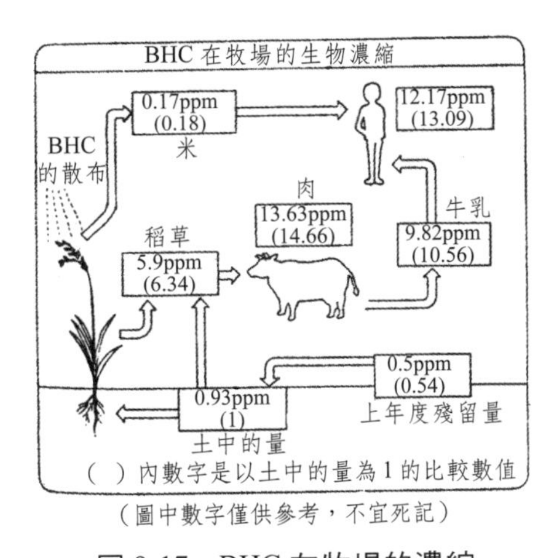

（圖中數字僅供參考，不宜死記）

圖 9-17　BHC 在牧場的濃縮

萘做家庭用的衣類防蟲劑外，為製造染料或醫藥的原料。

3. 蒽

三個苯環相駢合而成的環狀烴稱為蒽（anthracene, $C_{14}H_{10}$）。其結構如圖9-18。此外從萘出發有更多的苯環駢合而成的總稱為多環式芳香烴。

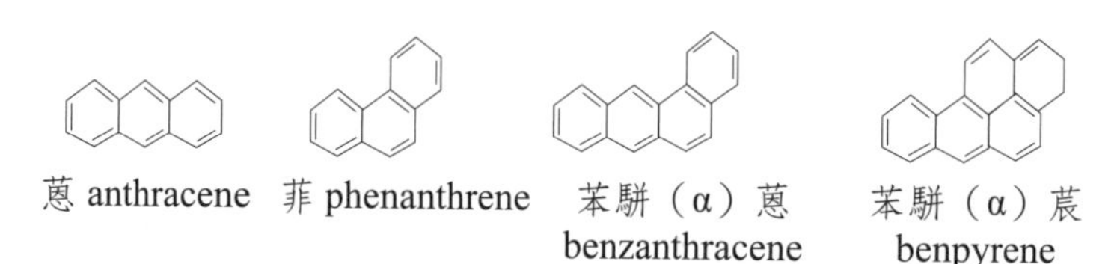

圖 9-18　蒽系烴結構

煤溚、香煙的煙、焚化爐的煙等通常含各種結構的多環式芳香烴。這些化合物多數為致癌物。1915 年日本山極勝三郎在兔耳上連續塗上煤溚一年多發現此兔致癌。此研究發表以後學界開始進行有關致癌症物質的研究，後來從煤溚分離出較強致癌物苯駢（α）蒽及苯駢（α）芘。

第三節　烴的衍生物

烴分子中的一個或數個氫原子，被其他元素的原子或原子團所取代的化合物，稱為烴的衍生物（derivative）。烴基與官能基結合而成的烴衍生物有醇、酚、醚、醛、酮、胺、羧酸等，具有相同官能基的烴衍生物，化學性質相似。

一、醇

醇是烴基與羥基結合而成的化合物。自古以來人類嗜好做飽料的酒是含乙醇的溶液。

1. 羥基數分類醇

醇的化學式中含一個羥基的稱為一元醇、含有兩個羥基的為二元醇。含有三個羥的為三元醇。表 9-9 是以羥基數來分類醇。

表 9-9　羥基數分類醇

一元醇	二元醇	三元醇
CH_3-OH 甲　醇 C_2H_5-OH 乙　醇	CH_2-OH | CH_2-OH 乙二醇	CH_2-OH | $CH-OH$ | CH_2-OH 甘油

2. 羥基結合位置分類醇

醇另一分類法是根據連結於羥基的碳原子與其他碳原子結合致來分為第一醇（pyimary alconol），第二醇（secondary alcohol）及第三醇（tertiary alcohol）。表 9-10 表示如此分法。

表 9-10　以羥基結合位置分類醇

第一醇		第二醇	第三醇
$C_3H_7-\underset{H}{\overset{H}{C}}-OH$ 1-丁醇	$(CH_3)_2CH-\underset{H}{\overset{H}{C}}-OH$ 2-甲基-1-丙醇	$CH_3-\underset{OH}{\overset{H}{C}}-C_2H_5$ 2-丁醇	$CH_3-\underset{OH}{\overset{CH_3}{C}}-CH_3$ 2-甲基-2-丙醇

表 9-11 為常見的醇類之名稱、示性式及性質的介紹。

醇類可視為水分子（H_2O）的一個氫原被烴基所取代的化合物，因此醇類具有類似水的性質，成為羥基（$-OH$）特有的性質。醇類較其他分子量相近的有機化合物的沸點高很多，仍是因為醇分子間如圖 9-19 所示，以氫鍵結合，使其氧化時必須供應打破氫鍵所需能量之故。醇的氫鍵結合亦使其易溶於同樣氫鍵結合的水。到丙醇為止能夠與水完全互溶，丁醇以後因較長鏈的烷基的有機性質增加，溶解度減少。

表 9-11　常見的醇類

名　稱	示性式	熔點（℃）	沸點（℃）	密度（g/cm³）	水溶性	分　類
甲醇	$CH_3 \cdot OH$	－97	65	0.79	完全互溶	一元醇
乙醇	$C_2H_5 \cdot OH$	－115	78	0.79	完全互溶	一元醇
1-丙醇	C_3H_7OH	－127	97	0.82	完全互溶	一元醇
1-丁醇	$C_4H_9\text{-}OH$	－90	117	0.81	小量溶解	一元醇
1-戊醇	$C_5H_{11}\text{-}OH$	－79	138	0.81	微量溶解	一元醇
乙二醇	$(CH_2)_2(OH)_2$	－13	198	1.12	完全互溶	二元醇
丙三醇	$C_3H_5(OH)_3$	18	290	1.26	完全互溶	三元醇

圖 9-19　醇 R-OH 的氫鍵結合

3. 甲醇

甲醇（methanol, CH_3OH）早期從木材乾餾而得之醇，因此又稱為木醇或木精。現由水煤氣在高溫高壓下經催化劑製得：

$$CO + 2H_2 \xrightarrow[300\sim400℃,\,200\,atm]{ZnO,\,Cr_2O_3} CH_3OH$$

甲醇為易溶於水的液體，燃燒時產生藍色火焰生成二氧化碳和水。

$$2\,CH_3OH + 3O_2 \longrightarrow 2CO_2 + 4H_2O$$

假酒常含甲醇，誤飲少量時傷害視神經而有失明的危險，多飲時會喪命。甲醇用於製造甲醛、甲酸的原料外，做油漆、樹脂及橡膠等的溶劑使用。

4. 乙醇

乙醇為酒類的主要成分，因此俗稱酒精。自古以來人類都由米、高粱等澱粉、糖蜜及水果等的發酵來製造酒精。現代工業在催化劑存在下，由乙烯與水的反應來製造。

$$C_{12}H_{22}O_{11} + H_2O \xrightarrow{轉化酵素} C_6H_{12}O_6 + C_6H_{12}O_6$$

$$C_6H_{12}O_6 \xrightarrow{\text{酒精酵素}} C_2H_5OH + 2\ CO_2$$

$$CH_2 = CH_2 + H_2O \xrightarrow[400^{\circ}C,\ 70,\ atm]{H_3PO_4} C_2H_5OH$$

乙醇為無色具芳香氣味的液體。乙醇與水完全互溶，乙醇水溶液蒸餾時可得 95%乙醇。將此 95%乙醇中加石灰後再蒸餾所得酒精完全無水，稱為無水酒精或絕對酒精（absolute alcohol）。酒精不但是酒類主要成分，實驗室常用燃料外，工業上廣用做油漆、香料、藥物的溶劑。醫務室使用為消毒劑。酒精具防腐作用，可用於保存動物標本。各國通常使實驗室及工業上使用的酒精不適於飲用。特加少量汽油或甲醇等不適飲用的液體並加有色物質使酒精看起來是粉紅色或藍色來識別，如此不能飲用的酒精稱為變性酒精（denatared alcohol）。

乙醇與氧化劑反應減兩個氫原子生成醛，進一步氧化或使用更強氧化劑時生成乙酸。

$$CH_3CH_2OH \xrightarrow[\text{氧化劑}]{-2H} CH_3CHO \xrightarrow[\text{氧化劑}]{+O} CH_3COOH$$

乙醇　　　　乙醛　　　　乙酸

例如：$3CH_3CH_2OH + Cr_2O_7^{2-} + 8H^+ \rightarrow 3CH_3CHO + 2Cr^{3+} + 7H_2O$

$5CH_3CH_2OH + 4MnO_4^- + 12H^+ \rightarrow 5CH_3COOH + 4Mn^{2+} + 11H_2O$

3. 酒

含有酒精的飲料總稱為酒。酒的種類很多，但由於製酒的過程，可分為釀造酒和蒸餾酒兩大類。

⑴釀造酒

將米、麥牙、澱粉、水果等酵母發酵而成的酒稱為釀造酒。

米酒：將糯米蒸熟，用清水淋洗降低溫度後，加入米粉和辣蓼浸液所製的酒藥，再用小麥芽製成的麴和水混合使其發酵，經壓榨出的酒液為米酒。市售米酒含酒精量約 12%。

啤酒：大麥浸水後放在溫暖室中使其發芽，榨取麥芽汁煮沸後加入啤酒花使蛋白質成分沉澱及添進啤酒苦澀味和香味。再加入酵母使其中的糖分發酵而成啤酒。啤酒含酒精量較低，約 3～6%之間。

葡萄酒：洗淨葡萄後榨取葡萄汁於樽中經糖分發酵所成的為紅葡萄酒。如去皮後的葡萄汁發酵而成的為透明無色為白葡萄酒，葡萄酒含酒精量約12～15%。

⑵蒸餾酒

製成釀造酒再經蒸餾所得含酒精量較多的酒。

高粱酒：高粱煮熟後加入大麥、大豆、米糠等混合所成的麴，使其發酵一段時期成酒醪。將酒醪蒸餾得酒精含量約 60%的高粱酒，貯藏一段時期後發售。

威士忌（whisky）：啤酒再經過蒸餾後裝在橡木桶中通常放在地下涼冷處相當久時間使其熟成的蒸餾酒。威士忌含酒精量通常約 40～42%。

白蘭地（brandy）：將葡萄酒再蒸餾後，長時期貯藏於橡木桶的蒸餾酒為白蘭地，含酒精量約為 40～42%。

二、酚

苯環的氫原子被羥基取代的化合物總稱為酚類（phenols）。

OH　　OH CH_3　　OH CH_3　　OH CH_3

酚（熔點 41℃）　鄰甲酚（熔點 31℃）　間甲酚（熔點 12℃）　對甲酚（熔點 35℃）

1. 酚

酚為白色晶體略溶於水，其溶液會侵蝕皮膚，使用時需要特別留意，千萬不能用手取其晶體或接觸其溶液。酚存在於煤或石油的分解生成物中，其羥基能解離回此具弱酸性，雖然游離常數不大，但其酸性為甲醇的約一百萬倍強。

$$CH_3OH \rightleftharpoons CH_3O^- + H^+ \quad Ka = 3 \times 10^{-16}$$

$$C_6H_5OH \rightleftharpoons C_6H_5O^- + H^+ \quad Ka = 1 \times 10^{-10}$$

因此酚又稱為石炭酸。能夠與氫氧化鈉溶液反應生成可溶性的苯氧化鈉。

$$C_6H_5OH + NaOH \longrightarrow C_6H_5O^-Na^+ + H_2O$$

苯氧化鈉

酚有殺菌力強，用於消毒、滅菌用防腐劑。工業上做酚樹脂、染料、炸藥及醫藥的原料。

三、醚類

醇或酚的羥基之氫原子被羥基所代的化合物稱為醚類（ethers），換句話說，兩個羥以一個氧原子結連在一起的為醚類。醚類的通式為 R-O-R′，R 與 R′ 可相同或不同。例如：

CH_3-O-C_2H_5 甲基乙基醚（甲乙醚）

C_2H_5-O-C_2H_5 二乙基醚（乙醚）

最常見的醚為二乙基醚（diethyl ether）簡稱乙醚。乙醚由乙醇與濃硫酸混合加熱，從兩分子乙醇脫去一分子水的方式製得。圖 9-20 表示實驗室製乙醚的裝置。所製得的乙醚的沸點低（34.6℃），具高揮發性而變成氣體，密度較空氣大兩倍多並極易著火，因此要特別留意。在空氣不大流通的桌面操作乙醚時，揮發的乙醚籠罩在桌面，這時如有人不小心在桌面另一端點火柴時，雖然是離開 1～2 公尺遠，仍會引燃桌面乙醚氣體而燃燒。

$$C_2H_5\boxed{OH + H}O \cdot C_2H_5 \xrightarrow[H_2SO_4]{-H_2O} C_2H_5-O-C_2H_5 + H_2O$$

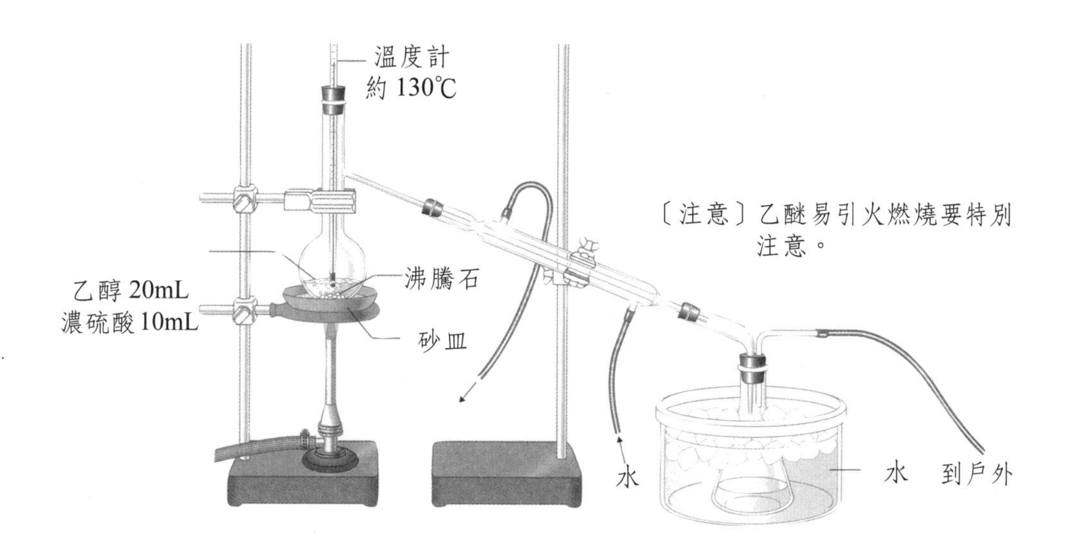

圖 9-20 實驗室製乙醚的裝置

乙醚具有麻醉性，醫藥上用為麻醉劑。乙醚為良好的有機溶劑，可做油脂、樹脂、染料等的溶劑。

甲醚（CH_3-O-CH_3）與乙醇（C_2H_5OH）的分子式 C_2H_6O 相同的同分異構物。前面已提乙醇分子間有氫鍵結合因此沸點較高（78℃），甲醚間無氫鍵結合，沸點較低（−25℃）。

```
    H     H                 H  H
    |     |                 |  |
 H—C—O—C—H           H—C—C—O—H
    |     |                 |  |
    H     H                 H  H
```

甲　醚（p.b. − 25℃）　　　乙　醇（b.p.78℃）

四、醛

醛類是烴基（或氫）與醛基（－CHO）結合所成的化合物，由第一醇氧化所成。例如如圖 9-21 所示加熱銅線圖所得熱氧化銅接觸到甲醇蒸氣時，甲醇被氧化生成刺激臭的甲醛。

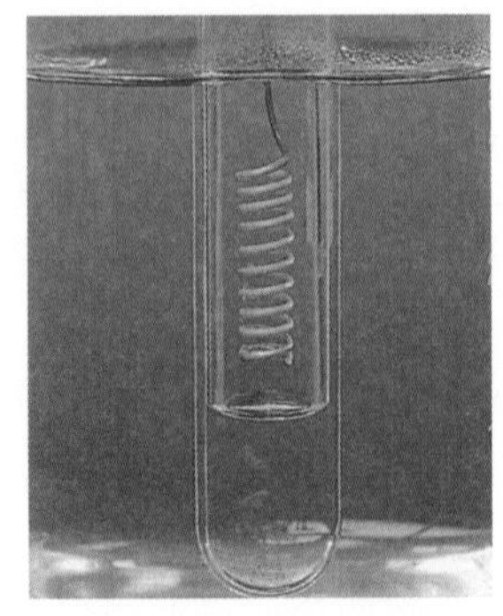
圖 9-21　生成甲醛

$$CH_3OH + CuO \rightarrow HCHO + H_2O + Cu$$

乙醇經硫酸酸性的二鉻酸鉀溶液的氧化反應可製得乙醛，圖 9-22 表示乙醛的分子結構。

$$\underset{\text{乙醇}}{CH_3CH_2OH} + Cr_2O_7^{2-} + 8H^+ \rightarrow \underset{\text{乙醛}}{CH_3CHO} + 2Cr^{3+} + 7H_2O$$

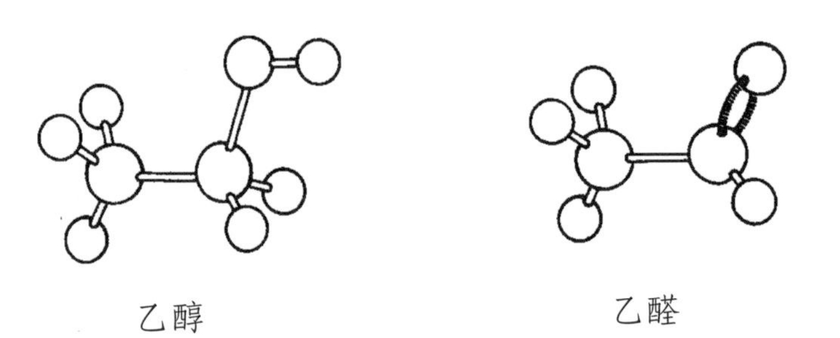

圖 9-22　乙醇及乙醛的分子結構

1. 甲醛

甲醛（HCHO）為無色、具刺激臭氣味的氣體，易溶於水。市售做殺菌、防腐劑用的福馬林（formalin）為甲醛，約 35～40%的水溶液。有機物的不完全燃燒可產生甲醛，含於煙或火焰中，在大氣中亦微量存在。甲醛的熔點－118℃，沸點－19℃，還原力很強而不具氧化成甲酸。

⑴銀鏡反應

銀鏡反應（silver mirror reaction）為檢驗有機物質具有還原性的方法之一。在硝酸銀溶液中滴加氨水，開始時生成氧化銀的褐色沉澱，繼續加氨水到氧化銀褐色沉澱完全溶解成無色的二氨銀錯離子溶液，俗稱多倫溶液（Tollen's solution），甲醛與多倫溶液如圖 9-23 所示，在 50～60℃水浴中共熱時，還原多倫溶液並析出銀，附著於試管壁成美麗的銀鏡。此一反應常用於辨別醛為和酮類。

$$R-CHO+2Ag(NH_3)_2^{1+}+3OH^-$$
$$\rightarrow R-COO^-+2Ag+4NH_3+2H_2O$$

⑵斐林試驗

另一檢驗有機物的還原性與斐林試驗（Fehing's test）。斐林試驗由通常分 A 液（$CuSO_4$ 溶液）和酒石酸鉀鈉〔$KNaC_2H_2(OH)_2(COO)_2$〕的鹼性溶液的 B 液，分別保存。使用時如圖 9-24 所示，將 A 液與等量的 B 液混合在一起成藍

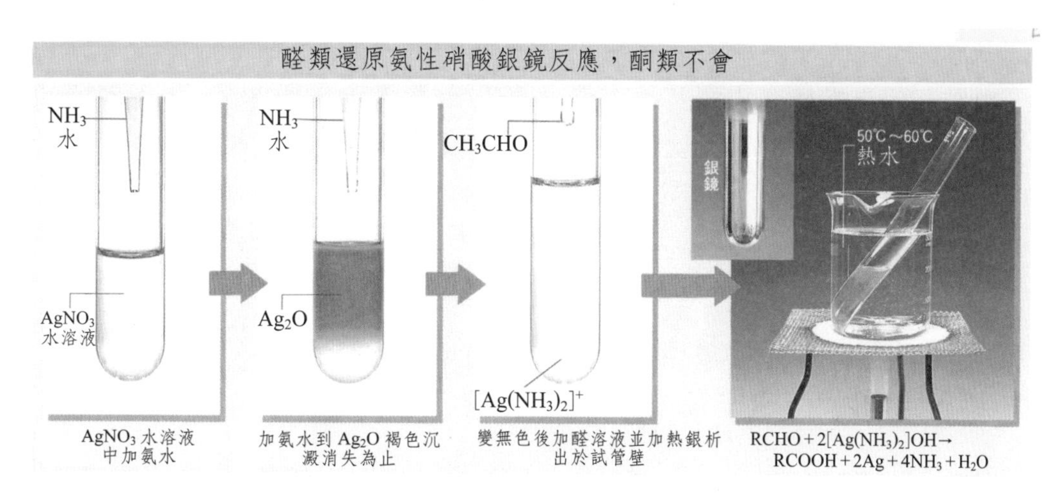

圖 9-23　銀鏡反應

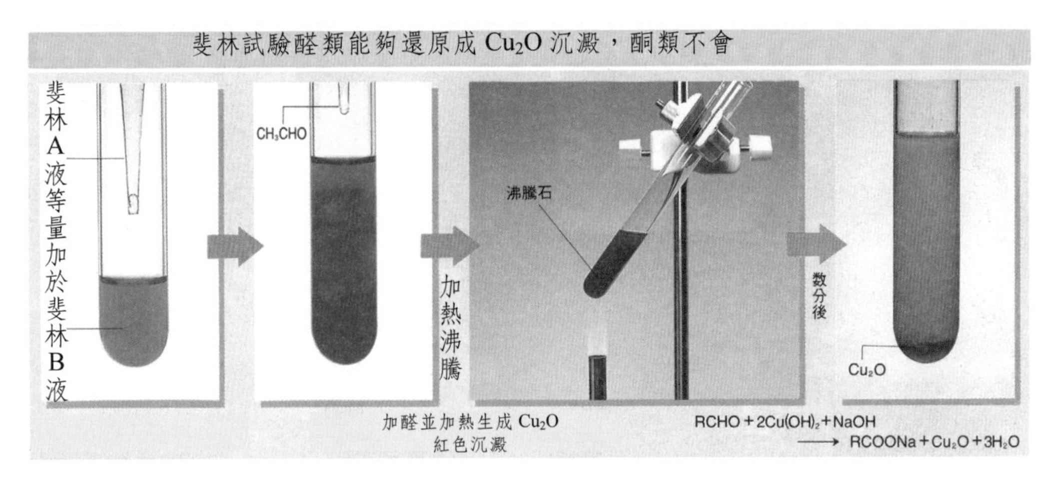

圖 9-24　斐林試驗

色斐林試液，加甲醛（或其他醛）後煮沸，溶液中的 Cu^{2+} 被還原成 Cu_2O 的紅色沉澱。

$$R-CHO+2Cu^{2+}+4OH^{-}\rightarrow R-COOH+Cu_2O+2H_2O$$

甲醛除用於作滅菌及防腐劑外，製造電木（bakelite）及其他塑膠的原料。

2. 乙醛

乙醇氧化成乙醛，乙醛為具有刺激臭的無色液體。乙醛熔點 − 124℃，沸點 20℃，因此在本地氣溫時多數以氣體存在。乙醛可溶於水及有機溶劑。

乙醛蒸氣與氫在鎳催化劑存在時加熱，乙醛會被還原為乙醇。

$$CH_3CHO+H_2\xrightarrow[\triangle]{Ni}CH_3CH_2OH$$

乙醛與甲醛一樣能夠起銀鏡反應及斐林試驗。乙醛為製造乙酸的原料外，可做防腐劑及還原劑之用。

五、酮

如 2-丙醇一樣的第 2 醇氧化產生酮（acetone）。見圖 9-25

$$CH_3-\underset{\displaystyle |\atop OH}{CH}-CH_3+\frac{1}{2}O_2\longrightarrow CH_3-\underset{\displaystyle \|\atop O}{C}-CH_3+H_2O$$

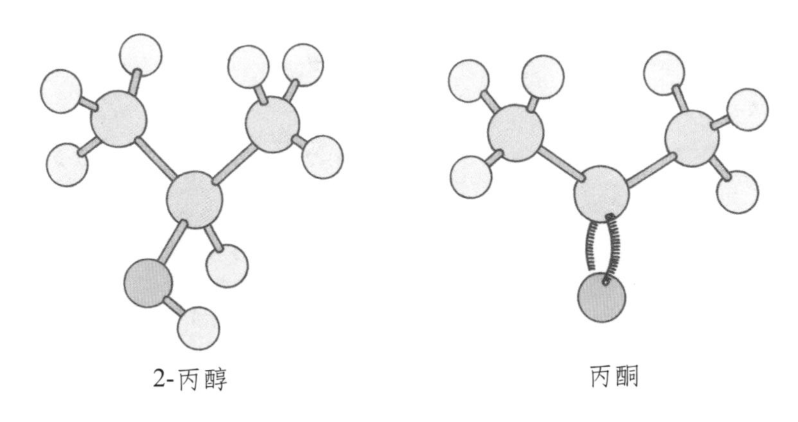

圖 9-25　2-丙醇 F 與丙酮的分子結構

表示 2-丙醇與丙酮的分子結構。確實的化學反應式為：

$$3CH_3CHOHCH_3 + Cr_2O_7^{2-} + 8H^+ \rightarrow 3CH_3COCH_3 + 2Cr^{3+} + 7H_2O$$

丙酮是最簡單的酮類。醛與酮都含有羰基（$-C=0$），因此酮的反應與醛相似，但醛 CO 基和一個氫原子結合，可被氧化成酸，但酮的 CO 基和兩個碳原子結合，在相同狀況時不能被氧化成酸。

丙酮是無色揮發性有芳香氣味的液體。丙酮能夠與水或有機溶劑互相互溶，因此丙酮為良好的有機溶劑，可做假漆、人造絲、賽璐珞及樹脂等溶劑。

六、有機酸

分子中含有羧基（carboxyl group, $-$COOH）的有機化合物稱為有機酸（organic acid）或羧酸（carboxylic acid）。有機酸依照分子結構分類。表 9-12 表示常見的有機酸。

1. 甲酸

在螞蟻、蜜蜂等分泌液中含有甲酸，因此俗稱蟻酸。甲酸（HCOOH）具有很特別的分子結構。在分子結構中有羧基（$-$COOH）因此具有酸性性質，另一面含有醛基（$-$CHO），因此具有醛的還原性質，能還原多倫試液產生銀鏡，還原斐林試液生成氧化亞銅紅色沉澱。

表 9-12　常見的有機酸

分　類	名　稱	示性式	熔點（℃）	備要
飽和脂肪酸	甲　酸	H-COOH	8	從螞蟻發現的酸
	乙　酸	CH_3-COOH	17	食醋成分
	丙　酸	CH_3-CH_2-COOH	−21	防霉劑
未飽和脂肪酸	丙烯酸	CH_2=CH-COOH	14	合成樹脂原料
	甲基丙烯酸	CH_2=C(CH_3)-COOH	16	合成樹脂原料
高級脂肪酸	軟脂酸	CH_3-$(CH_2)_{14}$-COOH	63	單鍵（在天然油脂中與甘油結合在一起）
	硬脂酸	$C_{17}H_{35}$-COOH	71	單鍵（在天然油脂中與甘油結合在一起）
	油　酸	$C_{17}H_{33}$-COOH	13	1 個雙鍵（在天然油脂中與甘油結合在一起）
	亞麻油酸	$C_{17}H_{31}$-COOH	−5	2 個雙鍵（在天然油脂中與甘油結合在一起）
	次亞麻油酸	$C_{17}H_{29}$-COOH	−11	3 個雙鍵（在天然油脂中與甘油結合在一起）
二元酸	乙二酸	HOOC-COOH	187	單酸，還原劑
	順丁烯二酸	HOOC-CH=CH-COOH	131	順式（cis）
	反丁烯=酸	HOOC-CH=CH-COOH	300	反式（trans）
	已二酸	HOOC-$(CH_2)_4$-COOH	153	耐綸原料
羥酸	乳酸	CH_3-CH(OH)-COOH	17	糖類發酵生成
	蘋果酸	CH(OH)-COOH	100	存在於果實
	酒石酸	CH_2-COOH	170	存在於果實

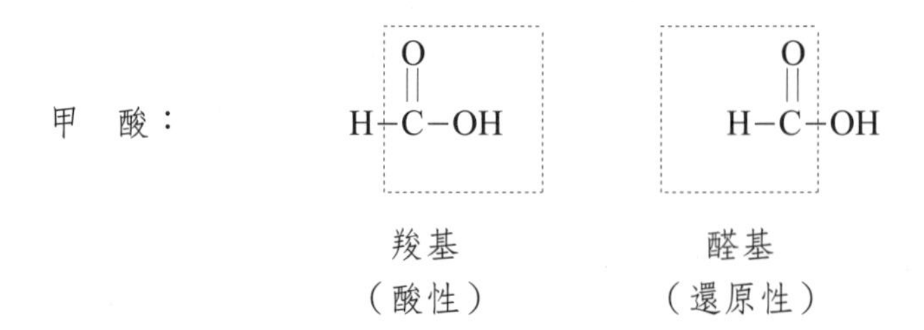

甲酸為無色具刺激臭的液體。皮膚遇到甲酸會起泡並疼痛。甲醇在過錳酸鉀酸性溶液中氧化成甲酸。

$$5C_2H_5OH + 4MnO_4^- + 12H^+ \rightarrow 5HCOOH + 4Mn^{2+} + 11H_2O$$

甲酸在橡膠工業用於使乳液凝固，其他工業用為還原劑，印染工業用為媒染劑，醫藥上做消毒之用。

2. 乙酸

乙酸（CH_3COOH）為食醋的主要成分，因此又稱為醋酸。食醋中含約3～5%的乙酸。純粹的乙酸的熔點為 17℃，因為在冬期容易凝固稱為冰醋酸（glacial acetic acid）。乙酸在常溫時無色有刺激臭的液體，對皮膚有腐蝕作用。乙酸為弱酸，分子中只有羥基，因此不呈還原性，無法通過銀鏡反應及斐林試驗。乙酸可用於製造食醋外，製造醋酸鹽、酯類、塑膠、醋酸纖維素等的原料。

3. 乳酸

乳酸（lactic acid）是一種羥酸，分子結構中含羥基及羥基。

$$
\begin{array}{c}
\quad\ \ \mathrm{H}\ \ \ \mathrm{O} \\
\quad\ \ |\ \ \ \ \| \\
\mathrm{CH_3-C-C-O-H} \\
\quad\ \ | \\
\quad\ \ \mathrm{OH}
\end{array}
$$

乳糖發酵成乳酸外，動物肌肉中亦含有乳酸。人體運動時，儲存在肌肉的肝醣變為葡萄糖，葡萄糖氧化成乳酸後再氧化成二氧化碳及水並放出能量，因此乳酸在新陳代謝過程擔任重要的角色。

乳酸分子結構中心的碳原子如圖 9-26 所示甲基-，羥基-，羥基-，氫原子-等 4 種不相同的原子或基結合，如此碳原子稱為不對稱碳原子（asymmetric carbon）。具有不對稱碳原子的化合物，具有立體配置為實體的及用其鏡像關係的兩種物質之存在。此兩種分子不能重疊，從立體觀點來看為異構體的關係。這些異構體的物理性質化學幾乎相同，但生理作用或光學性質不相同，因此稱為光學異構體（optical isomer）。

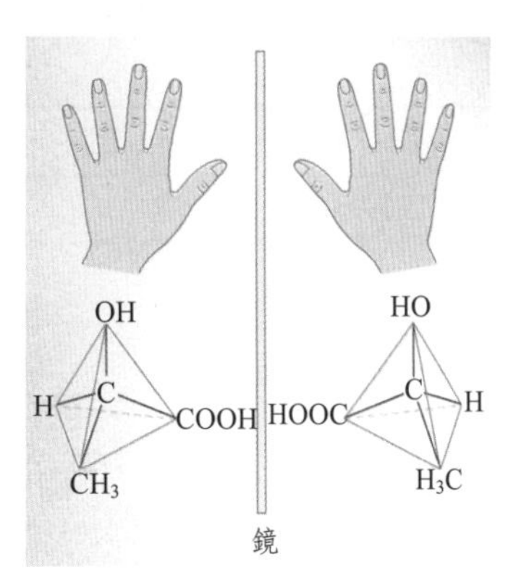

圖 9-26 乳酸的光學異構體

七、酯

有機酸分子中的羥基所取代而成的化合物稱為酯類（esters）。例如，乙酸與乙醇混合，加少量濃硫共熱，產生乙酸乙酯及水。

$$CH_3C(=O)OH + H\,OC_2H_5 \xrightarrow{H_2SO_4} CH_3-C(=O)OC_2H_5 + H_2O$$

乙酸　　乙醇　　　　乙酸乙酯

酸加醇生成酯的反應稱為酯化（esterification）。乙酸乙酯為具有水果香氣味的揮發性無色油狀液體。不易溶於水而可溶於有機物質，可做香料或溶液。

1. 水果香精

低級脂肪酸與酒精酯化所成的酯，揮發性高，具芳香，故做人工香料。表9-13 為較常見的水果香精。

表 9-13　常見水果香精

名　稱	示性式	存在於	人造原料	用　途
乙酸乙酯	$CH_3COOC_2H_5$	鳳梨	乙酸＋乙醇	鳳梨油
乙酸戊酯	$CH_3COOC_5H_{11}$	香蕉	乙酸＋戊醇	香蕉油
乙酸辛酯	$CH_3COOC_8H_{17}$	橙、柑、橘	乙酸＋辛醇	橙花油
丙酸戊酯	$C_2H_5COOC_5H_{11}$	黃梨	丙酸＋戊醇	梨香精
丁酸乙酯	$C_3H_7COOC_2H_5$	鳳梨	丁酸＋乙醇	鳳梨油
丁酸戊酯	$C_3H_7COOC_5H_{11}$	杏仁	丁酸＋戊醇	杏仁油
戊酸戊酯	$C_4H_9COOC_5H_{11}$	蘋果、柚	戊酸＋戊醇	蘋果油

2. 蠟

高級脂肪酸與一元醇酯化反應生成酯都是白到黃色的半透明狀固體，稱為蠟（waxes）。蠟不溶於水，約於 50℃熔化，在空氣中燃燒成二氧化碳與水，重要的蠟有：

(1)蜂蠟

存在於蜜蜂窩中，主要成分為 $C_{15}H_{31}COOC_{30}H_{61}$。用以製蠟紙或靴油等。

(2)鯨蠟

存在於鯨魚腦部油脂之中，主要成分為 $C_{15}H_{31}COOC_{16}H_{33}$，常用以製造蠟燭及藥用軟膏。

3. 油及脂肪

油及脂肪都是高級脂肪酸與丙三醇（俗稱甘油）酯化所生成的酯，為動物和植物組織的重要成分之一。

$$\begin{array}{l} CH_2-OH \\ | \\ CH-OH \\ | \\ CH_2-OH \end{array} + 3R-COOH \longrightarrow \begin{array}{l} CH_2-OO-R \\ | \\ CH-OCO-R \\ | \\ CH_2-OCO-R \end{array} + 3H_2O$$

丙三醇（甘油）　高級脂肪酸　脂肪酸甘油酯（油或脂肪）

表 9-14 表示天然產出的油及脂肪之比較

表 9-14　天然產出的油及脂肪

名　稱	示性式	鍵　結	熔　點
硬脂	$(C_{17}H_{35}COO)_3\ C_3H_5$	飽和、單鍵	71℃
軟脂	$(C_{15}H_{31}COO)_3\ C_3H_5$	飽和、單鍵	66℃
油脂	$(C_{17}H_{33}COO)_3\ C_3H_5$	未飽和，1 個雙鍵	－6℃
亞油脂	$(C_{17}H_{31}COO)_3\ C_3H_5$	未飽和，2 個雙鍵	－

純粹的油和脂肪，多數為無色、無臭及無味的液體或固體，通常在常溫時為液體存在的稱為「油」，固體存在的稱為「脂肪」。油和脂肪都不溶於水，但可溶於乙醚、氯仿或苯等有機溶液。油和脂肪長期曝露於空氣中。會被氧化或黃色帶特殊氣味的氧化油脂，此一過程稱為油脂的酸敗（rancidity）。

油脂為動物和主食之一外，工業上製造肥皂、甘油及油漆的原料。

4. 油脂的氫化

液態的油脂在鎳催化劑存在時加溫加壓下，能夠與氫反應，提高油脂的飽和程度成固態的油脂，此氫化反應的過程又稱為油脂之硬化。

$$\begin{array}{l} H_2C-O-CO\ (CH_2)_7-CH=CH-(CH_2)_7CH_3 \\ | \\ HC-O-CO-(CH_2)_7-CH=CH-(CH_2)_7CH_3 \\ | \\ H_2C-O-CO-(CH_2)_7-CH=CH-(CH_2)_7CH_3 \end{array} + 3H_2 \xrightarrow{Ni} \begin{array}{l} H_2C-O-CO-(CH_2)_{16}-CH_3 \\ | \\ HC-O-CO-(CH_2)_{16}-CH_3 \\ | \\ H_2C-O-CO-(CH_2)_{16}-CH_3 \end{array}$$

油酸甘油酯（油）　　硬脂酸甘油酯（脂肪）

市售的人造奶油（margarine）為植物油經氫化反應所成的

5.油脂的皂化

油脂與氫氧化鈉或氫氧化鉀共煮時起加水分解，生成長鏈脂肪酸的鹼金屬鹽（肥皂）和甘油。如此油脂在鹼存在下的加水分解反應稱為皂化（saponification）。例如硬脂與氫氧化鈉反應，製造鈉肥皂與甘油為：

$$(C_{17}H_{35}COO)_3C_3H_5 + 3NaOH \rightarrow 3C_{17}H_{35}COO^-Na^+ + C_3H_5(OH)_3$$

硬　脂　　氫氧化鈉　　肥皂　　甘油

$$\begin{array}{l} C_{17}H_{35}COO-CH_2 \\ C_{17}H_{35}COO-CH \\ C_{17}H_{35}COO-CH_2 \end{array} + \begin{array}{l} NaOH \\ NaOH \\ NaOH \end{array} \rightarrow \begin{array}{l} C_{17}H_{35}COO^-Na^+ \\ C_{17}H_{35}COO^-Na^+ \\ C_{17}H_{35}COO^-Na^+ \end{array} + \begin{array}{l} HO-CH_2 \\ HO-CH \\ HO-CH_2 \end{array}$$

用於製造肥皂的油脂最好的是碳鏈的碳原子數為 12 到 18 而且是飽和的。鈉肥皂為硬肥皂的用於洗衣肥皂，香皂或藥皂。氫氧化鉀所製的為軟肥皂，用於刮鬍膏或肥皂水。在皂化完成後反應生成物中加入飽和食鹽水可使粗肥皂上浮，因為肥皂不溶於食鹽水，甘油可溶因此兩者分離，如此處理的方法稱為鹽析。取出浮在上面的肥皂，放置冷卻凝固切塊狀打印成市售肥皂。

油脂中所含有機酸成分的近似分子量，能夠從所謂的皂化值（sapanification value）求得。皂化 1 克的油脂所需氫氧化鉀的毫克數稱為此油脂的皂化值。例如一莫耳軟脂酸丙三酯皂化時需要 3 莫耳氫氧化鉀。

$$\begin{array}{l} CH_3-(CH_2)_{14}-COO-CH_2 \\ CH_3-(CH_2)_{14}-COO-CH \\ CH_3-(CH_2)_{14}-COO-CH_2 \end{array} + 3KOH \rightarrow 3CH_3(CH_2)_{14}COO^-K^+ + \begin{array}{l} CH_2OH \\ CHOH \\ CH_2OH \end{array}$$

軟脂酸丙三酯　　氫氧化鉀　　軟脂酸鉀　　丙三醇

1 莫耳 =806 克　　3 莫耳 = 168 克　　（肥皂）　　甘油

$$\text{軟脂酸丙三酯皂化值} = \frac{168{,}000 \text{ 毫克 KOH／莫耳油脂}}{806 \text{ 克油脂／克油脂}}$$

$$= 208 \text{ 毫克 KOH／克油脂}$$

油脂的皂化值愈小，其分子量愈大。皂化值是工業分析油脂時重要的數值。表 9-15 表示常見油脂的皂化值及其他性質。

表 9-15　一般油脂的成分及皂化值、碘值

名稱 \ 有機酸成分(%)		十四酸	軟脂酸	硬脂酸	油酸	豆麻仁油酸	皂化值	碘值
脂肪類	奶油	7～10	24～26	10～13	28～31	1.0～2.5	210～230	30～40
	豬油	1～2	28～30	12～18	7～13	0～1	195～203	46～70
	牛油	3～6	24～32	20～25	37～43	2～3	190～200	30～48
食用油	橄欖油		9～10	2～3	73～84	10～12	187～196	79～90
	大豆油		6～10	2～5	20～30	50～60	189～195	127～138
	花生油		8～9	2～3	50～65	20～30	188～195	84～102
	紅花子油		6～7	2～3	12～14	75～80	188～194	140～156

工業上分析油脂另一重要的數值為表示其不飽和程度的碘值（iodine number）。碘值是 100 克油脂中能夠加入碘的克數來表示。分子結構都是飽和的脂肪，不能加入碘於其分子中，因此其碘值等於零。但具有雙鍵的十八烯酸丙三酯的碘值，以下列方式求得：

$$\begin{array}{l} H_2C-OCO-(CH_2)_7CH=CH(CH_2)_7CH_3 \\ HC-OCO-(CH_2)_7CH=CH(CH_2)_7CH_3 \\ H_2C-OCO-(CH_2)_7CH=CH(CH_2)_7CH_3 \end{array} + 3I_2 \rightarrow \begin{array}{l} H_2C-OCO-(CH_2)_7CHI-CHI(CH_2)_7CH_3 \\ HC-OCO-(CH_2)_7CHI-CHI(CH_2)_7CH_3 \\ H_2C-OCO-(CH_2)_7CHI-I(CH_2)_7CH_3 \end{array}$$

十八烯酸丙三酯（油脂）　　　　六碘十八酸丙三酯

分子量 884

由上式可知，一莫耳十八烯酸丙三酯為 884 克，能夠加入三莫耳碘分子 761.4 克（碘原子量＝126.9，126.9 × 6）。

在 100 克的此油酯能夠加入的碘為：

$$\frac{761.4 \times 100}{884} = 86 \text{ 克}$$

$$\text{碘值} = \frac{6 \times 126.9 \times 100}{884} = 86$$

碘值愈高的油脂不飽和度愈大。

八、胺

烴基與胺基結合而成的化合物稱為胺類（amines）。胺類為最典型的有機鹼，其結構與無機鹼的氨相關。氨分子結構的氫原子被取代的數目不同而有第

一胺、第二胺及第三胺的區別。

氨：$H-N\langle^{H}_{H}$

第一胺：$R-N\langle^{H}_{H}$ 例如 CH_3NH_2 甲胺（methylamine） $C_6H_5NH_2$ 苯胺（aniline）
（primary amine）

第二胺：$R-N\langle^{R}_{H}$ 例如 $(CH_3)_2NH$ 二甲胺（dimethylamine） $(C_6H_5)_2NH$ 二苯胺（diphenylamine）
（secondary amine）

第三胺：$R-N\langle^{R}_{R}$ 例如 $(CH_3)_3N$ 三甲胺（trimethyamine） $C_6H_5N(CH_3)_2$ N, N-二甲苯胺（N, N-dimethylaniline）
（tertiary amine）

1. 胺的性質

胺分子內的氮原子有 5 個價電子，其中 3 個價電子參與鍵結而剩下 2 個價電子（孤電子對）為路以士鹼，能與鹽酸等無機酸或羥酸反應生成鹽而溶於水。將此鹽水溶性中加入鹼性溶液時可放出原來的胺。

$$\begin{matrix} & H \\ R & N: \\ & H \end{matrix} + H^+Cl^- \longrightarrow \left[R- \begin{matrix} H \\ N \\ H \end{matrix} :H \right]^+ Cl^-$$

胺　　　　　烷基氯化銨

$$R\text{-}NH_3^+Cl^- + Na^+OH^- \rightarrow RNH_2 + NaCl + H_2O$$

胺類 RNH_2 的鹼性受R的性質而改變。烷基具有移出電子的性質，因此能夠使胺奪取質子成銨離子 RNH_3^+ 安定化，因此甲胺 CH_3NH_2 的鹼性較氨為強。

$$NH_3 + H_2O \rightleftharpoons NH_4^+ + OH^-，Kb = \frac{[NH_4^+][OH^-]}{[NH_3]} = 1.8 \times 10^{-5}$$

$$CH_3NH_2 + H_2O \rightleftharpoons CH_3NH_3^+ + OH^-，Kb = \frac{[CH_3NH_3^+][OH^-]}{[CH_3NH_2]} = 5 \times 10^{-4}$$

另一面氮原子連結於苯環的苯胺（$C_6H_5NH_2$）的鹼性較氨弱的很多。這是如圖 9-27 所示因為氮原子上的孤電子對在苯環非局部化共振而不接受質子的安定化結構所致。苯胺的 $Kb = 5.4 \times 10^{-10}$。

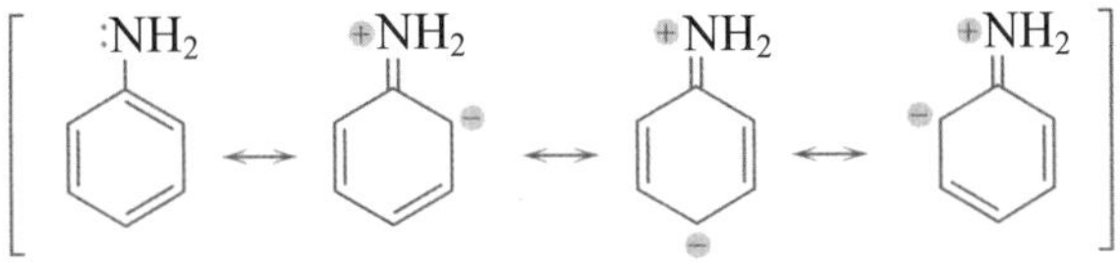

$$\left[\text{:NH}_2\text{-C}_6\text{H}_5 \longleftrightarrow {}^{+}\text{NH}_2\text{=C}_6\text{H}_5^{-}\ (\textit{ortho}) \longleftrightarrow {}^{+}\text{NH}_2\text{=C}_6\text{H}_5^{-}\ (\textit{para}) \longleftrightarrow {}^{+}\text{NH}_2\text{=C}_6\text{H}_5^{-}\ (\textit{ortho}) \right]$$

圖 9-27　苯胺孤電子對的非局部化共振

2. 苯胺

苯胺是芳香胺中最重要的化合物。苯胺是無色油狀液體，熔點−6℃，沸點 185℃，比重 1.03 易溶於有機溶劑但不易溶於水。苯胺於 1826 年從蒸餾藍靛植物而得，後來從硝基苯經錫或鐵與鹽酸之還原反應製得：

$$2C_6H_5NO_2 + 3Sn + 14HCl \rightarrow 2C_6H_5NH_3Cl + 3SnCl_4 + 4H_2O$$

$$C_6H_5NH_3Cl + NaOH \rightarrow C_6H_5NH_2 + NaCl + H_2O$$

工業上由硝基苯與氫的接觸還原或酚的胺化等製造。

$$C_6H_5NO_2 + 3H_2 \rightarrow C_6H_5NH_2 + 2H_2O$$

$$C_6H_5OH + NH_3 \rightarrow C_6H_5NH_2 + H_2O$$

苯胺出發可合成許多人造染料，因此苯胺又稱生色精。此外做靴墨料、香料等的原料。

第四節　生物化學

植物能夠利用太陽能，以二氧化碳和水為原料的光合作用為出發點，在植物本身合成碳水化合物，蛋白質和油脂等物質。不具有光合作用的動物，攝食植物或其他動物來製成身體組織所需要的物質及身體活動所需要的能量。動植物的呼吸、光合作用、新陳代謝、成長、運動和生殖等都與化學反應有關，為生物化學所研討的體材。

一、食品的化學

食品對人體的主要功能為：⑴構成人體的組織，⑵維持體溫，⑶供應能量。食品中能夠供給上述功能的物質稱為營養素。人體所必要的營養素及其功能表示於圖 9-28。

人體如同一很複雜的化學工廠。如圖 9-29 所示，營養素中的蛋白質擔任組織人體工廠建築物的建材及相當於血管與輸送管等角色，醣類及脂肪為開動人體機器的動力源，維生素相當於潤滑油的功能，鈣等礦物質做工廠建築物的骨架，使人體能正常動作。

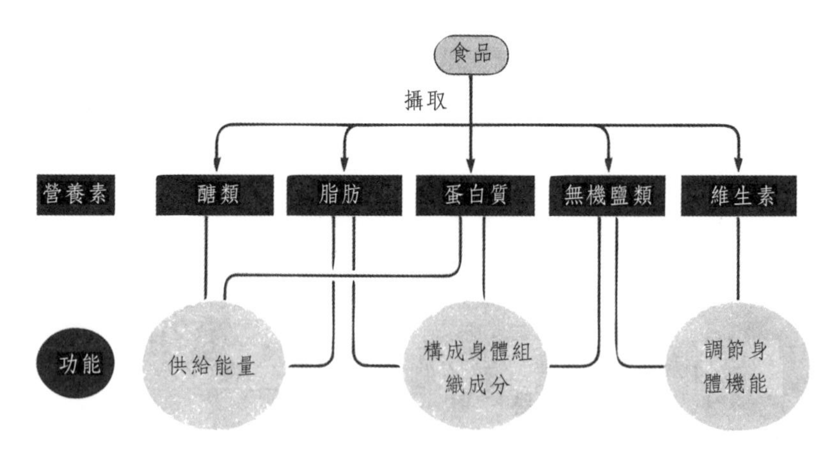

圖 9-28　食物中的營養素及其功能

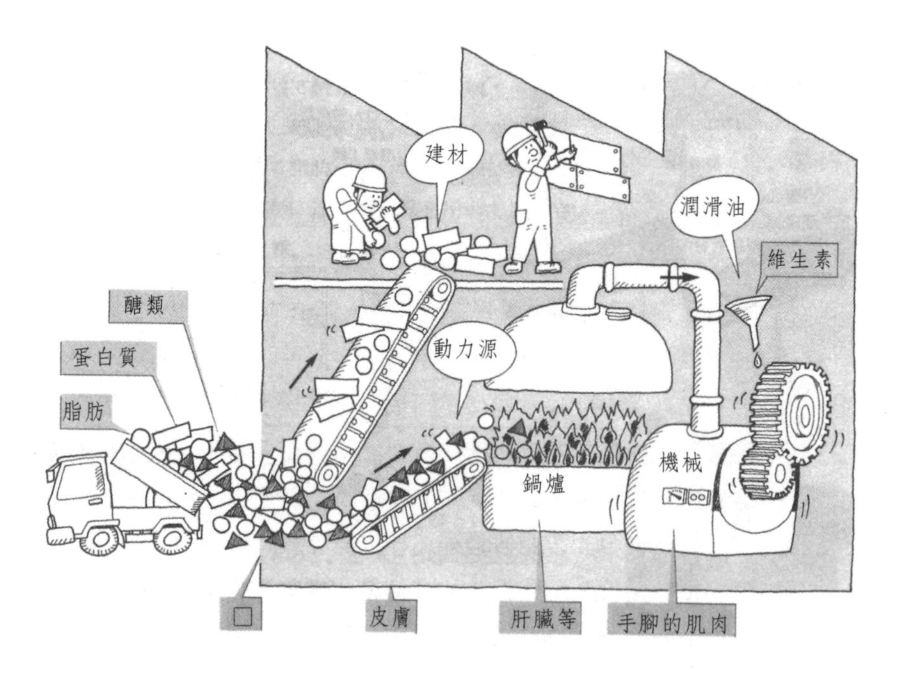

圖 9-29　人體工廠中營養素的任務

1. 醣類

醣（carbohydrate）為碳、氫、氧三種元素以 $C_m(H_2O)_n$ 方式組成的化合物，因此又稱碳水化合物。醣類以蔗糖、澱粉、纖維素方式廣泛存在於生物體，不但是生物體的結構分子而且供應熱量。圖 9-30 表示澱粉分子可用水解或以酶分解為較單純的葡萄糖。由此可知醣類可分下三類。

(1)單醣

為最簡單的醣，不能以水解成其他醣的。單醣從碳原子數 3 開始就有，但最重要的是碳原子數 6 個的葡萄糖和果糖。

葡萄糖（glucose, $C_6H_{12}O_6$）天然存在於葡萄、蜂蜜和各種水果中。人體血液含約 0.1%的葡萄糖因此又稱為血糖（blood sugar）。設血糖含量超過 0.1%時為糖尿病患者，必須設法降低血糖到 0.1%左右。工業上以澱粉為原料，在稀鹽酸或稀硫酸為催化劑經水解而得。

$$(C_6H_{10}O_5)_n + n\ H_2O \rightarrow nC_6H_{12}O_6$$

葡萄糖為白色針狀固體，易溶於水，能夠直接為人體組織吸收，因此生病而體弱或開過刀的患者，以葡萄糖溶液與其他藥劑混合，經靜脈注射進入治療病症外，為患者最佳的營養劑。

葡萄糖在晶體時，其分子結構如圖 9-31 的(a)及(c)所示的立體異構方式存在，分別稱為α-葡萄糖和β-葡萄糖。在水溶液中即此兩種環狀結構與(b)所示的鏈狀結構三者混合的平衡狀態。因鏈狀結構有醛基存在，葡萄糖溶液具有還原性質，能便多倫試液起銀鏡反應，斐林試液產生氧化亞銅紅色沉澱。

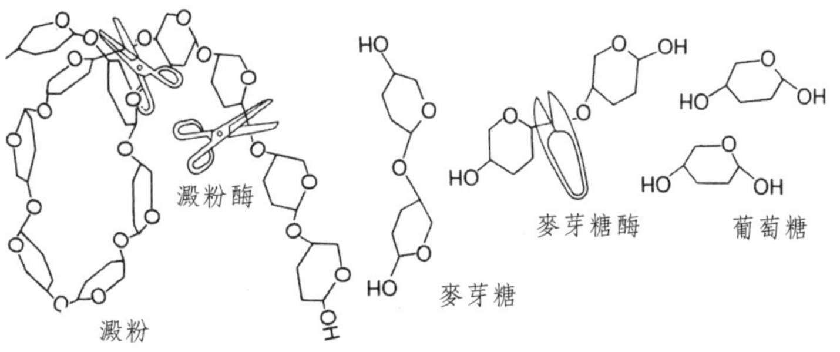

圖 9-30 澱粉的分解

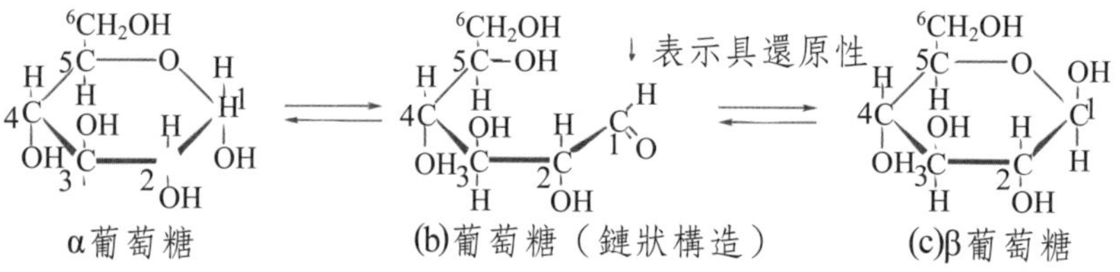

α葡萄糖　(b)葡萄糖（鏈狀構造）　(c)β葡萄糖

↓表示具還原性

圖 9-31　葡萄糖的分子結構

果糖（fructose, $C_6H_{12}O_6$）果糖亦存在於水果和蜂蜜中，為葡萄糖的同分異構物。果糖不易結晶，通常成黏稠液體存在，易溶於水，其甜味較葡萄糖強。果糖分子結構如圖 9-32 所示在結晶狀態時為如(a)的六角環狀結構，在水溶液時為(a)的六角環狀，(c)的五角環狀及(b)的鏈狀三結構的平衡混合物。鏈狀結構含還原性的 $-COCH_2OH$，因此果糖亦具較弱的還原性。

⑵雙醣

從兩個單醣分子脫一分子水而成的糖稱雙醣類，分子式為 $C_{12}H_{22}O_{11}$，雙醣類經加水分解可得兩個單醣分子。較重要的雙醣類為蔗糖、麥芽糖及乳糖等。

蔗糖（sucrose, $C_{12}H_{22}O_{11}$）蔗糖是日常家庭最常用的糖，存在於甘蔗的莖和甜菜的根部。台糖公司每年可生產數百萬噸蔗糖供國內外使用。蔗糖分子結構如圖 9-33 所示為α葡萄糖與果糖脫水縮合的結構。

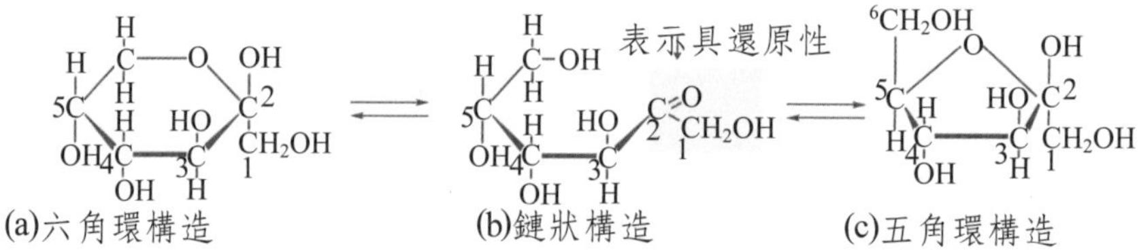

(a)六角環構造　(b)鏈狀構造　(c)五角環構造

表示具還原性

圖 9-32　果糖的分子結構

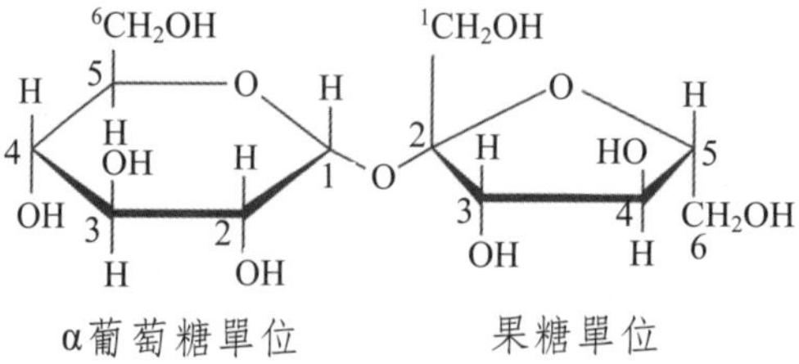

α葡萄糖單位　果糖單位

圖 9-33　蔗糖的分子結構

蔗糖分子在水溶液中沒有鍵狀結構間的平衡存在，因此不具還原性質。

蔗糖為右旋糖，加水分解後生成右旋糖的 D-葡萄糖和左旋糖的 D-果糖。因為 D-果糖的左旋光度較 D-葡萄糖的右旋光度大，因此蔗糖在水解過程中，其旋光度符號從正轉移到負，此現象稱為轉化（inversion）。蔗糖水解所生成的混合物稱為轉化糖（invert sugar）。

$$C_{12}H_{22}O_{11} \longrightarrow D-C_6H_{12}O_6 + D-C_6H_{12}O_6$$

$$[\alpha]_D^{20} = +52° \qquad [\alpha]_D^{20} = -92°$$

蔗糖 $[\alpha]_D^{20} = +66.5°$ D－葡萄糖 轉化糖 D－果糖

$$[\alpha]_D^{20} = \frac{+52-92}{2} = -20°$$

蔗糖為白色晶體，易溶於水，味甜而可口為常用的調味品外，用於製糖果、餅乾、冷熱飲料原料。蔗糖亦有防腐作用，如蜜餞等可保有較長時間。蔗糖加熱到約 200℃時變為暗褐色的焦糖（caramel），可做為醬油、酒類及糖果的著色劑。

麥芽糖（maltose, $C_{12}H_{22}O_{11}$）麥芽糖為蔗糖的同分異構物，惟麥芽糖經過加水分解後只生成兩個分子的麥芽糖。圖 9-34 表示麥芽糖的分子結構。左側的葡萄糖單位不能取鏈狀結構，右側的葡萄糖結構可取鏈狀結構而具有醛基，因此麥芽糖有還原性能夠起銀鏡反應及斐林試驗。在煮熟的澱粉溶液中加入大麥芽時，麥芽中的糖化酵素使澱粉水解為麥芽糖。

$$2(C_6H_{10}O_5)_n + n\ H_2O \xrightarrow{\text{糖化酵素}} n\ C_{12}H_{22}O_{11}$$

澱粉　　　　麥芽糖

麥芽糖為無色針狀晶體，一般成塊狀，味甜但不及蔗糖。經加水分解為葡萄糖。

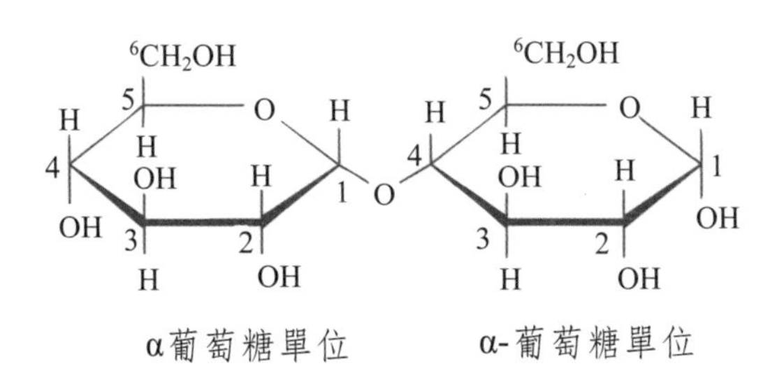

圖 9-34　麥芽糖的分子結構

$$C_{12}H_{22}O_{11} + H_2O \xrightarrow{H^+} 2\ C_6H_{12}O_6$$

麥芽糖　　　　葡萄糖

乳糖（lactose, $C_{12}H_{22}O_{11}$）乳糖存在於哺乳動物的乳汁中，人奶約含 7～8%，牛奶約含 4～6%。乳糖也是蔗糖的同分異構物。乳糖溶液在空氣中受乳酸菌作用而發酵成乳酸為乳汁放入變酸的原因。乳糖在醫藥常做藥品的糖衣。

$$C_{12}H_{22}O_{11} + H_2O \xrightarrow{\text{乳酸菌}} 4\ CH_3CH(OH)COOH$$

乳糖　　　　乳酸

⑶多醣

由多數單醣分子聚合而成分子量甚大的醣為多醣類（polysaccharides），分子式以$(C_6H_{10}O_5)_n$表示，重要的多醣有澱粉、纖維素和肝糖等。

澱粉〔starch, $(C_6H_{10}O_5)_n$〕多數的α-葡萄糖脫水縮合所成的高分子化合物而貯藏於植物的為澱粉，通常以澱粉粒子含於植物的種子、根、果實或地下莖等。澱粉如圖 9-35 所示：為直鏈狀聚合體的直鏈澱粉（amylose）及多數分枝結構的分枝澱粉（amylopection）的混合物。澱粉的組成根據植物的種類而不同，一般米的澱粉含直鏈澱粉的 20～25%而分枝澱粉約 75～80%，糯米澱粉即幾乎 100%都是分枝澱粉。直鏈澱粉幾乎不溶於冷水，但可深於熱水，分枝澱粉不溶於冷水，亦不易溶於熱水。利用此性質可分離直鏈澱粉與分枝澱粉。

澱粉漿遇碘時呈深藍色，可做檢驗碘或澱粉存在的依據。澱粉與稀硫酸共煮時起水解成葡萄糖。

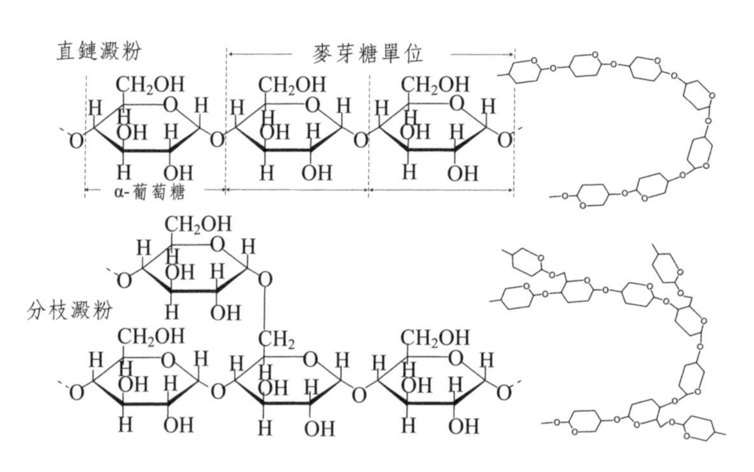

圖 9-35　直鏈澱粉與分枝澱粉的結構

$$(C_6H_{10}O_5)_n + n\ H_2O \rightarrow n\ C_6H_{12}O_6$$

將澱粉的加水分解過程在中途停止時，生成加水分解程度不同的多醣類之混合物稱為糊精（dextrin），用於接著劑，郵票及信封的黏合劑，藥劑的稀釋劑等用途。

澱粉當做食物而攝取於體內時，經消化液中所含的澱粉酶（amylase）作用加水分解成為麥芽糖，再經過麥芽糖酶加水分解成葡萄糖為人體所用。

纖維素（cellulose, $(C_6H_{10}O_5)_n$） 纖維素為澱粉的異構物而是植物纖維的主成分。纖維素的結構如圖 9-36 所示為β-葡萄糖的脫水縮合所成的高分子多醣類。在纖維素結構中鄰近的兩個β-葡萄糖的方向互相相反，這一點與α-葡萄糖的方向完全相同的澱粉結構不一樣。

人體無法消化纖維素，因為人體不具有能夠使纖維素加水分解為葡萄糖的消化酶。可是牛、羊等動物胃中的細菌生產能夠加水分解纖維素的纖維素酶（cellulase），因此能加水分解纖維素為葡萄糖。

肝糖（glycogen, $(C_6H_{10}O_5)_n$）肝糖為貯藏於肝臟及肌肉的營養澱粉。人體將攝取的澱粉，經消化過程分解為葡萄糖。小腸吸收的一部分葡萄糖在肝臟再經縮水聚合成可貯存的肝糖。當人體需要養分時，肝糖能夠迅速分解成葡萄糖以補充養分的消耗，並經氧化作用放出能量為人體運動及維持體溫。

2. 蛋白質

蛋白質（protein）為組成細胞的最基本成分，而如圖 9-37 所示在人體中僅次於水的成分。動物的肌肉、皮膚、血液、血管、軟骨、指甲和毛髮等都由蛋白質組成，維持生命各種反應觸媒的酵素亦由蛋白質所成，此外人體的身體運動、神經系統的活動、物質的輸送及免疫反應等都由蛋白質來進行，因此蛋白質為構成身體的最重要物質。

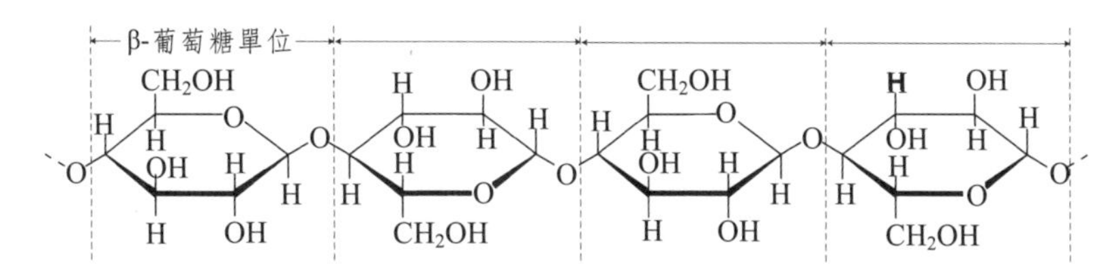

圖 9-36 纖維素的分子結構

植物能夠利用空氣中的二氧化碳、氮、水分及土壤中的無機鹽及銨鹽等，在植物體內自己合成蛋白質並貯存於其種子、莖、枝、葉和果實中。但動物無自己合成蛋白質的能力，只能攝食植物或其他動物的蛋白質，如圖 9-38 所示在身體消化器官中經胃蛋白酶（pepsin）和胰蛋白酶（trypsin）等分解酶的作用將蛋白質分解為各種胺基酸，經腸壁吸收在體內順胺基酸再結合成人體所需的蛋白質。

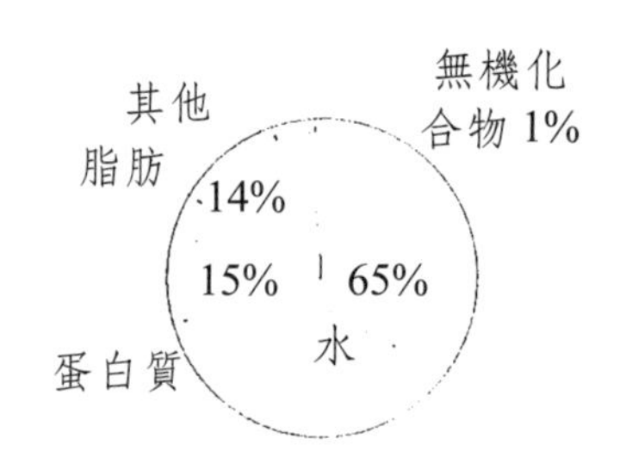

圖 9-37 人體的成分

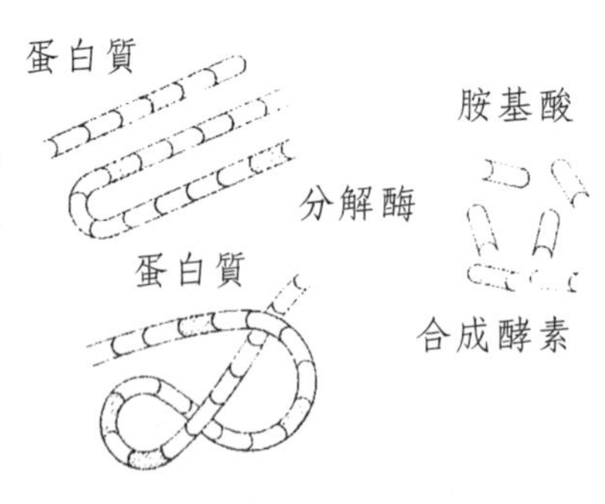

圖 9-38 蛋白質的分解及再合成

⑴胺基酸

蛋白質的化學結構很複雜，但經過加水分解後生成約 20 種的胺基酸（amino acid）。胺基酸在分子結構中含胺基（NH_2）和羧基（COOH），胺基位於α- 碳的位置，因此稱為α-胺基酸。

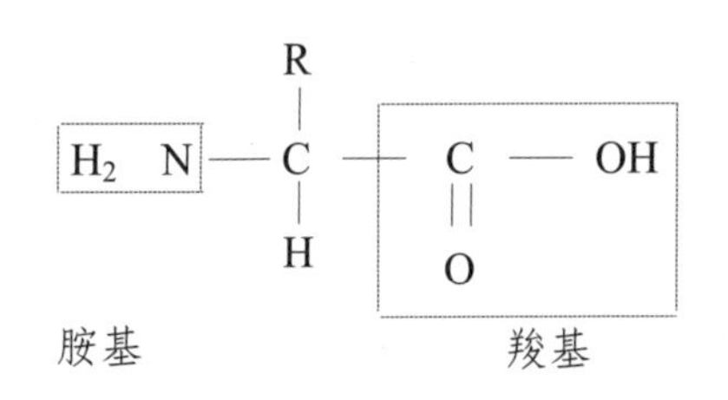

R代表氫原子或烴基。根據側鏈R的性質可分類主要的胺基酸。表 9-16 表示胺基酸的分子結構及其符號。

生物體內有 12 種胺基酸能夠因其他胺基酸在體內的重組方式取得，可是有 8 種胺基酸無法在身體內製得，這些 8 種胺基酸稱為必需胺基酸（essential amino acid），在上表中以*號註明，這些必需胺基酸必須自日常食物中攝取。

表 9-16 主要胺基酸的分子結構及其符號

側鏈R的特徵	$H_3N^+-C(R)(H)-COO^-$ 中之R	名稱	符號 3個字	符號 單字
非極性	$-H$	甘胺酸 glycine	Gly	G
	$-CH_3$	丙胺酸 alanine	Ala	A
	$-CH(CH_3)-CH_3$	纈胺酸*（異戊胺酸）valine	Val	V
	$-CH_2-CH(CH_3)-CH_3$	白胺酸*leucine	Leu	L
	$-CH(CH_3)-CH_2-CH_3$	異白胺酸*isoleucine	Ile	I
	$-CH_2-CH_2-S-CH_3$	甲硫胺酸*methionine	Met	M
	$-CH_2-C_6H_5$（苯環）	苯丙胺酸*phenylalanine	Phe	F
	$-CH-C_6H_4-OH$	乾酪胺酸 thyrosine	Tyr	Y
	$-CH_2-$（吲哚環，N-H）	色胺酸*tryptophan	Try	W
	$-O-C(=O)-CH_2-CH_2$；H_2N^+、CH_2、CH_2 成環	吡咯啶甲酸 proline	Pro	P
極性	$-CH_2-OH$	絲胺基酸 serine	Ser	S
	$-CH(CH_3)-OH$	蘇胺酸*（羥丁胺酸）threonine	Thr	T
	$-CH_2-SH$	半胱胺酸 cysteine	Cys	C
	$-CH_2-C(=O)-NH_2$	天門冬醯胺酸 asparagine	Asn	N
	$-CH_2-CH_2-C(=O)-NH_2$	麩醯胺酸 glutamine	Gln	Q
酸性	$-CH_2-C(=O)-OH$	天冬胺酸 aspartic acid	Asp	D
	$-CH_2-CH_2-C(=O)-OH$	麩胺酸 glutamic acid	Glu	E
鹼性	$-CH_2-CH_2-CH_2-CH_2-NH_2$	二胺基已酸*lysine	Lys	K
	$-CH_2-CH_2-CH_2-NH-C(=NH)-NH_2$	魚精胺酸 arginine	Arg	R
	$-CH_2-C=CH$；HN、N、CH 成環	組織胺酸 histidine	His	H

甘胺酸以外的胺基酸之α-碳原子為不對稱碳原子，因此每一胺基酸都有一對的鏡像異構物。如圖 9-39 所示配置的 2 種鏡像異構物名稱為 L-胺基酸，D-胺基酸。構成蛋白質的都是 L-胺基酸。

胺基酸分了有羧基和胺基，故為具有酸性和鹼性的兩性分子。在晶體中心 $H_3N^+CHRCOO^-$ 的兩性離子（dipolar ion）存在，在水溶液中主要以兩性離子存在，但能有如下列的平衡

$$H_2N\text{-}\underset{}{\overset{R}{\overset{|}{C}}}H\text{-}COO^- \underset{OH^-}{\overset{H^+}{\rightleftharpoons}} H_3N^+\text{-}\overset{R}{\overset{|}{C}}H\text{-}COO^- \underset{OH}{\overset{H^+}{\rightleftharpoons}} H_3N^+\text{-}\overset{R}{\overset{|}{C}}H\text{-}COOH$$

鹼性溶液的結構　　　　兩性離子　　　　酸性溶液的結構

加鹼時 $-COO^-$質子而使胺基酸帶正電荷，另一面加鹼時，$-NH_3^+$ 起脫質子反應而使胺基酸帶負電荷。因此調整水溶液的pH，可使 $-NH_3^+$ 與 $-COO^-$的濃度相等，此時的 pH 值稱為等電點（isoelectric point），每一胺基酸都具有其固有的等電點。

⑵蛋白質的結構

胺基酸分子的羧基與另一胺基酸的胺基脫水縮合生成醯胺鍵合（amide linkage,-NH-CO-），如此醯胺鍵結時稱為肽鍵聯（peptide linkage），具有肽鍵聯的化合物稱肽（peptide）。

$$H_2N\text{-}\overset{R}{\overset{|}{C}}H\text{-}COOH + H_2N\text{-}\overset{R}{\overset{|}{C}}H\text{-}COOH \xrightarrow[-H_2O]{} H_2N\text{-}\overset{R}{\overset{|}{C}}H\text{-}\overset{O}{\overset{\|}{C}}\text{-}\underset{H}{\underset{|}{N}}\text{-}\overset{R}{\overset{|}{C}}H\text{-}COOH + H_2O$$

肽鍵聯　=肽（dipeptide）

$$\xrightarrow{n\,H_2N-CH-COOH} H_2N\text{-}\overset{R}{\overset{|}{C}}H\text{-}\overset{O}{\overset{\|}{C}}\left(\underset{H}{\underset{|}{N}}\text{-}\overset{R}{\overset{|}{C}}H\text{-}\overset{O}{\overset{\|}{C}}\right)_n\underset{H}{\underset{|}{N}}\text{-}CH\text{-}COOH$$

多肽（polypeptide）

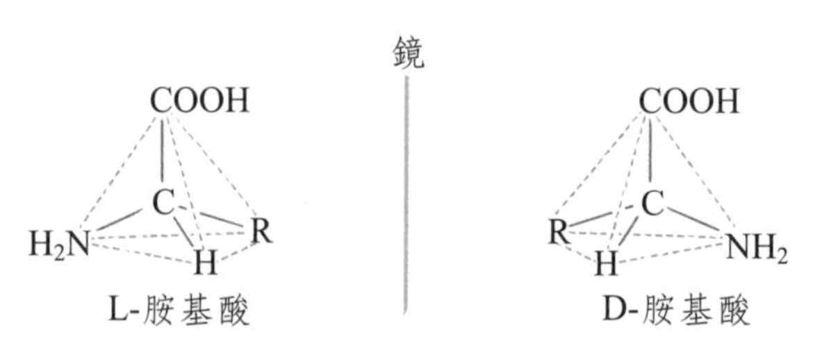

圖 9-39　α-胺基酸的鏡像異構物

蛋白質為至少 100 個以上的胺基酸所成的多肽化合物。多肽鍵聯的胺基酸配到順序隨蛋白質的種類之不同而有一定順序，到目前為止對於數千種蛋白質的胺基酸配列已被決定。蛋白質的多肽鍵聯多數成螺旋狀結構。如圖 9-40 所示胺基酸的鏈成規則性的螺旋狀結構時，其結構稱為α螺旋（α-helix）而胺基酸羧基的氧原子與鄰近胺基的氫原子間以氫鍵連結。α－螺旋結構特別於羊毛等纖維狀蛋白質中出現。羊毛的柔軟性、伸縮性及強度，起因於氫鍵加強的螺旋結構而來的。

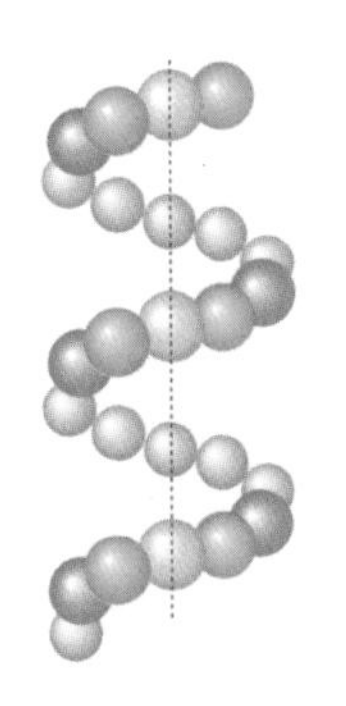
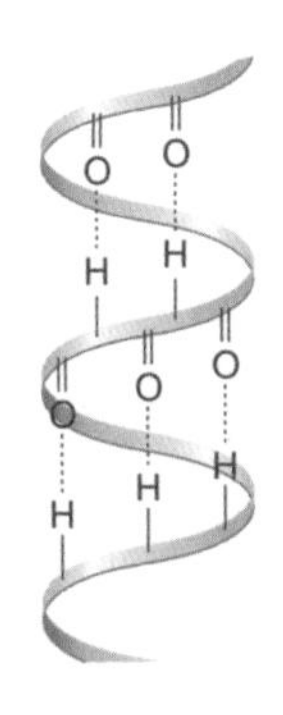

圖 9-40 蛋白質的α螺旋結構

⑶蛋白質的反應

蛋白質受酸、鹼或蛋白質分解酶等作用起加水分解為成分的α-胺基酸。加熱蛋白質，或在蛋白質水溶液中加酸，有機溶劑或重金屬離子時會凝固，這是因蛋白質的立體結構改變而變性（denaturation）之故。凝固過的變性蛋白質（denatured protein）不可能再恢復原來的蛋白質。

a. 黃蛋白質反應（xanthoprteic raction）蛋白質遇濃硝酸呈黃色，進一步加氨水等變鹼性時變橙黃色，此反應稱為黃蛋白反應。

b. 寧海準反應（ninhydrin reaction）蛋白質中性溶液與 1%寧海準（ninhydrin, $C_9H_6O_4$）共煮沸騰後冷卻，溶液呈藍紫色到紅紫色稱寧海準反應。此反應很靈敏並為所有的蛋白質及α-胺基酸共同的特性。

第九章　習題

1. 下列反應所生成的化合物從各分子式選出並寫出其名稱。
   (1)通溴水於乙烯。
   (2)以硫酸為觸媒使乙烯加水。
   (3)氯化氫添加於乙烯。
   (4)觸媒存在下乙烯的氫。
   CH_3-CH_3，CH_3-CH_2-Cl，CH_3-Br
   CH_3-CH_2-OH，Br-CH_2-CH_2-Br，CH_2=CH-Cl
2. 從下列(1)到(4)的反應所生成的化合物的名稱選出。
   (1) $CH \equiv CH + HCl \rightarrow$
   (2) $CH \equiv CH + CH_3COOH \rightarrow$
   (3) $CH \equiv CH + H_2O \rightarrow$
   (4) $3CH \equiv CH \rightarrow$
   醋酸乙烯，氯乙烯，乙烯醇
   苯，　　　乙醛，　乙醇
3. 烯類加溴結果，得到較原來烯類 C_nH_{2n} 約 4.8 倍分子量的生成物 A。試回答下列問題。
   (1)以 n 表示生成物 A 的分子量。
   (2)寫出原來的烯類及生成物 A 的分子式。
   (3)生成物 A 的異構體之結構式。
4. 從下列各化合物選出符合於(1)到(5)變化的所有化合物，寫出其名稱。
   (1)通溴水時溴水的褐色消失。
   (2)加鈉時會產生氫。
   (3)加硝酸銀氨水溶液並加熱時析出銀。
   (4)加氫氧化鈉溶液與碘並加熱時產生黃色沉澱。
   (5)加碳酸氫鈉溶液產生二氧化碳。
   CH_3CH_2OH　CH_3CH_2CHO　CH_3COOH　CH_3COCH_3
   $CH_3COOCH_2eH_3$　$CH_3CH_2OCH_2CH_3$　$CH_3CH=CH_2$
5. 完全皂化某油脂 1.00 克需要氫氧化鉀 189 毫克，設 KOH 的式量為 56.0 時回答下列問題。
   (1)設此油脂的示性式為 $C_3H_5(OCOR)_3$，以化學反應式表示此油脂的皂化反應。

⑵求此油脂的平均分子量。

6. 此地有化合物 A～D 均具有同一分子式，對於這些化合物，請回答下列問題。

⑴化合物 A 的組成為 C：64.81%，H：13.6%，O：21.59%，分子量為 80 以下。寫出化合物 A 的分子式。

⑵化合物 A～D 各能夠與金屬鈉反應產生氫。寫出 A 的示性式。

⑶化合物 A～D 中光學活性的化合物有多少種？惟一對的光學異構體算為一組。

⑷化合物 A 在鹼性溶液中與碘共熱時，生成具有特別氣味的黃色固體 E。試寫出 E 的分子式與名稱。

⑸化合物 A 在酸性的二鉻酸鉀溶液中氧化成化合物 F，化合物 B 不易被氧化。化合物 F 不還原氨性硝酸銀溶液。化合物 A 與濃硫酸共熱時生成互相為幾何異構體的烯類 G 與 H。試寫出 A, B, F, G, H 的示性式。

⑹化合物 C 與 D 被酸性二鉻酸鉀溶液氧化，其氧化生成物都能夠還原氨性硝酸銀水溶液。化合物 D 加濃硫酸並加熱時生成烯類 I，此 I 亦為自 B 的脫水可得。寫出 C, D 的結構式。

7. 試寫出下列化合物的名稱。

⑴ CH_3CHCH_3（中間的 C 上接 CH_3）

⑵ $CH_2=CHCH_2CH_3$

⑶ $CH_3C\equiv CH$

⑷ $CH_3CH_2CH_2OH$

⑸ CH_3CHCH_3（中間的 C 上接 OH）

8. 完全燃燒某烴生成的二氧化碳的莫耳數較水的莫耳數大 2.8 倍，此烴為下列那一化合物？

C_6H_6，$C_6H_5CH_3$，$(C_6H_4)(CH_3)_2$，$C_{10}H_8$，

$C_{14}H_{10}$，$C_{12}H_{14}$

9. 某油脂 0.875g 使用觸媒氫化結果，住 STP 時吸收 67.2mL 的氫。試問此油脂 100g 能夠加入碘多少克？

10. 從下列各化合物中選出適合於⑴到⑸的

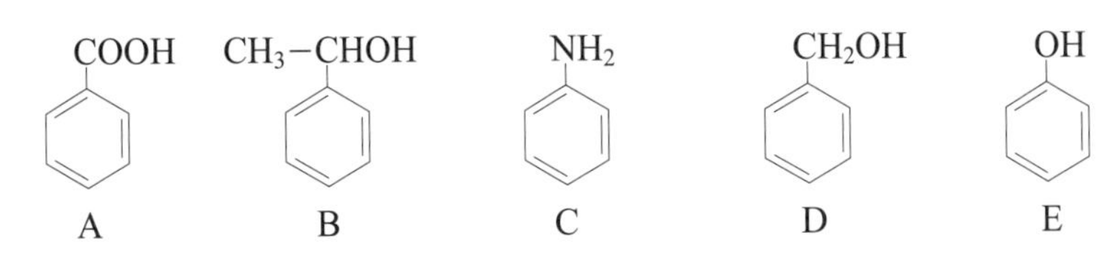

⑴溶於稀鹽酸。

⑵溶於碳酸氫鈉溶液。

⑶不溶於碳酸氫鈉溶液但溶於稀氫氧化鈉溶液。

⑷以二鉻酸鉀氧化時最終生成 A。

⑸有光學異構體存在。

第10章

膠體化學

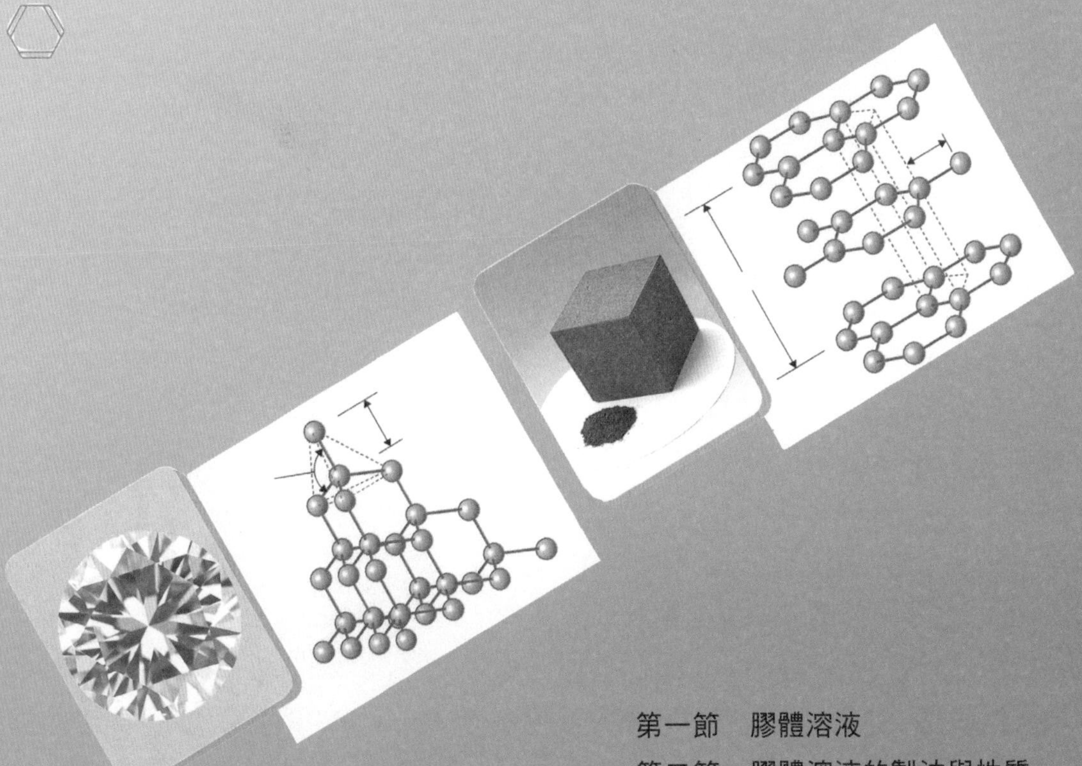

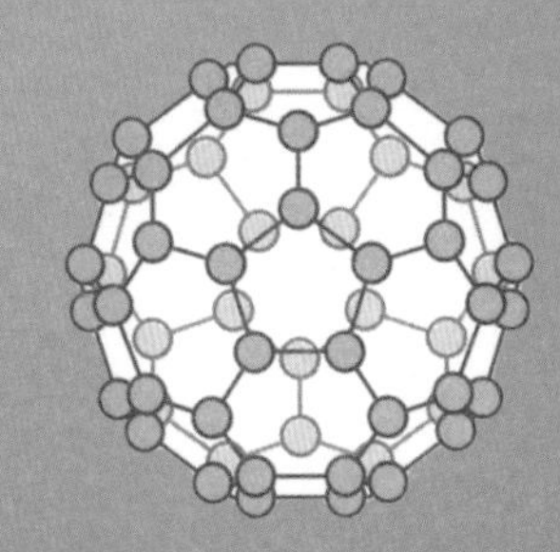

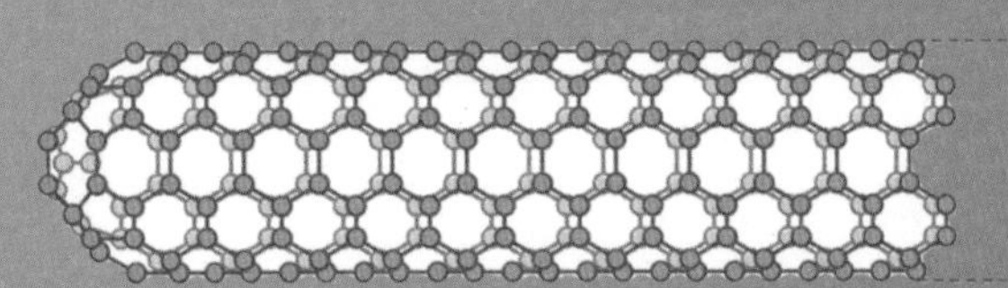

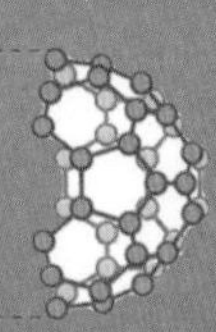

化學是很奇妙的，早晨常喫的豆漿，甜豆漿就如牛奶一樣雖不透明但很均勻，其中看不出有任何顆粒存在，可是鹹豆漿就不一樣，有豆腐狀的顆粒浮在其上面。豆漿是一種膠體溶液，糖是非電解質，遇到豆漿只添甜味，不起任何化學反應。食鹽是電解質，遇到豆漿不但添鹹味，而且可中和膠體粒子的帶電體，使其凝成豆腐狀。牛奶、果凍、蜂蜜、奶油、墨汁等為日常生活常見的膠體溶液。

第一節　膠體溶液

物質在均一溶解於水的溶液雖然著色但仍透明澄清。另一面，牛奶為白色混濁的液體，蛋白溶解於水，或粘土與水劇烈攪拌亦能做出混濁的液體。在此混濁狀態液體溶解的物質不是以分子或離子的小單位，而多數的分子或離子形成粒子而分散於水中的狀態。

泥水慢慢泥土沉下，但分散的粒子過小時，能夠在水中浮游而不產生沉澱，如此小粒子成浮游的狀態稱為膠態（colloidal state）。浮游的粒子稱為膠體粒子（colloidal particle），含膠體粒子的溶液稱為膠體溶液（colloidal solution）。可是一般所謂的溶液都是均一相而膠體粒子與液體為不均一系。因嚴密而言，溶液用詞不大正確。在膠體溶液以浮游粒子的物質稱為分散質（dispersant），而分散粒子的媒質稱為分散介質（dispersed medium）。分散質與分散介質均可用氣體、液體或團體的狀態。霧為空氣中有水的粒子分散的狀態，在上空的雲中膠體粒子成冰存在。對分散質與分散介質的組合的方便上使用特別名稱的溶膠（sol）及凝膠（gel）。溶膠為具流動性的膠體，凝膠指流動性小的膠體。圖 10-1 表示溶質大小與溶液的關係。

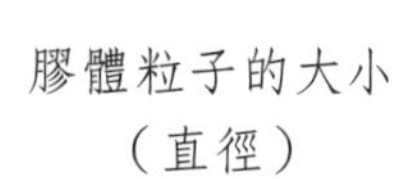

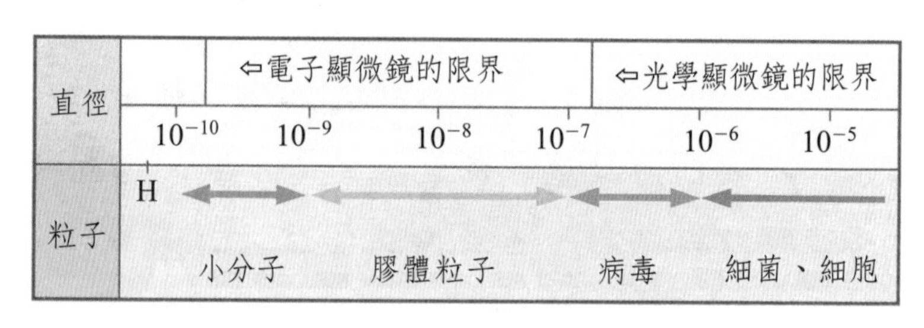

圖 10-1　溶質粒子大小與溶液的關係

1. 膠體粒子

膠體粒子約為 10^{-9}～10^{-6} m（1～1000 奈米）的粒子，雖能夠通過濾紙，但不能通過膀胱膜或賽珞凡等半透膜（圖 10-2）。

此大小較普通的分子或離子的 10^{-10}～10^{-9} m 大很多，但較普通光學顯微鏡能觀察的範圍（約 300nm）小，因此普通顯微鏡看不出。

蛋白質和澱粉等的分子為只一個分子就可達到膠體粒子的巨大分子，因此一個分子亦能形成膠體粒子。如此膠體稱為分子膠體（molecular colloide），澱粉、明膠、蛋白等為分子膠體的代表性物質，另一面多數的分子集合所形成的膠體稱締合膠體（association colloide），肥皂分子為形成締合膠體的代表性例子。肥皂的膠體如圖 10-3 所示對溶劑的水具有親和性的部分於表面整齊排列形態存在。如此具有與溶劑有親和性的膠體粒子特稱為膠微粒（micelle）。肥

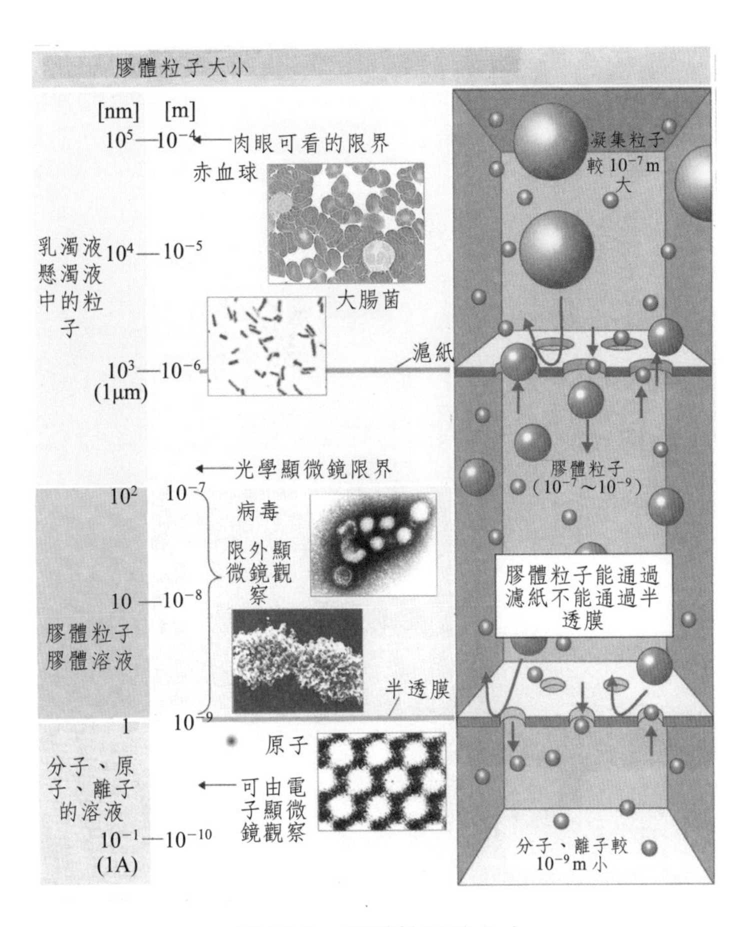

圖 10-2 膠體粒子的大小

皂能夠將油脂溶解於水是肥皂分子中與油脂有親和性的部分向膠體粒子的內側，由此膠體粒子中間取入油脂而其粒子分散於水中之故，因此並不是油溶於水的。美奶滋為使用蛋黃將油分散於醋的。

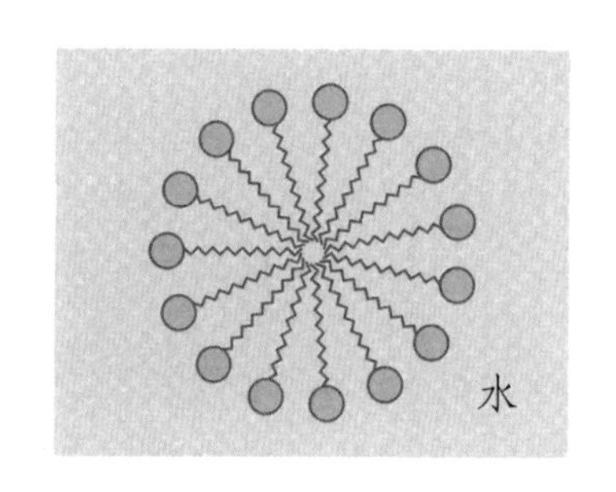

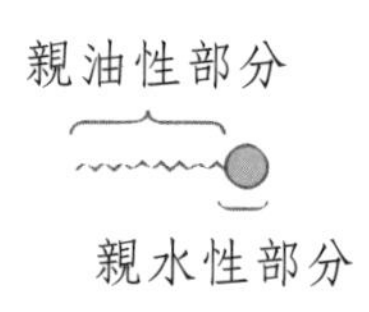

圖 10-3　肥皂的結構與微膠粒

2. 膠體溶液的種類

真溶液有固體、液體和氣體溶液一般，膠體溶液根據分散介質、分散質可分類如表 10-1 表示。

表 10-1　膠體溶液的分類

分散介質	分散質	例	備要
氣體	液體	霧、霞、噴霧劑	氣體膠體
	固體	煙、麗埃、黃砂、上層雲	氣溶膠（aerosol）
液體	氣體	泡，泡狀整髮料	
	液體	美奶茲、牛奶、乳液	乳濁液、溶膠
	固體	墨汁、泥水、水彩	懸濁液、溶膠
固體	氣體	輕石、木炭、矽膠	凝膠
	液體	膠凍、蛋白石	凝膠
	固體	著色玻璃、琺瑯	凝膠

第二節　膠體溶液的製法與性質

一、膠體溶液的製法

膠體粒子大小在 10^{-9}～10^{-6}m，因此其製法有自離子或分子等較小粒子設法凝聚成較大的膠體粒子的聚集法，以及將較大粒子物質以機械或其他方法分割成膠體粒子的分散法。下面為實驗室常用的方法。

1. 硫的膠體溶液

將硫的無水酒精溶液緩慢加入於一面攪拌的燒杯中的水時可得白色的硫膠體溶液。

2. 氫氧化鐵膠體溶液

加熱燒杯中的水到沸騰，滴加新配的氯化鐵溶液（30%）數滴可得紅褐色氫氧化鐵膠體溶液。

3. 氫氧化鋁膠體溶液

加熱氯化鋁水溶液至沸騰後，加入氨水即生成氫氧化鋁沉澱，以傾倒法除去上澄液後用清水清洗沉澱，移沉澱至燒杯，加熱並分批加 0.5N 鹽酸，待溶液沸騰時，沉澱逐漸分散成乳白色光澤的氫氧化鋁膠體溶液。

4. 金的膠體溶液

在四氯金酸（$HAuCl_4 \cdot 4H_2O$）溶液中，加碳酸鈉中和後，配成 0.01%的氯化金溶液。加蒸餾水 100mL 於錐形瓶中並加 5～10mL 的 0.01%氯化金溶液後加熱至沸騰。一面攪拌每 30 秒滴 30%鞣酸溶液時可得美麗紅色或藍色的金膠體溶液。顏色的不同仍因生成膠體粒子的大小而不同。

5. 銀的膠體溶液

燒杯中放約 0.2%的葡萄糖水溶液 100mL 後加入 1mL 氨性硝酸銀溶液而慢慢加熱到 45～50℃時，如圖 10-4 可得銀的膠體溶液。

圖 10-4 銀膠體溶液

二、膠體溶液的性質

膠體溶液是相當穩定的。因為膠體粒子在生成時往往在其表面四周圍吸附帶正電荷（如圖 10-5）。此帶正電荷的膠體粒

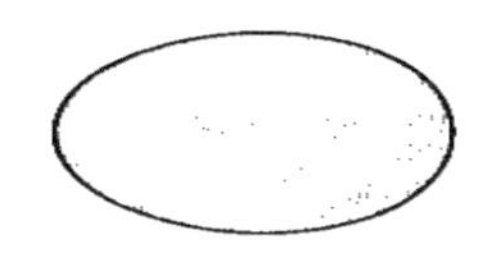

圖 10-5 膠體粒子的帶電

子會再吸引溶液中的負離子於其四周圍，使膠體粒子看起來為帶負電的較大粒子。因為負電粒子間互相排斥，使這些粒子不再結合成沉澱。

1. 帶正電荷的膠體粒子

帶正電荷的膠體粒子為：

$Fe(OH)_3$，$Zn(OH)_2$，$Al(OH)_3$，Fe_2O_3，ZnO，Ti_2O_3，hemoglobin，酸性染料（methylene blue, methyl violet）。

2. 帶負電荷的膠體粒子

帶負電荷的膠體粒子為：

Ag，Au，Pt，S，Se，AgBr，As_2S_3，CuS，玻璃粉末，石灰粉末，粘土，柏油，澱粉，羊毛，酸性染料（anilineblue, indigo, eosin）

3. 凝聚

膠體粒子通常正或負電荷，因此膠體粒子雖然互相靠近但因庫侖排斥力而不會會聚成沉澱。此種帶電是因膠體粒子的如圖 10-6 所示吸附溶液中微量存在的陽離子或陰離子而來的，如加入少量的電解質溶液於膠體溶液時，可破壞膠體粒子帶電體互相排斥的本性，產生沉澱，此一現象稱為膠體溶液的凝聚（coagulation）。圖 10-8 表示凝聚的過程，所加電解質溶液的離子價數愈大愈易凝聚。

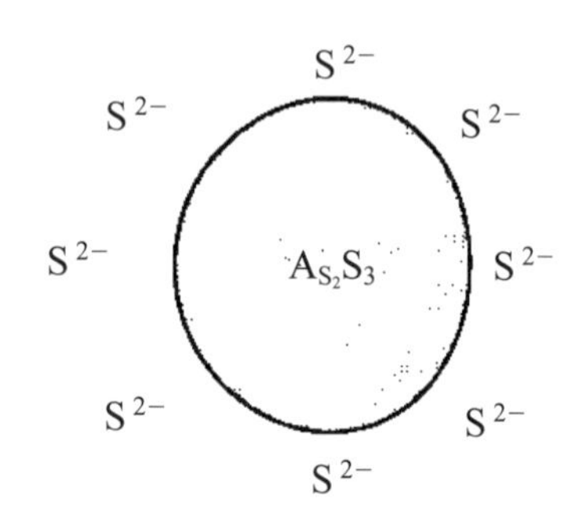

圖 10-6　As_2S_3的電荷

4. 廷得耳效應

如圖 10-7 所示以雷射光線照射洋菜溶液、氫氧化鈉溶液、氫氧化鐵膠體溶液時，真溶液能夠直接將光線透過去但遇到膠體粒子時因膠體粒子能使光線散射成明亮的光帶。此一現象稱為廷得耳效應（Tyndall effect），為 1868 年英國廷得耳（Tyndall, John）以此效應解釋天空呈藍色的原因。

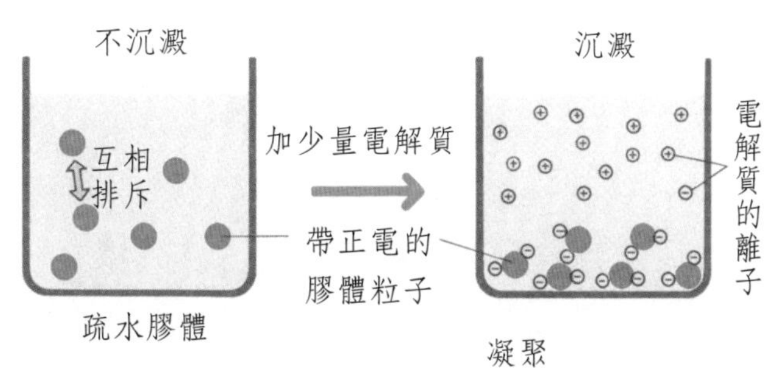

圖 10-7 膠體溶液的凝聚

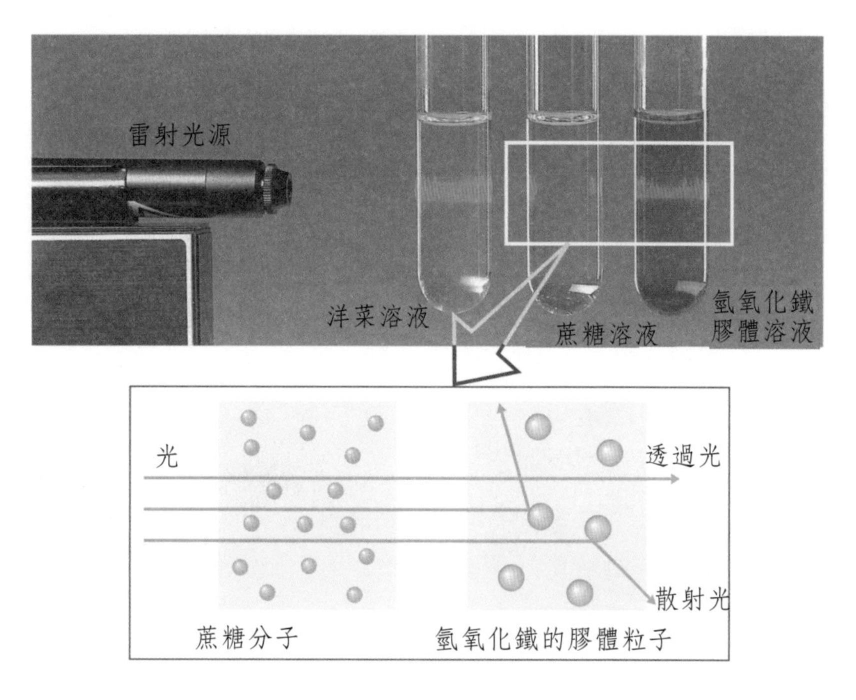

圖 10-8 廷得耳效應

4.布朗運動

普通顯微鏡看不到膠體粒子，但強光照在膠體溶液的側面並使用超顯微鏡觀察時可看到如圖 10-9 所示膠體粒子光點做不規則的運動，這是英國的布朗（Robert Brown）於 1827 年探究植物花粉微粒子時所發現的，稱為布朗運動（Brownian motion）。

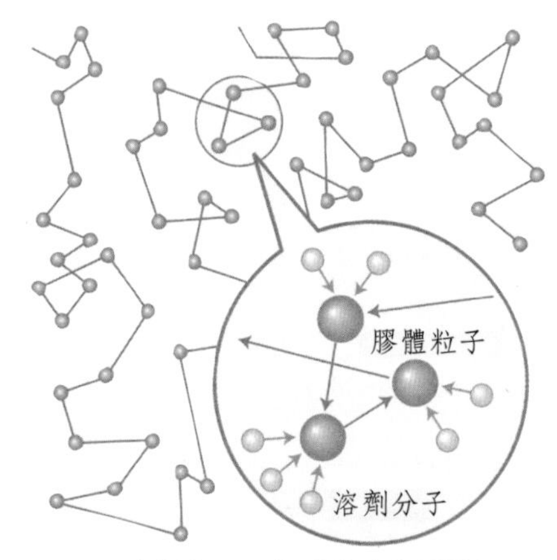

圖 10-9　布朗運動

開始時布朗認為膠體粒子如溶液中的溶質一樣其本身在運動，後來的研究瞭解布朗運動仍由於如水分子的分散介質不斷運動而撞擊膠體粒子，使其做不規則移動的。布朗運動亦為膠體溶液不沉澱的原因之一。

5. **解膠**

氯化銀沉澱用水洗滌時，氯化銀沉澱分散變成氯化銀膠體粒子能通過濾紙於溶液中，此一過程稱為解膠（peptization）。因為水能洗去沉澱上的一部分電荷，使膠體粒子重新帶同樣的電荷，互相排斥恢復膠體溶液。為了避免解膠，通常使用稀鹽酸或稀硝酸清洗沉澱。

第三節　透　析

膠體粒子較濾紙的網目小，但較如賽珞凡、玻璃紙或動物膀胱等半透膜的孔目大，因此如圖 10-10 將膠體溶液放入一半透膜，浸入於流動的水中時，因半透膜內的膠體粒子不能通過半透膜，但水分子和雜質的分子或離子都能夠自由通過半透膜。如此可精製膠體溶液的方法稱為透析（dialysis）。透析不但可以純化膠體溶液，腎臟由於此透析的機能取除血液中的老廢物以尿來排出。洗腎為腎功能降低的患者之血液定期去除老廢物的操作。

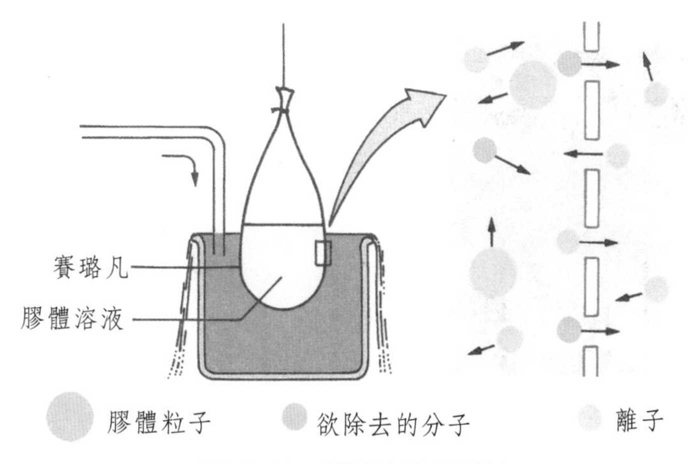

圖 10-10 膠體溶液的透析

1. 保護膠體

在金、銀或硫化砷等疏水性膠體中，加入電解質溶液時容易起凝聚作用，可是加少量的親水性膠體（如明膠、澱粉等）時，如圖 10-11 所示，疏水性膠體粒子被親水性膠體粒子包圍而不會凝聚成沉澱。如此有保護作用的親水性膠體稱為保護膠體（protective colloide）。

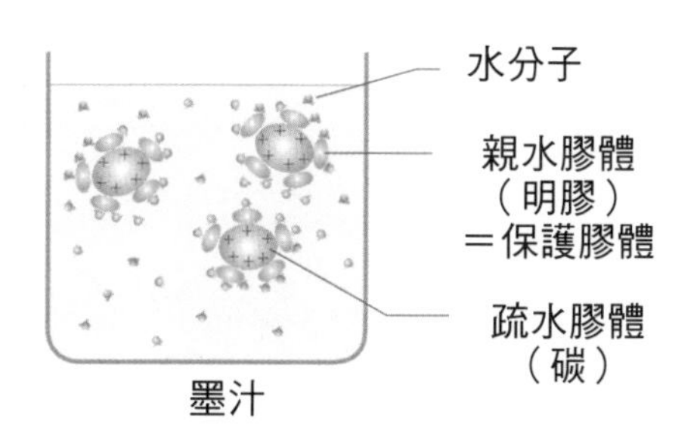

圖 10-11 保護膠體

2. 電泳

膠體粒子常帶正電荷或負電荷，因此在膠體溶液中插兩支電極並通直流電時，如圖 10-12 所示膠體粒子向相反符號的電極方向移動，這現象稱為電泳（electrophoresis）。

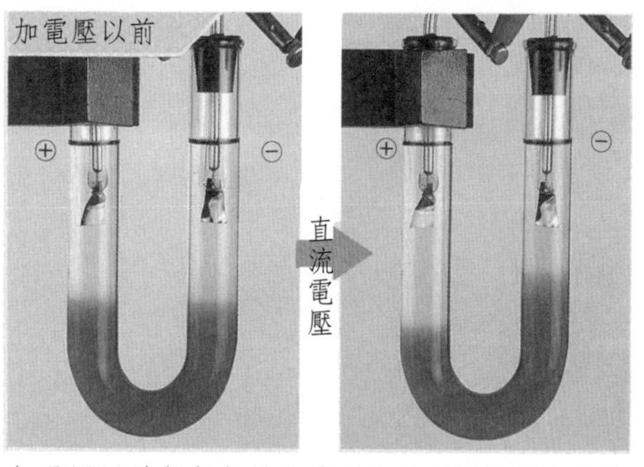

加電壓以前氫氧化鐵溶液放入於U型管後加直流電壓，氫氧化鐵膠體粒子向陰極方向移動，故可知帶正電。

圖 10-12 電泳

第十章　習題

1. 關於膠體溶液的敘述，下列那一項是錯的？
⑴膠體粒子為直徑約 10^{-7}～10^{-9}公尺的粒子。
⑵膠體粒子在過濾時能通過濾紙。
⑶長期放置膠體溶液，膠體粒子會沉澱。
⑷膠體粒子較原子或離子大很多。

2. 下列有關膠體溶液的敘述，請選出適當的術語。
⒜廷得耳效應，⒝布朗運動，⒞凝聚，⒟透析
⑴氫氧化鐵溶液中加少量食鹽時產生沉澱。
⑵膠體粒子不斷進行不規則的運動。
⑶膠體溶液包於半透膜中放入於流水所起的現象。
⑷光線射進於膠體溶液時可觀察其通路。

3. 將下面各種溶液分類為⒜普通溶液，⒝疏水性膠體溶液，⒞親水性膠體溶液。
⑴肥皂水
⑵食鹽水
⑶稀蛋白溶液
⑷氫氧化鋁溶液
⑸葡萄糖溶液
⑹硫膠體溶液

第11章

高分子化合物

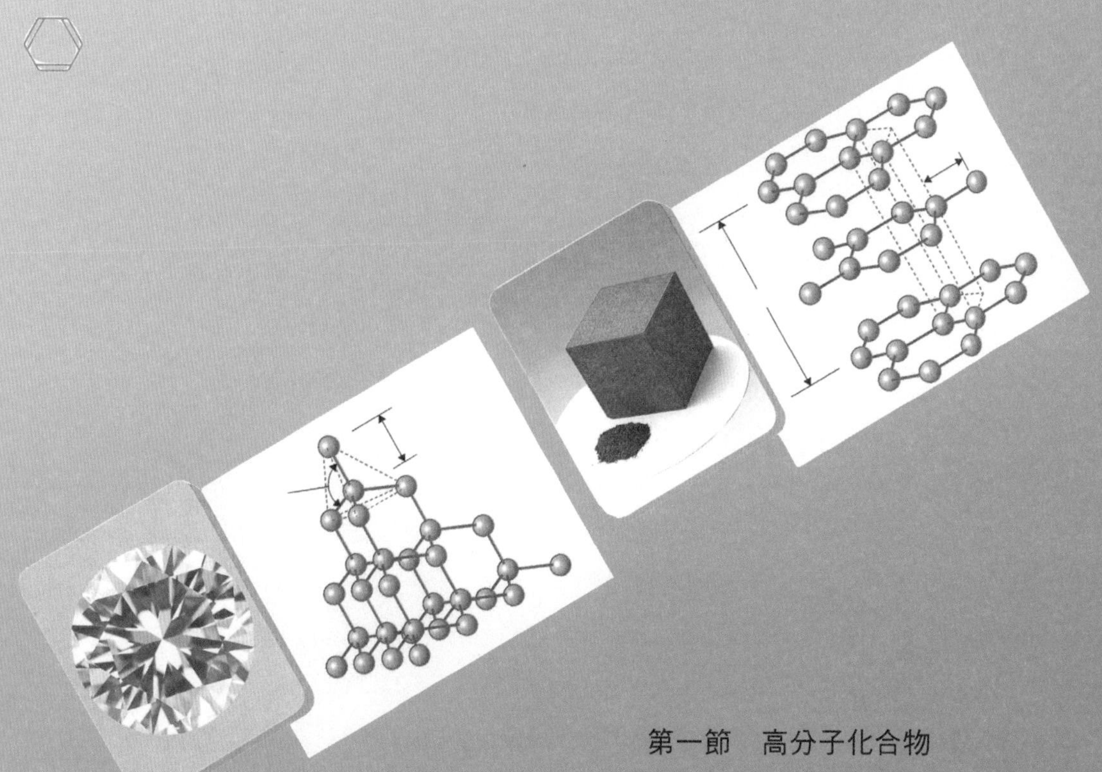

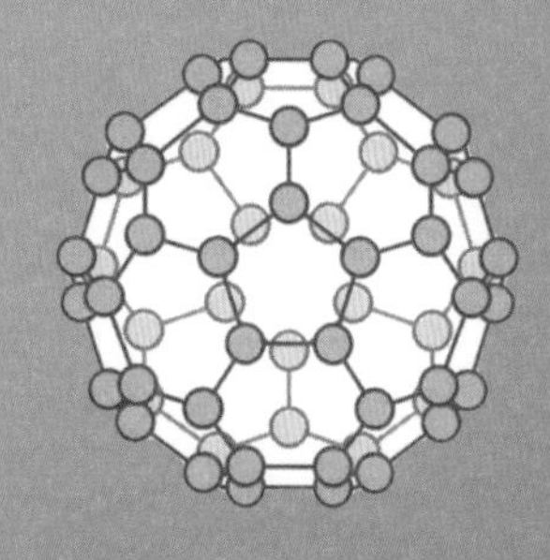

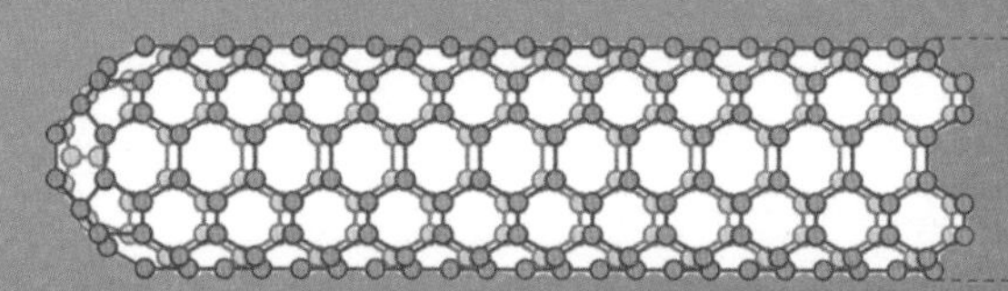

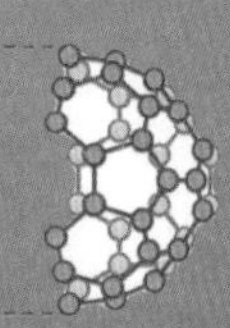

到1920年為止化學界認為分子量超過5,000以上的大分子在自然界不存在亦不能合成，因此如澱粉的化合物為多數的葡萄糖分子集合成塊狀的。澱粉或橡膠等的溶液呈粘性很高其性質亦複雜，因此沒有化學家將這些物質為研究的對象。到1920年代，德國史陶汀格（Staudinger Hermann）開始探究澱粉和橡膠的複雜特性。他以橡膠與氫反應後溶液性質基本上不改變的事實，證明橡膠的分子為多數的原子以化學鍵結合的巨大分子，闡明高分子的存在。史陶汀格的高分子說雖不被化學界立刻承認。但他繼續研究澱粉等高分子化合物。到1930年代美國卡羅若司（Carothers Wallace Hume）接受其高分子說合成耐綸6.6。

圖11-1　高分子細線吊上重物

第一節　高分子化合物

一般化合物的分子量為500以下，但多數的原子以共價鍵結成分子量超過10,000的分子特稱高分子而其化合物稱為高分子化合物（high molecular compound）。高分子化合物與從較小分子組成的一般化合物具有一些不同的性質。

乙烯具有一定的熔點（−169.2℃）和沸點（−103.7℃），但多數乙烯分子聚合所成的聚乙烯，卻加熱到約100℃逐漸軟化，在120℃以上能夠自由變形，再升高溫度時變為粘性大的液體並分解。如此，由高分子所成的物質沒有一定的熔點，升高溫度不氣化而起熱分解。

一、高分子化合物的種類

高分子化合物根據其組成或分子結構可分為如表11-1。

表 11-1 高分子化合物的分類

組　成	天然高分子化合物	合成高分子化合物
有機高分子化合物	澱粉、纖維素 蛋白質、天然橡膠	聚乙烯、耐綸 合成橡膠 酚樹脂、脲樹脂
無機高分子化合物	石棉 雲母、石墨 金剛石、石英	矽樹脂 矽 人造紅寶石

天然存在的無機高分子化合物有存在於岩石或土壤的矽酸鹽之（SiO_3^{2-}）$_n$ 或（$Si_2O_5^{2-}$）$_n$ 等矽酸根離子而化學式量巨大的離子存在。高分子化合物的分子結構如纖維素或耐綸一般的線狀，石墨一般的板狀或石英、酚樹脂等立體網狀結構的各式各樣都有。

二、高分子化合物的特徵

低分子量的純物質之分子量為一定的。可是高分子化合物雖然同一名稱的物質但其分子量不一定相同。高分子化合物為具某範圍分子量的分子的混合物而其範圍亦各式各樣的，因此其分子量以平均分子量方式表示。例如纖維素的分子量（平均分子量）在木棉為約 30 萬到 50 萬，在紙為約 10 萬。

這些高分子化合物的特徵為如乙烯或葡萄糖等分子量不大的分子多數連結成巨大的分子結構的。製成高分子化合物的原來的分子稱為單體（monomer），多數單體分子互相反應順次連結成高分子化合物的過程稱為聚合（polymerization），生成的高分子化合物稱為聚合物（polymer）。例如：澱粉與纖維素為以葡萄糖為單體的聚合物，聚乙烯為乙烯為單體的聚合物。

低分子量物質的固體通常為粒子整齊排列的晶體結構並在一定的熔點熔化。高分子化合物的固體結構通常不規則而分子結構線狀的高分子化合物的固體即如圖 11-2 所示有分子鏈配列的微結晶部分

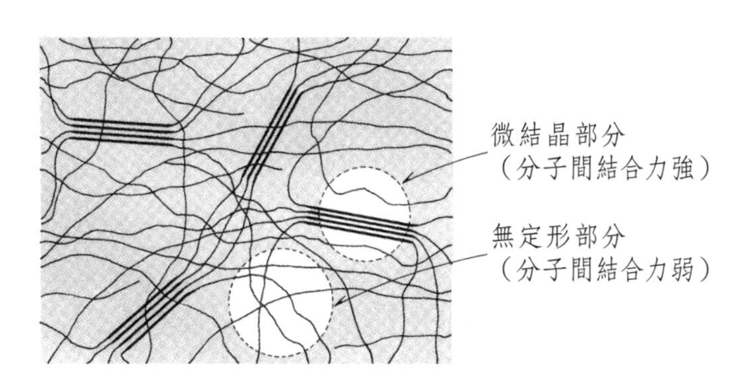

圖 11-2 鏈狀高分子化合物結構

和分子鏈亂雜配置的無定形部分。加熱時無明確的熔點而逐漸軟化，不知不覺的成為液體或不熔化而分解。

第二節　加成聚合與縮合聚合

單體結合成高分子化合物的方式有加成聚合（addition polymerization）及縮合聚合（condensation polymerization）。

一、加成聚合

由同種或異種具有雙鍵的單體，經雙鍵的開裂，互相鏈結成高分子化合物的過程稱為加成聚合。圖 11-3 表示加成聚合的模式。

聚乙烯（polyethylene, PE）為常成的加成聚合物，是由乙烯單體聚合而成的。聚乙烯為乳白色、透明或半透明狀的固體。質輕、不導電、不受化學藥劑的侵蝕，易成型等的優點，廣用於家庭用具。惟有不耐高溫，遇熱會熔化等缺點。

$$n\ CH_2=CH_2 \longrightarrow \text{-}(CH_2-CH_2)\text{-}_n$$

另外，由氯乙烯加成聚合所成的聚氯乙烯（polyvinyl chloride, PVC）亦常用的塑膠。

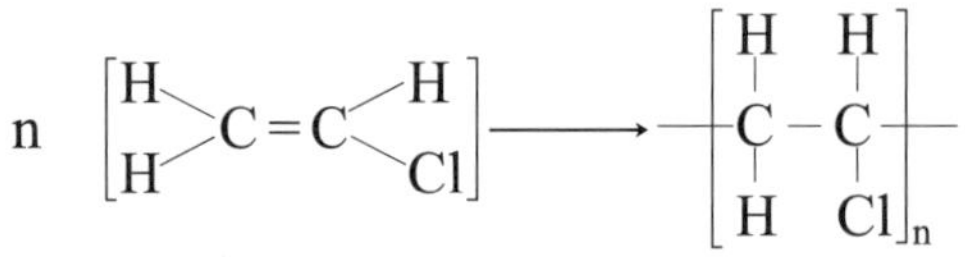

$$n\left[\begin{matrix}H \\ H\end{matrix}\!\!>C=C<\!\!\begin{matrix}H \\ Cl\end{matrix}\right] \longrightarrow \left[\begin{matrix} & H & & H & \\ & | & & | & \\ - & C & - & C & - \\ & | & & | & \\ & H & & Cl & \end{matrix}\right]_n$$

氯乙烯　　　　聚氯乙烯

表 11-2 為常見的加成聚合物及其用途。

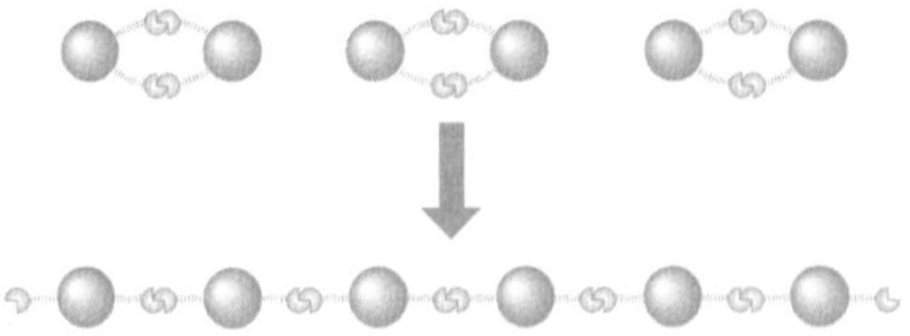

圖 11-3　加成聚合的模式

表 11-2　常見的加成聚合物

名　稱	單　體	聚合物結構	用　途
聚乙烯（PE）	乙烯（$CH_2=CH_2$）	$(CH_2-CH_2)_n$	塑膠袋、杯、瓶、玩具
聚丙烯（PP）	丙烯（$CH_2=CH(CH_3)$）	$-(CH_2-CH(CH_3))_n-$	杯、皿、奶瓶袋
聚氯乙烯（PVC）	氯乙烯（$CH_2=CH(Cl)$）	$-(CH_2-CH(Cl))_n-$	塑膠地板、塑膠管、電線外皮
聚苯乙烯（PS）	苯乙烯（$CH_2=CH(C_6H_5)$）	$-(CH_2-CH(C_6H_5))_n-$	保麗龍製品、包裝材料、玩具
聚四氟乙烯（特夫綸）	四氟乙烯（$CF_2=CF_2$）	$-(CF_2-CF_2)_n-$	炒、煮鍋裏墊、電絕緣體、軸承、接合塑料

二、縮合聚合

每兩個單體分子互相連結結合時，失去一個分子的水（或甲醇、氨等較低分子量的物質）互相連結聚合而成的高分子化合物稱為縮合聚合。圖 11-4 表示縮合聚合模式。

1. 達克綸

達克綸（dacron）為常用於製西裝料的合成纖維，是由對一苯二甲酸與乙二醇縮合聚合而成的高分子化合物。

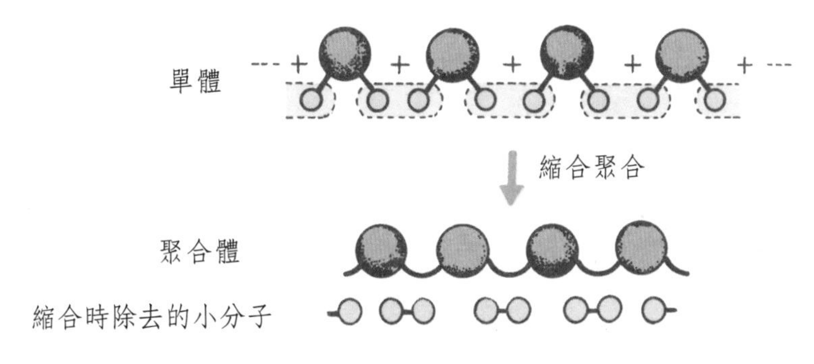

圖 11-4　縮合聚合模式

$$n\ HOOC-C_6H_4-COOH + n\ HO-CH_2-CH_2-OH$$

對一苯二甲酸　　　　乙二醇

$$\longrightarrow HO-\!\!(\overset{O}{\overset{\|}{C}}-C_6H_4-\overset{O}{\overset{\|}{C}}-O-CH_2-CH_2-O)_n H + (2n-1)H_2O$$

達克綸

一個分子的對一苯二甲酸與一個分子的乙二醇縮合時失去一個水分子而互相連結在一起。

2. 耐綸 66

耐綸 66（nylon 66）俗稱尼龍。為常用的雨傘、衣料、尼龍繩等強韌而抗化學藥劑力強的合成纖維。耐綸 66 是由己二胺與己二酸脫水縮合所成的，因己二胺和己二酸都有六個碳，因此稱耐綸 66。

$$n\ H_2N-(CH_2)_6-NH_2 + n\ HOOC-(CH_2)_4-COOH$$

己二胺　　　　己二酸

$$\longrightarrow -[NH(CH_2)_6-NH-CO(CH_2)_4-CO]_n- + (n-1)H_2O$$

耐綸 66

第三節　塑　膠

塑膠（plastic）是人造的高分子化合物。塑膠可以任意塑形，塑形後堅固而能保持原形，質輕不受化學藥劑的侵蝕，不導電等優良性質，應受現代人的愛用。

一、塑膠的共同性質

1. 塑膠的密度約 0.9～2.0g/cm^3，較金屬及陶磁器密度小很多，質輕。
2. 不易受酸或鹼的腐蝕。
3. 為電的不良導體。
4. 易被加工成膜、板、棒、筒、管或塑成多種形狀。

二、塑膠分類

塑膠依照加熱後的可塑性不同而分為熱塑性塑膠和熱固性塑膠。

1. 熱塑性塑膠

熱塑性塑膠具有加熱時軟化，冷卻硬化的性質，因此熱塑性塑膠不耐熱。表 11-3 為常見的熱塑性塑膠及其用途。

表 11-3 常見的熱塑性塑膠及其用途

名稱	單體	性質	用途
聚乙烯	$CH_2=CH_2$	耐水、耐藥品、輕	膜、袋、容器、高週波絕緣體
聚苯乙烯	$CH_2=CH$ C_6H_5	著色性、硬、透明、絕緣性	日用品、容器、斷熱材
聚丙烯	$CH_2=CHCH_3$	耐熱性、強、輕	容器、繩、漁網、纖維、軟片
聚氯乙烯	$CH_2=CH$ Cl	難燃性、重、硬、耐藥品	水管、軟片、電線套管
聚醋酸乙烯	$CH_2=CH$ CH_3COO	易溶於溶劑、柔軟性大、接著力大	接著劑、塗料合成纖維原料

2. 熱固性塑膠

熱固性塑膠加熱時高分子鏈間起聚合反應而產生多數的架橋成硬的三次元網目結構。一旦硬化時形態被固定住，因此加熱到高溫開始分解為止不會熔化。

酚甲醛塑膠為 1907 年貝克蘭（Bakeland）在酸觸媒存在下由苯酚（C_6H_5OH）與甲醛（HCHO）經縮合聚合所成的聚合物，欲稱電木（bakelite）。電木性堅硬、耐熱、不導電，抗化學藥劑等優點，用於電晶製品。表 11-4 常見的熱固性塑膠與其用途。圖 11-5 表示酚甲醛塑膠生成的機構。

表 11-4 常見的熱固性塑膠

名稱		單體	特徵	用途
酚甲醛塑膠		苯酚 C_6H_5OH 甲醛 HCHO	耐熱、耐藥品 電絕緣性	電氣器具 食器、塗料
胺基塑膠	脲塑膠	脲 $CO(NH_2)_2$ 甲醛 HCHO	透明、耐熱、接著性	食器、雜貨、接著劑
	三聚氰胺塑膠	三聚氰胺 $C_3N_3(NH_2)_3$ 甲醛 HCHO	透明、耐藥品、有光澤	食器、家具、化粧服

不飽和聚酯塑膠	反丁烯二酸 $(HOOC)CH=CH(COOH)$ 乙二醇 $C_2H_4(OH)_2$	機械性良好、強	結構材料、板、安全帽

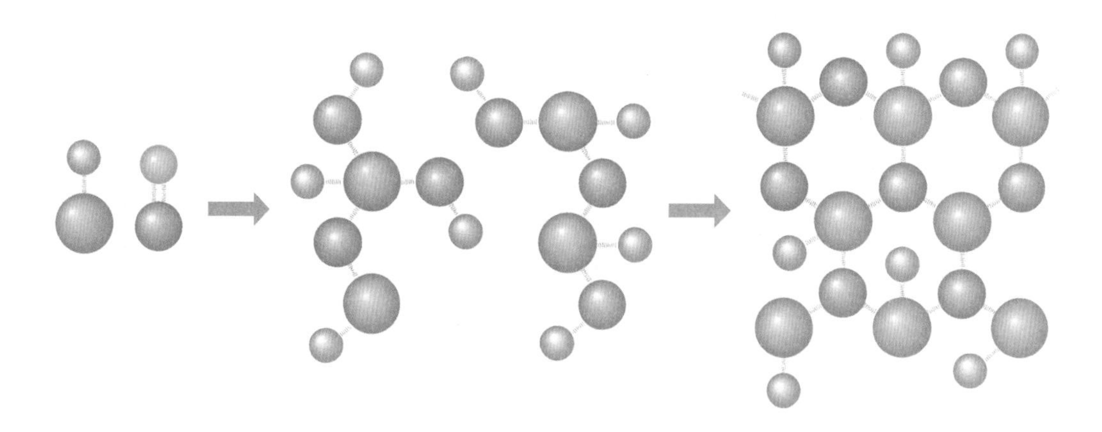

圖 11-5　酚甲醛塑膠的生成機構

表 11-5 為熱塑性塑膠與熱固性塑膠的比較。

表 11-5　熱塑性及熱固性塑膠的比較

	熱塑性塑膠	熱固性塑膠
性　質	加熱軟化冷卻硬化	一旦硬化後加熱不軟化
結　構	鏈狀結構	網狀結構
聚　合	加成聚合	縮合聚合
成　型	聚合後加熱熔化成型	一面聚合一面成型
例　如	聚乙烯、聚丙烯、聚苯乙烯	酚甲醛塑膠、脲甲醛塑膠

三、最近塑膠製品

近年來由於塑膠工業的進展，特殊用途的塑膠陸續研發成功應受世人注目。

1. 軟質隱形眼鏡

硬質隱形眼鏡通不過氧氣，因此不適合於較長時間使用。為克服此一困難，開發含水分子高分子化合物的軟質隱形眼鏡，氧能夠透過水來供給角膜。

軟質隱形眼鏡如圖 11-6 所示，使用的原料為聚甲基丙烯酸乙酯。

圖 11-6 軟質隱形眼鏡

2. 可溶性開刀縫合線

開刀時縫合傷口的線通常經一個星期後必須裁線。惟由聚乳酸或聚乙二醇所製的線經縫合後一段時期能自動在體內分解為二氧化碳和水來消失。

3. 高吸水性塑膠

一般塑膠都具親油性但不具親水性，因此設法在分子中組合親水性原子團，使其能大量吸收水分用於嬰兒用的尿褲或尿袋。所用的材料為

聚丙烯酸甲鈉 $-[CH_2-CH(COONa)]_n-$

而其粉末 1 克約可吸收 1 升的水分。

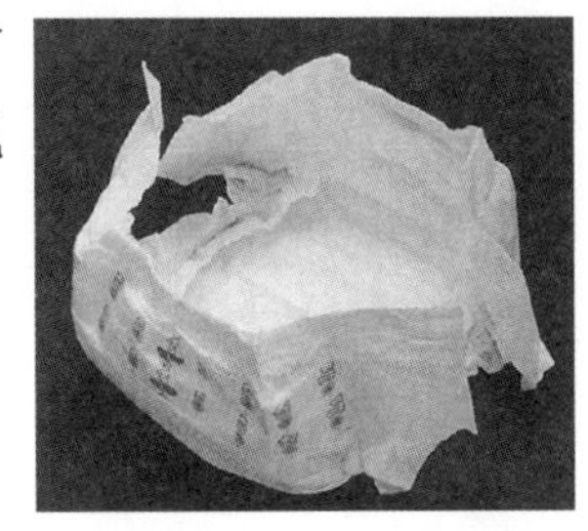

圖 11-7 嬰兒尿褲

4. 生物分解性塑膠

為解決塑膠廢棄物的問題，從 1990 年開始，各國積極研究開發所謂的生物分解性塑膠。其中的一種是聚乙烯原料中添加澱粉或乳酸等所製的塑膠袋，埋在土壤中經長時間被微生物分解為二氧化碳和水。另外已製得在真空中加高電壓使塑膠能夠被微生物分解可能而改質的。

5. 通電流的塑膠

塑膠是良好的絕緣體，化學性質安定，不通電。可是 2000 年諾貝爾化學獎卻頒給發現塑膠能導電的白川英樹等人。塑膠能夠導電必須有電子不受原子的束縛而自由運動，為達到此目的，應有交錯的單鍵與雙鍵即共軛的雙鍵存在，由乙炔聚合而成的聚乙炔具有這樣結構。此外要導電將部分電子移出（氧化），另加入一些電子（還原）於此塑膠，這種過程稱為摻雜（doping）。白川等發現一片聚乙炔薄膜可以被碘或溴蒸氣氧化增加其導電度近十的九次方倍之多。圖 11-8 表示聚乙炔的順式、反式結構與聚乙炔通電流的機構。

放出金屬光澤的聚乙炔薄膜

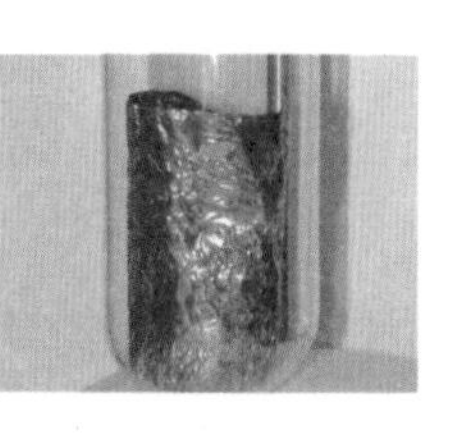

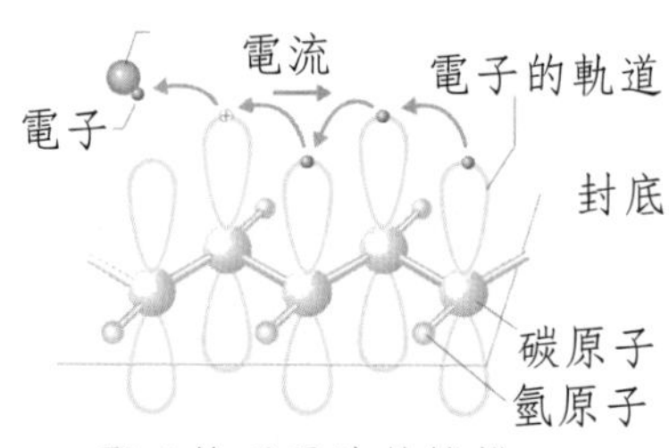

聚乙炔通電流的機構

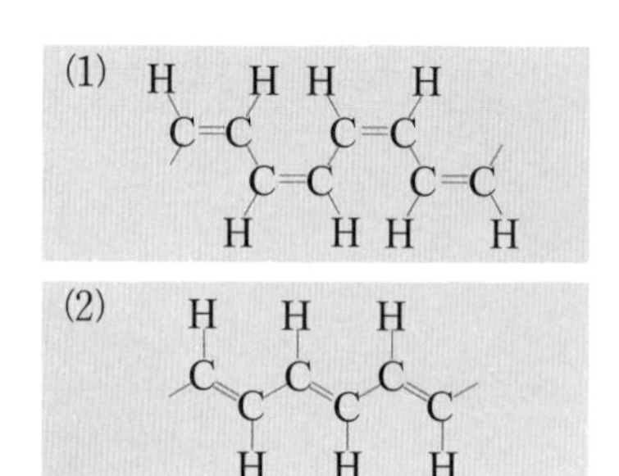

聚乙炔結構(1)順式；(2)反式

圖 11-8　聚乙炔通電流機構

第四節　橡　膠

橡膠是現代文明社會不可缺的產品，廣用於汽車、腳踏車、機車、飛機等的輪胎，製造球靴、橡皮球、玩具、電的絕緣體等用途甚廣。

一、天然橡膠

天然橡膠主要來源為橡膠樹，盛產以赤道南北五百哩內地帶，例如馬來西亞、印尼、中美及西美北部地區。橡膠樹成熟後割破樹皮，流出白色膠狀乳汁稱橡漿，收集於容器後加醋酸等弱酸，即有膠狀物凝固而與水分離。將此膠狀物烘乾，得褐色的生橡膠。圖 11-9 為自橡樹製生橡膠。

圖 11-9　自橡樹得生橡漿

生橡膠在低溫時硬而脆，溫度高時變軟而黏，彈性不大而且易溶於有機溶劑。因此實用價值不高。研究結果顯示生橡膠中加 5～8%的硫並加熱到約 140℃時，分子間如圖 11-10 所示起架橋反應而彈性增大，化學及機械能力提高很多而適合於各種用途。

橡膠經破壞蒸餾後發現為 2-甲基-1, 3-丁=烯聚合所成的。

$$H_2C=\underset{|}{\overset{CH_3}{C}}-\overset{H}{C}=CH_2$$

2－甲基－1, 3－丁＝烯　又稱異戊二烯（isoprene）

天然橡膠是異戊二烯單體互相聚合成分子量約 300,000 的高分子化合物。

$$H-\underset{H}{\overset{H}{C}}-\overset{CH_3}{C}=\overset{H}{C}-\underset{H}{\overset{H}{C}}-\left(\underset{H}{\overset{H}{C}}-\overset{CH_3}{C}=\overset{H}{C}-\underset{H}{\overset{H}{C}}\right)_n-\underset{H}{\overset{H}{C}}-\overset{CH_3}{C}=\overset{H}{C}-\underset{H}{\overset{H}{C}}-H$$

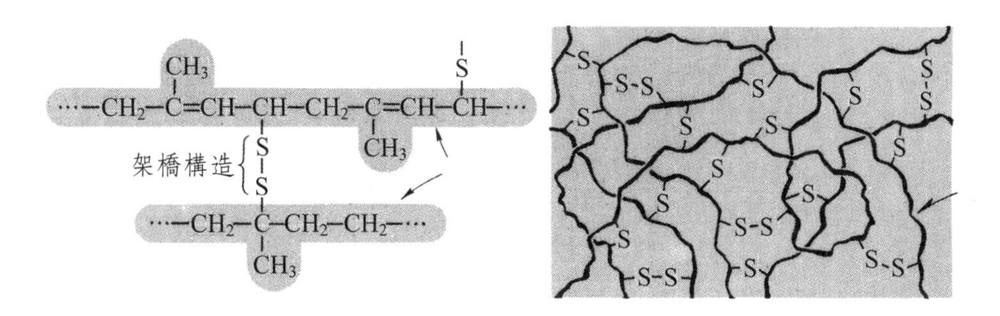

圖 11-10　生橡膠的硫架橋

二、合成橡膠

科學家瞭解橡膠是由異戊二烯聚合而成的高分子化合物後，設法以類似反應製造合成橡膠來代替天然橡膠。

1. 丁基橡膠

丁基橡膠（butyl rubber）是由 1, 3-丁二烯與異丁烯聚合而成的人造橡膠。酒精在高溫分解得 1, 3-丁二烯。

$$2\ \ C_2H_5OH \longrightarrow CH_2=CH-CH=CH_2 + 2H_2O + H_2$$

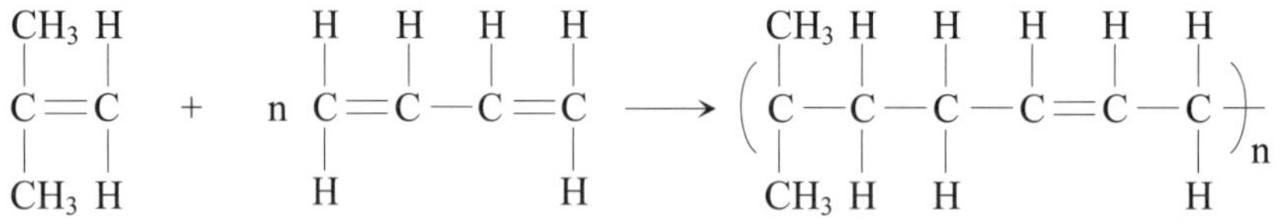

$$\begin{array}{c} CH_3\ \ H \\ |\quad\ \ | \\ C=C \\ |\quad\ \ | \\ CH_3\ \ H \end{array} + n\ \begin{array}{c} H\quad H\quad H\quad H \\ |\quad\ \ |\quad\ \ |\quad\ \ | \\ C=C-C=C \\ |\qquad\qquad\quad | \\ H\qquad\qquad\quad H \end{array} \longrightarrow \left(\begin{array}{c} CH_3\ \ H\quad H\quad H\quad H\quad H \\ |\quad\ \ |\quad\ \ |\quad\ \ |\quad\ \ |\quad\ \ | \\ C-C-C-C=C-C \\ |\quad\ \ |\quad\ \ |\qquad\qquad | \\ CH_3\ \ H\quad H\qquad\qquad H \end{array} \right)_n$$

異丁烯　　1, 3-丁二烯　　丁基橡膠

丁基橡膠與天然橡膠性質相似，亦可硫化，對化學藥劑的抵抗力強，較天然橡膠較不透氣，故用途較廣。

2. 氯平橡膠

氯平橡膠（chloroprene）又稱新平橡膠，是由 2-氯-1, 3-丁二烯單體聚合所成的高分子化合物。

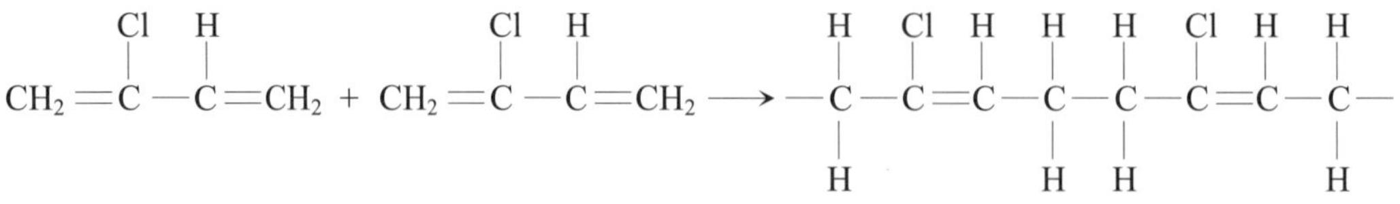

$$CH_2=\overset{\overset{Cl}{|}}{C}-\overset{\overset{H}{|}}{C}=CH_2 + CH_2=\overset{\overset{Cl}{|}}{C}-\overset{\overset{H}{|}}{C}=CH_2 \longrightarrow -\overset{\overset{H}{|}}{\underset{\underset{H}{|}}{C}}-\overset{\overset{Cl}{|}}{C}=\overset{\overset{H}{|}}{C}-\overset{\overset{H}{|}}{\underset{\underset{H}{|}}{C}}-\overset{\overset{H}{|}}{\underset{\underset{H}{|}}{C}}-\overset{\overset{Cl}{|}}{C}=\overset{\overset{H}{|}}{C}-\overset{\overset{H}{|}}{\underset{\underset{H}{|}}{C}}-$$

2-氯-1, 3-丁二烯　　氯平橡膠—單位

氯平橡膠的品質較天然橡膠佳，對熱、光、化學藥劑的抵抗力強。表 11-6 為常見的合成橡膠及其特性。

表 11-6 常見的合成橡膠

名稱	代碼	單體	性質	用途
氯平橡膠	CR	Cl H $CH_2=C-C=CH_2$	耐熱 耐燃	橡膠帶 雨靴
丁基橡膠	BR	H H $CH_2=C-C=CH_2$	耐寒 耐磨耗	輪胎
苯乙烯 丁基橡膠	SBR	$C_6H_5CH-CH_2$ H H $CH_2=C-C=CH_2$	安定、耐熱 耐磨耗、耐老化	輪胎、工業用品
丙烯晴 丁基橡膠	NBR	$CH_2=CH-CN$ H H $CH_2=C-C=CH_2$	耐油、耐寒	耐油墊圈
矽氧橡膠	Q	CH_3 $Ho-Si-OH$ CH_3	耐熱、耐寒 耐老化 抗化學藥劑	電器零件 醫療用品 墊底部

第五節 離子交換樹脂

合成高分子化合物持有一種特殊功能的高分子。苯乙烯與少量的對一二乙烯苯 $CH_2=CH-$（苯環）$-CH=CH_2$混合聚合時得對一兩支的二乙烯苯鏈架橋起來的聚苯乙烯。將此架橋結構的聚苯乙烯以濃硫酸來磺酸化時得架橋結構的聚苯乙烯磺酸。其具磺酸基（$-SO_3H$），例如放在氧化鈉的水溶液中時，樹脂的磺酸基之H^+被水溶液中的 Na^+所取代，利用此效應可使水溶液中的陽離子與H^+交換，再使用與Na^+取代的樹脂，可將其他陽離子與 Na^+交換。如此樹脂稱為陽離子交換樹脂。圖 11-12 為架橋結構的聚苯乙烯及聚苯乙烯磺酸。

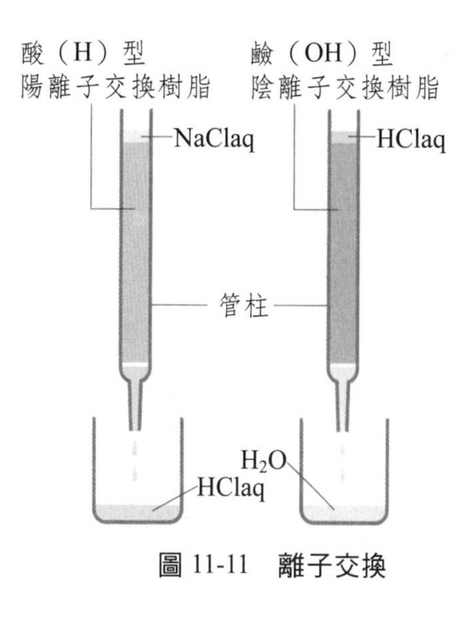

圖 11-11 離子交換

$$\text{(苯環)}-SO_3H + Na^+ + Cl^- \rightleftharpoons \text{(苯環)}-SO_3Na + H^+ + Cl^-$$

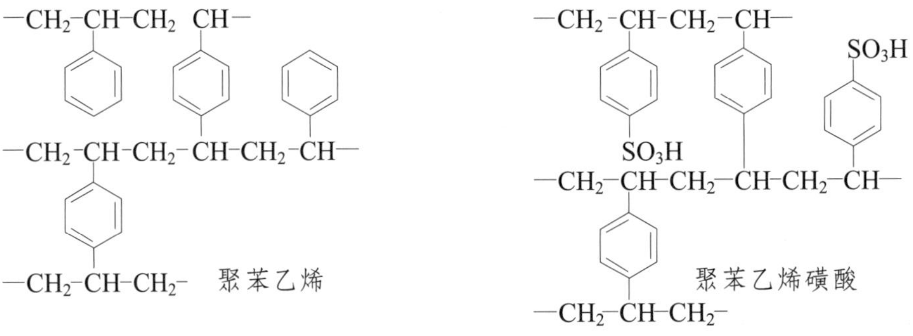

聚苯乙烯　　聚苯乙烯磺酸

圖 11-12　架橋的聚苯乙烯與聚苯乙烯磺酸

同樣的具有鹼性原子團，例如羥銨基－ $N^+R_3OH^-$ 的樹脂放入氯化鈉水溶液時，樹脂中的 OH^- 與水溶液中陰離子的 Cl^- 交換。如此樹脂稱為陰離子交換樹脂。

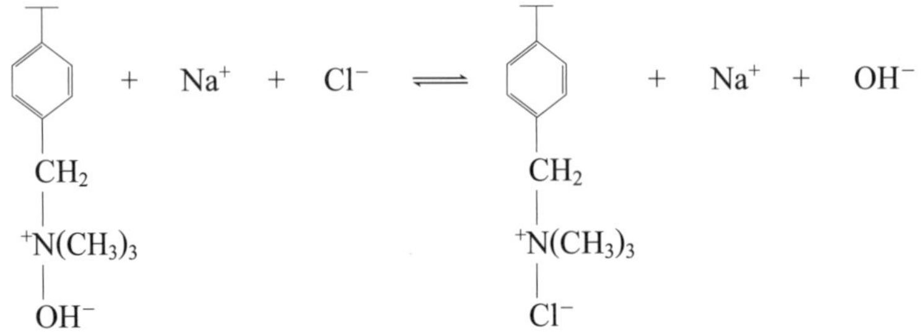

$$\text{R-C}_6\text{H}_4\text{-CH}_2\text{-}{}^+\text{N(CH}_3)_3\text{OH}^- + Na^+ + Cl^- \rightleftharpoons \text{R-C}_6\text{H}_4\text{-CH}_2\text{-}{}^+\text{N(CH}_3)_3\text{Cl}^- + Na^+ + OH^-$$

將離子交換樹脂放在其離子交換樹脂中所含離子不同離子的溶液中時，進行離子交換到達平衡狀態，因此離子交換不是完全進行。可是使用如圖 11-11 所示的離子交換管柱來進行時能夠使離子完全交換。

將陽離子交換樹脂與陰離子交換樹脂混合而填入管柱，從上部流下含鹽的水溶液時，陽離子與 H^+ 交換，陰離子與 OH^- 交換，從下部分得不含鹽的純水。

離子交換樹脂與各種離子以不同的強度來結合。因此從管柱上部倒入各種離子的水溶液時，從結合力弱的順序流出離子，因此為離子分析的有力手段。

離子交換反應為可逆反應，因此分析等使用過的離子交換樹脂能夠與酸或鹼反應使離子交換樹脂的再生。

第十一章　習題

1. 以CH_3CH-X所代表的化合物為乙烯化合物，常用以做聚合物的單體來製造高分子化合物。試寫出下列⑴到⑷所表示的原子或原子團代替 $-X$ 所成的聚合物的名稱及化學式。
   ⑴ H
   ⑵ Cl
   ⑶ CH_3
   ⑷ C_6H_5
2. 下列各反應中那一反應可產生熱固性塑膠？
   ⑴氯化乙烯的聚合反應。
   ⑵己二胺與己二酸的脫水縮合反應。
   ⑶對一苯二甲酸與乙二醇的縮合聚合反應。
   ⑷苯酚與甲醛的縮合聚合反應。
3. 下列聚合物中那些是經縮合聚合而成的？
   ⑴聚丙烯腈
   ⑵聚乙烯乙酯
   ⑶耐綸 66
   ⑷酚甲醛塑膠
   ⑸氯平橡膠
4. 分子某高分子化合物，結果分子量為 81000，97200，113400，129600，145800，162000 的分子各以 400，700，1300，1400，600，100 的比率存在。試求此高分子化合物的平均分子量。
5. 將 0.100 mol/L 的硫酸銅溶液 10mL 通於陽離子交換樹脂 R-SO_3H 的離子交換樹脂管後，以純水水洗並用 0.100NNaOH 從事中和滴定流出的液體。
   ⑴寫出管內所起的變化之化學反應式。
   ⑵到滴定終點需用多少 mL 的 NaOH？

第12章

核化學

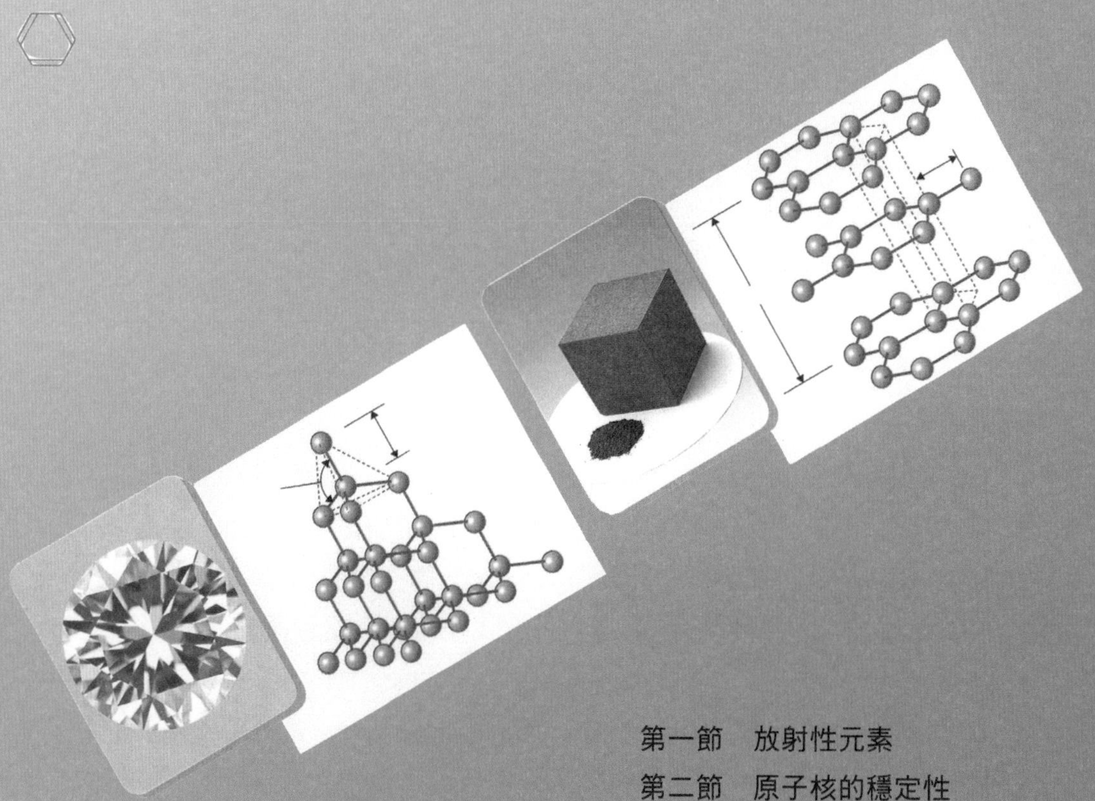

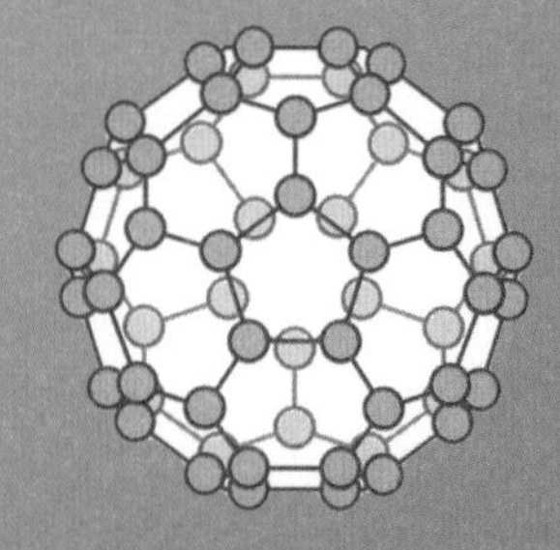

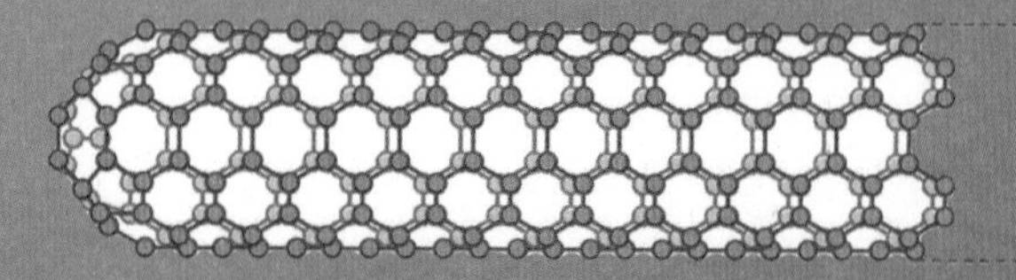

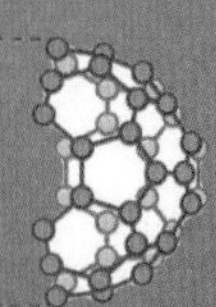

化學是研究物質與能量的科學，一切物質均由極微小的粒子即原子所構成。原子是由原子核與圍繞原子核做旋轉運動的電子所組成。到十一章為止。本書所討論都是有關原子核外面的電子之化學。例如價電子數目可代表金屬元素與非金屬元素與其活性，價電子的轉移與共用可決定離子晶體與共價晶體的特性，電子得失與氧化還原的相關等，一直沒有討論到原子中最重要的成分之原子核。雖然原子核小到只有 10^{-14} ～ 10^{-15} 公尺，但原子大部分質量都集中於原子核。核化學注目於原子核，探討原子核的穩定性，核衰變及核蛻變、核反應及生成新原子核的特性，核能及放射性同位素的應用等。

圖 12-1　核能電廠

第一節　放射性元素

1896 年法國貝克勒（Henry Becquerel）發現硫酸鈾醯鉀晶體能夠使包在黑紙內的照相軟片感光，此一發現引起其研究助理的居里夫婦（Pierre and Marie Curie）的繼續研究，不久發現鈾化合物及釷化合物都會放出相同效應的射線。他們研究結果表示此一特性仍與化合物的型式無關而是從鈾或釷元素所放出的放射線所引起的，因此將這些自動放出放射線而使照相軟片能夠感光、螢光物質產生螢光、使氣體游離等效應的元素稱為放射性元素（radioactive element）。元素週期表原子序 84 以上的元素都是放射性元素。原子序 83 以下的元素都具有安定的同位素（isotope）及放射性同位素（radioisotope）的存在。表 12-1 為常見的元素之安定同位素及放射性同位素。

表 12-1　常見元素的安定及放射性同位素

原子序	名稱	質量數	符號	安定同位素豐盛度（%）	放射性同位素半生期
1	氫	1	^{1}H	99.985%	
		2	^{2}H	0.015%	
		3	^{3}H		12.33 年

6	碳	11	^{11}C		20.385 分
		12	^{12}C	98.90%	
		13	^{13}C	1.10%	
		14	^{14}C		5730 年
		15	^{15}C		2.449 秒
8	氧	15	^{15}O		122.24 秒
		16	^{16}O	99.76%	
		17	^{17}O	0.038%	
		18	^{18}O	0.20%	
11	鈉	22	^{22}Na		2.6088 年
		23	^{23}Na	100%	
		24	^{24}Na		14.959 時
16	硫	32	^{32}S	95.02%	
		33	^{33}S	0.75%	
		34	^{34}S	4.21%	
		35	^{35}S		87.51 天
17	氯	35	^{35}Cl	75.77%	
		36	^{36}Cl		3.01×10^5年
		37	^{37}Cl	24.23%	
		38	^{38}Cl		37.24 分

第二節 原子核的穩定性

原子核以其所含的質子數及中子數來稱呼的稱為核種（nuclide），具有放射性的原子核稱為放射性核種（radionuclide）。表 12-2 為各種核種及其數目。由此表可知現在約 2100 核種中穩定的核種不到 13%而已。

表 12-2 各種核種

種類	數目
穩定核種	273
天然放射性核種	53
人造放射性核種	～1800

原子核的直徑只有 10^{-15} 公尺而由帶正電的質子（proton）和不帶電的中子（neutron）所構成。質子與質子在極短距離存在時必有極強的庫侖排斥力存

在，因此原子核本性是不穩定的。可是在自然界尚有 273 種穩定核種存在而且不穩定核種亦會在一定時間內安定存在不致於立即崩壞，因此科學家相信原子核中一定有能夠使質子與質子，質子與中子及中子與中子結合在一起的核力（nuclear force）之存在而核力是由介子場（meson fielol）的作用而來，如同兩電荷間的電磁力仍由電磁場的作用而來一樣。

1. 質能互換

愛因斯坦（A. Einstein）表示質量毀滅時產生能量並提出質能互換的公式為：

$$E = mc^2$$

由此公式可算出 1 原子質量單位（atomic mass unit, amu）轉變的能量為

$$1\ \text{amu} = \frac{1\text{g}}{6.02 \times 10^{23}} = 1.6605 \times 10^{-24}\ \text{g}$$

$$c = \text{光速} = 2.9979 \times 10^{10}\ \text{cm/sec}$$

$$E = mc^2 = 1.6605 \times 10^{-24} \times (2.9979 \times 10^{10})^2$$

$$= 1.492 \times 10^3\ (\text{erg})$$

核化學常用百萬電子伏特（million electron volt, MeV）為能量的單位。

$$1\ \text{電子伏特（eV）} = 4.8 \times 10^{-10}\ \text{esu} \times \frac{1}{300}\text{esu}$$

$$= 1.602 \times 10^{-12}\ (\text{erg})$$

$$1\ \text{MeV} = 10^6\text{eV} = 1.602 \times 10^{-6}\ \text{erg}$$

$$\therefore\quad 1\ \text{amu 轉變的能量為}\ \frac{1.492 \times 10^3\text{erg}}{1.602 \times 10^{-6}\text{erg/MeV}} = 931.5\ \text{MeV}$$

2. 原子核的結合能

從質子和中子組成一原子核時質量會減少，此減少的質量稱為質量虧損（mass defect），科學家認為轉變為原子核的結合能（binding energy）。例如兩個質子和兩個中子組成氦的原子核時，其質量虧損為：

$$\Delta M = 2 \times 1.00813 + 2 \times 1.00896 - 4.00398$$

$$= 0.03030\ (\text{amu})$$

$$\text{氦原子核的結合能} = 0.03030\ \text{amu} \times 931.5\ \text{MeV/amu}$$

$$=28.22\text{MeV}$$

原子核的質子和中子，總稱為核子（nucleon）。氦原子核中有 4 個核子。由氦原子核中每一核子的平均結合能為：

$$\frac{28.22}{4}=7.1\text{MeV}$$

圖 12-2 為原子核的質量數與每一核子的平均結合能之相關曲線圖。

原子核的質量數在 40 到 100 的，每一核子的平均結合能約 8.5MeV的較大值，因此為較穩定的原子核。質量數大於 230 的重原子核，每一核子的平均結合能約 7.5MeV 的較小值，因此有起核分裂（nuclear fission）的趨勢，分裂為每一核子平均結合能較大的原子核。質量數較小的原子核，每一核子的平均結合能不到 7MeV，因此具有核熔合（nuclear fusion）的趨勢以生成平均結合能較大的原子核。

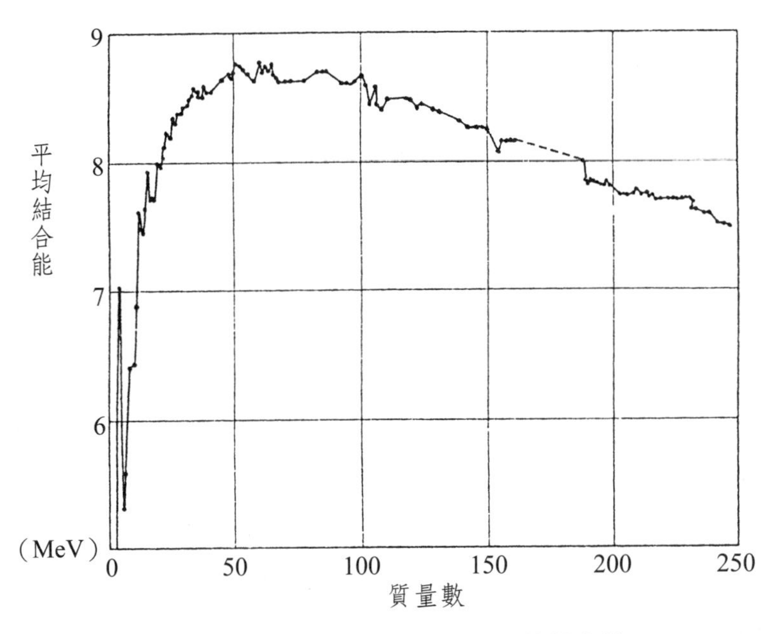

圖 12-2 質量數與每一核子的平均結合能

3. 放射衰變

不穩定的原子核，不受外來因素的影響能發射放射線而轉變為另一原子核的過程稱為放射衰變（radioactive decay）。如上一段所述每一核子的平均結合能，對於原子核的核分裂或核熔合的傾向有明確的基準，但對不穩定原子核的放射衰變卻無法提出適當的依據。

科學家為說明放射衰變，提出如圖 12-3 所示的不穩定核之海（sea of nuclear instability）模型。將已知放射性及安定的核種安排在質子數為縱軸，中子數為橫軸的海平面上。海平面上的核種為安定的核種，高度愈高愈穩定。海平面下的核種與不穩定的核種。

從圖 12-3 可知穩定核的峰連在一起構成一半島。此半島在質子數增加時向中子多的方向偏移。在質子數較小時穩定核種的中子數等於質子數，但原子序增加，穩定核的中子數多於質子數，即增加中子數以增加核力來勝過庫侖排斥力。原子序 84 以上的原子核之半島都沉入海底，表示原子序 84 以上無安定的原子核存在，一直到原子序 114，中子數 184 附近將有穩定核的島嶼出現。不穩定核之海從上空島瞰所得的因為圖 12-4 的以黑點連在一起的原子核的穩定帶（stability belt）。從圖中可瞭解放射衰變的各種型式。

(1)阿伐衰變

原子序大於 83 的原子核放出帶兩個正電荷的氦原子核（He^{2+}，α 粒子），生成原子序減 2，質量數減 4 的新原子核的過程稱為阿伐衰變（alpha deeay，α 衰變），所放出的 α 粒子又稱 α 射線。如圖 12-5 所示，α 射線會受電場和磁場的影響而偏折。α 射線帶兩個正電的氦原子核組成，因此在空氣或其他氣體的游離能力最大，但穿透物質的能力最低。

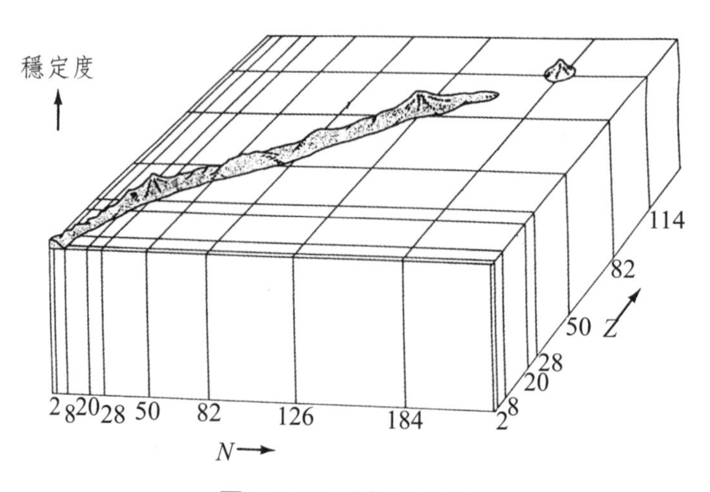

圖 12-3　不穩定核之海

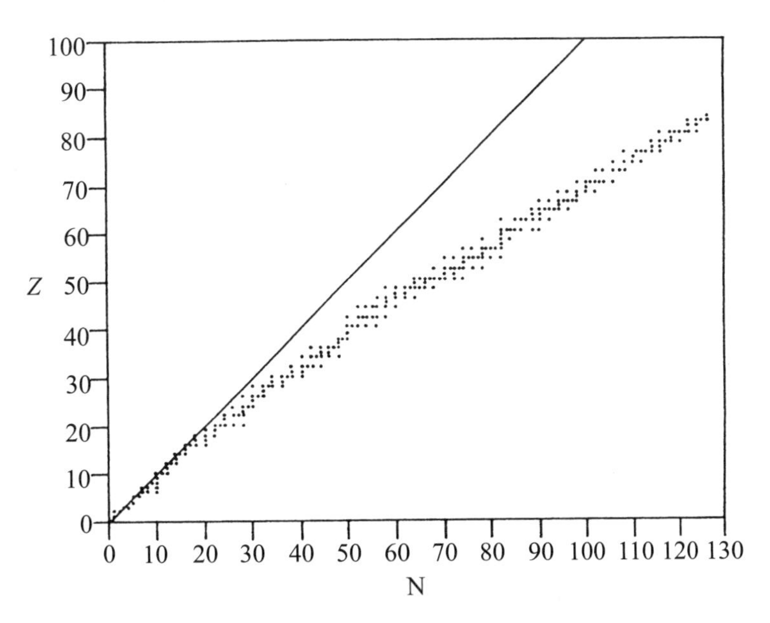

圖 12-4 原子核的穩定帶

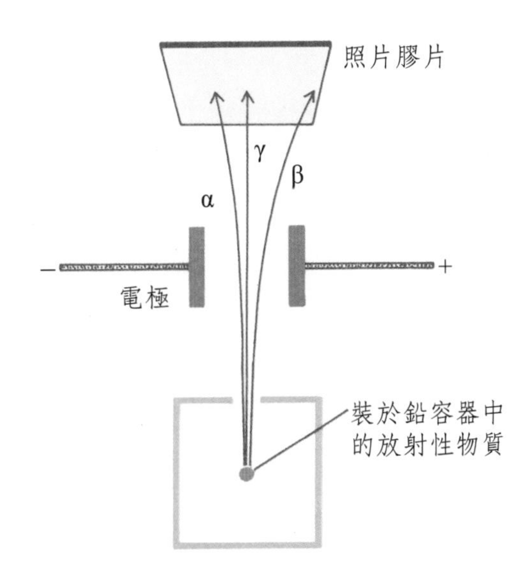

圖 12-5 三種放射線在電場的偏析

$$^{A}_{Z}X \longrightarrow {}^{A-4}_{Z-2}Y + {}^{4}_{2}He$$

$$^{226}_{88}Ra \longrightarrow {}^{222}_{86}Rn + {}^{4}_{2}He$$

⑵貝他衰變

圖 12-5 在原子核穩定帶左右側的核，因其中子數比穩定帶的中子質子比（n/p）較多或較少，往往以貝他衰變（beta decay，β衰變）方轉變為另一原子

核。

(i)β^-衰變　在原子爐以人工製造的放射性同位素通常較穩定帶的安定核種多一個或兩個中子。例如$^{23}_{11}Na$在原子爐中獲得一個中子。變成放射性同位素的$^{24}_{11}Na$，$^{24}_{11}Na$比穩定帶的$^{23}_{11}Na$多一個中子，因此將此中子轉變為質子和陰電子回到穩定帶中的$^{24}_{12}Mg$。

$$^{1}_{0}n + ^{23}_{11}Na \longrightarrow ^{24}_{11}Na + ^{0}_{0}\gamma$$
$$^{24}_{11}Na \longrightarrow ^{24}_{12}Mg + ^{0}_{-1}e\ (\beta^-\text{ 射線})$$

β^-衰變為：
$$^{1}_{0}n \longrightarrow ^{1}_{+1}p + ^{0}_{-1}e$$
$$^{A}_{Z}X \longrightarrow ^{A}_{Z+1}Y + ^{0}_{-1}e$$

β^-射線是由放射性同位素的原子核所放射出來帶負帶的電子群。貝他射線帶負電，會受電場或磁場的影響而偏轉，其本質與陰極射線相同。貝他射線在氣體中游離能力較α射線低，惟穿透力較α射線大。

(ii)β^+衰變　荷電加速器所製造的放射性同位素往往較穩定帶的安定核少中子。例如加速$^{4}_{2}He$衝擊$^{10}_{5}B$核時，生成$^{13}_{7}N$和中子。

$$^{4}_{2}He + ^{10}_{5}B \longrightarrow ^{13}_{7}N + ^{1}_{0}n$$

$^{13}_{7}N$比穩定帶中的$^{14}_{7}N$少一個中子，因此將核中的質子轉變為中子和帶正電的電子回到穩定帶中的$^{13}_{6}C$。

$$^{13}_{7}N \longrightarrow ^{13}_{6}C + ^{0}_{+1}e$$

因此β^+衰變為：
$$^{1}_{+1}P \longrightarrow ^{1}_{0}n + ^{0}_{+1}e$$
$$^{A}_{Z}X \longrightarrow ^{A}_{Z-1}Y + ^{0}_{+1}e$$

(3)電子捕獲衰變

原子核穩定帶的左側而原子序較大的原子核往往以電子捕獲（electron capture, EC）衰變為安定的原子核。例如以荷電加速器加速質子來衝擊$^{55}_{25}Mn$核時，生成$^{55}_{26}Fe$和中子。

$$^{1}_{+1}P + ^{55}_{25}Mn \longrightarrow ^{55}_{26}Fe + ^{1}_{0}n$$

$^{55}_{26}Fe$比穩定帶的$^{56}_{26}Fe$少一個中子，因此自本身的K殼捕獲一個電子使原子核內的質子與電子結合成中子而回到穩定帶的$^{55}_{25}Mn$。因 K 殼產生一個電子空

位，較高能階的電子立即補充此空位而放出 x 射線。

$$^{55}_{26}Fe + ^{0}_{-1}e\text{（K 殼）} \longrightarrow ^{55}_{25}Mn + \text{x 射線}$$

EC 衰變為：

$$^{1}_{+1}P + ^{0}_{-1}e\text{（K 殼）} \longrightarrow ^{1}_{0}n + \text{x 射線}$$

$$^{A}_{Z}X + ^{0}_{-1}e\text{（K 殼）} \longrightarrow _{Z-1}^{A}Y + \text{x 射線}$$

⑷加馬衰變

加馬衰變並不是單獨的一衰變過程而是一原子核經 α 衰變或 β 衰變後核仍處於激發態（excited state）時，立即放出電磁波的 γ 射線轉回基態的過程稱為加馬衰變，所放出的電磁波為加馬射線。γ 射線的本性與 x 射線相似。γ 射線不帶電、無質量故不受電場或磁場的偏折。在物質中的穿透力最大，氣體的游離能力最低。表 12-1 為三種放射線的特性比較。

表 12-1　三種放射線特性的比較

射線	本質	質量（amu）	電荷	穿透力	游離能力
α	氦的原子核	4	+2	最低	最大
β	電子	5.5×10^{-4}	−1	低	中等
γ	電磁輻射線	0	0	最強	最小

第三節　衰變律

一、放射衰變律

拉塞福等人研究天然放射性元素的放射衰變後，發現放射性核種都以指數原則衰變的放射衰變律（radicative decay law）。設有 N 個放射性核種，經 t 時間衰變減到一半的 N/2 時，2t 時間應再減 N/2 即不剩任何核種，但他們發現尚剩 $1/2^2$ 即 N/4 存在。同樣經 3t 時剩 $1/2^3$ 即 N/8……圖 12-6 表示一放射性核種的衰變曲線。

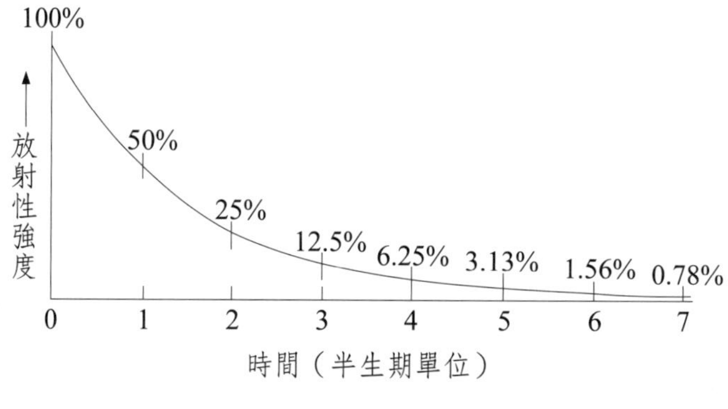

圖 12-6　衰變曲線

設在t時某一放射性核數的數為N，在單位時間N的減少率即衰變速率為：

$$-\frac{dN}{dt} \propto N$$

$$-\frac{dN}{dt} = \lambda N$$

λ為衰變常數（decay constant），

$$-\frac{dN}{N} = \lambda dt$$

積分得　$-\ln N = \lambda t + C$

設開始時（t=0）放射性核種數為 N_0

$$C = -\ln N_0 \quad \text{代入上式}$$

$$-\ln N = \lambda t - \ln N_0$$

$$\ln N - \ln N_0 = -\lambda t$$

$$\ln\frac{N}{N_0} = -\lambda t，\frac{N}{N_0} = e^{-\lambda t}$$

$$N = N_0 e^{-\lambda t}$$

設一放射性核種 N_0 經衰變減少到一半即 $\frac{N_0}{2}$ 所經過的時間為該放射性核種的半生期（half life, $t_{\frac{1}{2}}$）時

因　$-\ln N = \lambda t - \ln N_0$

$$\ln\frac{N_0}{N} = \lambda t$$

$$\ln \frac{N_0}{\frac{N_0}{2}} = \lambda t_{\frac{1}{2}}$$

$$\ln 2 = 2.303 \log 2 = 0.693 = \lambda t_{\frac{1}{2}}$$

$$\lambda = \frac{0.693}{t_{\frac{1}{2}}}$$

半生期為放射性核種固有的常數。同一元素有不同的放射性同位素，其半生期亦不相同，例如${}^{22}_{11}Na$的半生期為 2.58 年之久，但${}^{24}_{11}Na$的半生期只有 15 小時。

圖 12-6 的衰變曲線為曲線的。因放射性核裡是以指數原則來衰變，使用縱軸以對數刻度的半對數紙（semi-log paper）來劃時，衰變曲線變為直線（如圖 12-7）。從這些衰變曲線易求得該放射性核種的半生期。

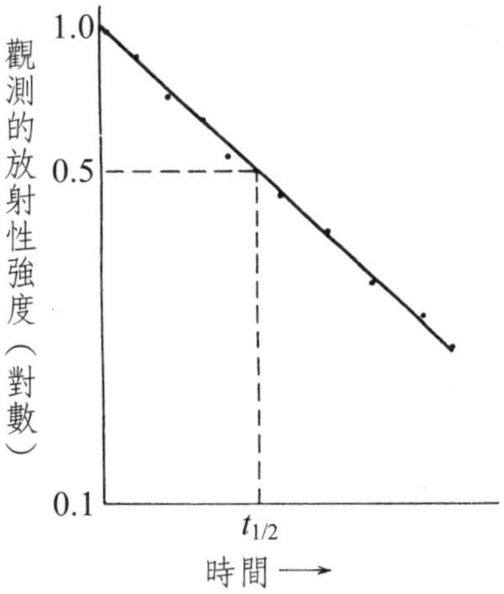

圖 12-7　衰變曲線（半對數紙）

二、放射性物質的單位

1. 放射性核種的量或放射強度的單位

放射性核種的量（quantity）或其放射強度（radioactivity）以單位時間的衰變數即衰變率（decay rate）來表示。在 CGS 制即以每秒衰變數（disintegrations per second, dps）表示。例如此地有各 1000 dps 的 ${}^{14}C$ 和 ${}^{226}Ra$ 時，無論其重量，化學形態或對周圍的影響如何，其放射核種的量或放射強度都相同。1 dps 又稱為 1 貝克（Becquerel, Bq）。在醫療或工程常用居里（curie, ci）做放射性核種的量或放射強度的單位。任何放射性核種，無論是多少重只要是每秒有 3.7×10^{10} 衰變的都稱為 1 居里。居里夫人所發現的 ${}^{226}Ra$，1 克有 3.7×10^{10} dps，因此記念居里夫人 3.7×10^{10} dps 訂為 1 居里。1 居里的放射強度相當大，因此有

毫居里（mci）$= 3.7 \times 10^{7}$ dps

微居里（μci）$= 3.7 \times 10^{4}$ dps

2. 放射線能量的單位

放射性所放出的放射線之能量通常以電子伏特（electron volt, eV）單位來表示，一電子伏特的能量等於一個電子在一伏特電位差的電場，從負極移到正極時所具的能量。

$$1\text{eV} = 4.8 \times 10^{-10}\text{esu} \times \frac{1}{300}\text{esu} = 1.6 \times 10^{-12}\,\text{erg}$$
$$= 1.6 \times 10^{-12}\text{erg} \times 2.39 \times 10^{-8}\,\text{cal/erg}$$
$$= 3.85 \times 10^{-20}\text{cal}$$

如以一般化學所用莫耳表示時：

$$1\text{eV} = 3.85 \times 10^{-20}\text{cal} \times 6.02 \times 10^{23}\,\text{e/mol} = 2.314 \times 10^{4}\,\text{cal/mol}$$
$$1\text{KeV} = 10^{3}\,\text{eV} = 2.314 \times 10^{7}\,\text{cal/mol}$$
$$1\text{MeV} = 10^{6}\,\text{eV} = 2.314 \times 10^{10}\,\text{cal/mol}$$

3. 輻射劑量

一物質從放射線所吸收的劑量稱為輻射劑量（radiation dose）。輻射劑量的單位以侖琴（roentgen, r）表示。1 侖琴等於使 0.001293 克乾燥空氣（STP 時 1mL）游離，生成 1esu 的陽離子或陰電子時的 x 射線或γ射線的劑量。

第四節　天然放射性同位素

原子序 83 以上的元素都是放射性元素。其中原子序 84 到 92 的元素都是天然存在的。這些元素存在地球創生時就已存在，因其半生期足夠長，今日仍存在的元素稱為原始元素（primiordial element）。原始放射性元素以三個蛻變系列存在。

一、鈾蛻變系

自鈾同位素的 ^{238}U開始，經 8 次α衰變和 6 次的 β^- 蛻變到穩定的 ^{206}Pb 的一連串衰變過程稱為鈾蛻變系。一原子核經α衰變後原子序減 2，質量數減 4，經 β^- 衰變後原子序加一個質量數無改變，因此鈾蛻變系中每一原子核的質量數只以4的倍數來改變，因原子核 ^{238}U 為 $4 \times 59+2$，因此鈾蛻變系往往稱為 $4n+2$ 系列。

二、釷蛻變系

以 $^{232}_{90}$Tn 為母原子核經 6 次α衰變和 4 次 β^- 衰變到穩定的 $^{208}_{82}$Pb 為止的一連串衰變系列稱為釷蛻變系。釷蛻變系的每一原子核的質量數都可被 4 整除，因此又稱 4n 系列。

三、錒蛻變率

天然鈾有兩種同位素，$^{238}_{92}$U 為 99.3%而 $^{235}_{92}$U 為 0.7%。以 $^{235}_{92}$U 為母核經 7 次α衰變和 4 次 β^- 衰變到穩定的 $^{207}_{82}$Pb 為止的一連串衰變系列，稱為錒蛻變系或 $4n+3$ 系列。圖 12-8 為天然放射性元素的鈾蛻變系列釷蛻變系及錒蛻變系。

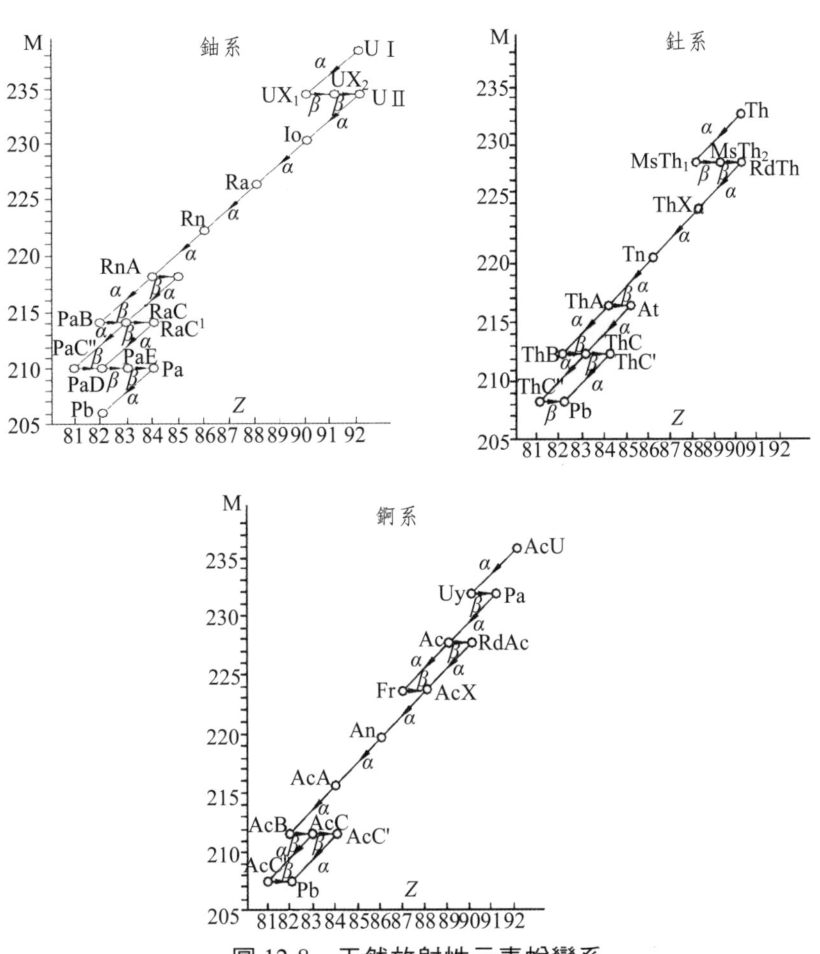

圖 12-8 天然放射性元素蛻變系

四、錼蛻變系

原始放射性元素的 4n+2，4n，4n+3 蛻變系列都被發現及研究後，科學家認為必有 4n+1 系列存在。後來自鈾礦發現原子序 93 的錼 237 以後解開此一問題。鈾礦受宇宙線的中子照射生成的 $^{237}_{92}U$ 經 β^- 衰變為錼系的母核之 $^{237}_{93}Np$。$^{237}_{93}Np$ 為母核經 7 次 α 衰變及 4 次 β^- 衰變到穩定的 $^{209}_{93}Bi$ 為止一連串衰變系稱錼蛻變系或 4n+1 系列。圖 12-9 為錼蛻變系。

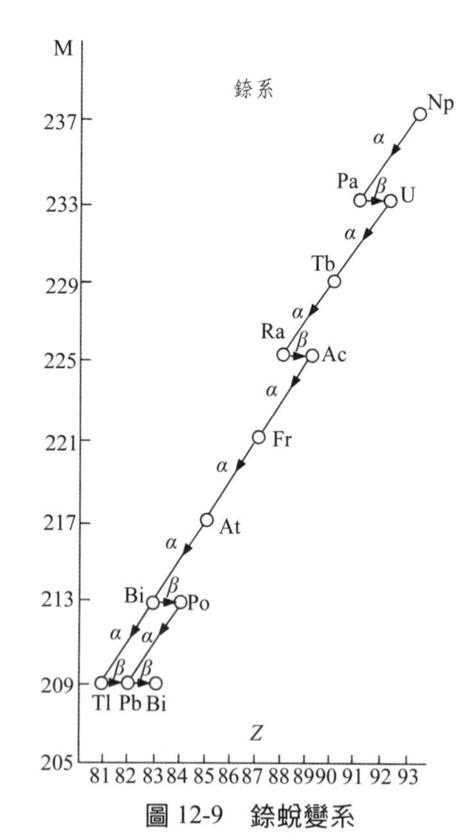

圖 12-9　錼蛻變系

第五節　核分裂與核熔合

一、每一核子的平均結合能

原子核的安定性，除了衰變方面的考量外，尚需由核分裂與核熔合方面來探討。$^{16}_{8}O$ 原子核是由 8 個質子和 8 個中子構成的。8 個質子和 8 個中子總質量和與 ^{16}O 原子核質量間有質量虧損存在：

$$8\text{ 個質子質量} = 8 \times 1.67262 \times 10^{-24}\ g/p$$
$$8\text{ 個中子質量} = 8 \times 1.67493 \times 10^{-24}\ g/n$$
$$8p+8n\text{ 總質量} = 2.67804 \times 10^{-23}\ g$$
$$^{16}_{8}O\text{ 質量} = 2.65535 \times 10^{-23}\ g$$
$$\text{質量虧損} = 0.2269 \times 10^{-25}\ g/^{16}_{8}O \times 6.02 \times 10^{23}$$
$$= 0.1366 g/mol$$

質量虧損將轉變為原子核內核子的結合能：

$$E = 1.366 \times 10^{-4}\ kg/mol \times (3 \times 10^{8}\ m/s)^2$$
$$= 1.23 \times 10^{13}\ J/mol = \frac{1.23 \times 10^{13}\ J/mol}{6.02 \times 10^{23}\ {}^{16}O/mol}$$
$$= 2.04 \times 10^{-11}\ J/^{16}O$$

$$=\frac{2.04\times10^{-11}\,\text{J}/{}^{16}\text{O}}{1.6\times10^{-13}\,\text{J/MeV}}=1.28\times10^{2}\,\text{MeV}$$

^{16}O 有 8 個質子 8 個中子

$$\therefore \text{每一核子的平均結合能}=\frac{128\text{MeV}}{16}=8\text{MeV}$$

例題 12-1　已知 ^4_2He，^1_1H 及 ^1_0n 的質量各為 4.0026amu，1.0078amu 及 1.0087amu。計算 ^4_2He 核每一核子的平均結合能。

解：^4_2He 原子質量 = 4.0026amu = ^4_2He 核質量 + 2me

^1_1H 原子質量 = 1.0078amu = ^1_1H 核質量 + me

me 為電子質量

^4_2He 核的質量虧損

$= \{2(1.0078-\text{me})+2(1.0087)\}-(4.0026-2\text{me})$

↑ 2 個質子質量　↑ 2 個中子質量　↑ ^4_2He 原子核質量

$= 2(1.0078)-2\text{me}+2(1.0087)-4.0026+2\text{me}$

$= 0.0304\text{amu}\times1.66\times10^{-27}\,\text{kg/amu}$

$= 5.04\times10^{-29}\,\text{kg}$

^4_2He 核的結合能 $= mc^2 = (5.04\times10^{-29})(3\times10^{8}\,\text{m/s})^2$

$= 4.54\times10^{-12}\,\text{J}$

^4_2He 核有 2 個質子和 2 個中子

$$\therefore \text{每一核子的平均結合能}=\frac{4.54\times10^{-12}\,\text{J}}{4}$$

$$=1.14\times10^{-12}\,\text{J}$$

$$=\frac{1.14\times10^{-12}\,\text{J}}{1.6\times10^{-13}\,\text{J/MeV}}=7.13\text{MeV}$$

^{16}O 和 ^4He 原子核每一核子的平均結合能各為 8MeV 及 7.13MeV。以同樣方式求得各不同質量數（核子數）原子核每一核子的平均結合能的相關曲線表示於圖 12-10。由相關曲線可知，質量數 40 到 100 左右的原子核，每一核子的平均結合能合能最大，質量數大的原子核具有核分的趨勢，分裂與每一核子平均結合能較大而質量數中等的原子核。

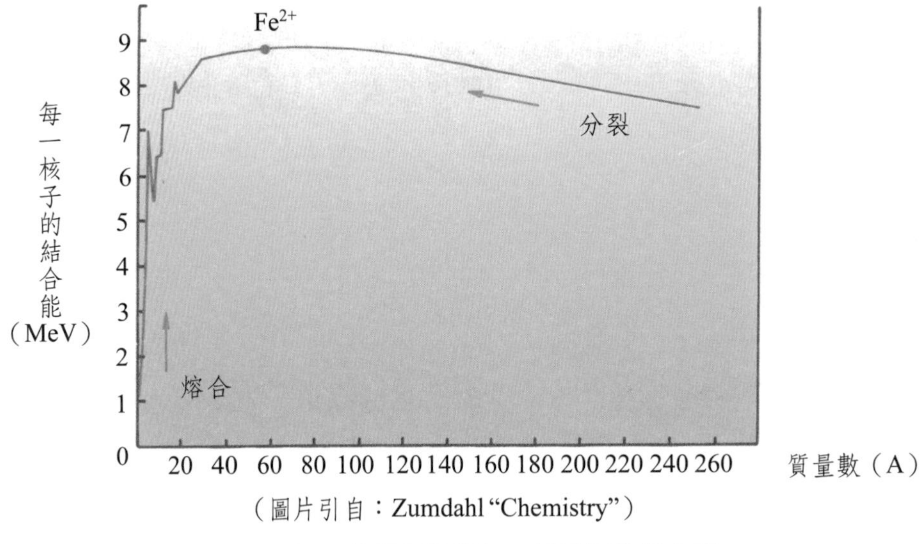

（圖片引自：Zumdahl "Chemistry"）

圖 12-10 原子核質量數與每一核子平均結合能

另一方面，質量數較小的原子核，每一核子平均結合能小，因此這些原子核具有核熔合成質量數較多，每一核子的平均結合能較大的原子核之趨勢。

二、核分裂

天然產生的鈾有兩種同位素，$^{235}_{92}U$ 只有 0.7%，但具有核分裂性，$^{238}_{92}U$ 有 99.3%，不具核分裂性。

1. 鈾 235 與中子的核反應

1930 年代後葉，科學家發現以中子撞擊 $^{235}_{92}U$ 原子核時鈾分裂為較輕的原子核並放出 2～4 個中子和 3.5×10^{-11} J 的能量。此核分裂所產生的能量以普通化學的能量換算時為 $3.5 \times 10^{-11}J \times 6.02 \times 10^{23} = 2.1 \times 10^{13}J/mol$ 為甲烷燃燒熱（$8.1 \times 10^{5}J/mol$）的 26 百萬倍之多。^{235}U 核分裂所生成的中子還可再引起附近的其他鈾 235 原子核的核分裂，生成更多的中子。如圖 12-11 起鈾 235 的鏈反應（chain reaction）。

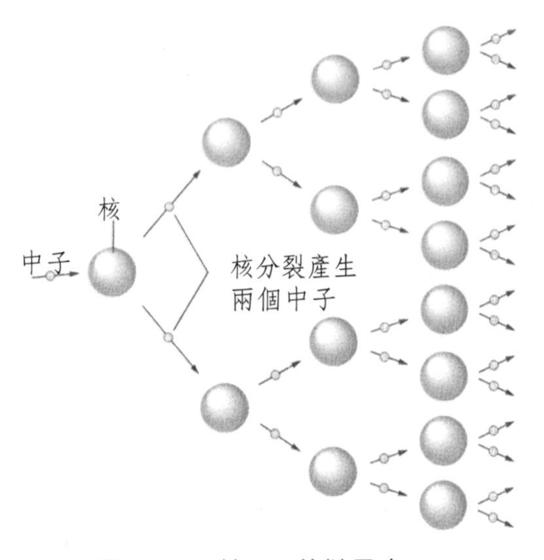

圖 12-11 鈾 235 的鏈反應

此鏈反應可在原子爐中做為製造放射性同位素或從事核反應的研究。核分裂所產生的能量可做核電廠的能源。

$$^{1}_{0}n + ^{235}_{92}U \longrightarrow ^{91}_{36}Kr + ^{142}_{56}Ba + 3^{1}_{0}n + 3.5\times10^{-11}J$$

2. 鈾 238 與中子的核反應

$^{238}_{92}U$ 能夠補發中子成放射性同位素的 $^{239}_{92}U$ 及γ射線。

$$^{1}_{0}n + ^{238}_{92}U \longrightarrow ^{239}_{92}U + ^{0}_{0}\gamma$$

$^{239}_{92}U$ 不安定，以 23 分的半生期起 β^- 衰變變成錼 239，錼 239 再以23天的半生期 β^- 衰變為鈽239。鈽 239 具核分裂性。不但可做核燃料亦可做原子彈的原料。鈾經中子撞擊所起的一連串核反應圖示於12-12。

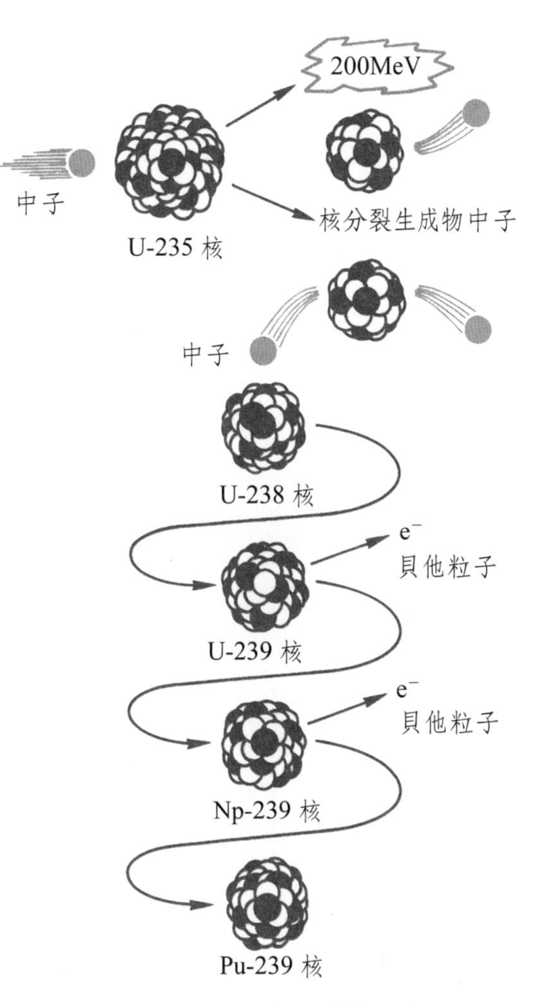

圖 12-12 鈾與中子的核反應

三、原子爐與核能發電

原子爐的正式名稱與核反應器（nuclear reactor），是利用核分裂反應，製造核能，放射性同位素或研究輻射效應等的場所。

1. 臨界量

如前述，^{235}U 具有核分裂性而 ^{238}U 無核分裂性只能吸收中子，因此原子爐中的核燃料通常使用濃縮的 ^{235}U 而減少 ^{238}U 含量的核燃料。因為原子核只是原子的一小部分而已，因此原子核與原子核間的距離很大。如果核分裂性 ^{235}U 的質量少時，如圖12-13 左圖所示核分裂產生的中子很容易由核燃料表面逃出而不能引起鏈反應。

惟如圖 12-13 右圖所示，該分裂物質多量時核分裂所產生的中子尚未逃出以前。能夠撞擊另一 ^{235}U 核再起核分裂的鏈反應。如此能夠起核分裂鏈反應所需核分裂物質的最少質量稱為臨界量（crytical mass）。

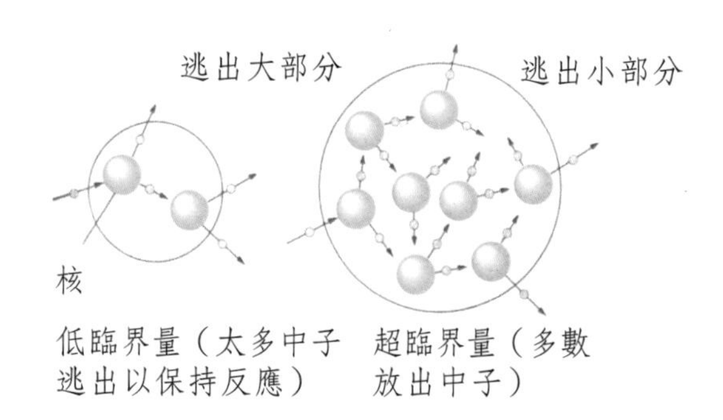

圖 12-13 鏈反應的臨界量

2. 原子爐中的核分裂

原子爐是以人工方法控制核分裂鏈反應的裝置。原子爐中適當配置核燃料，雖然其質量超過臨界量，但不會進行無限的鏈反應而起爆炸，因

(1)核燃料中，除 ^{235}U 外尚有非分裂性的 ^{238}U，^{238}U 可吸收一部分的中子，因此不會起無限的鏈反應。

(2)原子爐中尚有冷卻劑或其他組件以防止過熱及無限的鏈反應之進行。

3. 原子爐的組件

一個原子爐需要有下列組件：

(1)中子源　核燃料的 ^{235}U 不會單獨起核分裂。需要有一中子源（neutron source）供應第一個中子來撞擊 ^{235}U。一般原子爐或實驗室使用「鐳鈹中子源」，其產生中子的核反應為：

$$^{226}_{88}Ra \longrightarrow {}^{222}_{86}Rn + {}^{4}_{2}He$$

$$^{4}_{2}He + {}^{9}_{4}Be \longrightarrow {}^{12}_{6}C + {}^{1}_{0}n$$

有的原子爐使用「銻鈹中子源」^{124}Sb 放出的γ射線與鈹反應產生第一個中子。

$$^{0}_{0}\gamma + {}^{9}_{4}Be \longrightarrow {}^{8}_{4}Be^{*} + {}^{1}_{0}n$$

$$^{8}_{4}Be^{*} \longrightarrow 2\,{}^{4}_{2}He$$

⑵核燃料　一般原子爐使用濃縮鈾（^{235}U 20%）為核燃料。核燃料的物理化學形態隨所用原子爐不同。清華原子爐使用鈾鋁合金，有的用鈾棒，有的使用液體的硫酸鈾。

⑶減速劑　核分裂所產生的中子之能量很高，稱為快中子（fast neutron）。快中子與其他原子核的反應機率較低，因此在原子爐使用減速劑（moderator）使快中子減速為慢中子，慢中子又稱為熱中子（thermal neutron）。減速劑的條件為不與中子起核反應而其本身質量小，在一次撞衝時降低中子能量較多的。常用的有純水、重水、石墨、石蠟等。

⑷控制板（棒）　原子爐進行的核分裂反應，通常使用控制棒（control bar）或板來調整。硼、鎘及鑭系元素之釤、銪、釓等的原子核，吸收中子的能力極強，因此製成控制棒或板，用以控制原子爐的起動，開關或調整核分裂所生成的中子數等。清華原子爐使用硼與不銹鋼合金的控制板，核電廠使用鎘棒為控制棒。

⑸冷卻劑　核分裂所放出的能量需要冷卻劑（coolant）冷卻或將熱能轉移出去以產生蒸汽做為發電之用。除了水、重水、氮、二氧化碳可用做冷卻劑外，鈉鉀合金在常溫為液態而傳熱性快，可用於小型原子爐。

⑹遮蔽體　為使放射線不外洩的影響操作人員，研究人員，辦公人員及附近住家，原子爐需要有足夠的遮蔽體做為保護人員及機器之用。圖 12-14 表示原子爐爐心的結構。

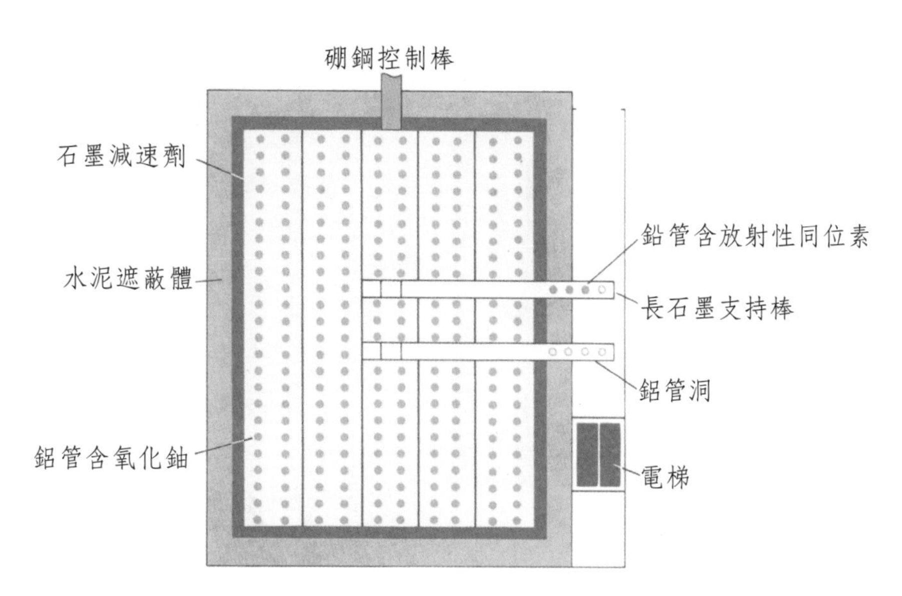

圖 12-14　原子爐爐心結構

4. 核能發電

核能電廠是利用核分裂所放出的能量來發電的電廠。其結構與火力發電廠相似，惟火力電廠是燃燒石油或煤使水變成蒸汽，核電廠是以核燃料的核分裂取代的。圖 12-15 為輕水壓水式核能電廠的結構。

將加壓的水通入核反應器的核燃料爐心，由核分裂所產生的熱能加熱到約 300℃的高壓高溫的水，導出於核反應器外的熱交換器內的螺旋管中，使管外的水變為蒸汽，將此蒸汽經蒸汽管送到渦輪，蒸汽轉動渦輪連帶轉動發電器發電。螺旋管內的高壓水經熱交換器冷卻後，經唧筒再送入核反應器中反覆循環使用。核能發電為較經濟的安全的能源，核反應器不僅本身以多層圍阻體防禦外，外層以鋼殼套住並以鋼筋混凝土的雙層圍阻包圍。

四、核熔合

質量數較小的原子核，因每一核子的平均結合能較小，因此具有熔合成質量數中等，每一核子的平均結合能較大的原子核的傾向。輕原子核結合成較安

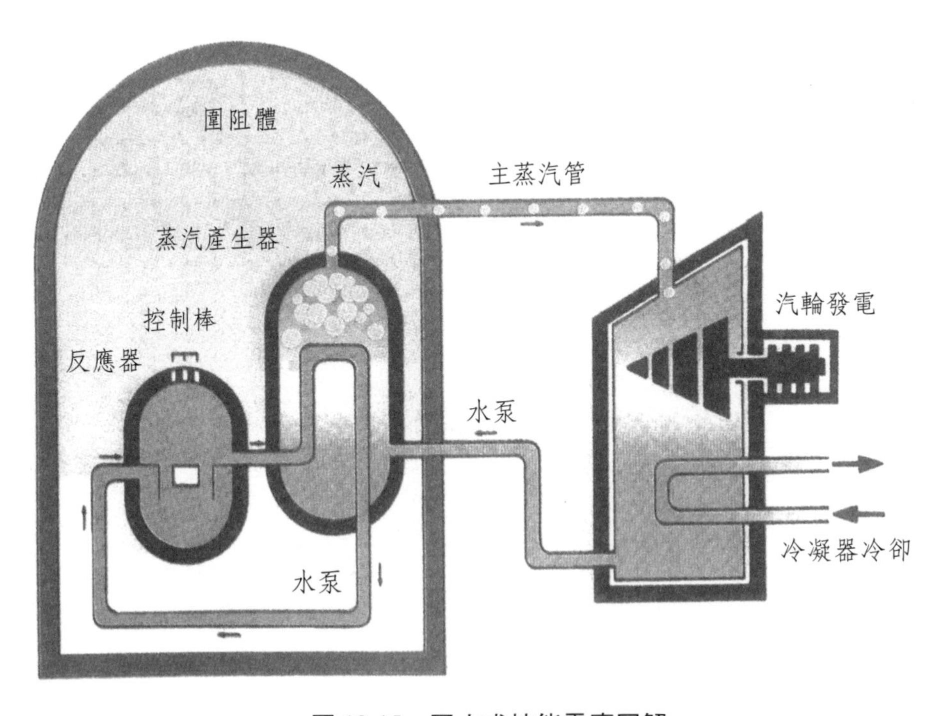

圖 12-15　壓水式核能電廠回解

定的原子核時亦放出能量。例如 $^{2}_{1}H + ^{3}_{1}H \longrightarrow ^{4}_{2}He + ^{1}_{0}n + 17.6MeV$ 惟要引起核熔合需要極高溫約 100 百萬度及高壓約數百大氣壓方可進行。在鈾原子彈或鈽原子彈爆炸時可得如此高溫及高壓的條件，因此如圖 12-16 氫彈的結構中以原子彈為引信。科學家相信，太陽或恆星以氫原子核熔合為氦原子核的核熔合反應，不斷地在進行而放出巨大的能量。惟到目前為止，熔合的和平用途尚未達到實用的階段。

第六節 核能的和平用途

核能在核電廠方面已代替水力及火力發電，由核反應器生產的放射性同位素在科學研究、農業、工業及醫療方面都有卓越的和平用途。

一、科學研究

1. 放射追蹤

放射性同位素與安定同位素化學性質相同，但可放出穿過力強的放射線，可從外部偵測，因此可做示蹤劑（tracer）來追蹤安定同位素在化學或生物反應的途徑及舉動。

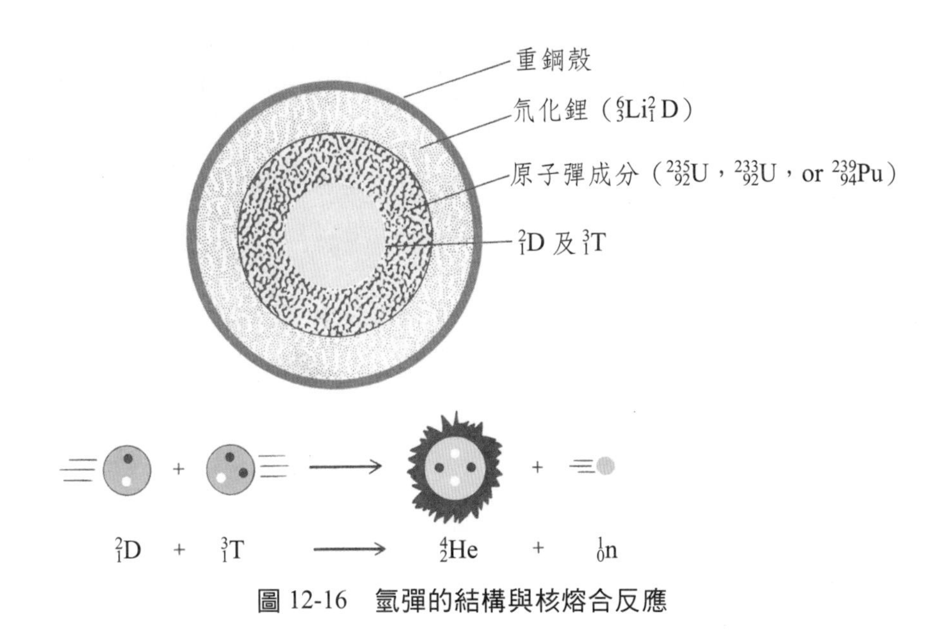

圖 12-16 氫彈的結構與核熔合反應

例如，水中含有 Pb^{2+} 和 Na^{+} 而加 H_2SO_4 即有白色沉澱，要辨別白色沉澱是 Pb^{2+} 或 Na^{+} 所起的可加入少量的 $^{210}Pb^{2+}$ 做示蹤劑，加 H_2SO_4 後在白色沉澱中測得放射性時可知白色沉澱是 $PbSO_4$，如果白色沉澱測不到放射性時則不是 $PbSO_4$。

2. 年代測定

放射性衰變是放射性同位素的原子核自動放出射線的現象，與其物理或化學狀態無關。一放射性同位素的半生期為一定不變的值。科學家利用放射性同位素的特性，從事年代測定工作。最常用的是碳十四年代測定法。地球表面空氣中的氮不斷的受宇宙線的中子之打擊而變為碳十四。

$$^{1}_{0}n + ^{14}_{7}N \longrightarrow ^{14}_{6}C + ^{1}_{1}H$$

$^{14}_{6}C$ 為放射性同位素與空氣中的 $^{12}CO_2$ 做同位素交換並經植物的光合作用進入植物體中。^{14}C 的半生期為 5560 年起 β^- 衰變恢復到 ^{14}N。

$$^{14}_{6}C \longrightarrow ^{14}_{7}N + ^{0}_{-1}e$$

1947 年李比（W.F.Libby）發表世界各地的植物含有一定濃度的 ^{14}C，即一克碳中平均含有 16dpm（每分衰變數）的 ^{14}C，此 ^{14}C 的衰變與 ^{14}N 與中子反應生成 ^{14}C 的速率相等成平衡狀態（如圖 12-17 左圖）。設此植物砍伐，即不能再有光合作用，因此如圖 12-17 右圖所示，只有植物體中的 ^{14}C 以 5560 年的半生期衰變而已。設有一木材做的藝術品測定其一克碳 ^{14}C 為 8dpm 時，此藝術品確有約 5000 年的年代，設為約 16dpm 時即為近代作品了。

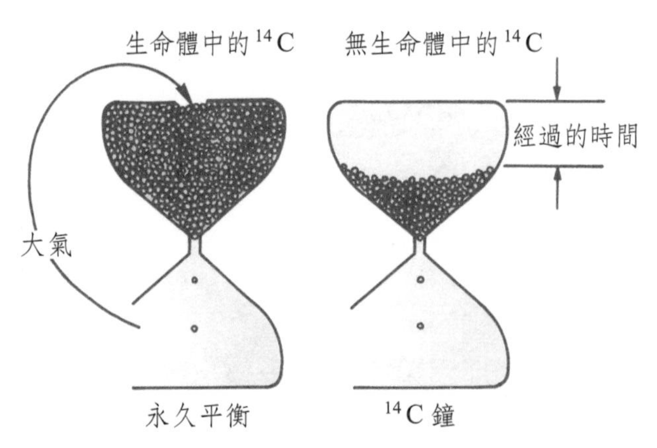

圖 12-17 放射性碳十四年代測定

二、農業用途

利用放射性同位素做示蹤劑，可做追蹤植物對養分的吸收時間與分佈的研究，最有效施肥的位置與方式的決定之依據。另利用放射性同位素所放出的放射線防止馬鈴薯、洋蔥的發芽以保存食品，此外用於改良品種或遺傳方面的研究等。

三、醫療方面

放射性同位素應用於診斷及醫療方面

1. 診斷

圖 12-18 表示放射心動記錄法以診斷心臟功能的。由靜脈打入放射性 ^{24}Na 進入血管送到心臟後，將蓋格計數器放在身體的胸前，從體外計測 ^{24}Na 所放射的γ射線的放射性強度隨時間的改變並記錄，由曲線圖可診斷心臟功能的缺陷做治療的依據。放射性 ^{24}Na 的半生期只有 15 小時，易排出體外。此外利用放射性 ^{131}I 決定腦瘤開刀位置等，放射性同位素在診斷上發輝很好的效用。

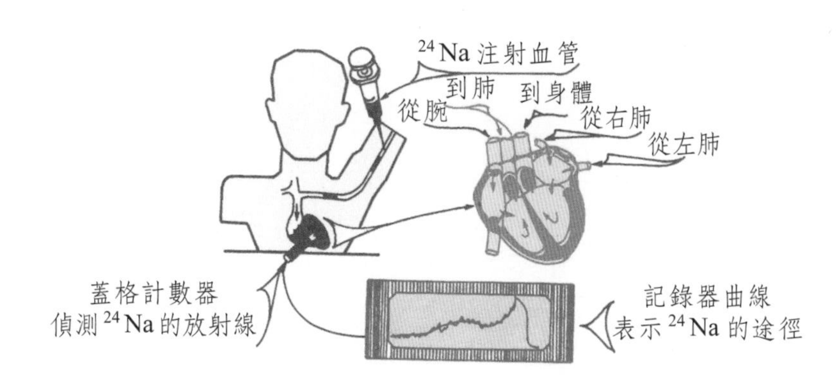

圖 12-18 放射性 ^{24}Na 的心臟功能診斷

2. 治療

放射性同位素所放出的放射線能夠使化學鍵結破裂，因此廣用於特殊病症的治療。放射性 ^{60}Co 所放出的γ射線能量高，能夠深穿入身體內部的癌症部位來破壞癌細胞，因此用於治療癌症。圖 12-19 為使用鈷於治療癌症的設備。

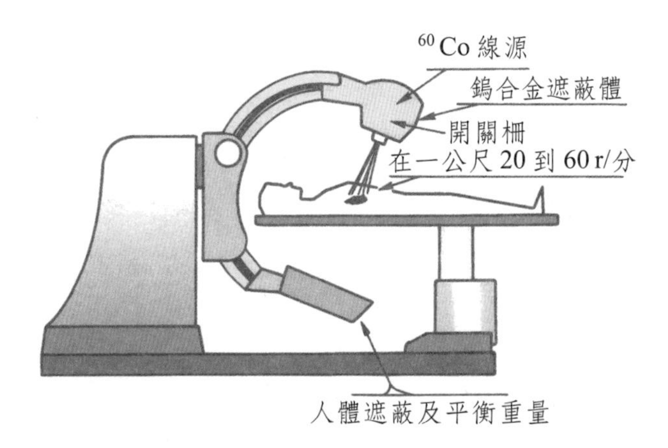

圖 12-19　放射性 ^{60}Co 治療癌症

^{60}Co 放在鎢合金的遮蔽體中心部分，放出的γ射線經一柵會聚於身體患部，由醫師決定一次的照射劑量來照射。

人體甲狀腺中碘的功能很重要。攝取的碘濃縮而集中於甲狀腺後，碘與蛋白質結合放出於血液中。甲狀腺腫症為碘代謝不良所起的，因此台大或榮總各醫院以清華所製放射性同位素 ^{131}I 來治療甲狀腺腫症的病患。

第十二章　習題

1. 設 $^{14}_{6}C$ 的半生期為 5560 年，開始時有 800 個 ^{14}C 原子，經過 16,680 年後剩下的 ^{14}C 原子數為
   (1) 267 個
   (2) 400 個
   (3) 200 個
   (4) 100 個
2. ^{226}Ra 的半生期為 1622 年，試計算 1 克 ^{226}Ra 的放射強度。
3. 宇宙線的中子打擊到大氣中的氮原子核時，一部分能起核反應生成放射性氚 $^{3}_{1}H$。有一試樣含 2.4×10^{10} 原子的氚，設氚的半生期為 12 年，試計算此一試樣中氚的放射強度。
4. 設 ^{14}C 的半生期為 5730 年，試計算 1.00mci ^{14}C 的重量。
5. 放射性 ^{32}P 的半生期為 14.3 克，試計算 1 居里 ^{32}P 的重量。
6. 有一 $Na_2H^{32}PO_4$ 試樣為 1000dps，設 ^{32}P 半生期為 14.3 天，試計算 10 天後的放射強度。

參考書目

著者寫這本書時參考下列各書籍，在此向各著者及出版公司致謝。

1. 魏明通（2005）化學與人生（第三版）／五南圖書出版有限公司
2. 魏明通（2005）核化學（第二版）／五南圖書出版有限公司
3. 魏明通（2002）分析化學／五南圖書出版有限公司
4. 魏明通（2001）無機化學／五南圖書出版有限公司
5. 魏明通（1998）大專用書化學（上）／龍騰文化事業股份有限公司
6. 魏明通（1998）大專用書化學（下）／龍騰文化事業股份有限公司
7. 華彤文等（2002）普通化學原理／五南圖書出版有限公司
8. 堀內和夫等（2001）圖說化學／東京書籍株式會社
9. 長倉三郎等（2005）新編化學Ⅰ／東京書籍株式會社
10. 長倉三郎等（2005）化學Ⅰ／東京書籍株式會社
11. 長倉三郎等（2005）化學Ⅱ／東京書籍株式會社
12. 長倉三郎等（2005）理科綜合A／東京書籍株式會社
13. 上田誠也著（2005）理科基礎／東京書籍株式會社
14. 白石振作等（2005）化學Ⅰ／同上
15. 同上　化學Ⅱ／同上
16. 同上　理科綜合A／同上
17. 下井守等（2005）化學入門／東京化學同人
18. Silverberg (2003) Chemistry: The Molecular Nature of Matter and Change, 3rd edition, Mc Graw-Hill Companies, Inc.

附錄一　元素符號及原子量表

原子序	英文名	中文名	音	讀	符號	原子量
1	Hydrogen	氫	ㄑㄧㄥ	輕	H	1.008
2	Helium	氦	ㄏㄞˋ	亥	He	4.003
3	Lithium	鋰	ㄌㄧˇ	里	Li	6.941
4	Beryllium	鈹	ㄆㄧˊ	皮	Be	9.012
5	Boron	硼	ㄆㄥˊ	朋	B	10.81
6	Carbon	碳	ㄊㄢˋ	炭	C	12.01
7	Nitrogen	氮	ㄉㄢˋ	淡	N	14.01
8	Oxygen	氧	ㄧㄤˇ	養	O	16.00
9	Fluorine	氟	ㄈㄨˊ	弗	F	19.00
10	Neon	氖	ㄋㄞˇ	乃	Ne	20.18
11	Sodium	鈉	ㄋㄚˋ	納	Na	22.99
12	Magnesium	鎂	ㄇㄟˇ	美	Mg	24.31
13	Aluminum	鋁	ㄌㄩˇ	呂	Al	26.98
14	Silicon	矽	ㄒㄧˋ	夕	Si	28.09
15	Phosphorus	磷	ㄌㄧㄣˊ	鄰	P	30.97
16	Sulfur	硫	ㄌㄧㄡˊ	流	S	32.07
17	Chlorine	氯	ㄌㄩˋ	綠	Cl	35.45
18	Argon	氬	ㄧㄚˇ	亞	Ar	39.95
19	Potassium	鉀	ㄐㄧㄚˇ	甲	K	39.10
20	Calcium	鈣	ㄍㄞˋ	丐	Ca	40.08
21	Scandium	鈧	ㄎㄤˋ	亢	Sc	44.96
22	Titanium	鈦	ㄊㄞˋ	太	Ti	47.88
23	Vanadium	釩	ㄈㄢˊ	凡	V	50.94

原子序	英文名	中文名	音	讀	符號	原子量
24	Chromium	鉻	ㄍㄜˋ	各	Cr	52.00
25	Manganese	錳	ㄇㄥˇ	猛	Mn	54.94
26	Iron	鐵	ㄊㄧㄝˇ	帖	Fe	55.85
27	Cobalt	鈷	ㄍㄨ	姑	Co	58.93
28	Nickel	鎳	ㄋㄧㄝˋ	臬	Ni	58.69
29	Copper	銅	ㄊㄨㄥˊ	同	Cu	63.55
30	Zinc	鋅	ㄒㄧㄣ	辛	Zn	65.39
31	Gallium	鎵	ㄐㄧㄚ	家	Ga	69.72
32	Germanium	鍺	ㄓㄜˇ	者	Ge	72.61
33	Arsenic	砷	ㄕㄣ	申	As	74.92
34	Selenium	硒	ㄒㄧ	西	Se	78.96
35	Bromine	溴	ㄒㄧㄡˋ	嗅	Br	79.90
36	Krypton	氪	ㄎㄜˋ	克	Kr	83.80
37	Rubidium	銣	ㄖㄨˊ	如	Rb	85.47
38	Strontium	鍶	ㄙ	思	Sr	87.62
39	Yttrium	釔	ㄧˇ	乙	Y	88.91
40	Zirconium	鋯	ㄍㄠˋ	告	Zr	91.22
41	Niobium	鈮	ㄋㄧˊ	尼	Nb	92.91
42	Molybdenium	鉬	ㄇㄨˋ	目	Mo	95.94
43	Technetium	鎝	ㄊㄚˇ	塔	Tc	(98)
44	Ruthenium	釕	ㄌㄧㄠˇ	了	Ru	101.1
45	Rhodium	銠	ㄌㄠˇ	老	Rh	102.9
46	Palladium	鈀	ㄅㄚ	巴	Pd	106.4
47	Silver	銀	ㄧㄣˊ	吟	Ag	107.9
48	Cadmium	鎘	ㄍㄜˊ	隔	Cd	112.4
49	Indium	銦	ㄧㄣ	因	In	114.8
50	Tin	錫	ㄒㄧˊ	席	Sn	118.7

原子序	英文名	中文名	音	讀	符號	原子量
51	Antimony	銻	ㄊㄧˋ	替	Sb	121.8
52	Tellurium	碲	ㄉㄧˋ	帝	Te	127.6
53	Iodine	碘	ㄉㄧㄢˇ	典	I	126.9
54	Xenon	氙	ㄒㄧㄢ	仙	Xe	131.3
55	Cesium	銫	ㄙㄜˋ	色	Cs	132.9
56	Barium	鋇	ㄅㄟˋ	貝	Ba	137.3
57	Lanthanum	鑭	ㄌㄢˊ	蘭	La	138.9
58	Cerium	鈰	ㄕˋ	市	Ce	140.1
59	Praseodymium	鐠	ㄆㄨˇ	普	Pr	140.9
60	Neodymium	釹	ㄋㄩˇ	女	Nd	144.2
61	Promethium	鉕	ㄆㄛˇ	叵	Pm	(145)
62	Samarium	釤	ㄕㄢ	衫	Sm	150.4
63	Europium	銪	ㄧㄡˇ	有	Eu	152.0
64	Gadolinium	釓	ㄍㄚˇ	軋	Gd	157.3
65	Terbium	鋱	ㄊㄜˋ	特	Tb	158.9
66	Dysprosium	鏑	ㄉㄧ	滴	Dy	162.5
67	Holmium	鈥	ㄏㄨㄛˇ	火	Ho	164.9
68	Erbium	鉺	ㄦˇ	耳	Er	167.3
69	Thulium	銩	ㄉㄧㄡ	丟	Tm	168.9
70	Ytterbium	鐿	ㄧˋ	意	Yb	173.0
71	Lutetium	鎦	ㄌㄧㄡˊ	留	Lu	175.0
72	Hafnium	鉿	ㄏㄚ	哈	Hf	178.5
73	Tantalum	鉭	ㄉㄢˋ	旦	Ta	180.9
74	Tungsten	鎢	ㄨ	烏	W	183.8
75	Rhenium	錸	ㄌㄞˊ	來	Re	186.2
76	Osmium	鋨	ㄜˊ	娥	Os	190.2
77	Iridium	銥	ㄧ	衣	Ir	192.2

原子序	英文名	中文名	音	讀	符號	原子量
78	Platinum	鉑	ㄅㄛˊ	伯	Pt	195.1
79	Gold	金	ㄐㄧㄣ	今	Au	197.0
80	Mercury	汞	ㄍㄨㄥˇ	汞	Hg	200.6
81	Thallium	鉈	ㄊㄚ	他	Tl	204.4
82	Lead	鉛	ㄑㄧㄢ	千	Pb	207.2
83	Bismuth	鉍	ㄅㄧˋ	必	Bi	209.0
84	Polonium	釙	ㄆㄛˋ	破	Po	(209)
85	Astatine	砈	ㄜˋ	厄	At	(210)
86	Radon	氡	ㄉㄨㄥ	冬	Rn	(222)
87	Francium	鍅	ㄈㄚˇ	法	Fr	(223)
88	Radium	鐳	ㄌㄟˊ	雷	Ra	(226)
89	Actinium	錒	ㄚ	阿	Ac	(227)
90	Thorium	釷	ㄊㄨˇ	土	Th	232.0
91	Protactinium	鏷	ㄆㄨˊ	僕	Pa	231.0
92	Uranium	鈾	ㄧㄡˋ	又	U	238.0
93	Neptunium	錼	ㄋㄞˋ	奈	Np	(237)
94	Plutonium	鈽	ㄅㄨˋ	布	Pu	(244)
95	Americium	鋂	ㄇㄟˊ	梅	Am	(243)
96	Curium	鋦	ㄐㄩˊ	局	Cm	(247)
97	Berkelium	鉳	ㄅㄟˇ	北	Bk	(247)
98	Californium	鉲	ㄎㄚˇ	卡	Cf	(251)
99	Einsteinium	鑀	ㄞˋ	愛	Es	(252)
100	Fermium	鐨	ㄈㄟˋ	費	Fm	(257)
101	Mendelevium	鍆	ㄇㄣˊ	門	Md	(258)
102	Nobelium	鍩	ㄋㄨㄛˋ	諾	No	(259)
103	Lawrencium	鐒	ㄌㄠˊ	勞	Lr	(260)
104	Rutherfordium	鑪	ㄌㄨˊ	盧	Rf	(261)

原子序	英文名	中文名	音	讀	符號	原子量
105	Dubnium	鉳	ㄉㄨˋ	杜	Db	(262)
106	Seaborgium	鐯	ㄒㄧˇ	喜	Sg	(263)
107	Bohrium	鈹	ㄅㄛ	波	Bh	(262)
108	Hassium	鏍	ㄏㄟ	黑	Hs	(265)
109	Meitnerium	鿏	ㄇㄞˋ	麥	Mt	(266)

註：(　)表示較穩定同位素之質量數

附錄二　溶度積常數（25℃）

化合物名稱	化學式	K_{sp}	註
氫氧化鋁 Aluminum hydroxide	$Al(OH)_3$	3×10^{-34}	
碳酸鋇 Barium carbonate	$BaCO_3$	5.0×10^{-9}	
鉻酸鋇 Barium chromate	$BaCrO_4$	2.1×10^{-10}	
氫氧化鋇 Barium hydroxide	$Ba(OH)_2\cdot 8H_2O$	3×10^{-4}	
碘酸鋇 Barium iodate	$Ba(IO_3)_2$	1.57×10^{-9}	
草酸鋇 Barium oxalate	BaC_2O_4	1×10^{-6}	
硫酸鋇 Barium sulfate	$BaSO_4$	1.1×10^{-10}	
碳酸鎘 Cadmium carbonate	$CdCO_3$	1.8×10^{-14}	
氫氧化鎘 Cadmium hydroxide	$Cd(OH)_2$	4.5×10^{-15}	
草酸鎘 Cadmium oxalate	CdC_2O_4	9×10^{-8}	
硫化鎘 Cadmium sulfide	CdS	1×10^{-27}	
碳酸鎘 Calcium carbonate	$CaCO_3$	4.5×10^{-9}	Calcite 方解石
	$CaCO_3$	6.0×10^{-9}	Aragonite 霰石
氟化鈣 Calcium fluoride	CaF_2	3.9×10^{-11}	
氫氧化鈣 Calcium hydroxide	$Ca(OH)_2$	6.5×10^{-6}	
草酸鈣 Calcium oxalate	$CaC_2O_4\cdot H_2O$	1.7×10^{-9}	
硫酸鈣 Calcium sulfate	$CaSO_4$	2.4×10^{-5}	
碳酸亞鈷 Cobalt(Ⅱ) carbonate	$CoCO_3$	1.0×10^{-10}	
氫氧化亞鈷 Cobalt(Ⅱ) hydroxide	$Co(OH)_2$	1.3×10^{-15}	
硫化亞鈷 Cobalt(Ⅱ) sulfide	CoS	5×10^{-22}	α
	CoS	3×10^{-26}	β
溴化亞銅 Copper(Ⅰ) bromide	$CuBr$	5×10^{-9}	
氯化亞銅 Copper(Ⅰ) chloride	$CuCl$	1.9×10^{-7}	
氫氧化亞銅 Copper(Ⅰ) hydroxide*	Cu_2O	2×10^{-15}	
碘化亞銅 Copper(Ⅰ) iodide	CuI	1×10^{-12}	
硫氰化亞銅 Copper(Ⅰ) thiocyanate	$CuSCN$	4.0×10^{-14}	
氫氧化銅 Copper(Ⅱ) hydroxide	$Cu(OH)_2$	4.8×10^{-20}	
硫化銅 Copper(Ⅱ) sulfide	CuS	8×10^{-37}	
碳酸亞鐵 Iron (Ⅱ) carbonate	$FeCO_3$	2.1×10^{-11}	

化合物名稱	化學式	K_{sp}	註
氫氧化亞鐵 Iron (II) hydroxide	$Fe(OH)_2$	4.1×10^{-15}	
硫化亞鐵 Iron (II) sulfide	FeS	8×10^{-19}	
氫氧化鐵 Iron (III) hydroxide	$Fe(OH)_3$	2×10^{-39}	
碘酸鑭 Lanthanum iodate	$La(IO_3)_3$	1.0×10^{-11}	
碳酸鉛 Lead carbonate	$PbCO_3$	7.4×10^{-14}	
氯化鉛 Lead chloride	$PbCl_2$	1.7×10^{-5}	
鉻酸鉛 Lead chromate	$PbCrO_4$	3×10^{-13}	
氫氧化鉛 Lead hydroxide	PbO	8×10^{-16}	黃色
	PbO	5×10^{-16}	紅色
碘化鉛 Lead iodide	PbI_2	7.9×10^{-9}	
草酸鉛 Lead oxalate	PbC_2O_4	8.5×10^{-9}	$\mu = 0.05$
硫酸鉛 Lead sulfate	$PbSO_4$	1.6×10^{-8}	
硫化鉛 Lead sulfide	PbS	3×10^{-28}	
硫化鉛 Lead sulfide	PbS	3×10^{-28}	
磷酸銨鎂 Magnesium ammonium phosphate	$MgNH_4PO_4$	3×10^{-13}	
碳酸鎂 Magnesium carbonate	$MgCO_3$	3.5×10^{-8}	
氫氧化鎂 Magnesium hydroxide	$Mg(OH)_2$	7.1×10^{-12}	
碳酸錳 Manganese carbonate	$MnCO_3$	5.0×10^{-10}	
氫氧化錳 Manganese hydroxide	$Mn(OH)_2$	2×10^{-13}	
硫化錳 Manganese sulfide	MnS	3×10^{-11}	粉紅色
	MnS	3×10^{-14}	綠色
溴化亞汞 Mercury(I) bromide	Hg_2Br_2	5.6×10^{-23}	
碳酸亞汞 Mercury(I) carbonate	Hg_2CO_3	8.9×10^{-17}	
氯化亞汞 Mercury(I) chloride	Hg_2Cl_2	1.2×10^{-18}	
碘化亞汞 Mercury(I)iodide	Hg_2I_2	4.7×10^{-29}	
硫氰化亞汞 Mercury(I) thiocyanate	$Hg_2(SCN)_2$	3.0×10^{-20}	
氫氧化汞 Mercury(II) hydroxide	HgO	3.6×10^{-26}	
硫化汞 Mercury(II) sulfide	HgS	2×10^{-53}	黑色
	HgS	5×10^{-54}	紅色
碳酸鎳 Nickel carbonate	$NiCO_3$	1.3×10^{-7}	
氫氧化鎳 Nickel hydroxide	$Ni(OH)_2$	6×10^{-16}	

化合物名稱	化學式	K_{sp}	註
硫化鎳 Nickel sulfide	NiS	4×10^{-20}	α
	NiS	1.3×10^{-25}	β
砷酸銀 Silver arsenate	Ag_3AsO_4	6×10^{-23}	
溴化銀 Silver bromide	$AgBr$	5.0×10^{-13}	
碳酸銀 Silver carbonate	Ag_2CO_3	8.1×10^{-12}	
氯化銀 Silver chloride	$AgCl$	1.82×10^{-10}	
鉻酸銀 Silver chromate	$AgCrO_4$	1.2×10^{-12}	
氰化銀 Silver cyanide	$AgCN$	2.2×10^{-16}	
碘酸銀 Silver iodate	$AgIO_3$	3.1×10^{-8}	
碘化銀 Silver iodide	AgI	8.3×10^{-17}	
草酸銀 Silver oxalate	$Ag_2C_2O_4$	3.5×10^{-11}	
硫化銀 Silver sulfide	Ag_2S	8×10^{-51}	
硫氰化銀 Silver thiocyanate	$AgSCN$	1.1×10^{-12}	
碳酸鍶 Strontium carbonate	$SrCO_3$	9.3×10^{-10}	
草酸鍶 Strontium oxalate	SrC_2O_4	5×10^{-8}	
硫酸鍶 Strontium sulfate	$SrSO_4$	3.2×10^{-7}	
氯化亞鉈 Thallium(I) chloride	$TlCl$	1.8×10^{-4}	
硫化亞鉈 Thallium(I) sulfide	Tl_2S	6×10^{-22}	
碳酸鋅 Zinc carbonate	$ZnCO_3$	1.0×10^{-10}	
氫氧化鋅 Zinc hydroxide	$Zn(OH)_2$	3.0×10^{-16}	非晶形
草酸鋅 Zinc oxalate	ZnC_2O_4	8×10^{-9}	
硫化鋅 Zinc sulfide	ZnS	2×10^{-25}	α
	ZnS	3×10^{-23}	β

附錄三　酸游離常數（25℃）

中文名	英文名	化學式	K_1	K_2	K_3
醋酸	Acetic acid	CH_3COOH	1.75×10^{-5}		
銨離子	Ammonium ion	NH_4^+	5.70×10^{-10}		
苯胺離子	Anilinium ion	$C_6H_5NH_3^+$	2.51×10^{-5}		
砷酸	Arsenic acid	H_3AsO_4	5.8×10^{-3}	1.1×10^{-7}	3.2×10^{-12}
亞砷酸	Arsenous acid	H_3AsO_3	5.1×10^{-10}		
苯甲酸	Benzoic acid	C_6H_5COOH	6.28×10^{-5}		
硼酸	Boric acid	H_3BO_3	5.81×10^{-10}		
1-丁酸	1-Butanoic acid	$CH_3CH_2CH_2COOH$	1.52×10^{-5}		
碳酸	Carbonic acid	H_2CO_3	4.45×10^{-7}	4.69×10^{-11}	
氯乙酸	Chloroacetic acid	$ClCH_2COOH$	1.36×10^{-3}		
檸檬酸	Citric acid	$HOOC(OH)C(CH_2COOH)_2$	7.45×10^{-4}	1.73×10^{-5}	4.02×10^{-7}
二甲銨離子	Dimethyl ammonium ion	$(CH_3)_2NH_2^+$	1.68×10^{-11}		
甲酸	Formic acid	$HCOOH$	1.80×10^{-4}		
反丁烯二酸	Fumaric acid	trans-HOOCCH:CHCOOH	8.85×10^{-4}	3.21×10^{-5}	
羥乙酸	Glycolic acid	$HOCH_2COOH$	1.47×10^{-4}		
氫疊氮酸	Hydrazoic acid	HN_3	2.2×10^{-5}		
氫氰酸	Hydrogen cyanide	HCN	6.2×10^{-10}		
氫氟酸	Hydrogen fluoride	HF	6.8×10^{-4}		
過氧化氫	Hydrogen peroxide	H_2O_2	2.2×10^{-12}		
氫硫酸	Hydrogen sulfide	H_2S	9.6×10^{-8}	1.3×10^{-14}	
次氯酸	Hypochlorous acid	HOCl	3.0×10^{-8}		
碘酸	Iodic acid	HIO_3	1.7×10^{-1}		
乳酸	Lactic acid	$CH_3CHOHCOOH$	1.38×10^{-4}		
順丁烯二酸	Maleic acid	cis-HOOCCH:CHCOOH	1.3×10^{-2}	5.9×10^{-7}	
蘋果酸	Malic acid	$HOOCCHOHCH_2COOH$	3.48×10^{-4}	8.00×10^{-6}	
丙二酸	Malonic acid	$HOOCCH_2COOH$	1.42×10^{-3}	2.01×10^{-6}	
苦杏仁酸	Mandelic acid	$C_6H_5CHOHCOOH$	4.0×10^{-4}		
甲銨離子	Methyl ammonium ion	$CH_3NH_3^+$	2.3×10^{-11}		
亞硝酸	Nitrous acid	HNO_2	7.1×10^{-4}		
草酸	Oxalic acid	HOOCCOOH	5.60×10^{-2}	5.42×10^{-5}	
過碘酸	Periodic acid	H_5IO_6	2×10^{-2}	5×10^{-9}	
酚	Phenol	C_6H_5OH	1.00×10^{-10}		

中文名	英文名	化學式	K_1	K_2	K_3
磷酸	Phosphoric acid	H_3PO_4	7.11×10^{-3}	6.32×10^{-8}	4.5×10^{-13}
亞磷酸	Phosphorous acid	H_3PO_3	3×10^{-2}	1.62×10^{-7}	
o-苯二酸	o-Phthalic acid	$C_6H_4(COOH)_2$	1.12×10^{-3}	3.91×10^{-6}	
苦味酸	Picric acid	$(NO_2)_3C_6H_2OH$	4.3×10^{-1}		
丙酸	Propanoic acid	CH_3CH_2COOH	1.34×10^{-5}		
丙酮酸	Pyruvic acid	$CH_3COCOOH$	3.2×10^{-3}		
柳酸	Salicylic acid	$C_6H_4(OH)COOH$	1.06×10^{-3}		
胺磺酸	Sulfamic acid	H_2NSO_3H	1.03×10^{-1}		
丁二酸	Succinic acid	$HOOCCH_2CH_2COOH$	6.21×10^{-5}	2.31×10^{-6}	
硫酸	Sulfuric acid	H_2SO_4	Strong	1.02×10^{-2}	
亞硫酸	Sulfurous acid	H_2SO_3	1.23×10^{-2}	6.6×10^{-8}	
酒石酸	Tartaric acid	$HOOC(CHOH)_2COOH$	9.20×10^{-4}	4.31×10^{-5}	
硫氰酸	Thiocyanic acid	HSCN	0.13		
硫代硫酸	Thiosulfuric acid	$H_2S_2O_3$	0.3	2.5×10^{-2}	
三氯乙酸	Trichloroacetic acid	Cl_3CCOOH	3		

附錄四　標準還原電位

半反應	伏特	半反應	伏特
$Ag^{+} + e \rightleftharpoons Ag$	0.80	$H_5IO_6 + H^{+} + 2e \rightleftharpoons IO_3^{-} + 3H_2O$	1.6
$AgBr + e \rightleftharpoons Ag + Br^{-}$	0.07	$K^{+} + e \rightleftharpoons K$	− 2.92
$AgCl + e \rightleftharpoons Ag + Cl^{-}$	0.22	$Li^{+} + e \rightleftharpoons Li$	− 3.03
$Ag_2CrO_4 + 2e \rightleftharpoons 2Ag + CrO_4^{2-}$	0.45	$Mg^{2+} + 2e \rightleftharpoons Mg$	− 2.37
$AgI + e \rightleftharpoons Ag + I^{-}$	− 0.15	$Mn^{2+} + 2e \rightleftharpoons Mn$	− 1.19
$Ag_2S + 2e \rightleftharpoons 2Ag + S^{2-}$	− 0.71	$MnO_2 + 4H^{+} + 2e \rightleftharpoons Mn^{2+} + 2H_2O$	− 2.23
$Al^{3+} + 3e \rightleftharpoons Al$	− 1.66	$MnO_4^{-} + e \rightleftharpoons MnO_4^{2-}$（在 Ba^{2+} 存在下）	
$Au(CN)_2^{-} + e \rightleftharpoons Au + 2CN^{-}$	− 0.61		0.56
$Ba^{2+} + 2e \rightleftharpoons Ba$	− 2.90	$MnO_4^{-} + 4H^{+} + 3e \rightleftharpoons MnO_2 + 2H_2O$	1.70
$Be^{2+} + 2e \rightleftharpoons Be$	− 1.85	$MnO_4^{-} + 2H_2O + 3e \rightleftharpoons MnO_2 + 4OH^{-}$	0.59
$Br_{2(aq)} + 2e \rightleftharpoons 2Br^{-}$	1.09	$MnO_4^{-} + 8H^{+} + 5e \rightleftharpoons Mn^{2+} + 4H_2O$	1.50
$Ca^{2+} + 2e \rightleftharpoons Ca$	− 2.87	$HNO_2 + H^{+} + e \rightleftharpoons NO + H_2O$	0.99
$Cd^{2+} + 2e \rightleftharpoons Cd$	− 0.40	$NO_3^{-} + 3H^{+} + 2e \rightleftharpoons HNO_2 + H_2O$	0.94
$Ce^{4+} + e \rightleftharpoons Ce^{3+}$ (in 1 F H_2SO_4)	− 1.44	$Na^{+} + e \rightleftharpoons Na$	− 2.70
$Cl_2 + 2e \rightleftharpoons 2Cl^{-}$	1.36	$Ni^{2+} + 2e \rightleftharpoons Ni$	− 0.23
$2HClO + 2H^{+} + 2e \rightleftharpoons Cl_2 + 2H_2O$	1.63	$H_2O_2 + 2H^{+} + 2e \rightleftharpoons 2H_2O$	1.77
$Co^{2+} + 2e \rightleftharpoons Co$	− 0.28	$O_2 + 4H^{+} + 4e \rightleftharpoons 2H_2O$	1.23
$Cr^{3+} + 3e \rightleftharpoons Cr$	− 0.74	$O_2 + 2H^{+} + 2e \rightleftharpoons H_2O_2$	0.69
$Cr_2O_7^{2-} + 14H^{+} + 6e \rightleftharpoons 2Cr^{3+} + 7H_2O$	1.33	$Pb^{2+} + 2e \rightleftharpoons Pb$	− 0.13
$Cs^{+} + e \rightleftharpoons Cs$	− 2.95	$PbBr_2 + 2e \rightleftharpoons Pb + 2Br^{-}$	− 0.28
$Cu^{+} + e \rightleftharpoons Cu$	0.52	$PbCl_2 + 2e \rightleftharpoons Pb + 2Cl^{-}$	− 0.26
$Cu^{2+} + 2e \rightleftharpoons Cu$	0.34	$PbI_2 + 2e \rightleftharpoons Pb + 2I^{-}$	− 0.36
$Cu^{2+} + I^{-} + e \rightleftharpoons CuI$	0.85	$PbO_2 + 4H^{+} + 2e \rightleftharpoons Pb^{2+} + 2H_2O$	1.47
$F_2 + 2e \rightleftharpoons 2F^{-}$	2.87	$PbSO_4 + 2e \rightleftharpoons Pb + SO_4^{2-}$	− 0.35
$Fe^{2+} + 2e \rightleftharpoons Fe$	− 0.44	$Rb^{+} + e \rightleftharpoons Rb$	− 2.93
$Fe^{3+} + e \rightleftharpoons Fe^{2+}$	0.77	$S + 2H^{+} + 2e \rightleftharpoons H_2S$	0.14
$2H^{+} + 2e \rightleftharpoons H_2$	0.0000	$S_4O_6^{2-} + 2e \rightleftharpoons 2S_2O_3^{2-}$	0.10
$Hg_2^{2+} + 2e \rightleftharpoons 2Hg$	0.79	$Sn^{2+} + 2e \rightleftharpoons Sn$	− 0.14
$Hg_2Cl_2 + 2e \rightleftharpoons 2Hg + 2Cl^{-}$	0.27	$Sn^{4+} + 2e \rightleftharpoons Sn^{2+}$ (in 1 F HCl)	− 0.14

半反應	伏特	半反應	伏特
$Hg_2Br_2 + 2e \rightleftharpoons 2Hg + 2Br^-$	0.14	$Sr^{2+} + 2e \rightleftharpoons Sr$	− 2.89
$Hg_2I_2 + 2e \rightleftharpoons 2Hg + 2I^-$	− 0.04	$Tl^+ + e \rightleftharpoons Tl$	− 0.34
$Hg^{2+} + 2e \rightleftharpoons Hg$	0.85	$Tl^{3+} + 2e \rightleftharpoons Tl^+$	1.28
$2Hg^{2+} + 2e \rightleftharpoons Hg_2^{2+}$	0.91	$V^{2+} + 2e \rightleftharpoons V$	− 1.25
$I_2 + 2e \rightleftharpoons 2I^-$	0.54	$VO^{2+} + 2H^+ + e \rightleftharpoons V^{3+} + H_2O$	0.34
$HIO + H^+ + 2e \rightleftharpoons I^- + H_2O$	0.99	$V(OH)_4^+ + 2H^+ + e \rightleftharpoons VO^{2+} + 3H_2O$	1.00
$2IO_3^- + 12H^+ + 10e \rightleftharpoons I_2 + 6H_2O$	1.19	$Zn^{2+} + 2e \rightleftharpoons Zn$	− 0.76

國家圖書館出版品預行編目資料

普通化學 = General chemistry／魏明通 著.
一初版. 一臺北市：五南圖書出版股份有限公司， 2006 [民 95]
面； 公分.
ISBN 978-957-11-4349-1（平裝）

1.化學

340 95008629

5BA8

普通化學
General Chemistry

作　　者 一 魏明通(408.2)
發 行 人 一 楊榮川
總 經 理 一 楊士清
總 編 輯 一 楊秀麗
副總編輯 一 王正華
責任編輯 一 陳玉卿
文字編輯 一 施榮華
封面設計 一 莫美龍
出 版 者 一 五南圖書出版股份有限公司
地　　址：106 台北市大安區和平東路二段 339 號 4 樓
電　　話：(02)2705-5066　傳　　真：(02)2706-6100
網　　址：https://www.wunan.com.tw
電子郵件：wunan@wunan.com.tw
劃撥帳號：01068953
戶　　名：五南圖書出版股份有限公司

法律顧問　林勝安律師事務所　林勝安律師

出版日期　2006 年 9 月初版一刷
　　　　　2022 年 3 月初版五刷
定　　價　新臺幣 680 元